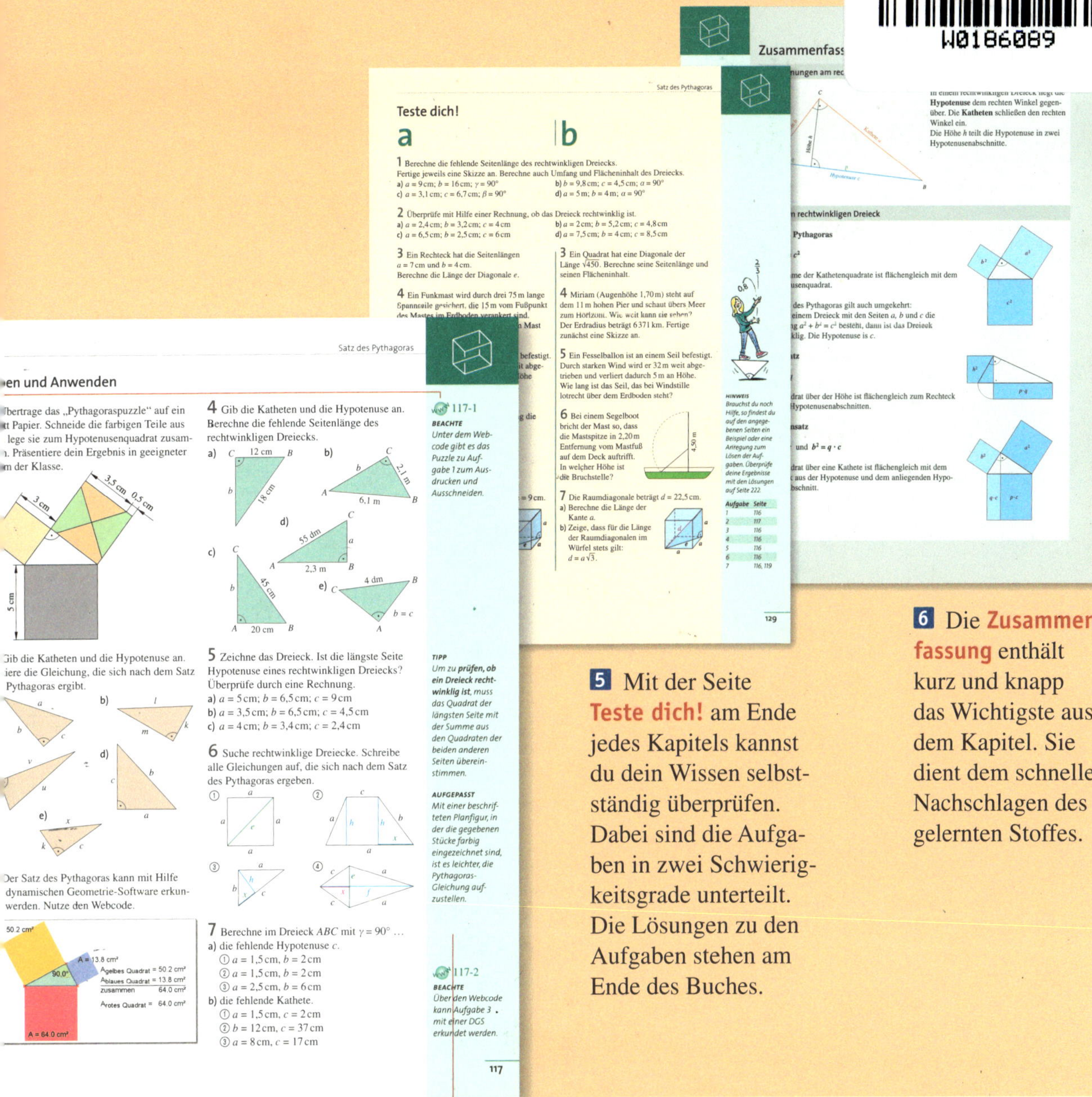

5 Mit der Seite **Teste dich!** am Ende jedes Kapitels kannst du dein Wissen selbstständig überprüfen. Dabei sind die Aufgaben in zwei Schwierigkeitsgrade unterteilt. Die Lösungen zu den Aufgaben stehen am Ende des Buches.

6 Die **Zusammenfassung** enthält kurz und knapp das Wichtigste aus dem Kapitel. Sie dient dem schnellen Nachschlagen des gelernten Stoffes.

117-1

ultimediales Zusatzangebot

Der Webcode im Internet:
- Webseite **www.cornelsen.de/zahlen-und-groessen** aufrufen
- Buchkennung eingeben: **MZG001148**
- Mediencode eingeben: z. B. 117-1

Auf der Randspalte stehen beispielsweise interessante zusätzliche Informationen, Hinweise, Beispiele und Knobelaufgaben.

Die Farbe der Randspalte und die obere Buchecke stehen für einen bestimmten Bereich in der Mathematik: Arithmetik/Algebra (Blau), Funktionen (Rot), Geometrie (Grün), Stochastik (Gelb).

Was bietet das Buch noch?

Die **Themenseiten** enthalten Interessantes und Wissenswertes aus verschiedenen Lebensbereichen.

Auf den **Methodenseiten** lernst du z. B. den Umgang mit Werkzeugen oder Formen der Gruppenarbeit. Vielfach musst du Probleme lösen, Rechenwege erkunden und erklären, im Internet recherchieren oder eigene Arbeiten präsentieren.

In jedem Kapitel findest du unter den **Vermischten Übungen** weitere Aufgaben zu den Lerneinheiten des gesamten Kapitels.

Inhalt

Satz des Pythagoras

Daten

Angewandte Zinsrechnung

Pyramiden

Anwendungen

Anhang

Terme und Gleichungen

In der Mathematik verwendet man Klammern, um Terme zusammenzufassen und zu strukturieren.

Noch fit?

ZUM KNOBELN
Das Licht ist an. Uli drückt n-mal auf den Lichtschalter. n ist eine ungerade Zahl. Ist das Licht jetzt an oder aus?

1 Ergänze die Rechenregeln für rationale Zahlen.

a) Wenn man zwei rationale Zahlen mit gleichem Vorzeichen multipliziert, so ist das Produkt immer ____________.

b) Dividiert man zwei rationale Zahlen mit unterschiedlichem Vorzeichen, so ist der Quotient immer ____________.

c) Um eine negative Zahl zu subtrahieren, könnte man die ______________ addieren.

2 Berechne.

a) $17 \cdot (-4)$ **b)** $-121 : 11$ **c)** $27 - 35$ **d)** $-25 - (-13)$

e) $-25 \cdot (-12)$ **f)** $-175 : (-25)$ **g)** $-45 - 37$ **h)** $125 - (-37) + 12$

3 Übertrage die Rechenbäume in dein Heft.

a) Ergänze die Lücken.

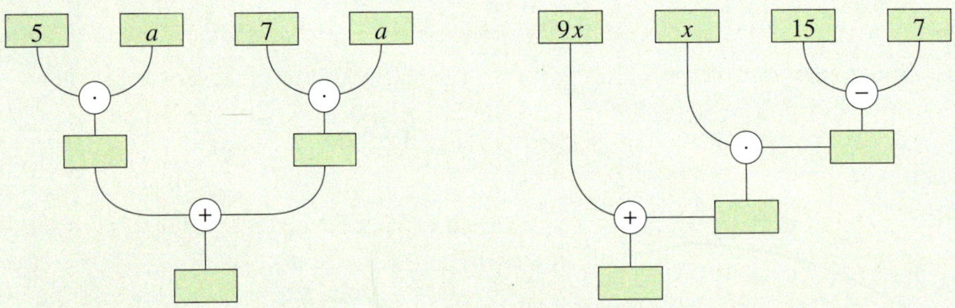

b) Schreibe jeden der Rechenbäume in einen passenden Term um. Achte auf Klammern.

c) Welche Rechenregeln muss man beim Berechnen der Terme beachten?

ERINNERE DICH
Ein Term ist ein Rechenausdruck aus Zahlen, Variablen und Rechenzeichen (+, −, ·, :). Man erhält den Wert eines Terms, wenn man die Variablen durch Zahlen ersetzt. Das Zeichen für „mal" zwischen der Zahl und der Variablen wird meistens weggelassen.

4 Bestimme den Wert der Terme.

a) $4x + 17$ für $x = 5$ **b)** $3a - 5 + 7a$ für $a = -2$

c) $3m + 5n$ für $m = 4$ und $n = 3$ **d)** $0{,}5x - 4y$ für $x = 8$ und $y = 3$

e) $7a \cdot (a + 3)$ für $a = 2{,}5$ **f)** $3x \cdot (x - 4)$ für $x = 6{,}1$

g) $(-2 + x) \cdot (y - 4)$ für $x = 8$ und $y = 6$ **h)** $11x - (10 - x) + 17$ für $x = -7$

5 Ordne jeweils einen der Terme $a \cdot b$; $2a + 2b$; $3a$; $4a$; $2a + b$; $a \cdot a$ zu.

a) Umfang eines Quadrats **b)** Flächeninhalt eines Quadrats

c) Umfang eines Rechtecks **d)** Flächeninhalt eines Rechtecks

e) Umfang eines gleichseitigen Dreiecks **f)** Umfang eines gleichschenkligen Dreiecks

KURZ UND KNAPP

1. 19 % von 400 € sind …
2. Eine Hose für 60 € wurde auf 51 € reduziert. Um wie viel Prozent wurde reduziert?
3. Beim Kauf eines Mantels erhält Herr Carstens 15 % Rabatt und spart dadurch 45 €. Was kostete der Mantel vorher?
4. In einem Fünfeck beträgt die Winkelsumme immer …, weil …
5. Erkläre die Begriffe Mittelsenkrechte und Winkelhalbierende.
6. Ein Quader mit $a = 12$ cm, $b = 15$ cm und $c = 20$ cm ist zu $\frac{3}{4}$ mit Wasser gefüllt. Wie viel Liter Wasser enthält er? Wie hoch steht das Wasser?

Terme umformen und vereinfachen

Erforschen und Entdecken

1 Betrachte die folgenden Figuren.

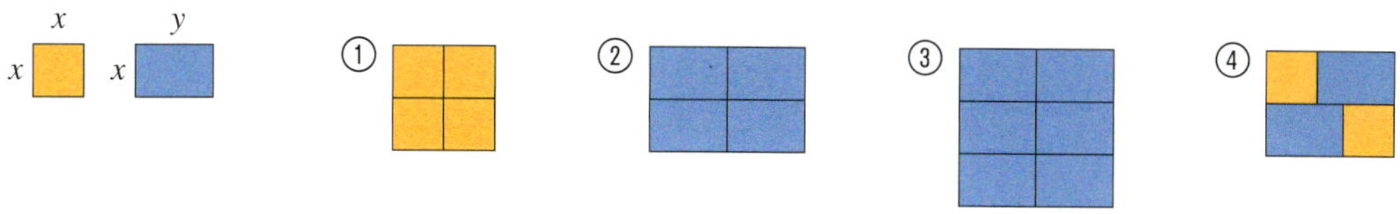

a) Gib jeweils einen möglichst einfachen Term für den Umfang der abgebildeten Figuren an.
b) Die Terme geben die Flächeninhalte der Figuren an.
Ordne jeder Figur mindestens einen Term zu. Zwei Terme bleiben übrig.

x^2 $4x^2$ $2xy$ $2x \cdot 2y$ $6xy$ $2x \cdot x + 2x \cdot x$ $2x \cdot y$ $x^2 + xy + x^2 + xy$ $2x^2 + 2x^2$
$4xy$ $3x \cdot 2y$ $2x^2 + 2xy$ $3xy + 3xy$ $x \cdot y$ $2x \cdot 2x$ $x \cdot x$

c) Vergleicht in Kleingruppen eure Zuordnungen. Für einige Figuren gibt es mehrere Terme, die aber gleichwertig sind. Formuliert gemeinsam Rechenregeln, wie man die Terme vereinfachen kann. Notiert die Regeln auf einer Folie oder einem Plakat und präsentiert sie.

2 Unten siehst du ein Netz eines Quaders mit den Maßen $a = 2$ cm, $b = 3$ cm und $c = 1$ cm.

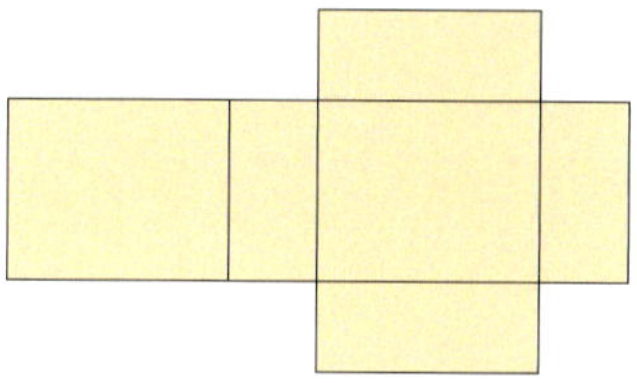

a) Gib die Oberfläche des Quaders in Quadratzentimeter an. Notiere deinen Rechenweg.
b) Gib einen Term für die Oberfläche eines Quaders mit den Seiten a, b und c an.

3 Zeichne ein Netz eines Quaders mit einer quadratischen Grundfläche. Die Seitenlänge der Grundfläche soll $a = 2$ cm betragen. Der Quader soll die Höhe $h = 3$ cm haben.
a) Berechne den Inhalt der Oberfläche.
b) Gib einen Term für die Oberfläche an, in dem nur die Kantenlänge a und die Höhe h vorkommen.
c) Gib einen Term an für die Oberfläche eines Quaders, der eine quadratische Grundfläche mit der Seitenlänge a hat und bei dem die Höhe doppelt so groß ist wie die Seitenlänge a.

4 Übertrage die Tabelle in dein Heft.

a	b	$2a + 3b + 7a$	$3a \cdot 4b$	$9a + 5b - 2b$	$6b \cdot 2a$	$3a + 4b$
3	5	$6 + 15 + 21 = 42$				
2	−1					
−3	−3					

a) Berechne jeweils den Wert der Terme und trage ihn in die Tabelle ein.
b) Schau dir die verschiedenen Spalten an. Was stellst du fest? Begründe.
c) Finde einen anderen Term, der den gleichen Wert hat wie $3a + 4b$.
d) Finde weitere Terme, die den gleichen Wert haben wie die oben angegebenen Terme.

ERINNERE DICH
Bei der Multiplikation mit Variablen kann man das Malzeichen weglassen:
$2 \cdot a = 2a$
$a \cdot b = ab$

Lesen und Verstehen

Der Umfang und der Flächeninhalt von Figuren oder die Kantenlänge, die Oberfläche und das Volumen von Körpern lassen sich mit Hilfe von verschiedenen Termen berechnen.
Man wählt am besten möglichst einfache Terme.
Für das Umformen und Zusammenfassen von Termen gibt es Regeln.

In einer Summe oder Differenz dürfen nur **gleiche Variablen** zusammengefasst werden.

BEISPIEL 1
Für den Umfang des Trapezes gilt:
$3x + y + 2x + y = 5x + 2y$

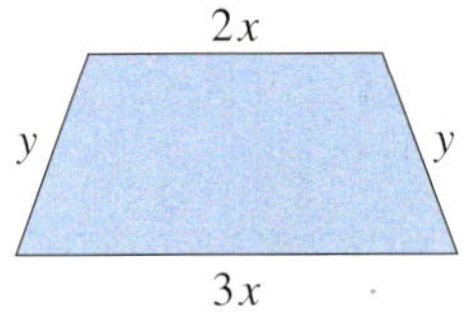

Wenn gleiche Faktoren multipliziert werden, kann man dieses Produkt als **Potenz** schreiben.

BEISPIEL 2
Für das Volumen des Würfels gilt:
$a \cdot a \cdot a = a^3$
Eine Seitenfläche hat den Flächeninhalt
$A = a \cdot a = a^2$
a^2 und a^3 sind Potenzen mit der Basis a und den Exponenten 2 bzw. 3.

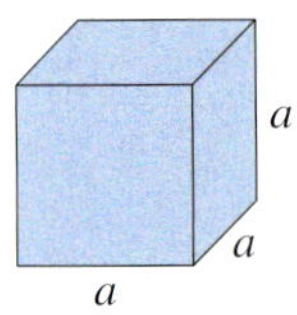

Bei **Produkten mit mehreren Faktoren** kann man die Reihenfolge der Faktoren beliebig vertauschen und sie zusammenfassen.

BEISPIEL 3
Der Flächeninhalt der Vorderfläche des Quaders ist
$2x \cdot 3x = 2 \cdot 3 \cdot x \cdot x = 6x^2$
Das Volumen des Quaders ist
$2x \cdot 3x \cdot y = 2 \cdot 3 \cdot x \cdot x \cdot y = 6x^2y$

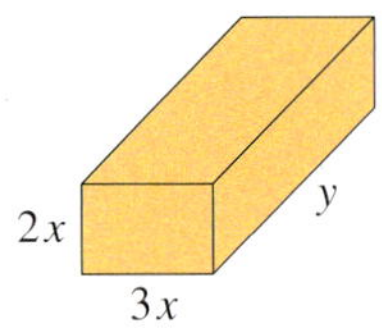

BEACHTE
Die Faktoren werden in alphabetischer Reihenfolge angegeben.
$3y \cdot 5a = 15ay$
$2b \cdot 7c \cdot a = 14abc$

BEACHTE
$x + x = 2x$
$x \cdot x = x^2$

Üben und Anwenden

ERINNERE DICH
$x = 1x$,
also $3x + x = 4x$
und
$-1 \cdot x = -x$

1 Fasse die Terme zusammen.
a) $3a + 5a$
b) $7b + 8b$
c) $6a + 4a + 3a$
d) $5x + 7x + 6x$
e) $5a + 6b + 5a + 8b$
f) $a + 3a + 5b$
g) $18a - 13b + 6b + a$
h) $5{,}2x + 5y - 2{,}1x$
i) $21x - 4y + 13x - y$
j) $3c + 4{,}7d + c + d$

2 Gib einen Term an, mit dem die Länge der Strecke berechnet werden kann.

a)
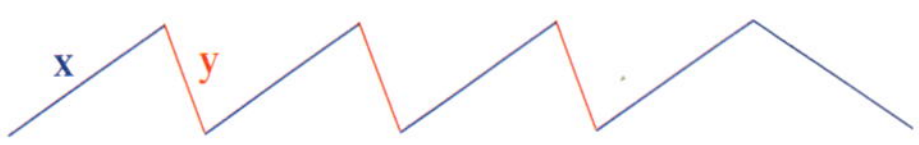

b)
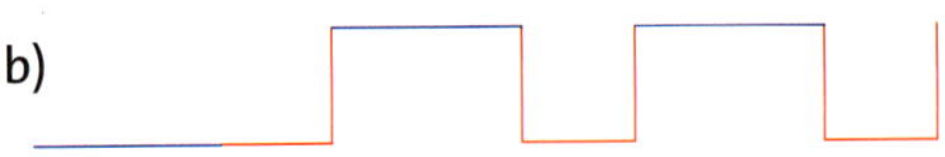

c)
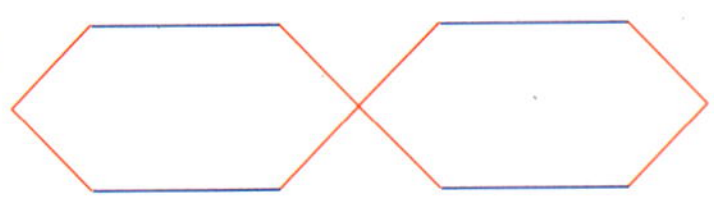

3 Vereinfache die Terme.
a) $3a + 5b + 6a - 7b$
b) $7u - 3v - 4u + 6v$
c) $5x + 3y - 8y + 5x$
d) $8c + 15d - 10c$
e) $20a - 5b - 6a + 7b$
f) $13a + 6a - 3b - 9b$
g) $13x - 19y - 21y + 5x + 28y$
h) $26c + 37d - 19c - 42d + 58c - 100c$

4 Fasse die Terme zusammen.
a) $4a + 3b + 2a + 10a + 5b + 8b$
b) $4a + 7b + 8c + 3a + 4b + 6c$
c) $9u - 1{,}1w + 13v + 5v - 1{,}1w + 23u$
d) $6x + 34y + 3 + 37x + 51y + 32x + 15$
e) $751d + 643e + 12 + 456d + 864 + 114e$
f) $367a + 872b + 421a + 467b + 578c + c$
g) $100{,}3x + 98{,}1y + 75{,}3x + 178{,}2y + 32{,}1y$
h) $12a + 27b - 8b - 4 + 6a + 11b + 3a + 18$
i) $23x - 8x + 17y + 34x - 9x + 58y$

5 Vereinfache die Terme.

a) $5c + 6d - 1{,}5c - 7d + 11c$
b) $1{,}7x + 2y - 2{,}1x + y + 0{,}4x$
c) $4a + 0{,}4b - 0{,}4a - 4b + a$
d) $14s - 9t - 8s - 2t - 6s$

6 Gib für die Berechnung des Umfangs jeweils einen Term an. Berechne.

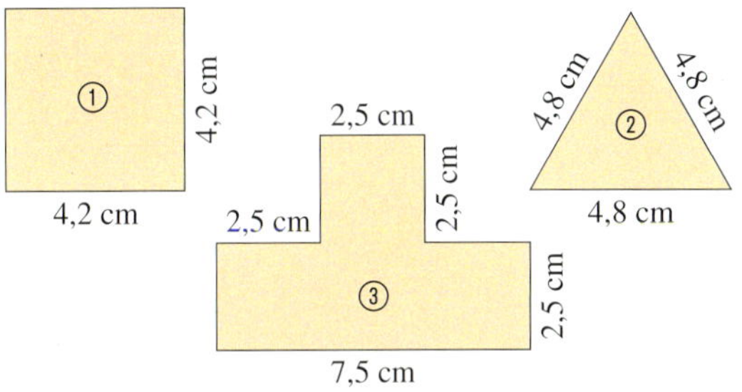

7 Zeichne die Figuren in dein Heft. Bezeichne gleich lange Seiten mit der gleichen Variable und gib einen Term an, mit dem man den Umfang der Figuren berechnen kann.

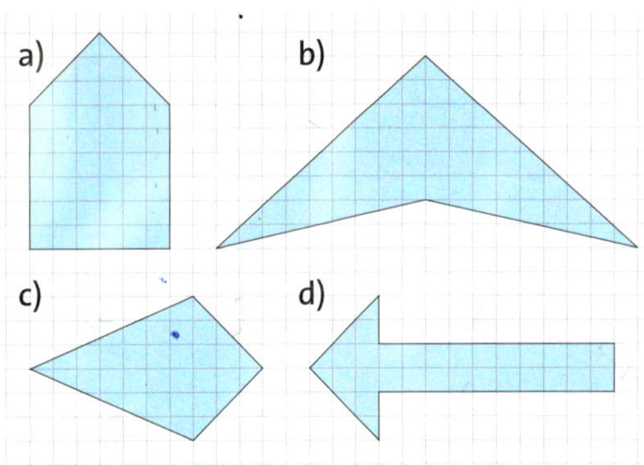

8 Fasse zusammen.

a) $2a + \frac{1}{3}b + 3a + \frac{1}{3}b$
b) $\frac{1}{5}a + 2b + \frac{3}{5}a$
c) $\frac{1}{7}a + \frac{2}{5}b + \frac{5}{7}a + \frac{1}{5}b$
d) $\frac{1}{3}b + \frac{2}{9}c + \frac{5}{9}c + \frac{1}{3}b$
e) $\frac{2}{7}s + \frac{1}{2}t + \frac{3}{14}s + 2t$
f) $\frac{1}{4}a + \frac{2}{5}b + \frac{3}{8}a + \frac{1}{5}b$
g) $\frac{5}{8}u + \frac{1}{4}v + \frac{1}{2}v + \frac{1}{4}u$
h) $\frac{3}{4}x + \frac{1}{5}y + \frac{3}{5}y + \frac{1}{4}x$

9 Welche der angegebenen Terme musst du addieren, um den Term $\frac{9}{10}x + \frac{14}{15}y$ zu erhalten? Schreibe die Addition auf.

$\frac{2}{3}y$ $\frac{3}{10}x$ $\frac{1}{2}x$ $\frac{4}{15}y$ $\frac{3}{5}y$ $\frac{2}{5}x$

10 Schreibe das Produkt der Variablen vereinfacht als Potenz.

a) $b \cdot b$
b) $y \cdot y \cdot y$
c) $z \cdot z \cdot z \cdot z$
d) $p \cdot p \cdot p \cdot p$
e) $m \cdot m \cdot m \cdot m \cdot m \cdot m$
f) $h \cdot h \cdot h \cdot h \cdot h \cdot h \cdot h \cdot h$
g) $x \cdot x \cdot x \cdot x \cdot x \cdot x \cdot x \cdot x \cdot x \cdot x \cdot x$

11 Übertrage die Tabelle in dein Heft und fülle sie aus.

	a)	b)	c)	d)	e)	f)
y	1	2	3	5	2,5	$\frac{2}{3}$
y^2						
y^3						
y^4						

12 Berechne den Wert des Terms für $x = 2$.

a) x^2 b) x^3 c) x^5 d) x^7

NACHGEDACHT
Kannst du auch die Werte der Terme für x = 1 und für x = 3 angeben?

13 Fasse als einen Ausdruck mit Multiplikationszeichen zusammen.

a) $x^2 + x^2 + x^2 + x^2$
b) $r^2 + r^2 + r^2 + r^2 + r^2 + r^2$
c) $a^5 + a^5 + a^5$
d) $y^4 + y^4 + y^4 + y^4$
e) $z^3 + z^3 + z^3 + z^3 + z^3 + z^3 + z^3 + z^3$

14 Fasse die Terme zusammen. Setze $x = 2$ und $y = 3$ und berechne die Termwerte.

a) $2x^2 + 3x^2$
b) $4x^2 + 2x^2$
c) $5y^2 - 4y^2$
d) $5x^3 + 6x^3$
e) $9y^2 + 15y^2$
f) $17y^5 - 14y^5$
g) $3x^2 + x^2$
h) $2x^3 + x^3 + x^3$
i) $y^2 + 2y^2 + y^2$
j) $x^2 + x^2 + 3y^2 + y^2$

15 Ordne zuerst und fasse dann zusammen.

a) $2a^2 + 4b^2 + 3a^2$
b) $4t^2 + 6s^3 + 2s^3 + 5t^2$
c) $2u^2 + 3w^3 + 2u^2 + w^3$
d) $14x^3 - 6x^3 + 14x^2 - 6x^2 + 2x^3$
e) $3x^2 + 2y^2 + 8z + 2x^2 + 3y^2 + 4z + y^2$
f) $2x + 2x^2 + 3x^3 + 2x^3 + 3x^2 + 3x + x$
g) $4y^2 + 2x + 5x - 2y^2 - 3x$
h) $2x + 8x^2 - 3y + 13x - 3x^2 - 4y + 5x^2$
i) $3x^3 + 4y - 7x + 5x^3 + 6y + x$
j) $6x^2 + 9x + 7x^3 + 16x - 4x^3 - x^2 + 8x$
k) $5x + 7 + 8x + 19 - 4x - 5$

16 In einer Parkanlage befindet sich ein großes Schachspiel.
Für das Spielfeld und die Umrandung wurden quadratische Betonplatten mit der Seitenlänge $a = 40\,\text{cm}$ verwendet.

a) Gib einen Term zur Berechnung des Flächeninhalts des Spielfelds (ohne Umrandung) an.
b) Gib einen Term zur Berechnung der gesamten Fläche an, die mit Platten belegt ist.
c) Bestimme jeweils einen Term, mit dem man die Gesamtfläche, die mit weißen bzw. schwarzen Platten belegt ist, berechnen kann.
d) Gib die Fläche des Spielfelds, die Fläche mit weißen Platten und die Fläche mit schwarzen Platten in m^2 an.

17 Vereinfache die Produkte.

a) $4a \cdot 5a$ b) $12x \cdot 3y$
c) $17m \cdot 8n$ d) $0{,}5a \cdot 8b$
e) $25f \cdot 5g$ f) $14x \cdot \frac{1}{2}y$
g) $9a \cdot 12x$ h) $7p \cdot 17q$
i) $4a \cdot 2a$ j) $13x \cdot 7x$
k) $2x \cdot 3x \cdot 4x$ l) $14y \cdot 2y \cdot y$

18 Beachte die Bilder in der Randspalte.
a) Ordne den Bildern passende Terme zu ihrem Flächeninhalt bzw. Volumen zu und vereinfache die Terme.
$2x \cdot 3y \cdot x$; $4x \cdot 2x$; $2y \cdot 3x$; $3x \cdot 4x \cdot 2x$
b) Gib zu jedem Bild auch einen Term für den Umfang der Fläche bzw. die Kantenlänge des Körpers an.
Vereinfache auch diese Terme.

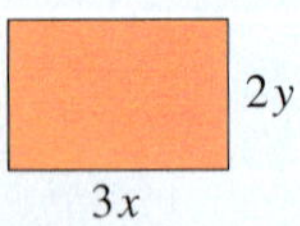

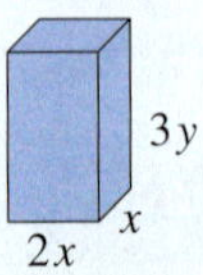

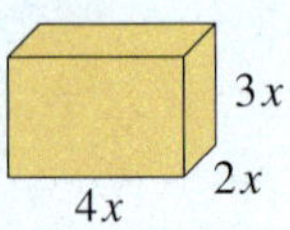

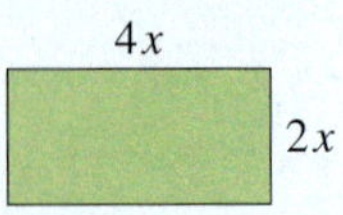

19 Vereinfache. Achte auf die Vorzeichen.

a) $-2a \cdot (-4a)$ b) $-3m \cdot 7m$
c) $7x \cdot (-2x) \cdot x$ d) $-4b \cdot (-2b) \cdot (-3b)$
e) $0{,}5y \cdot (-0{,}2y)$ f) $-12a \cdot (-13a) \cdot a$
g) $x \cdot (-x) \cdot 5x$ h) $-2a \cdot (-2a) \cdot (-2a)$

20 Wie verändert sich der Flächeninhalt eines Rechtecks, wenn man seine Seitenlängen a und b verändert? Übertrage die Tabelle in dein Heft und fülle sie aus.

	a wird verdoppelt	*a* wird verdreifacht	*a* wird vervierfacht
b wird verdoppelt	$2a \cdot 2b$ $= 4ab$		
b wird verdreifacht			
b wird vervierfacht			
b wird halbiert	$2a \cdot \frac{1}{2}b$		

21 Vereinfache die Produkte.

a) $3a \cdot 17b \cdot 5a$ b) $12x \cdot 3y \cdot 5y$
c) $0{,}1m \cdot 3x^2 \cdot 6m$ d) $4y^2 \cdot 3x^2 \cdot 2a$
e) $20a \cdot 3b^2 \cdot (-5a)$ f) $11x^2 \cdot 7y \cdot (-2y)$
g) $(-14y) \cdot 5x \cdot (-0{,}5y)$ h) $-a \cdot 7b \cdot 2a \cdot 25b$

22 Carina hat noch Probleme beim Vereinfachen der Terme. Erkläre ihr, welche Fehler sie gemacht hat.

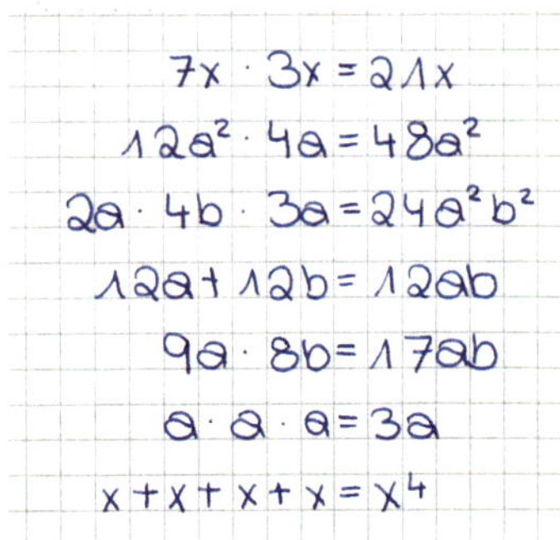

23 Ergänze die Platzhalter.

a) $3x \cdot \square = 15x$
b) $7x \cdot \square = 35x^2$
c) $\square \cdot 15x = 135ax$
d) $9by \cdot \square = 72a^2b^2y$
e) $13ab \cdot \square = 65ab^2$
f) $\square \cdot 11k^2m = 66a^2k^2m^2$
g) $\square \cdot (-7xy) = 56axy$
h) $3ab \cdot \square \cdot 7bc = 42a^2b^2c$

Terme mit Klammern

Erforschen und Entdecken

1 Herr und Frau Brauer überprüfen die beiden letzten Kontoauszüge ihres Girokontos. H steht für Haben, S steht für Soll.

a) Erkläre, wie der neue Kontostand auf Auszug 47 berechnet wurde.

b) Zeige, dass es zwei Rechenwege für die Berechnung des neuen Kontostands auf Auszug 47 gibt.

Auszug 47			Währung EUR
30.05.	Lohn		1350,00 H
31.05.	Kontogebühr		2,50 S
letzter Auszug 26.05.	Auszugsdatum 01.06.	alter Kontostand 108,00 H	neuer Kontostand 1455,50 H

HINWEIS
Die Geldinstitute verwenden unterschiedliche Symbole für Guthaben (H, Haben oder +) und Ausgaben bzw. überzogenenes Guthaben (S, Soll oder –).

2 Auf Auszug 48 fehlt der neue Kontostand.

a) Frau Brauer möchte den neuen Kontostand folgendermaßen berechnen:
$1\,455{,}50 - 380 - 40 - 45 + 164$
Erkläre ihren Rechenweg und gib das Ergebnis an.

b) Herr Brauer rechnet anders:
$1\,455{,}50 - (380 + 40 + 45) + 164$
Was wird in der Klammer berechnet? Gib auch hier das Ergebnis an.

c) Vergleiche die beiden Ergebnisse.

Auszug 48			Währung EUR
03.06.	Miete		380,00 S
03.06.	Versicherung		40,00 S
05.06.	Telefon + Internet		45,00 S
10.06.	Kindergeld		164,00 H
letzter Auszug 01.06.	Auszugsdatum 11.06.	alter Kontostand 1455,50 H	neuer Kontostand

3 Berechne den neuen Kontostand auf Kontoauszug 49 auf zwei verschiedenen Rechenwegen.
Gib Rechenwege ohne Klammern und Rechenwege mit Klammern an.

Auszug 49			Währung EUR
15.06.	Lohnsteuerrückzahlung		565,00 H
15.06.	Kfz-Versicherung		185,00 S
18.06.	Abhebung		150,00 S
letzter Auszug 11.06.	Auszugsdatum 20.06.	alter Kontostand 1144,50 H	neuer Kontostand

4 Berechne die Aufgaben und vergleiche die Ergebnisse.

$3 + (17 + 12)$	$25 + (18 - 7)$	$100 - (27 + 43)$	$80 - (-15 + 25)$
$3 + 17 + 12$	$25 + 18 - 7$	$100 - 27 + 43$	$80 - 15 - 25$
$3 + 17 - 12$	$25 + 18 + 7$	$100 - 27 - 43$	$80 + 15 - 25$

a) Wann kann man eine Klammer weglassen, ohne dass sich das Ergebnis ändert?

b) Erkläre, wie man vorgehen muss, wenn vor der Klammer ein Minuszeichen steht.

c) Finde zu der Aufgabe $8 - (4 + 1)$ eine Aufgabe mit den Zahlen 8; 4 und 1, die das gleiche Ergebnis, aber keine Klammern hat.

5 Henrik soll folgende Aufgabe lösen:
Frau Fuchs hat für einen Zoobesuch 50 € bei sich. Sie zahlt x € Eintritt für ihre Tochter und y € Eintritt für sich selbst. Henrik hat die folgenden Terme für das Restgeld bestimmt: $50 - x - y$ und $50 - (x + y)$

a) Erkläre, wie die Terme entstanden sind.

b) Sind die Terme gleichwertig? Begründe.

c) Wenn Terme gleichwertig sind, kann man sie ineinander umformen.
Wie könnte das bei diesen beiden Termen funktionieren? Formuliere eine Regel.

Lesen und Verstehen

In einer Kiste sind 12 Orangen. Am Montag werden drei Orangen gegessen, am Dienstag zwei Orangen. Jetzt sind noch $12 - (3 + 2) = 12 - 3 - 2 = 7$ Orangen da.

Klammern, vor denen ein Pluszeichen oder ein Minuszeichen steht, können aufgelöst werden.

Eine **Klammer**, vor der ein **Pluszeichen** steht, kann man weglassen. Die Vorzeichen und Rechenzeichen im Term ändern sich nicht.

Eine **Klammer**, vor der ein **Minuszeichen** steht, kann man auflösen. Die Zahlen in der Klammer bekommen das entgegengesetzte Vorzeichen: aus + wird –, aus – wird +.

BEISPIEL

$8 + (4 + 3) = 8 + 4 + 3 = 15$
$a + (b + c) = a + b + c$
$a + (-b + c - d) = a - b + c - d$

$8 - (4 + 3) = 8 - 4 - 3 = 1$
$8 - (4 - 3) = 8 - 4 + 3 = 7$
$a - (b + c) = a - b - c$
$a - (b - c) = a - b + c$
$a - (-b + c - d) = a + b - c + d$

Üben und Anwenden

1 Überprüfe durch Einsetzen von $a = 10$, $b = 2$, $c = 3$, ob die Umformungen richtig sind. Korrigiere die falschen Rechnungen.
a) $a + (b + c) = a + b + c$
b) $a - (b - c) = a - b + c$
c) $a + (b - c) = a + b + c$
d) $a - (b + c) = a - b - c$
e) $a - (-b + c) = a - b - c$

2 Schreibe die Terme ohne Klammern.
a) $5 - (a + b)$
b) $6 - (x + a)$
c) $x + (14 - y)$
d) $8 - (r - s)$
e) $y + (z + 5)$
f) $y + (-x + 7)$
g) $y + (-8 - x)$
h) $y - (-m - z)$
i) $a + (b + d)$
j) $a - (b + d)$

3 Wie muss eine Klammer gesetzt werden, damit der Term $3 - 5 - 4 + 8$ einen möglichst großen (kleinen) Wert erhält?

4 Löse die Klemmern auf und fasse die Terme so weit es geht zusammen.
a) $5 - (b + 7 + b)$
b) $x + (x + 9 + 10)$
c) $y - (y + 9 - y)$
d) $a + (a - 2 + 9)$
e) $a + (a - b + c)$
f) $3x + (2 - x)$

5 Von einer Eisenstange mit der Länge a werden die angegebenen Stücke abgeschnitten. Gib jeweils zwei verschiedene Terme für die Restlänge der Stange an.
a) ein Stück mit der Länge b und zwei Stücke mit der Länge c
b) drei Stücke mit der Länge b und vier Stücke mit der Länge c

6 Fasse zusammen.
a) $c - (6d + 3c - 8c + 13) + 20$
b) $18ab - (17a - 4ab + 6b + 25)$
c) $10{,}1x - (2{,}6y - 5{,}4x + 3{,}4z)$
d) $9y - (2y + 17) - (14 - 3y)$

7 Setze $<$, $>$ oder $=$, ohne zu berechnen. Begründe.
a) $12 - (3 + 4) \;\square\; 12 - 3 + 4$
b) $8 - 5 - 2 \;\square\; 8 - (5 - 2)$
c) $-5 + (x - 2) \;\square\; -5 + x - 2$

8 Setze Klammern so, dass die Aussage wahr wird.
a) $12 - 4 - 9 = 17$
b) $8 - 3 + 5 = 0$
c) $17 - 4 - 5 + 3 = 5$
d) $24 - 7 - 3 - 4 = 24$

Klammern auflösen und setzen

Erforschen und Entdecken

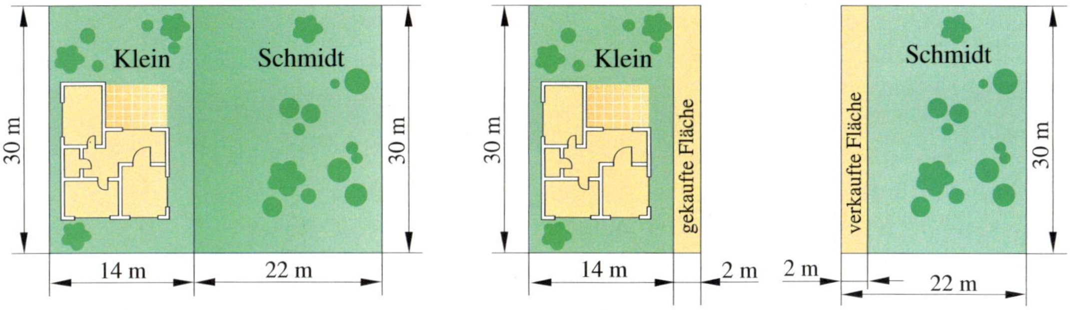

1 Die Grundstücke der Familien Klein und Schmidt grenzen aneinander.
Da Familie Klein eine Garage anbauen will, möchte sie einen 2 m breiten Streifen vom Nachbargrundstück dazu kaufen.

a) Berechne die Flächeninhalte der Grundstücke vor dem Verkauf.
b) Durch den Kauf des Streifens wird das Grundstück von Familie Klein vergrößert. Berechne den neuen Flächeninhalt auf zwei Weisen.
c) Die Fläche des Nachbargrundstücks hat sich durch den Verkauf verkleinert. Berechne auch hier die neue Fläche auf zwei Weisen.
d) Die Seitenlängen der Grundstücke sollen, wie in der Randspalte gezeichnet, durch die Variablen a, b und c angegeben sein. Gib zwei verschiedene Terme an, mit denen man den Flächeninhalt des gesamten Grundstücks berechnen kann.
e) Gib zwei verschiedene Terme an, mit denen man den Flächeninhalt des um 2 m vergrößerten linken (des um 2 m verkleinerten rechten) Grundstückes berechnen kann. Überprüfe durch Einsetzen, ob du zum gleichen Ergebnis kommst wie in b) und c).

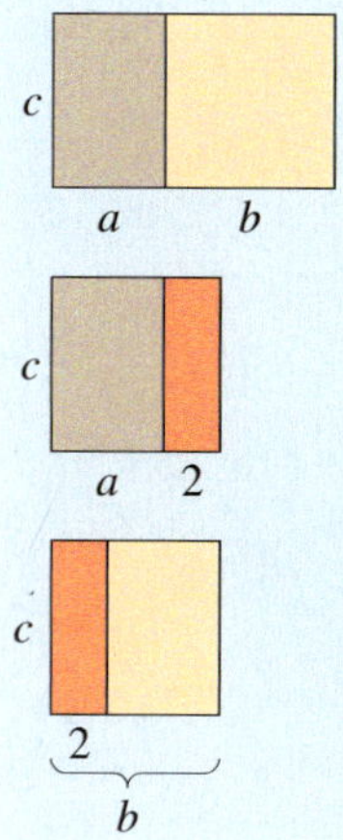

2 Arbeitet zu zweit oder in kleinen Gruppen.

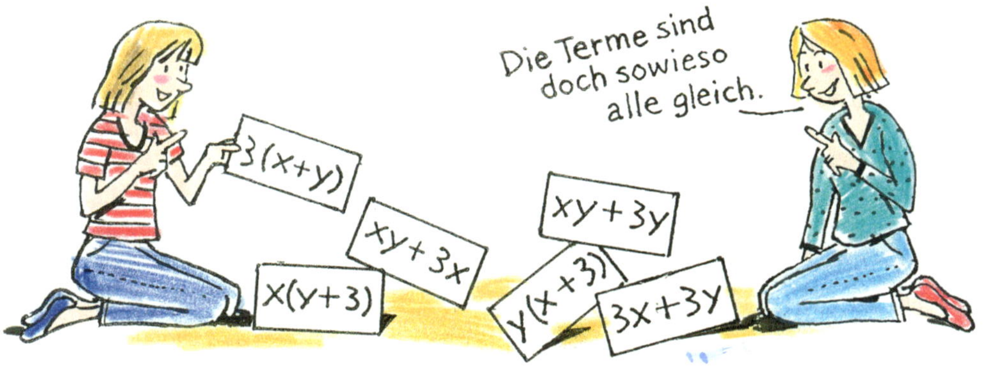

HINWEIS
Das Malzeichen vor einer Klammer kann weggelassen werden.

a) Überprüft durch Einsetzen von verschiedenen Werten, ob wirklich alle Terme gleich sind.
b) Findet jeweils einen Term ohne Klammern, der zu dem gegebenen Term gleichwertig ist.
$4(a+b)$ $\quad 6(x+y)$ $\quad 8(k-m)$ $\quad a(r+2)$
c) Findet jeweils einen Term mit Klammern, der zu dem gegebenen Term gleichwertig ist.
$7x+7y$ $\quad 3s+3t$ $\quad xy-xz$ $\quad ab-3a$
d) Wann sind Terme mit Klammern und ohne Klammern gleich? Formuliert Regeln. Überprüft sie.

Lesen und Verstehen

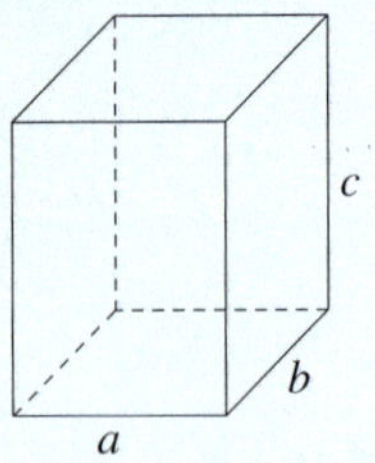

Daniel und Maria sollen Terme für die Kantenlänge eines Quaders angeben.

Daniel addiert zunächst alle Kanten: $a + b + c$. Da jede Kante viermal vorkommt, multipliziert er anschließend mit 4.
$4(a + b + c)$

Maria multipliziert jede Kantenlänge mit 4 und addiert dann die Produkte.
$4a + 4b + 4c$

$$4(a + b + c) = 4a + 4b + 4c$$

HINWEIS
Diesen Vorgang nennt man auch „ausmultiplizieren".

Erinnere dich an das **Distributivgesetz**:
Eine Summe wird mit einem Faktor multipliziert, indem man jeden Summanden in der Klammer mit dem Faktor multipliziert.
$a \cdot (b + c) = a \cdot b + a \cdot c$

BEISPIEL 1

$3(5 + 2) = 3 \cdot 5 + 3 \cdot 2$

$(8 - 6 + 2) \cdot 4 = 8 \cdot 4 - 6 \cdot 4 + 2 \cdot 4$

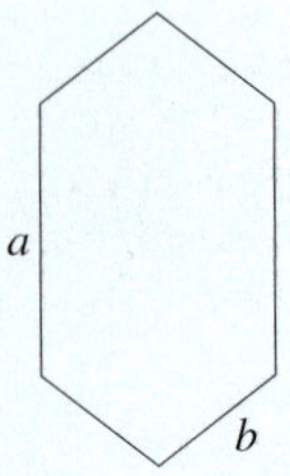

Daniel und Maria sollen Terme für die Seitenlängen eines Sechsecks angeben.

Daniel fasst zuerst alle Kanten der Länge a und dann alle Kanten der Länge b zusammen:
$2a + 4b$

Maria sieht, dass die Kombination aus einer Strecke a und zwei Strecken b zweimal vorkommt: $2(a + 2b)$

$$2a + 4b = 2(a + 2b)$$

MERKE
Das Ausklammern eines Faktors nennt man auch „faktorisieren".

Das **Distributivgesetz** kann in beide Richtungen angewendet werden.
Klammern kann man **ausmultiplizieren**.

Wenn alle Summanden einen gemeinsamen Faktor enthalten, kann man diesen Faktor **ausklammern**.

BEISPIEL 2

$4(2 + 5) = 4 \cdot 2 + 4 \cdot 5$ $\quad 3(x + y) = 3x + 3y$
$4 \cdot 2 + 4 \cdot 5 = 4(2 + 5)$ $\quad 3x + 3y = 3(x + y)$

$6 + 2x - 4y = 2(3 + x - 2y)$, da
$2 \cdot 3 + 2 \cdot x - 2 \cdot 2y = 2(3 + x - 2y)$

Üben und Anwenden

1 Ordne die Terme mit Klammern und die ausmultiplizierten Terme einander zu.

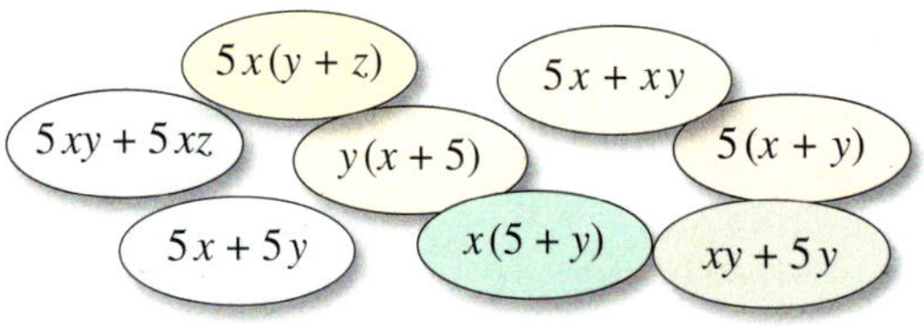

2 Löse die Klammern auf.

a) $2(a + b)$ b) $4(m - n)$
c) $3(x + y)$ d) $a(b - c)$
e) $4(11 + c)$ f) $15(3 - 2a)$
g) $25(3 - y)$ h) $8(x + 3y)$
i) $a(12 - 3b)$ j) $12(m + 10)$

HINWEIS
$-(a + b)$
$= -1 \cdot (a + b)$
$= -a - b$
Eine Minusklammer ist eine Produktklammer mit Faktor (-1).

3 Multipliziere aus.

a) $3(a + b + c)$ b) $7(2a + 3b + 2c)$
c) $6(x + y + 2)$ d) $13(c - d - 7)$
e) $8(2k - 3l + 4m)$ f) $15(-2 + 3x - 5y)$
g) $c(3a + b + c)$ h) $m(3a + 4m + b)$
i) $2a(a + 3b + 4)$ j) $3x(7 - 5x - xy)$
k) $4c(a - b + c)$ l) $5b(a + 2b + 9)$

4 Überlege und setze = oder ≠ richtig ein.

a) $x(4 + x)$ ☐ $(4 + x)x$
b) $x(4 + x)$ ☐ $x(x + 4)$
c) $x(4 - x)$ ☐ $x(x - 4)$
d) $x(-4 - x)$ ☐ $x(-x - 4)$
e) $x(-4 + x)$ ☐ $x(x - 4)$

5 Löse die Klammern auf.

a) $(4+b)\cdot 2$ b) $(c-5)\cdot 4$
c) $(2x+6y)\cdot 5$ d) $(3c-7)\cdot 4$
e) $(9a-3b)\cdot 5$ f) $(11x+30)\cdot y$
g) $(9a-5b)\cdot 7$ h) $(4x+7y)\cdot a$
i) $(3a-5b)\cdot 3y$ j) $(8a+7b)\cdot 2c$
k) $(3x+7y)\cdot 2$ l) $(19-8b)\cdot ab$

6 Multipliziere aus.

a) $-1(x+2)$ b) $-9(x^2+1)$
c) $-3z(-z+9)$ d) $-a(a-b)$
e) $-2(-5y-6z)$ f) $-2xy(-4a+7b)$
g) $-3z(x+9)$ h) $(9a+7c)\cdot(-2c)$
i) $0{,}1(a+6)$ j) $-x(x^2+x)$
k) $2{,}4(x^2-0{,}1)$ l) $(30x+24)\cdot 0{,}03$

7 Bilde mindestens acht Produkte und löse die Klammern auf. Verwende jeweils einen Faktor aus der linken und einen Faktor aus der rechten Kiste.

8 Finde ein x, für das gilt:

a) $x(4-x) > x(x-4)$
b) $x(4-x) < x(x-4)$

9 Bilde Aufgaben und ergänze im Heft.

$\cdot$	3	-12	$5x$	$-4x$
$(7+x)$	$3(7+x)$ $=21+3x$			
$(9-y)$				
$(8x+1)$				
$(7x-4y)$				

10 Multipliziere die Terme aus.

a) $\frac{1}{3}x(x+9)$ b) $(\frac{2}{3}a-\frac{2}{5}b)\cdot\frac{1}{2}$
c) $\frac{2}{5}(-5-a)$ d) $\frac{1}{4}(8-4x)$
e) $\frac{3}{4}x(y-4x)$ f) $\frac{2}{7}(2x-14)$
g) $\frac{3}{8}a(a+b+8)$ h) $\frac{5}{6}x(1+12x-y)$

11 Fasse die Terme so weit es geht zusammen.

a) $15a-3(4+5a)$
b) $3x+6(-2x-2y)$
c) $25ab-4a(3a-6b)$
d) $16rs+2r(-4s-3t)$
e) $(5a-6b)\cdot(-3)+4a-10b$
f) $(4-7a+5b)\cdot 6a-7ab$
g) $5x-7y+3(8x-4y)-22y$
h) $3x-(4+2x)+19x-38x$
i) $a(7-b)+(6-a)-(3+b)$
j) $9d-(7c+9)+3(2c+9)$
k) $8x-(3+x)+6(x-5)$
l) $13a(6+b)-(4+a)+6(a-b)$

12 Schreibe als Term mit Klammern.

a) Bilde das Vierfache der Summe aus a und b.
b) Bilde das Fünffache der Summe aus $2x$ und 3.
c) Bilde das Achtfache der Differenz von x und y.
d) Bilde das Doppelte der Summe aus a, b und c.
e) Bilde die Hälfte der Summe aus 10 und x.

NACHGEDACHT
Wie viele Produkte kann man in Aufgabe 7 höchstens bilden?

13 Löse die Klammern auf und fasse zusammen.

a) $3x(3x+4)$ b) $2y(-2y+5)$
c) $(4x+1)\cdot 4x$ d) $(x-1)\cdot x$
e) $(x+1)\cdot 17$ f) $2a(5-a)$
g) $5(5-x)$ h) $(-5-x)\cdot 12$
i) $(x-7)\cdot 7$ j) $(-a+2)\cdot 19$

14 Ergänze die fehlenden Terme so, dass sich eine wahre Aussage ergibt.

a) $4(x+\square)=4x+20$
b) $7(\square-3)=7x-21$
c) $\square(y+8)=xy+8x$
d) $x(\square+\square)=3x+xy$
e) $\square(9+2x)=18x+4x^2$
f) $2x(\square-\square)=6xy-16x$
g) $3a+6b=\square(a+2b)$
h) $2x+14y=\square(x+7y)$
i) $8a+12b=\square(2a+3b)$
j) $20+16x=\square(5+4x)$
k) $2x+3xy=\square(2+3y)$
l) $5a+7ab=\square(5+7b)$

15 Multipliziere aus und fasse zusammen.
a) $-5a(18a + 12b - 16) + 8a$
b) $4(5x - 2xy) - (3x - y - 3)$
c) $7x(2a - 3b - 4c) + 20bx$
d) $(5d - 4e)3d - (9d + e) - 5d(d + e)$
e) $7(4a + 3b) - (7a - 3b) + 3(5a - b)$

16 Klammere jeweils einen gemeinsamen Faktor (Zahl oder Variable) aus.
a) $19a - 19b$
b) $17r - 17ab$
c) $xz - yz$
d) $3ab - 7ac$
e) $9a - 9$
f) $12xyz - 35az$
g) $2a + 2b + 2c$
h) $4a^2 - 9a^2$
i) $7c - 15cd - 5ac$
j) $7x^2 - 15x$
k) $4ab + a$
l) $3x + 6$

BEACHTE
Mache die Probe, indem du anschließend die Klammern wieder ausmultiplizierst.

17 Sarah soll einen möglichst großen Faktor ausklammern. Dazu verwendet sie einen Zwischenschritt.
Erkläre ihre Vorgehensweise.

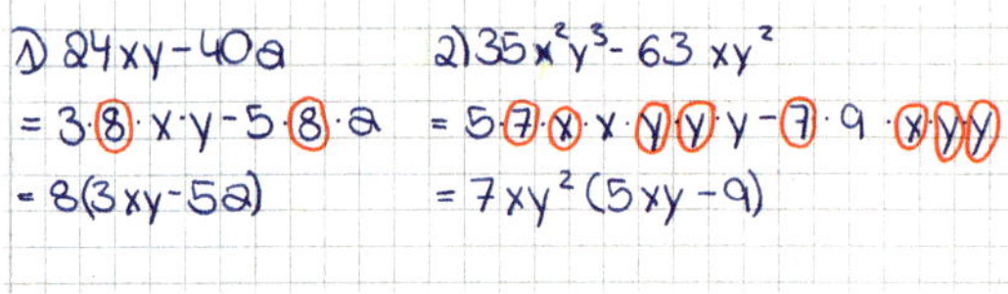

18 Lars soll den Term $9x + 27xy + 6xz$ zusammenfassen. Er schreibt
$9x + 27xy + 6xz = x(9 + 27y + 6z)$.
Ist das richtig?

19 Schreibe als Produkt. Setze zur Probe in beide Terme den gleichen Wert für x ein und vergleiche die Ergebnisse.
a) $4x + 8y$
b) $27 - 9x$
c) $3x - 12$
d) $18 - 9x$
e) $14a + 28b$
f) $36r - 24s$
g) $27y - 45z$
h) $-15p + 45q$
i) $50ab - 125a$
j) $42xz - 63yz$
k) $bx - b$
l) $5s + 35$

016-1
HINWEIS
Unter dem Webcode gibt es vorbereitete Karten zu Aufgabe 20.

20 Memory mit Termen
Bereitet zunächst mindestens 20 Karten vor. Jeweils zwei Karten gehören zusammen: auf eine Karte schreibt ihr einen Term mit Klammer und auf eine andere Karte den aufgelösten Term ohne Klammer.
Spielt Memory mit den Karten.

21 Wandle um in Produkte.
a) $ax - 4az + 5ay$
b) $21abx - 6by + 15bz$
c) $24ab - 12bc + 48ab$
d) $5bx - by - 15bz$
e) $25ab + 125ac + 75ax$
f) $16qrs - 12rst + 8stu$

22 Erläutere und korrigiere die Fehler.

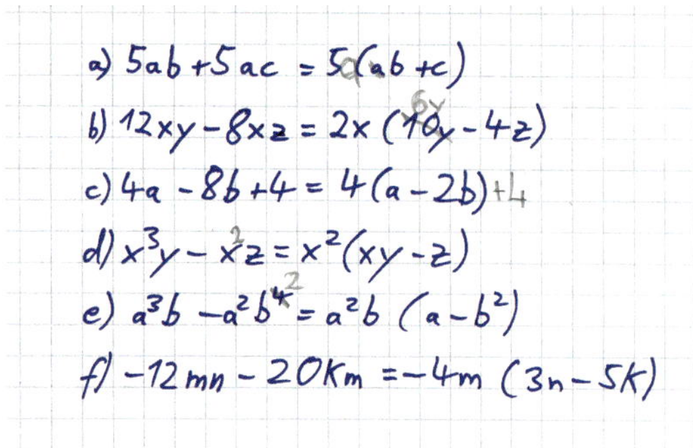

23 Gib jeweils einen Term mit Klammern und einen Term ohne Klammern für den Flächeninhalt der Figuren an (Maße in cm).

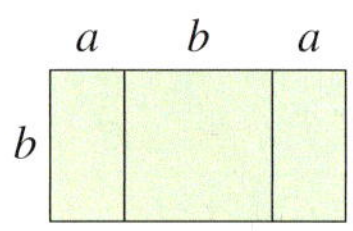

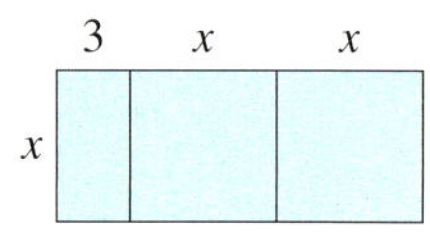

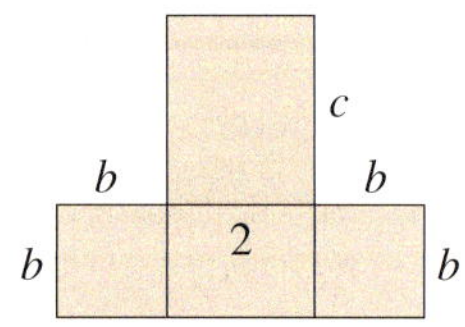

24 Klammere gemeinsame Faktoren aus.
a) $2x^2 + 4x$
b) $14x^2y - 7xy^2$
c) $x - x^3$
d) $48a^2b + 96a^3$
e) $x + x^2 + x^3$
f) $2x^2 + 4x + 6xy$
g) $6x^2 + 6x$
h) $-8x^2 - 8x$
i) $-7x - 14$
j) $-5x^2 - 5x - 5$
k) $15a - 3a^2$
l) $16p^2q - 8pq^2$

25 Klammere gemeinsame Faktoren aus und kürze die Brüche wie im Beispiel:
$\frac{15a - 5b}{25 + 10ab} = \frac{5(3a - b)}{5(5 + 2ab)} = \frac{3a - b}{5 + 2ab}$
a) $\frac{3x + 6}{9x + 12}$
b) $\frac{4 + 6a}{10b + 4}$
c) $\frac{15x + 9}{18 + 3x}$
d) $\frac{3x + 5xy}{xy + 7x}$

Produkte von Summen

Erforschen und Entdecken

1 Das Architekturbüro Lenz und Partner fertigt häufig Grundrisszeichnungen für Supermärkte an.
Im Bauantrag bei der Baubehörde müssen auch die Größe der einzelnen Räume und die Größe der gesamten genutzten Fläche angeben werden.

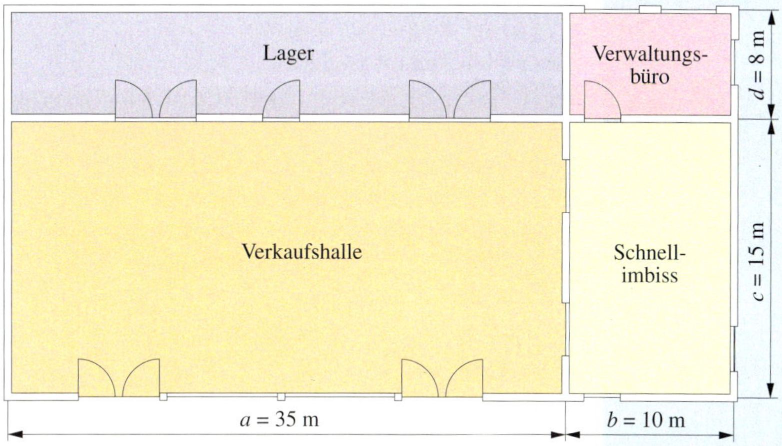

a) Berechne den Flächeninhalt der einzelnen Räume.
b) Berechne den Flächeninhalt der gesamten genutzten Fläche.
c) Zeige, dass es verschiedene Möglichkeiten gibt, die Gesamtfläche zu berechnen.
d) Für ähnliche Gebäude berechnet der Architekt Herr Lenz den Flächeninhalt mit seinem Tabellenkalkulationsprogramm.
Gib mindestens einen möglichen Term für die Formel in Zelle **F3** an.

	A	B	C	D	E	F
1	**Supermarkt**	**Verkaufshalle**	**Imbiss**	**Imbiss**	**Büro**	**Supermarkt**
2		**Länge a**	**Breite b**	**Länge c**	**Breite d**	**Gesamtfläche**
3	wie im Bild	35	10	15	8	
4	Alternative 1	38	12	16	10	
5	Alternative 2	42	10	17	12	
6	...					
7						
8						
9						
10						
11						
12						

2 Arbeitet zu zweit oder in kleinen Gruppen.
a) Findet heraus, welche Rechenaufgabe in der Tabelle gelöst wurde und erläutert den Rechenweg.

	30	8	
20	600	160	760
7	210	56	266
			1026

b) Überlegt euch selbst weitere Rechenaufgaben (tauscht sie evtl. untereinander) und löst sie auf die gleiche Weise mit einer Tabelle.
c) Beim Multiplizieren von zwei Summen kann man mit solchen Tabellen arbeiten. Übertragt die Tabellen in eure Hefte und füllt zunächst die grauen Felder aus. Berechnet anschließend die Summe der Terme in den grauen Feldern. Fasst die Terme soweit wie möglich zusammen. Vergleicht eure Lösungen.

① $(a+5)(a+4)$

	a	4	
a	a^2	$4a$	a^2+4a
5			

② $(x+5)(y+6)$

	y	6
x		
5		

③ $(3+2a)(a+5)$

	a	5
3		
$2a$		

d) Formuliert eine Regel für die Multiplikation von zwei Summen.

Lesen und Verstehen

Nina und Nadine sollen den Flächeninhalt des abgebildeten Rechtecks bestimmen. Sie überlegen: Die Länge des Rechtecks ist $(a + b)$. Die Breite des Rechtecks ist $(c + d)$.
Der Flächeninhalt ist also $(a + b)(c + d)$.
Beim Auflösen der Klammern gehen sie unterschiedlich vor.

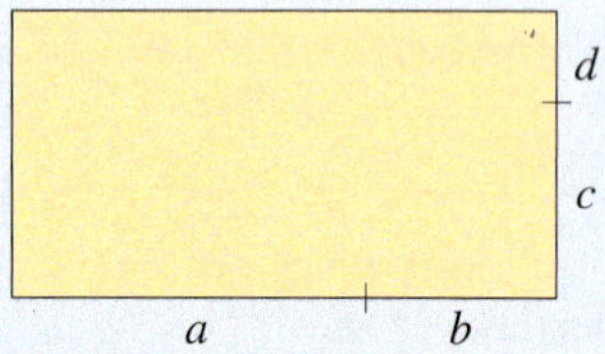

Nina zerlegt das Rechteck in vier Teilflächen und berechnet deren Flächeninhalt.

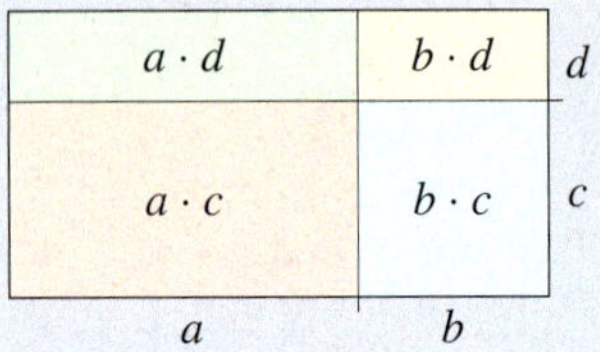

$(a + b) \cdot (c + d)$

$= a \cdot c + a \cdot d + b \cdot c + b \cdot d$

Nadine zerlegt das Rechteck in zwei Teilflächen und berechnet ihren Flächeninhalt. Dann wendet sie das Distributivgesetz an, um den Term zu vereinfachen.

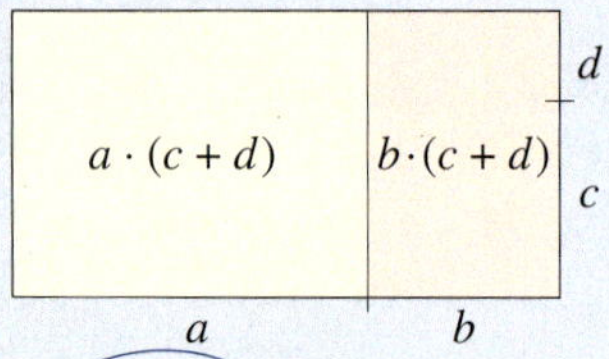

$(a + b) \cdot (c + d)$

$= a \cdot (c + d) + b \cdot (c + d)$

$= a \cdot c + a \cdot d + b \cdot c + b \cdot d$

Beim **Multiplizieren von zwei Summen** wird jeder Summand der ersten Summe mit jedem Summand der zweiten Summe multipliziert.

BEISPIEL

$(a + 3) \cdot (b + 5)$

$= a \cdot b + a \cdot 5 + 3 \cdot b + 3 \cdot 5$

$= ab + 5a + 3b + 15$

Üben und Anwenden

1 Ordne den Produkten die passenden Summen zu.

1. $(a + 2) \cdot (b + 6)$	a) $ab + 3a + 4b + 12$
2. $(a + 4) \cdot (b + 3)$	b) $ab + 3a + 9b + 27$
3. $(a + 1) \cdot (6 + b)$	c) $ab + 6a + 2b + 12$
4. $(a + 5) \cdot (9 + b)$	d) $6a + ab + 6 + b$
5. $(a + 9) \cdot (b + 3)$	e) $9a + ab + 45 + 5b$

2 Ergänze die Lücken.

a) $(x + 2) \cdot (y + 4) = xy + 4x + 2y + \ldots$
b) $(a + 5) \cdot (b + 6) = ab + 6a + \ldots + \ldots$
c) $(x + 7) \cdot (y + z) = xy + xz + 7y + \ldots$
d) $(c + 11) \cdot (3 + d) = 3c + \ldots + \ldots + \ldots$
e) $(3 + a) \cdot (8 + b) = 24 + \ldots + \ldots + \ldots$
f) $(4 + x) \cdot (y + 2) = 4y + 8 + \ldots + \ldots$
g) $(8 + a) \cdot (b + 7) = 8b + \ldots + \ldots + \ldots$

3 Löse die Klammern auf.

a) $(a + 4) \cdot (b + 8)$	b) $(a + 5) \cdot (b + 7)$
c) $(x + 1) \cdot (y + 3)$	d) $(a + 3) \cdot (4 + b)$
e) $(a + 2) \cdot (12 + b)$	f) $(x + 6) \cdot (9 + y)$
g) $(x + 6) \cdot (y + 7)$	h) $(3 + d) \cdot (e + 8)$
i) $(11 + a) \cdot (b + 5)$	j) $(7 + x) \cdot (3 + y)$

4 Ergänze die leeren Felder in der Rechnung
$(x + \square) \cdot (\square + 2) = xy + \square + 4y + 8$.

5 Stelle einen Term für den Flächeninhalt des Rechtecks auf. Kann man den Term umformen?

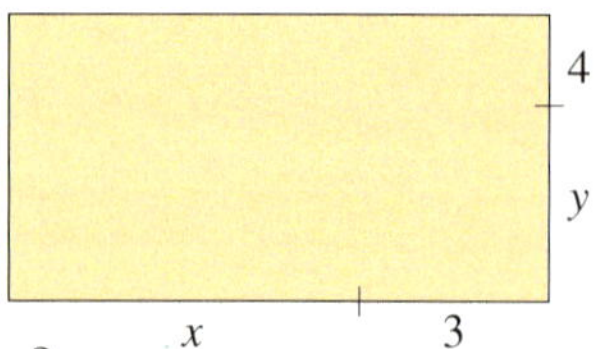

6 Dieses Bild von Richard Paul Lohse heißt „Zentrum aus vier Quadraten als Ergebnis der vier Kreuzflächen".

a) Beschreibe das Bild.

b) Gib Terme für den Flächeninhalt der einzelnen Flächen an.

c) Gib einen Term für den Inhalt der gesamten Fläche an.

d) Finde Rechtecke, die die folgenden Flächeninhalte haben.

① $(a+b)\cdot c$
② $(a+b)(b+c)$
③ $4b^2$
④ $(b+c)(b+c)$
⑤ $a\cdot(b+c)$
⑥ $c\cdot(a+b)$
⑦ $bc+2b^2$
⑧ $ac+2bc+2b^2$

e) Zeichne ein ähnliches Bild in dein Heft. Beachte, dass $c = 2b$ und $a = 3b$ ist. Färbe die Figur nach deinem Geschmack ein und berechne die Flächeninhalte aller Teilflächen in cm^2.

ZUR INFORMATION
Richard Paul Lohse lebte von 1902 bis 1988 in der Schweiz und war ein Maler und Grafiker. Weitere Werke des Künstlers mit Informationen über sein Leben findet ihr unter dem Webcode www 019-1

7 Löse die Klammern auf und fasse, wenn möglich, zusammen.

a) $(a+b)\cdot(a+c)$	b) $(2+a)\cdot(a+2)$
c) $(3+x)\cdot(x+z)$	d) $(r+25)\cdot(r+6)$
e) $(a+4)\cdot(a+10)$	f) $(8+x)\cdot(8+x)$
g) $(3+x)\cdot(x+7)$	h) $(6+c)\cdot(9+c)$
i) $(10+r)\cdot(r+s)$	j) $(8+u)\cdot(u+2)$

8 Ergänze die Lücken.

a) $(x+5)\cdot(x+12) = x^2 + 17x + \square$
b) $(2x+7)\cdot(3x+2) = 6x^2 + 25x + \square$
c) $(3a+4)\cdot(4a+5) = \square + 31a + \square$
d) $(4c+6)\cdot(2c+7) = \square + 40c + \square$
e) $(5a+3)\cdot(2a+9) = \square + \square + 27$
f) $(3m-5)\cdot(2m+7) = \square + 11m - \square$
g) $(5x+3y)\cdot(3x+9) = 15x^2 + \square + 9xy + \square$
h) $(4a+3b)\cdot(2a+5b) = 8a^2 + \square\,ab + \square$
i) $(2x+7y)\cdot(3x+6y) = \square + \square + 42y^2$
j) $(2s-4r)\cdot(2s+3r) = 4s^2 - \square - \square$
k) $(5a+2b)\cdot(3a-4b) = 15a^2 - \square - \square$
l) $(7x+4y)\cdot(8x+11) = \square + 77x + \square + \square$

9 Multipliziere.

a) $(a-5)\cdot(b+7)$	b) $(y-8)\cdot(z+9)$
c) $(x-3)\cdot(y+6)$	d) $(s+4)\cdot(t-1)$
e) $(a+9)\cdot(-b-2)$	f) $(-x-5)\cdot(y-8)$
g) $(z-8)\cdot(z-9)$	h) $(a-9)\cdot(a+9)$
i) $(3a+b)\cdot(a-3b)$	j) $(x+4)\cdot(x-4)$

10 Multipliziere jeweils einen Term aus dem linken Kästchen mit einem Term aus dem rechten Kästchen.

linkes Kästchen	rechtes Kästchen
$(a+b)$	$(16a+5)$
$(b-14a)$	$(10b+6a)$
$(4a+6b)$	$(-14b-30)$
$(-a+4b)$	$(11a+25b)$

11 Multipliziere und fasse zusammen.

a) $(2x+y)\cdot(2a+5)$
b) $(4a-2)\cdot(4a+4)$
c) $(5x-5)\cdot(8+7y)$
d) $(11t+8)\cdot(5-4t)$

12 Veranschauliche wie im Beispiel.

BEISPIEL

$(a + b) \cdot (c - d) = ac - ad + bc - bd$

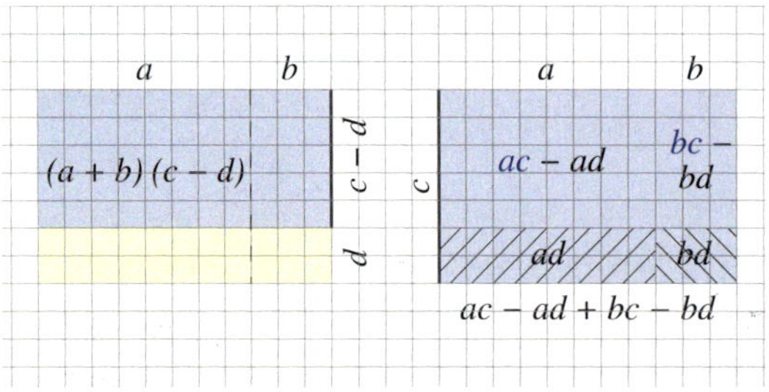

a) $(a - b) \cdot (c + d) = ac + ad - bc - bd$
b) $(a - b) \cdot (c - d) = ac - ad - bc + bd$

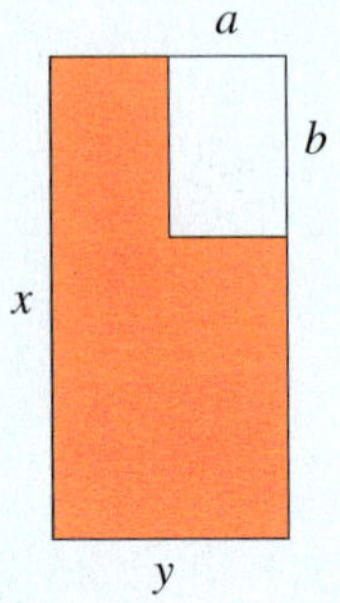

13 Beachte die Zeichnung in der Randspalte. Der Flächeninhalt der farbigen Fläche lässt sich auf verschiedene Arten berechnen.

a) Welcher der folgenden Terme ist nicht geeignet? Begründe.
① $x \cdot y - a \cdot b$
② $x \cdot (y - a) + a \cdot (x - b)$
③ $x \cdot y + a \cdot b$
④ $(x - b) \cdot (y - a) + a \cdot (x - b) + b \cdot (y - a)$

b) Zeige durch Termumformungen, dass die Terme ① und ④ identisch sind.

14 Multipliziere und fasse zusammen.

a) $(2a - b) \cdot (7a - 8b)$
b) $(6a - 2) \cdot (5 + 3a)$
c) $(s + 3t) \cdot (9s - t)$
d) $(-3d - 5) \cdot (4d + 10)$
e) $(6x - 15y) \cdot (3x + 9y)$
f) $(-7b + 8) \cdot (16 - 12b)$
g) $(9x - 13y) \cdot (4y - 5x)$
h) $(10a - 25b) \cdot (3b + 2a)$
i) $(5x - 2y) \cdot (x - 3y)$

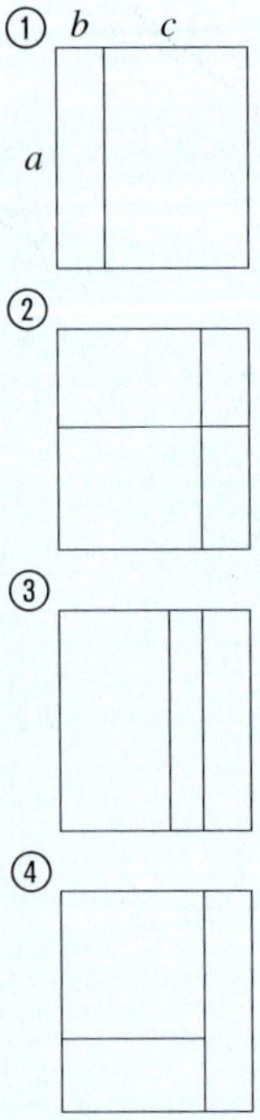

15 Kevin hat Terme für die Flächeninhalte der skizzierten Rechtecke 1 bis 4 in der Randspalte aufgestellt.

$A = a \cdot b + a \cdot c = a \cdot (b + c)$
$A = e \cdot f + e \cdot g + e \cdot h = e \cdot (f + g + h)$
$A = a \cdot s + a \cdot t + b \cdot s + b \cdot t$
$= (a + b) \cdot (s + t)$

a) Zu welcher Figur passt welcher Flächeninhaltsterm? Begründe.
b) Finde einen Term für den Flächeninhalt der fehlenden Figur.

16 Ein Schwimmbecken mit der Länge a und der Breite b wird durch eine Umrandung aus Betonplatten eingefasst. Die Breite der Umrandung beträgt x.

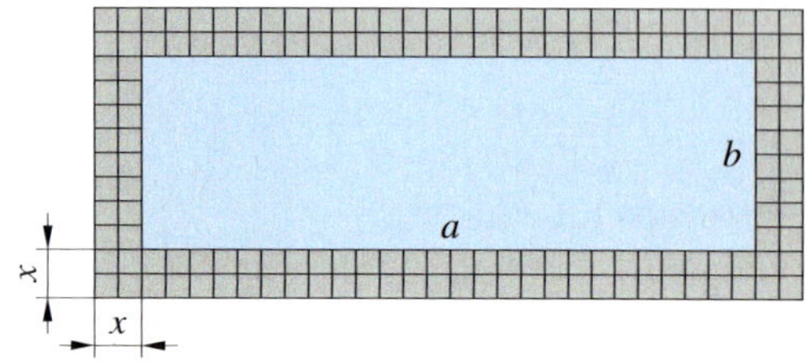

a) Überlege, wie man den Flächeninhalt der Umrandung berechnen könnte.
b) Zeige an der Zeichnung, dass jeder der Terme $(a + 2x) \cdot (b + 2x) - ab$ und $2ax + 2x(b + 2x)$ den Flächeninhalt der Umrandung angibt.
c) Bestätige durch Ausmultiplizieren, dass die beiden Terme den gleichen Wert haben.
d) Berechne den Flächeninhalt für $a = 15\,\text{m}$, $b = 8\,\text{m}$ und $x = 1{,}2\,\text{m}$.

17 Ergänze die Multiplikationstabellen. Welches Produkt wird berechnet? Wie lautet das Ergebnis?

	$2x$	4
	$2xy$	
$3x$		

	$3b$	
$5a$		$20a$
		$8b$

18 Mit der Multiplikationstabelle lassen sich auch Summen mit mehr als zwei Summanden berechnen.
Ergänze die Tabelle. Welches Produkt wird hier berechnet?

	a	$5b$	3
a			
$2b$			

19 Löse die Klammern auf und fasse zusammen.

a) $(x + 2y) \cdot (2x + 3y + z)$
b) $(a + 5b) \cdot (3a - 2b - 3c)$
c) $(c + d + 3e) \cdot (5c + 7d)$
d) $(3s + 4t) \cdot (2s + 0{,}5t + 7)$
e) $(7x + 3y + 2a) \cdot (3a - 5y)$
f) $(6a - 3b - 4) \cdot (3b + 2a)$

Gleichungen aufstellen und lösen

Erforschen und Entdecken

Bildet Gruppen zu zwei bis fünf Personen und sucht euch mindestens zwei Knobelaufgaben aus, die ihr lösen wollt. Vergleicht anschließend eure Lösungen und Lösungswege mit denen der anderen Gruppen. Begründe, ob sich alle Aufgaben auf die gleiche Weise lösen lassen.

Fußballaufgabe
In einem Fußballstadion sind alle Plätze ausverkauft. Die Gesamteinnahmen aus den Eintrittsgeldern der 52 000 Besucher betragen 1 150 000 €. Wie viele Sitz- bzw. Stehplätze hat das Stadion, wenn der Eintritt zum Spiel 25 € auf den Sitzplätzen und 15 € auf den Stehplätzen beträgt?

Zylinderaufgabe
Wie schwer ist der rote Zylinder?

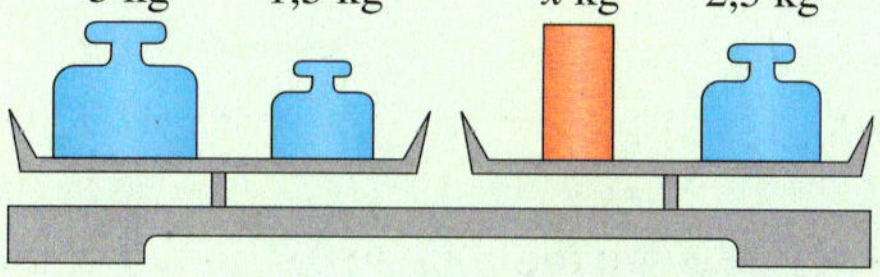

Waagenaufgabe

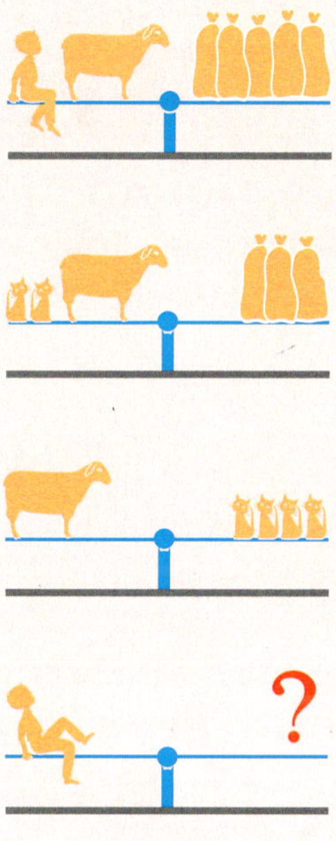

Altersaufgabe
Eine alte Frau wird nach ihrem Alter gefragt. Sie antwortet: „Mit meiner Tochter bin ich zusammen 115 Jahre alt. Mit meiner Enkelin bin ich zusammen 95 Jahre alt. Meine Tochter und meine Enkelin sind zusammen 70 Jahre alt.“
Wie alt ist die Frau?

Rechteckaufgabe
Ein Rechteck hat einen Flächeninhalt von $48\,cm^2$ und einen Umfang von 38 cm.
Welche Seitenlängen hat das Rechteck?

Waffelaufgabe
Frau Tekolf hat eine Packung mit Schokoladenwaffeln gekauft. Sie möchte die Waffeln gerecht unter ihren Kindern aufteilen. Dabei stellt sie allerdings fest: Wenn sie jedem Kind 3 Waffeln gibt, dann bleiben 3 Waffeln übrig. Wenn sie aber jedem Kind 4 Waffeln geben will, dann fehlt ihr eine Waffel.
a) Wie viele Kinder hat Frau Tekolf?
b) Wie viele Waffeln sind in der Packung?

Einkaufsaufgabe
Sabrina hat 5 Filzstifte und 3 Gelstifte gekauft. Ihre Mutter möchte wissen, wie viel die Stifte jeweils gekostet haben. Sabrina kann sich aber nur erinnern, dass sie insgesamt 8,80 € zahlen musste.
a) Wie viel € könnten die Stifte jeweils gekostet haben?
b) Sabrinas Freundin meint, dass die Filzstifte jeweils 1,20 € gekostet hätten. Überprüft, ob das sein kann.
c) Sabrina kann sich noch erinnern, dass die Gelstifte doppelt so viel wie die Filzstifte gekostet haben. Wie viel kosteten die Stifte dann?

Lesen und Verstehen

Kevin und Marco sparen für einen MP3-Player. Kevin hat bereits 25 € gespart. Jede Woche spart er weitere 1,50 €. Marco hat erst 5 € in seiner Spardose. Er spart aber jede Woche 3,50 €. Kevin behauptet: „Das dauert doch mindestens ein halbes Jahr, bis du genauso viel Geld gespart hast wie ich.“ Stimmt das?

Bei vielen Problemen lässt sich die Lösung durch systematisches **Probieren** finden. Dabei ist es häufig sinnvoll, sich eine Tabelle anzulegen. Man setzt verschiedene Werte ein und probiert so lange, bis man die richtige Lösung gefunden hat.

Viele Probleme lassen sich auch durch eine **Gleichung** lösen.
Erhält man beim Einsetzen einer Zahl für x eine wahre Aussage, so ist x Lösung der Gleichung.

Eine Gleichung kann durch **Äquivalenzumformungen** gelöst werden.
Dazu wird eine Gleichung schrittweise so umgeformt, dass man die Lösung direkt ablesen kann. Dabei sind folgende Rechenoperationen erlaubt:
- auf beiden Seiten denselben Term addieren oder subtrahieren
- auf beiden Seiten mit demselben Term multiplizieren oder durch denselben Term ($\neq 0$) dividieren.

BEISPIEL 1

Anzahl Wochen	Marcos Sparbetrag	Kevins Sparbetrag
1	$5 + 1 \cdot 3{,}5 = 8{,}5$	$25 + 1 \cdot 1{,}5 = 26{,}5$
5	$5 + 5 \cdot 3{,}5 = 22{,}5$	$25 + 5 \cdot 1{,}5 = 32{,}5$
10	$5 + 10 \cdot 3{,}5 = 40$	$25 + 10 \cdot 1{,}5 = 40$

Nach 10 Wochen haben die beiden gleich viel Geld gespart.

BEISPIEL 2

Anzahl der Wochen: x
Marco: $5 + 3{,}5 \cdot x$; Kevin: $25 + 1{,}5 \cdot x$
Gleichung: $5 + 3{,}5 \cdot x = 25 + 1{,}5 \cdot x$
Ist $x = 26$ die Lösung?
$5 + 3{,}5 \cdot 26 = 25 + 1{,}5 \cdot 26$ (falsche Aussage)
$96 \neq 64$
Kevins Behauptung stimmt also nicht.

BEISPIEL 3

$$\begin{aligned} 5 + 3{,}5x &= 25 + 1{,}5x & &\mid -1{,}5x \\ 5 + 2x &= 25 & &\mid -5 \\ 2x &= 20 & &\mid :2 \\ x &= 10 \end{aligned}$$

Nach 10 Wochen haben sie gleich viel.

ERINNERE DICH
Zur Veranschaulichung von Gleichungen verwendet man oft das Waagemodell. Stelle die Gleichung mit dem Waagemodell dar.

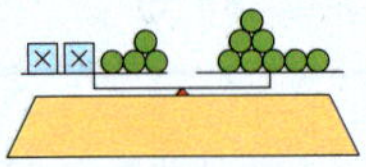

Üben und Anwenden

1 Welche Gleichungen werden durch die Waagemodelle dargestellt? Gib mögliche Lösungsschritte an.

a)
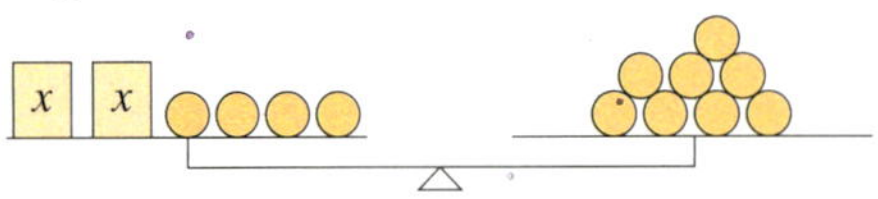

b)
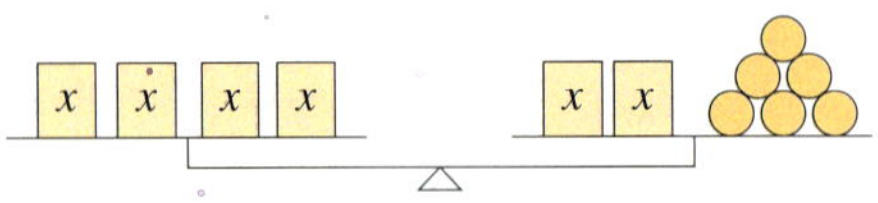

c)
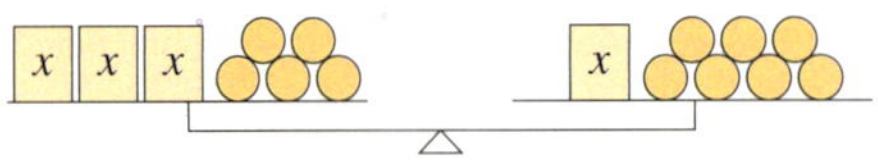

2 Übertrage die Gleichungen in dein Heft. Gib jeweils an, welche Äquivalenzumformungen vorgenommen wurden.

a) $8x - 5 = 19$
$8x = 24$
$x = 3$

b) $14x + 4 = 11x + 13$
$14x = 11x + 9$
$3x = 9$
$x = 3$

c) $-4x + 8 = 3x - 6$
$8 = 7x - 6$
$14 = 7x$
$2 = x$

d) $2{,}5x + 7 = 9 - x - 23$
$2{,}5x + 7 = -x - 14$
$3{,}5x + 7 = -14$
$3{,}5x = -21$
$x = -6$

3 Löse die Gleichungen.

a) $2x + 3 = 9$ b) $3x + 8 = 20$
c) $7x + 5 = 47$ d) $6x + 7 = -5$
e) $5 + 2x = -23$ f) $29 + 5x = -21$
g) $24 = 7x - 4$ h) $27 = 4x - 25$

4 Löse die Gleichungen.

a) $3x + 5 = -6x + 32$
b) $5{,}4x + 9 = -2{,}6x + 65$
c) $4x + 7 = -2x - 17$
d) $2x - 13{,}25 = -4x - 14{,}25$
e) $9x - 2 = -5x - 23$
f) $7x - 3 = -8x + 9$
g) $5x + 11{,}3 = 3x + 17{,}3$
h) $9x - 23 = 25 - 3x$
i) $35x + 25 = 47x - 155$

5 Fasse erst zusammen und löse dann die Gleichungen.

a) $4x - 3 + 2x = 33 + 3x$
b) $5b - 4 + 3b = 6b - 9$
c) $9a - 21 - 3a = 9a - 24 + a$
d) $4 - 9x - 15 = -11x + 29 + 4x$
e) $9 + 12x - 4 = 7x + 26 - 10x$
f) $42y - 45 - 81y = -32y - 7 - 2y$
g) $33x - 42x + 2\frac{1}{2} = -14x$
h) $3\frac{1}{4} - 7x + \frac{1}{2} = 13x + 4\frac{1}{2}$

6 Überprüfe, ob die folgenden Gleichungen richtig gelöst wurden. Untersuche die Lösungsschritte und entscheide, ob das Ergebnis richtig oder falsch ist. Korrigiere gegebenenfalls.

a) $4x + 7 = 36 \mid :4$
$x + 7 = 9 \mid -7$
$x = 2$

b) $-4x + 12 = -24 \mid -12$
$-4x = -36 \mid :4$
$x = -9$

7 Löse die Gleichung, indem du eine Tabelle anlegst und systematisch probierst.

a) $x^2 + 4x + 5 = 50$

x	$x^2 + 4x + 5 = 50$
1	$1^2 + 4 \cdot 1 + 5 = 10$
2	$2^2 + \ldots$

b) $\frac{x+5}{x-5} = 2$

x	$\frac{x+5}{x-5} = 2$
1	$\frac{1+5}{1-5} = -1\frac{1}{2}$
2	…

8 Verwandle den Text in eine Gleichung. Gib die Lösung der Gleichung an.

a) Das Dreifache einer Zahl ist 2.
b) Eine Zahl vermindert um 9 ist 1.
c) 100 ist das Produkt einer Zahl und 16.
d) Eine Zahl geteilt durch 8 ergibt 6.
e) Die Hälfte einer Zahl ist 5.
f) Die Summe einer Zahl und 3,2 ist $6\frac{1}{4}$.

9 Welche natürlichen Zahlen von 1 bis 10 kannst du für die Variablen einsetzen, damit die Gleichungen stimmen?

a) $12x + 25 = 61$
b) $40 - 8x = 10 - 3x$
c) $4x + 7 = 6x - 4 - 2x + 11$
d) $10y - 5 + 5y = 25y - 12 - 10y$
e) $2(3x + 2) = 11x + 5 - 5x$
f) $4(a + 3) = (24a + 72) : 6$
g) $-5(b + 2) = (8b + 26) : (-2)$

HINWEIS
Wenn eine Gleichung keine Lösung hat, so ist die Lösungsmenge leer.
Man schreibt:
$L = \{\ \}$ oder $L = \emptyset$.

10 Ermittle jeweils die Lösung in dem angegebenen Grundbereich.

a) $6x = 2$ Grundbereich: $\mathbb{R}$
b) $3n = 17$ Grundbereich: $\mathbb{N}$
c) $3x - 7 = 9$ Grundbereich: $\mathbb{N}$
d) $3x - 7 = 9$ Grundbereich: $\mathbb{R}$
e) $4x - 3 = x$ Grundbereich: $\mathbb{N}$
f) $x + 2 = x - 6$ Grundbereich: $\mathbb{R}$

HINWEIS
Der Grundbereich gibt an, welche Zahlen für die Variablen eingesetzt werden dürfen.
$\mathbb{R}$ – Rationale Zahlen
$\mathbb{N}$ – Natürliche Zahlen

11 Welche der in der Randspalte angegebenen Zahlen sind jeweils Lösung der Gleichung?

a) $2 - x = x : 2 + 5$
b) $4x - (2x + 1) = 3(x - 0{,}5)$
c) $x(x + 1) = x^2 + 2$
d) $3x + 7 = x : (-\frac{1}{4})$

HINWEIS
Unter diesen Zahlen sind die Lösungen der Gleichungen in Aufgabe 11.
$-2; -1; -\frac{1}{2}; \frac{1}{2}; 1; 2$

12 Löse die Gleichungen.

a) $3 + (x - 2) = 8$
b) $8y - 3 = 4y + (11 - 3y)$
c) $18 - (8a - 12) = 14a - 14$
d) $6(5 + 2x) = -42$
e) $\frac{1}{3}(-9 + 12x) = -15x - 1$
f) $5(n + 2) = -\frac{1}{2}(-9n + 8)$
g) $2(m - 5) = 9 + 2m$
h) $20 - (8 - 2y) = 10(-0{,}6 - y)$
i) $3y + (6 - 2y) = (5y - 5) \cdot 3$
j) $-3 - (-5 - b) = -b + 3b + 2$

$\frac{x+y}{2}$

ZUM WEITERARBEITEN
Finde auch andere Wege, die Gleichungen zu lösen.

13 Mit welchen Äquivalenzumformungen wurden die Gleichungen gelöst?

a) $\frac{x}{3} = \frac{2}{7}$
$x = \frac{6}{7}$

b) $\frac{a}{4} - 5 = 3$
$\frac{a}{4} = 8$
$a = 32$

c) $1\frac{1}{2}x + 4 = x + 8$
$1\frac{1}{2}x = x + 4$
$\frac{1}{2}x = 4$
$x = 8$

d) $\frac{1}{3}x + 2 = \frac{1}{2}x - 3$
$\frac{1}{3}x = \frac{1}{2}x - 5$
$\frac{2}{6}x - \frac{3}{6}x = -5$
$-\frac{1}{6}x = -5$
$x = 30$

14 Löse die Gleichungen.

a) $\frac{a}{4} + 2 = 5$ b) $\frac{a}{2} + 8 = -3$
c) $\frac{x}{7} - 4 = 2$ d) $\frac{x}{9} - 5 = -8$
e) $\frac{1}{11}y + 2 = 15$ f) $-5 + \frac{1}{8}y = -17$
g) $-\frac{r}{2} + 7 = 8$ h) $-\frac{r}{8} + 9 = 2$
i) $-\frac{x}{5} - 4 = -9$ j) $-\frac{x}{3} - 15 = 13$
k) $9 - \frac{1}{4}a = 14$ l) $17 = -\frac{1}{a} + 8$

HINWEIS
Lösungen der Größe nach geordnet: $-36; -12; -\frac{8}{5}; \frac{21}{2}; \frac{40}{3}; 20$

15 Löse die Gleichungen.

a) $\frac{1}{4}x + 1 = \frac{1}{5}x + 2$
b) $\frac{1}{9}x - 11 = \frac{1}{3}x - 3$
c) $-4 - \frac{1}{20}x = \frac{1}{10}x - 6$
d) $\frac{5}{6}x + \frac{3}{5} = \frac{1}{3}x - \frac{1}{5}$
e) $5\frac{3}{4}x + 14 = 3\frac{1}{3}x - 15$
f) $1 - \frac{2}{7}x = 4\frac{2}{3}x - 51$

16 Stelle die Gleichung $\frac{a}{b} = \frac{c}{d}$ um und berechne jeweils den fehlenden Wert.

	a	b	c	d
a)	1	2	4	
b)	3	7	9	
c)	15		2,5	4
d)		3,8	2,5	5,7

HINWEIS
Gleichungen, in denen Brüche mit einer Variablen im Nenner vorkommen, nennt man Bruchgleichungen. Die Variable darf nicht so gewählt werden, dass der Nenner den Wert null annimmt.

17 Gib die Äquivalenzumformungen an, mit deren Hilfe die folgenden Bruchrechnungen gelöst werden.

a) $\frac{4}{x} + 2 = 1$
$\frac{4}{x} = -1$
$4 = -x$
$x = -4$

b) $4 - \frac{1}{2x} = 3$
$4x - \frac{1}{2} = 3x$
$x - \frac{1}{2} = 0$
$x = \frac{1}{2}$

18 Welche Werte dürfen die Variablen der Bruchgleichungen nicht annehmen?

a) $\frac{1}{x} = 3$ b) $\frac{3}{2x} = 4$
c) $2 = \frac{1}{a+1}$ d) $\frac{2}{n} = 1 + \frac{1}{2n}$
e) $\frac{1}{x-4} = 3$ f) $\frac{1}{2a-2} = 2$
g) $\frac{3}{4x+12} = 1$ h) $\frac{1}{n} = \frac{3}{n+2}$

19 Löse die Bruchgleichungen.

a) $\frac{4}{x} = 2$ b) $\frac{1}{x} = 6$
c) $8 = \frac{72}{x}$ d) $\frac{12}{x} + 2 = 6$
e) $\frac{5}{x} = \frac{1}{2}$ f) $\frac{2}{3x} = \frac{1}{3}$
g) $\frac{10}{7x} + 2 = 58$ h) $-5 = \frac{2}{x} + 3$
i) $4 - \frac{7}{2x} = 14{,}5$ j) $\frac{3+x}{x} = 6$
k) $\frac{9-x}{2x} = 1$ l) $\frac{x-1}{x} + 2 = 4$

20 Anne ist 15 Jahre älter als Boris und Boris ist 12 Jahre älter als Eva. Zusammen sind sie 42 Jahre alt. Wie alt sind die drei?

21 Frauke hat zwei Schwestern. Die eine ist 1, die andere 3 Jahre jünger als sie. Zusammen sind die Geschwister 38 Jahre alt. Wie alt ist Frauke?

22 Familie Meier hat drei Kinder, die im Abstand von jeweils zwei Jahren zur Welt kamen. Die älteste Tochter ist jetzt genau vier Jahre älter als der jüngste Sohn. Wie alt sind die drei Kinder jeweils, wenn sie zusammen 33 Jahre alt sind?

23 Tanja kauft für ihre Sprachreise Bücher ein: einen Reiseführer über London, ein Handwörterbuch und einen Roman. Der Reiseführer ist 2 € teurer als der Roman und 5 € billiger als das Wörterbuch. Sie zahlt 30 €. Was kosten die einzelnen Bücher?

24 Familie Drews hat in einem Preisausschreiben 3 500 € gewonnen. Das Geld soll so aufgeteilt werden, dass die Eltern doppelt so viel erhalten wie die drei Kinder zusammen. Wie viel € bekommen die Kinder jeweils?

Sachaufgaben systematisch lösen

Erforschen und Entdecken

1 Arbeitet zu zweit oder zu dritt.
Nehmt ein Stück Draht mit einer Länge von 24 cm und löst die folgenden Aufgaben.

a) Formt aus dem Draht ein Rechteck, bei dem eine Seite 5 cm länger als die andere Seite ist. Gebt die beiden Seitenlängen des Rechtecks an. Gibt es mehrere Möglichkeiten?

b) Formt aus dem Draht ein Rechteck, bei dem eine Seite dreimal so lang wie die kürzere Seite ist. Wie lang ist die kürzere Seite?

c) Formt aus dem Draht ein gleichschenkliges Dreieck, bei dem jeder Schenkel 3 cm länger als die Basis ist. Gebt die Seitenlängen des Dreiecks an.

2 Das Kantenmodell des Quaders wurde aus einem 240 cm langen Draht gebaut.

a) Erkläre, wie sich die Höhe und Breite des Quaders von der Länge x des Quaders unterscheiden.

b) Ermittle die Länge der Seite x.

c) Wie groß ist das Volumen des Quaders?

d) Wie groß ist die Oberfläche des Quaders?

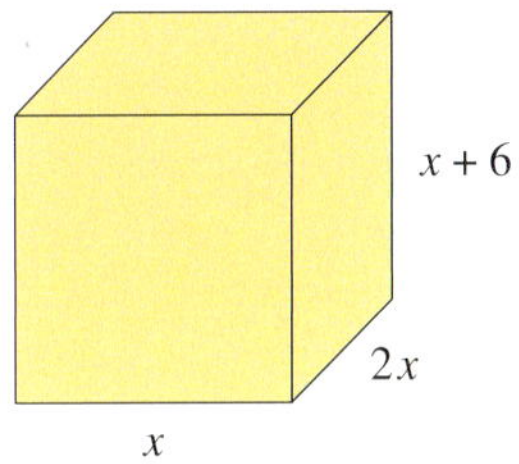

3 Melina hat ein Rechteck gezeichnet und sich dazu ein Rätsel überlegt.

a) Zeichne Melinas ursprüngliches Rechteck und das veränderte Rechteck.

b) Welchen Flächeninhalt haben die Rechtecke?

c) Gibt es mehrere Lösungen?

4 Opa Hermann verspricht seinem Enkelsohn Maurice, ihm für jede richtig gelöste Mathematikaufgabe 50 Cent in die Spardose zu geben. Allerdings muss Maurice für jede fehlerhafte Aufgabe 30 Cent zurückzahlen. Nachdem Maurice 25 Aufgaben gelöst hat, erhält er von seinem Opa 3,70 € für die Spardose.

a) Wie viele Aufgaben hat Maurice richtig gerechnet? Stelle eine Gleichung auf und löse sie.

b) Erfinde eine ähnliche Aufgabe und löse sie. Tauscht eure Aufgaben (ohne Lösungen natürlich) untereinander, berechnet sie und gebt sie zum Kontrollieren zurück.

c) Erkläre, wie man aus solchen Textaufgaben Gleichungen erstellen kann.

Lesen und Verstehen

Herr Ott ist heute 4-mal so alt wie seine Enkelin Sarah. Vor 10 Jahren war er sogar 10-mal so alt wie sie. Wie alt sind Sarah und ihr Großvater?
Diese Problemstellung lässt sich mit Hilfe von Gleichungen beschreiben und lösen.

TIPP
Bei geometrischen Problemen hilft häufig eine Skizze.

Sachprobleme kann man mit dem **Sechs-Schritte-Verfahren** lösen.

	BEISPIEL
1. Variable festlegen	Die Informationen in der Aufgabe beziehen sich alle auf das Alter von Sarah heute. Also wird dafür die Variable festgelegt. Alter von Sarah heute: x
2. Terme bilden	Alter von Herrn Ott heute: $4x$ Alter von Herrn Ott vor 10 Jahren: $4x - 10$ Alter von Sarah vor 10 Jahren: $x - 10$
3. Gleichung aufstellen	Herr Ott war vor 10 Jahren 10-mal so alt wie Sarah: $10 \cdot (x - 10) = 4x - 10$
4. Gleichung lösen	$10 \cdot (x - 10) = 4x - 10$ $10x - 100 = 4x - 10 \quad \vert + 100$ $10x = 4x + 90 \quad \vert - 4x$ $6x = 90 \quad \vert : 6$ $x = 15$
5. Lösung prüfen	Probe durch Einsetzen: $10 \cdot (15 - 10) = 4 \cdot 15 - 10$ $10 \cdot 5 = 60 - 10$ $50 = 50$ (wahre Aussage) Probe am Sachproblem: Sarahs Alter heute: 15 Jahre Sarahs Alter vor 10 Jahren: 5 Jahre Herr Otts Alter heute: 60 Jahre Herr Otts Alter vor 10 Jahren: 50 Jahre Herr Ott war also 10-mal so alt wie Sarah.
6. Antwort formulieren	Sarah ist heute 15 Jahre und ihr Großvater ist 60 Jahre alt.

BEACHTE
Bevor die Gleichung durch Äquivalenzumformungen gelöst wird, sollten die Klammern aufgelöst werden.

HINWEIS
Die Lösung einer Gleichung kann man manchmal auch durch systematisches Probieren (gezieltes Einsetzen) finden.

Üben und Anwenden

1 Gib Terme für das Alter der Familienmitglieder an. Das Alter von Tim Matoni ist x.
a) Herr Matoni ist 30 Jahre älter als Tim.
b) Frau Matoni ist 2 Jahre jünger als ihr Mann.
c) Laura ist 4 Jahre jünger als Tim.
d) Kevin ist halb so alt wie sein Bruder Tim.
e) Oma Matoni ist doppelt so alt wie Herr Matoni.
f) Opa Matoni ist drei Jahre älter als das Sechsfache von Tims Alter.

2 Entscheide, ob die Gleichung richtig aufgestellt wurde. Korrigiere gegebenenfalls.
a) Die Summe einer Zahl und 7 ist halb so groß wie 24. Gleichung: $2(x + 7) = 24$
b) Das Produkt aus einer Zahl und ihrem Vorgänger ist 156.
Gleichung: $x : (x - 1) = 156$
c) In einem gleichschenkligen Dreieck sind die Basiswinkel 15° kleiner als der dritte Winkel. Gleichung: $2(x - 15) + x = 180$

3 Ordne die Gleichungen aus dem oberen Feld den Texten aus dem unteren Feld zu.

① $2[x + (x + 4)] = 60$ ② $x + x + 4 = 60$
③ $x(x - 4) = 60$ ④ $3(x + 4) = 60$

ⓐ Ein Rechteck ist 4 cm kürzer als breit. Sein Flächeninhalt beträgt $60\,\text{cm}^2$.
ⓑ Anja ist 4 Jahre älter als Robert. Zusammen sind sie 60 Jahre alt.
ⓒ Die Summe aus einer Zahl und 4 wird mit 3 multipliziert. Es ergibt sich 60.
ⓓ Ein Rechteck ist 4 cm länger als breit. Sein Umfang beträgt 60 cm.

4 Felix ist heute vier Jahre älter als seine Schwester Hannah. Verdoppelt man sein Alter, so erhält man das Dreifache von Hannahs Alter. Wie alt ist Hannah?
Vervollständige die Lösung mit dem Sechs-Schritte-Verfahren.

1. Variable festlegen
   x = Alter von Hannah
2. Terme bilden
   Alter von Felix: $x + 4$
   Das doppelte Alter von Felix: $2(x + 4)$
   Das dreifache Alter von Hannah: $3x$
3. Gleichung aufstellen

5 Löse die Altersrätsel mit einer Gleichung. Gehe im Sechs-Schritte-Verfahren vor.

a) Franziska hat zwei Brüder. Einer ist 2 Jahre jünger, der andere 4 Jahre älter als sie. Zusammen sind sie 98 Jahre alt. Wie alt ist jedes der Geschwister?
b) Linas Schwester ist 3 Jahre älter als Lina. Ihr Vater ist 36 Jahre älter als Lina und ihre Großmutter ist 5-mal so alt wie Lina. Zusammen sind sie 158 Jahre alt. Wie alt ist Lina?

6 Bestimme die Lösung der Gleichung.

a) $6(5 + 2z) = -42$ b) $8(2 - 5z) = 16 + 35z$
c) $9(3z + 4) = 0$ d) $5(x + 2) = 6(x - 3)$
e) $3(y - 3) = y + 5$ f) $-(x - 9) = 3(x - 1)$
g) $2(7 - x) = 17 - 8x$ h) $19x - 18 = 7(x - 3)$
i) $5(-8 + 9z) = -20z - 1$
j) $9(x - 2) = 4(-4x - 5)$

7 Das Hochzeitsgeschenk für Frau Kammer kostet 200 €. Die Kolleginnen legen zusammen. Frau Wiese gibt 20 € mehr als Frau Hartmann. Die Chefin Frau Brücker zahlt doppelt soviel wie Frau Wiese.
Wie viel zahlt jede der drei Kolleginnen?

8 Löse die Gleichungen.

a) $3(15x + 18) = 78$ b) $7(8x - 5) = 77$
c) $-1(5x - 3) = 1$ d) $3(x + 4) = 2x + 13$
e) $5(x - 6) = 3x - 14$ f) $4(2 + x) = x - 7$

9 Löse die Zahlenrätsel mit einer Gleichung.

a) Addiert man zu einer Zahl 5 und verdoppelt die Summe, erhält man 36.
b) Verdreifacht man die Differenz aus einer Zahl und 15, erhält man 93.

10 Welche Zahl hat sich Lara gedacht?

11 Gib drei verschiedene Gleichungen mit der angegebenen Lösung an. Verwende mindestens eine Klammer in der Gleichung.

a) $x = 5$ b) $a = 2$ c) $y = -2$ d) $x = -3$

12 Denke dir jeweils eine Sachaufgabe aus, die zu den Gleichungen passt, und löse sie.

a) $2x + 4 = 40$ b) $2(x - 5) = x$
c) $x + (x - 2) + 2x = 18$ d) $2(x + 3x) = 64$

13 Deine beste Freundin oder dein bester Freund war längere Zeit krank und hat nun Probleme beim Lösen von Textaufgaben. Schreibe eine E-Mail, in der du ihr oder ihm Tipps gibst, wie Sachaufgaben mit Gleichungen gelöst werden können.

HINWEIS
In Aufgabe 13 kannst du die E-Mail auch in dein Lerntagebuch schreiben.

14 In einem Viereck ist Winkel β um 20° kleiner als α. Winkel γ ist dreimal so groß wie β und δ ist dreimal so groß wie α. Berechne die Größe der Winkel. Zeichne ein solches Viereck.

15 Löse zunächst die Klammern auf und fasse zusammen. Löse dann die Gleichung.

BEISPIEL: $(x-3)(x+8) = x^2$

$x^2 + 5x - 24 = x^2 \quad | -x^2$

a) $(x-6)(x+6) = x^2 - 2x$
b) $(x+9)(x-5) = x^2 + 49x$
c) $(-x+1)(x-2) = -x^2 - 2$
d) $(x+8)(-x-5) = -x^2 + 25$
e) $(-x-9)(-x-3) = x^2 + 15x + 15$

16 Summiert man eine Zahl einmal mit 2 und einmal mit 3 und multipliziert die Summen miteinander, dann ergibt sich das gleiche Ergebnis, als wenn man die Zahl einmal mit 4 und einmal mit 5 summiert und diese Summen miteinander multipliziert.
Stelle eine Gleichung auf und löse sie.
Wie lautet die Zahl?

TIPP
Fertige eine Skizze an.

17 Wenn man den Flächeninhalt eines Quadrates mit dem Flächeninhalt eines anderen Quadrates vergleicht, dessen Seiten jeweils um 6 cm länger sind, so stellt man fest, dass der Flächeninhalt dort um 120 cm² größer ist. Welche Seitenlängen haben die Quadrate?

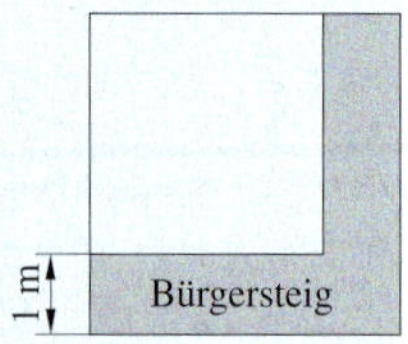

18 Entlang zweier Ränder einer quadratischen Rasenfläche wird ein 1 m breiter Bürgersteig angelegt. Dadurch wird die Rasenfläche um 50 m² kleiner.
Welche Größe hatte die Rasenfläche vorher?

19 Familie Hillbrand tauscht ein quadratisches Kleingartenstück gegen einen gleich großen rechteckigen Kleingarten, der auf der einen Seite 4 m kürzer und auf der anderen 6 m länger als der quadratische Garten ist. Welche Abmessungen hat der neue Garten?

20 Wenn man die Kanten eines Würfels um 2 cm verlängert, dann vergrößert sich die Oberfläche um 288 cm². Welche Seitenlänge hatte der Ausgangswürfel?

21 Verkürzt man die Kantenlänge eines Würfels um 2 cm, verringert sich seine Oberfläche um 312 cm². Welche Seitenlänge hat der Ausgangswürfel?

22 Das Quadrat des Nachfolgers einer Zahl ist um 36 größer als das Quadrat des Vorgängers derselben Zahl. Bestimme die Zahl.

23 Bildet man das Produkt aus einer Zahl und ihrem Nachfolger und addiert 3, ergibt sich 33.
Stelle eine Gleichung auf und löse sie.

24 Eine Grundstücksparzelle von 1224 m² wird in zwei neue Grundstücke geteilt, von denen eines eine Fläche von 600 m² und das andere eine Fläche von 624 m² hat.
Der Anliegerbeitrag für die gesamte Grundstücksparzelle beträgt 30 600 € und soll entsprechend der Fläche von den beiden neuen Eigentümern bezahlt werden.
Welchen Anliegerbeitrag muss jeder Eigentümer bezahlen?

25 Kevin hat zwei Gleichungen gelöst, aber er hat die entsprechenden Äquivalenzumformungen nicht angegeben.
Erläutere seine Lösung.

a)
$$\begin{aligned} (x+3)(x+7) &= x^2 - 19 \\ x^2 + 7x + 3x + 21 &= x^2 - 19 \\ x^2 + 10x + 21 &= x^2 - 19 \\ 10x + 21 &= -19 \\ 10x &= -40 \\ x &= -4 \end{aligned}$$

b)
$$\begin{aligned} (x+4)(x-5) &= x(x-3) \\ x^2 - 5x + 4x - 20 &= x^2 - 3x \\ x^2 - x - 20 &= x^2 - 3x \\ -x - 20 &= -3x \\ 2x - 20 &= 0 \\ 2x &= 20 \\ x &= 10 \end{aligned}$$

26 Familie Birald möchte aus ihrem rechteckigen Tisch einen quadratischen Tisch herstellen. Dies funktioniert, wenn sie an der längeren Seite rechts und links jeweils 20 cm absägen. Die Tischfläche wird dabei um 3 600 cm² reduziert. Welche Maße hat dann der neue quadratische Tisch?
Stelle eine Gleichung auf und löse sie.
Vergleiche deine aufgestellte Gleichung mit deinem Nachbarn.

Formeln umstellen

Erforschen und Entdecken

1 Miriam, Jana und Laura sollen die Breite von verschiedenen Rechtecken berechnen, deren Umfang bekannt ist.
Sie gehen dabei unterschiedlich vor.

Umfang u	36 cm	104,2 dm	67,5 m	72,6 cm	12,8 m
Länge a	8 cm	17,5 dm	12,2 m	26,2 cm	3,7 m
Breite b					

Miriams Lösungsweg

Gegeben: $u = 36\,cm$, $a = 8\,cm$
Gesucht: b (in cm)
$u = 2 \cdot a + 2 \cdot b$
$36 = 2 \cdot 8 + 2 \cdot b$
$36 = 16 + 2 \cdot b \quad |-16$
$20 = 2 \cdot b \quad |:2$
$10 = b$

Janas Lösungsweg

Gegeben: $u = 36\,cm$, $a = 8\,cm$
Gesucht: b (in cm)
$u = 2 \cdot a + 2 \cdot b$
$u - 2 \cdot a = 2 \cdot b$
$\frac{u - 2a}{2} = b$
einsetzen: $b = \frac{36 - 2 \cdot 8}{2}$
$b = 10$

Lauras Lösungsweg

Gegeben: $u = 36\,cm$, $a = 8\,cm$
Gesucht: b (in cm)
$u = 2 \cdot (a + b) \quad |:2$
$\frac{u}{2} = a + b \quad |-a$
$\frac{u}{2} - a = b$
einsetzen: $b = \frac{36}{2} - 8$
$b = 10$

a) Überlege, wie die Mädchen die Aufgabe lösen.
b) Vergleicht zu zweit die Lösungswege und überlegt euch, welche Lösungsmethoden ihr wählen würdet und warum.
c) Löst dann gemeinsam die restlichen Aufgaben mit einer der Methoden.

029-1
HINWEIS
Unter dem Webcode befindet sich eine ähnliche Datei für Berechnungen am Quader.

2 Mit einem Tabellenkalkulationsprogramm lässt sich eine **dynamische Formelsammlung** erstellen. Sie bietet den Vorteil, dass gegebene Werte eingegeben und gesuchte Werte sofort vom Computer berechnet werden können.
a) Erkläre, wie das vorliegende Tabellenblatt aufgebaut ist.
b) In die Zellen des Tabellenblatts können Formeln eingegeben werden. Diese Formeln beginnen immer mit einem Gleichheitszeichen. Danach erfolgt eine Rechenvorschrift. Erkläre, wie mit dem Tabellenkalkulationsprogramm die Höhe des Quaders in Zelle **G11** berechnet wird.
c) Gib die Formeln an, die in den Zellen **C11**, **C12**, **G12**, **C19** und **C20** eingegeben wurden.
d) Erstelle selbst eine dynamische Formelsammlung, indem du zunächst das vorliegende Tabellenblatt überträgst und später weitere Blätter anlegst wie z. B. für den Würfel.

	A	B	C	D	E	F	G
1							
2							
3	**Quader**						
4							
5							
6	Gegeben:				Gegeben:		
7	Länge	a =	3,5		Volumen	V =	72
8	Breite	b =	2,7		Länge	a =	3
9	Höhe	c =	4,2		Breite	b =	6
10	Gesucht:				Gesucht:		
11	Volumen	V =	39,69		Höhe	h =	4
12	Oberfläche	A_O =	41,58		Oberfläche	A_O =	108
13							
14	Gegeben:						
15	Oberfläche	A_O =	134,5				
16	Länge	a =	4				
17	Breite	b =	5				
18	Gesucht						
19	Höhe	h =	5,25				
20	Volumen	V =	105				
21							

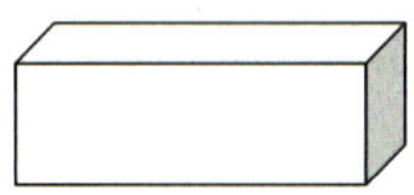

Prozentrechnung | Quader | Würfel | Rech

Lesen und Verstehen

Die Klasse 8 a bastelt Kantenmodelle von geometrischen Körpern.

Maria stellt einen Quader mit quadratischer Grundfläche her. Sie hat 80 cm Draht zur Verfügung. Welche Kantenlängen kann sie dazu wählen? Zunächst stellt sie eine **Formel** für die Kantenlänge auf: $k = 8a + 4h$

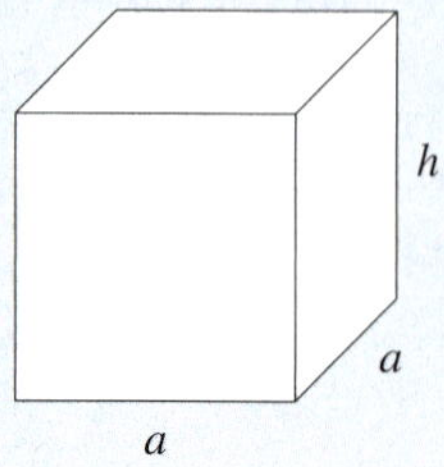

In einer Tabelle legt Maria Seitenlängen fest. Aus den beiden bekannten Längen kann die fehlende Länge berechnet werden.

a	5 cm	6 cm		
h			14 cm	12 cm
k	80 cm	80 cm	80 cm	80 cm

BEACHTE
Eine Formel ist nichts anderes als eine Gleichung. Daher dürfen Formeln genau wie Gleichungen durch Äquivalenzumformungen umgestellt werden.

BEISPIEL

Wenn man die Seiten der quadratischen Grundfläche a kennt, dann wird die Formel nach der gesuchten Höhe h umgeformt.

$k = 8a + 4h \quad | -8a$

$k - 8a = 4h \quad | :4$

$\frac{k-8a}{4} = h$

Kennt man die Höhe h, so wird die Formel nach der gesuchten Seite a umgeformt.

$k = 8a + 4h \quad | -4h$

$k - 4h = 8a \quad | :8$

$\frac{k-4h}{8} = a$

Nun können die bekannten Größen eingesetzt werden.

Für $a = 5\,\text{cm}$: $h = \frac{80\,\text{cm} - 8 \cdot 5\,\text{cm}}{4} = 10\,\text{cm}$

Für $a = 6\,\text{cm}$: $h = \frac{80\,\text{cm} - 8 \cdot 6\,\text{cm}}{4} = 8\,\text{cm}$

Für $h = 14\,\text{cm}$: $a = \frac{80\,\text{cm} - 4 \cdot 14\,\text{cm}}{8} = 3\,\text{cm}$

Für $h = 12\,\text{cm}$: $\frac{80\,\text{cm} - 4 \cdot 12\,\text{cm}}{8} = 4\,\text{cm}$

Eine **Formel** wird durch Äquivalenzumformungen nach der gesuchten Größe umgeformt. Anschließend kann die gesuchte Größe berechnet werden, indem die bekannten Größen in die Formel eingesetzt werden.

Üben und Anwenden

1 Eine Seitenfläche des oben abgebildeten Quaders lässt sich durch die Formel $A = a \cdot h$ berechnen. Stelle die Formel nach a und nach h um und berechne anschließend die fehlenden Werte in der Tabelle.

A	45 cm²	5,12 dm²	6,15 cm²	72 mm²
a	7,5 cm	1,6 dm		
h			4,1 cm	4,5 mm

2 Was kann mit den Formeln berechnet werden? Löse sie jeweils nach a auf.

a) $A = a \cdot b$
b) $u = 4a$
c) $u = a + b + c$
d) $u = 3a$

3 Das Volumen des oben abgebildeten Quaders soll 300 cm³ betragen.

a) Begründe, dass das Volumen mit der Formel $V = a^2 \cdot h$ berechnet werden kann.
b) Wie hoch ist der Quader, wenn die Seitenlänge $a = 5\,\text{cm}$ ist?

4 Für den Umfang eines gleichschenkligen Dreiecks gilt die Formel $u = 2a + c$.

a) Begründe mit einer Zeichnung, warum diese Formel gilt.
b) Forme die Formel nach a und nach c um.
c) Gib für dieses Dreieck eine Formel für die Innenwinkelsumme an.

Methode: Tabellenkalkulation mit dynamischer Formelsammlung

Tabellenkalkulationsprogramme können benutzt werden, um häufig vorkommende Berechnungen schneller durchführen zu können. Die gegebenen Werte können direkt eingegeben werden und die gesuchten Werte werden sofort berechnet.

	A	B	C	D	E	F	G	H	I	J	K	L	M
1													
2		Prozentrechnung											
3													
4	Gegeben: G =		1200		Gegeben: W =		125		Gegeben: G =		2500		
5		p =	4			p =	4			W =	120		
6	Gesucht: W =		48		Gesucht: G =		3125		Gesucht: p =		4,8		
7													

Zunächst muss ein neues **Tabellenblatt** in einer Mappe anlegt werden.
(Wähle dazu: **Datei öffnen → Neu** bzw. **Einfügen → Tabellenblatt**)
In die **Zellen** schreibt man, welche Werte gegeben sind und welche Größe man sucht.
(Achtung: Du solltest in die Zellen keine Einheiten schreiben.)
Für die Berechnung des gesuchten Wertes wird eine **Formel** in der **Eingabezeile** eingegeben. Beachte, dass eine Formel immer mit einem Gleichheitszeichen beginnen muss.
In die Zelle **C6** wurde die Formel **=C4*C5/100** eingegeben. Das bedeutet, dass die Zahl in der Zelle **C4** mit der Zahl in Zelle **C5** multipliziert und anschließend durch 100 dividiert wird. Wenn man nun in Zelle **C4** oder **C5** die Werte ändert, berechnet der Computer automatisch den Prozentwert in Zelle **C6** neu.

5 Erinnere dich an die Prozentrechnung.

a) Ergänze die Lücken.
Von den 160 Schülern eines 8. Jahrgangs besitzen 75 % einen MP3-Player. Das sind immerhin __ Schüler. 72 Schüler des Jahrgangs verfügen über einen Computer. Das sind __ %. Von den Jungen haben 34 einen eigenen Internetzugang. Das sind 40 % der insgesamt __ Jungen.

b) Erkläre die Begriffe Grundwert G, Prozentwert W und Prozentsatz $p\,\%$ und begründe die Formel $\frac{W}{G} = \frac{p}{100}$.

c) Stelle die Formel $\frac{W}{G} = \frac{p}{100}$ nach W, nach G und nach p um.

d) Welche Formeln müssen oben in das Tabellenkalkulationsblatt in die Zellen **G6** und **K6** eingetragen werden und warum?

e) Erstelle selbst ein Tabellenblatt und berechne damit die folgenden Aufgaben.

Grundwert	Prozentsatz	Prozentwert
1200 €	4 %	
450 €		36 €
	8,5 %	30,60 €

6 In Deutschland beträgt die Mehrwertsteuer für viele Artikel 19 %. Mit dem folgenden Tabellenkalkulationsblatt kann man die Mehrwertsteuer und die Bruttopreise bzw. Nettopreise berechnen.

	A	B	C
1	Mehrwertsteuer		
2	Nettopreis	1.450,00 €	
3	Mehrwertsteuer (19%)	275,50 €	
4	Bruttopreis	1.725,50 €	
5			
6	Bruttopreis	1.800,00 €	
7	Mehrwertsteuer (19%)	287,39 €	
8	Nettopreis	1.512,61 €	

a) Bestätige durch eine Rechnung, dass die Mehrwertsteuer in Zelle **B3** den Wert 275,50 € hat.

b) Mit welcher Formel wird die Mehrwertsteuer in Zelle **B3** berechnet?

c) Gib die Formel für die Zelle **B4** an.

d) Welche der folgenden Formeln wird in Zelle **B8** benutzt? Begründe.
① **=B6*100/119** ② **=B7−19/100**
③ **=(B6/119)*19** ④ **=(B6/100)*19**

HINWEIS
Im Menüpunkt **Format → Zelle** *können die Zellen so formatiert werden, dass automatisch mit € gerechnet und gerundet wird* **(Zahlen → Währung → 2 Dezimalstellen)**.

$\frac{x+y}{2}$

TIPP
Wenn dir das Rechnen mit Variablen noch schwer fällt, kannst du auch erst Zahlen einsetzen und dann auflösen.

7 Die Formel für den Umfang eines gleichschenkligen Dreiecks lautet $u = 2a + c$. Stelle die Formel zum Lösen der Aufgaben um.

a) Ein gleichschenkliges Dreieck hat einen Umfang von 45 cm. Die Basis ist 12,4 cm (15,3 cm) lang. Wie lang sind die Schenkel?

b) Die Schenkel eines gleichschenkligen Dreiecks sind 4,9 cm lang. Der Umfang beträgt 20,2 cm. Wie lang ist die Basis?

HINWEIS
Einen Doppelbruch $\frac{a}{\frac{b}{c}}$ *kann man auflösen.*
$\frac{a}{\frac{b}{c}} = \frac{a}{1} : \frac{b}{c} = \frac{a \cdot c}{1 \cdot b} = \frac{ac}{b}$

8 Kennt man den Durchmesser d eines Kreises, so lässt sich sein Umfang u mit der Formel $u = \frac{22}{7} \cdot d$ näherungsweise berechnen. Welchen Durchmesser hat ein Baumstamm, wenn sein Umfang 4,50 m beträgt?

9 Die Formel für den Umfang eines Rechtecks ist $u = 2a + 2b$. Stelle die Formel um und berechne die Länge der fehlenden Seite jeweils mit dem Taschenrechner.

	u	*a*	*b*
a)	20 cm	6,5 cm	
b)	15,5 cm	5 cm	
c)	23,4 cm	10,2 cm	
d)	43,4 cm		8,7 cm
e)	5,3 dm		0,35 cm
f)	25,45 cm	0,92 dm	

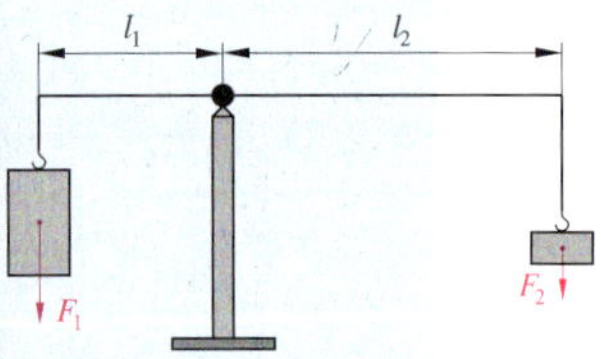

10 Ein zweiseitiger Hebel befindet sich im Gleichgewicht, wenn gilt: Last mal Lastarm gleich Kraft mal Kraftarm.
$F_1 \cdot l_1 = F_2 \cdot l_2$ **Hebelgesetz**
Berechne mit der Hebelgleichung die fehlende Größe.

F_1 in N	F_2 in N	l_1 in cm	l_2 in cm
300		30	80
1 200	200		120
	600	12	200
4 200	300	22,5	

HINWEIS
Last und Kraft werden in Newton (N) gemessen.

BEACHTE
v steht für Geschwindigkeit (vom englischen Wort velocity)
s steht für den zurückgelegten Weg (englisch space),
t steht für die Zeit (englisch time)

11 Die Durchschnittsgeschwindigkeit eines Fahrzeugs oder Gegenstandes berechnet man mit der Formel $v = \frac{s}{t}$.
Stelle die Formel um. Wie lange würde ein Formel-1-Rennauto bei gleich bleibender Geschwindigkeit von 300 km/h für eine Runde auf dem Hockenheimring (68 km) benötigen?

12 Wie lange benötigt dieser Zug mit der Weltrekord-Geschwindigkeit für eine Strecke von 15 km (100 km)?

> Der französische Zug TGV ist der schnellste Zug der Welt. Auf der Strecke zwischen Straßburg und Paris wurde ein neuer Weltrekord aufgestellt: der Zug fuhr mit 574,8 km/h. Um dieses Ereignis mitzuerleben, waren zahlreiche Schaulustige angereist. Einige Eisenbahnfans zelteten sogar an der Strecke, um die Rekordfahrt zu sehen.

13 Beim Autofahren bezeichnet man den Weg, den man zwischen dem Erkennen der Bremsnotwendigkeit und dem tatsächlichen Bremsbeginn zurücklegt, als Reaktionsweg.

a) Es gilt die Faustformel: $s = \frac{v}{10} \cdot 3$.
Ergänze die Tabelle im Heft. (Beachte: Die Formel rechnet die Einheiten schon um.)

	Reaktionsweg s (in m)	Geschwindigkeit v (in $\frac{km}{h}$)
1)		80
2)		100
3)		120
4)	10	
5)	20	
6)	50	

b) Bei der Faustformel geht man von einer durchschnittlichen Reaktionszeit t_R von 1 s aus. Ist der Fahrer abgelenkt oder steht unter Alkohol- oder Medikamenteneinfluss, verlängert sich die Reaktionszeit t_R auf bis zu 1,7 s. Für den genau berechneten Reaktionsweg gilt dann: $s = \frac{v}{3{,}6} \cdot t_R$.
Wie verändern sich die Werte s und v bei einer Reaktionszeit von 1,7 s?

14 Der Flächeninhalt dieser Figur lässt sich durch $A = (a + 3) \cdot b - 9$ berechnen.

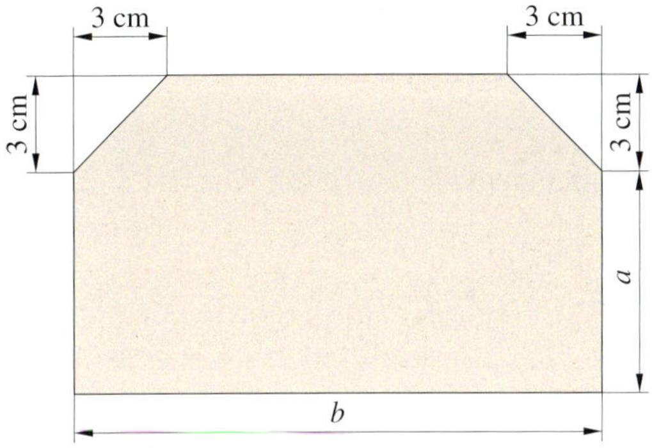

a) Begründe diese Formel.

b) Vier Schüler haben die Formel nach der Variablen a aufgelöst.
Überprüfe die Lösungen.

Kai

$A = (a+3)b - 9$
$A+9 = (a+3)b$
$\frac{A+9}{b} = a+3$
$\frac{A+6}{b} = a$

Jannik

$A = (a+3)b - 9$
$A+9 = (a+3)b$
$\frac{A+9}{b} = a+3$
$\frac{A+9}{b} - 3 = a$

Eva

$A = (a+3)b - 9$
$A = ab + 3b - 9$
$A - 3b = ab - 9$
$A - 3b + 9 = ab$
$\frac{A-3b+9}{b} = a$

Natalie

$A = (a+3)b - 9$
$\frac{A}{b} = a + 3 - 9$
$\frac{A}{b} = a - 6$
$\frac{A}{b} - 6 = a$

15 Physikalische Formeln

Suche aus einem Physikbuch oder einer Formelsammlung die Formeln für:

- den Druck
- die Abbildungsgleichung einer Linse
- die Berechnung des Widerstandes in Abhängigkeit von Material (spezifischer elektrischer Widerstand) und Abmessungen

Löse die Formeln nach jeder vorkommenden Variablen auf.
Welchen Zusammenhang drückt die Formel $P = \frac{W}{t}$ bzw. die Formel $W = U \cdot I \cdot t$ aus?

16 Ein Glaswürfel mit einer Kantenlänge von 5 cm hat eine Masse von 275 g. Ein Würfel aus Stahl mit dem gleichen Volumen hat eine Masse von 975 g.
Die beiden Stoffe Quarzglas und Stahl haben eine unterschiedliche Dichte. Die Dichte ϱ eines Stoffes berechnet man mit der Formel $\varrho = \frac{m}{V}$. Stelle die Formel für die Berechnungen um.

a) Berechne die Dichte von Quarzglas und Stahl.

b) Welche Masse hat ein Quader, der 4 cm lang, 6 cm breit und 5 cm hoch ist und aus Quarzglas besteht?

c) Eine Kugel aus Stahl hat eine Masse von 100 g. Welches Volumen hat sie?

d) Suche in einer Formelsammlung oder in deinem Physikbuch die Dichte von Gold, Silber und Blei und berechne jeweils die Masse eines Würfels mit einem Volumen von 1 dm^3.

17 Das Ohmsche Gesetz besagt:
Spannung U (in Volt) und Stromstärke I (in Ampere) sind direkt proportional zueinander (bei gleich bleibender Temperatur).
Daraus folgt:
$\frac{U}{I}$ = konstant; $\frac{U}{I} = R$. Der Widerstand R wird in Ohm (Ω) angegeben.
Bei Unfällen mit elektrischem Strom wird auch der menschliche Körper von Elektrizität durchflossen. Dabei spielt der Widerstand des menschlichen Körpers eine wichtige Rolle. Er beträgt für den Strom ungefähr 1 000 Ω, wenn man über beide Handflächen Kontakt mit der Spannungsquelle hat.

a) Stelle die Formel nach der Variablen I und der Variablen U um.

b) Berechne, wie groß der Strom im Körper bei einem Unfall mit Netzspannung (U = 230 V) ist. Ströme im Körper von mehr als 25 mA sind lebensgefährlich. Vergleiche.

c) Warum darf man in Schülerexperimenten im Physikunterricht nur Spannungen von höchstens 24 V verwenden?

d) Erkundige dich nach der Stromstärke eines Gewitterblitzes.

BEACHTE
1000 mA sind 1 A.

Thema: Bewegungsprobleme

1 Die Klasse 8 d tritt um 8:00 Uhr eine Radtour an. Sie fahren mit einer durchschnittlichen Geschwindigkeit von $16\,\frac{\text{km}}{\text{h}}$. Stefan hat auf dem Weg zum Treffpunkt leider eine Panne und kommt erst um 8:45 Uhr am Treffpunkt an. Kann er die Klasse noch vor 12:00 Uhr einholen, wenn er mit einer Geschwindigkeit von $20\,\frac{\text{km}}{\text{h}}$ fährt?

Sarah hat eine Tabelle angelegt.

Uhrzeit	Vergangene Zeit	Strecke der Klasse	Strecke von Stefan
8:00	0 h	0 km	0 km
8:30	0,5 h	8 km	0 km
9:00	1 h	16 km	5 km
9:30	1,5 h	24 km	15 km
10:00	…		
10:30			
11:00			
11:30			
12:00			
12:30			

Lisa hat das Problem durch eine Zeichnung gelöst.

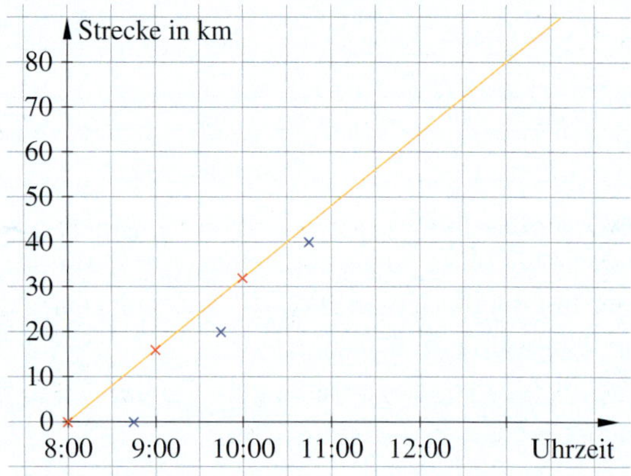

TIPP
Auf S. 26 kannst du noch einmal nachschlagen, welche Schritte zur Lösung führen.

a) Erkläre, wie die beiden Schülerinnen bei der Lösung des Problems vorgehen.
b) Führe die Überlegungen fort und gib an, wann Stefan die Klasse einholt und wie viele Kilometer bis dahin zurückgelegt wurden.
c) Finde einen weiteren Lösungsansatz, indem du jeweils einen Term für die von der Klasse zurückgelegte Strecke und die von Stefan zurückgelegte Strecke aufstellst (x = Fahrzeit in Stunden) und eine Gleichung löst.

2 Zwanzig Minuten, nachdem ein Güterzug den Bahnhof verlassen hat, folgt ihm ein Eilzug auf einem Nebengleis. Der Güterzug fährt in der Stunde 42 km, der Eilzug legt in dieser Zeit 70 km zurück.
a) Wie lange braucht der Eilzug, um den Güterzug einzuholen?
b) Sind die Züge dann schon an der Weiche nach 38 km Fahrtstrecke vorbeigefahren?

3 Ein LKW-Fahrer beginnt um 8:30 Uhr seine Fahrt nach Wien, wobei er durchschnittlich $60\,\frac{\text{km}}{\text{h}}$ fährt.
Um 9:15 Uhr bemerkt seine Frau, dass er wichtige Papiere vergessen hat.
Sie setzt sich in ihren Pkw und folgt ihm mit $80\,\frac{\text{km}}{\text{h}}$.
a) Wann holt sie den LKW ein?
b) Wie schnell müsste sie sein, um ihn nach 1,5 Stunden einzuholen?

4 Familie Steiner wandert. Wie könnten die Wanderungen verlaufen sein?

a)

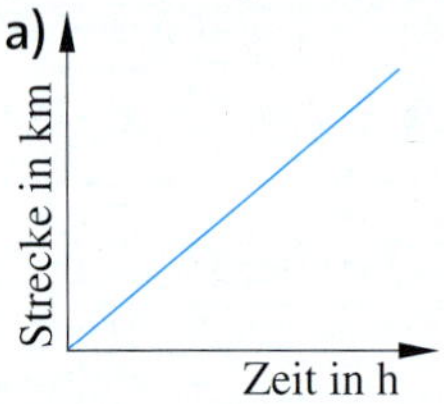

b)

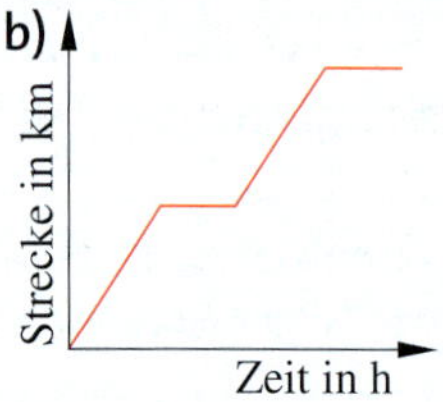

5 Kerstin und Lisa wohnen 122 km voneinander entfernt. In den Osterferien wollen sie sich mit dem Fahrrad entgegenfahren. Kerstin bricht um 9:00 Uhr auf und fährt mit einer Durchschnittsgeschwindigkeit von $16\,\frac{\text{km}}{\text{h}}$ Lisa entgegen. Lisa verschläft und fährt erst 30 Minuten später los. Dafür fährt sie aber mit $22\,\frac{\text{km}}{\text{h}}$.
a) Wann treffen sich die beiden Freundinnen?
b) Wer hat bis zum Treffpunkt mehr Kilometer zurückgelegt?

Thema: Mischungsprobleme

1 Tina legt Wert auf gesunde Ernährung, daher berechnet sie z. B. genau, wie viel Vitamin C sie zu sich nimmt. Der Tagesbedarf an Vitamin C beträgt 60 mg. Sie trinkt am liebsten KiBa, eine Mischung aus Kirschsaft und Bananensaft. Um herauszufinden, wie sie die Säfte mischen muss, um mit einem 0,2-ℓ-Glas genau ihren Tagesbedarf an Vitamin C zu sich zu nehmen, hat sie eine Tabelle angelegt.

Kirsch-saft	Bananen-saft	Vitamin C (in mg) im Kirschsaft	Vitamin C (in mg) im Bananensaft	Gesamtmenge Vitamin C (in mg)
180 ml	20 ml	$0{,}35 \cdot 180 = 63$	$0{,}2 \cdot 20 = 4$	67
150 ml	50 ml	$0{,}35 \cdot 150 = 52{,}5$	$0{,}2 \cdot 50 = 10$	62,5
…	…			
x	$200 - x$			60

Vitamin-C-Gehalt von Säften
100 ml = 0,1 l enthalten
Apfelsaft: 38 mg
Birnensaft: 20 mg
Bananensaft: 20 mg
Kirschsaft: 35 mg
Orangensaft: 45 mg
Pfirsichsaft: 20 mg
Grapefruitsaft: 35 mg

a) Erläutere, wie Tina den Vitamin-C-Gehalt für andere Mengen berechnet.
b) Erkläre die Terme in der letzten Zeile und ergänze die Zeile durch geeignete Terme.
c) Finde die Lösung, indem du die Tabelle fortsetzt oder eine geeignete Gleichung aufstellst und löst.

2 Welche Mischung der beiden Säfte muss Tina verwenden, um ihren Tagesbedarf an Vitamin C mit einem 0,25-ℓ-Glas zu decken?

3 Tinas Mutter bevorzugt eine Mischung aus Apfelsaft und Birnensaft.
Wie muss sie diese Säfte für ein 0,2-ℓ-Glas mischen, um ihren Tagesbedarf an Vitamin C zu decken?

4 Tinas Vater möchte 0,3 ℓ eines Safts trinken, der aus Orangen- und Grapefruitsaft besteht und das Doppelte des Tagesbedarfs an Vitamin C enthält. Wie viel von jeder Sorte wird das Glas enthalten?

5 Der Fitnesscocktail *Fruitpunch* besteht aus Orangensaft, Grapefruitsaft und Pfirsichsaft. Er enthält doppelt so viel Grapefruitsaft wie Pfirsichsaft. In 0,3 ℓ sind 120 mg Vitamin C enthalten. Wie lautet das Rezept für 0,3 ℓ?

6 Frau Walde verkauft Nougatpralinen zu 3,50 € pro kg und Blätterkrokantpralinen zu 4,75 € pro kg. Sie möchte eine Pralinenmischung für 3,90 € pro kg anbieten.
Wie viel g der beiden Sorten muss sie dafür mischen?

7 Denke dir eine Mischungsaufgabe aus, die zur folgenden Gleichung passt und löse sie.
a) $0{,}2x + 0{,}35(500 - x) = 150$
b) $1{,}8x + 3{,}2(1 - x) = 2{,}29$

8 Frau Artz mischt ihren Espresso aus Arabica-Bohnen und Robusta-Kaffeebohnen.

Die Arabica-Bohnen kosten 18 € pro kg, die Robusta-Bohnen 14,50 € pro kg.
a) Ihre Lieblingsmischung besteht aus 65 % Arabica-Bohnen und 35 % Robusta-Bohnen. Was kosten 500 g dieser Mischung?
b) Wie muss sie ihren Kaffee mischen, wenn sie maximal 16 € für ein Kilo Kaffee ausgeben möchte?

9 Die Chemielehrerin benötigt 1 ℓ 45%ige Salpetersäure und möchte daher 30%ige Salpetersäure mit 50%iger Salpetersäure mischen. Welche Mengen benötigt sie?

BEACHTE
Vitamin C wird vom Körper nicht gespeichert. Es wird über den Urin ausgeschieden. Manche Vitamine (z. B. Vitamin A) können allerdings überdosiert werden. Eine Überdosis ist gefährlich – ein Mangel aber auch. Daher ist ausgewogene Ernährung wichtig.

Vermischte Übungen

1 Fasse die Terme zusammen.

a) $1{,}7x - 3{,}5a + 3{,}4x + 5a$

b) $-12ab + 36a - 29ab - 54a + 15ab$

c) $111 - 27c^2 + 15c - 16c^2 - 14 - 20c$

d) $26x - 49xy + 44y - 53xy - 32x$

e) $\frac{1}{2}a - \frac{1}{3}b + \frac{3}{4}a - \frac{1}{9}b$

2 Arbeitet zu zweit. Jeder denkt sich fünf Aufgaben zum Zusammenfassen von Termen aus. Tauscht sie und löst die Aufgaben. Korrigiert euch gegenseitig.

3 Vereinfache die Produkte.

a) $5a \cdot 7a \cdot 2a$

b) $12b \cdot 3a \cdot 5b$

c) $-2x \cdot (-7y) \cdot 4x$

d) $-25c \cdot (-5d) \cdot 5c$

e) $-3a \cdot (-3b) \cdot (-3a) \cdot (-2b)$

f) $8x \cdot (-7xy) \cdot 3y$

4 Welche der angegebenen Terme musst du addieren, um den Term $7x^2 - 13x$ zu erhalten? Schreibe die Addition auf.

x^2 | $-5x^2$ | $2x$ | $11x^2$
$-7x$ | $3x^2$ | $9x$ | $2x^2$ | $-8x$

5 Vereinfache die Terme und berechne ihren Wert für $x = 3$ und $y = 2$.

a) $10x \cdot 5y \cdot 2y$
b) $15y + 25x - 18y$
c) $2x \cdot 3x \cdot 4x$
d) $7x - 3y - 12x - 8y$
e) $x^2 + 3x^2 + 15x^2$
f) $18y - 3x - 8x + 6y$

6 Welcher der beiden Terme ist für ein positives x größer, $\frac{x-1}{x}$ oder $\frac{x}{x+1}$?
Wie könnte man vorgehen, um die Frage zu beantworten?

7 Ordne die folgenden Terme nach der Größe, ohne sie zu berechnen.
Beginne mit dem kleinsten.

a) $6 - (5 - 3)$; $6 + 5 + 3$; $6 - (5 + 3)$; $6 + (5 - 3)$

b) $13 + 7 - 5$; $13 - (7 + 5)$; $13 - (7 - 5)$; $13 + (7 + 5)$

ZUM WEITERARBEITEN
Spielt zu zweit. Schreibt jeweils einen der unten aufgeführten Terme auf ein Kärtchen. Ihr könnt euch auch andere Terme ausdenken. Legt die Kärtchen in einen Beutel. Zieht vier Kärtchen und fasst die Terme so schnell wie möglich zusammen.

$+3x$; $-17y$; $+16xy$; $+4y$; $-27x^2$; $-13y$; $+25x$; $-6x$; $-19y$; $-33xy$; $-45x$; $-18x$; $+26xy$; $-4y$; $+37y$; $+38x^2$; $+7y$; $-10xy$

HINWEIS
Treten wie in Aufgabe 10 runde und eckige Klammern auf, so löst man zuerst die runden Klammern auf.

8 Löse die Klammern auf und fasse die Terme zusammen, wenn es möglich ist.

a) $2x + (5y - 4x + 3y)$

b) $(3x - 4a) - (12a + 17x)$

c) $45 + (x - 6) + 5x - (3x + 6) - 24x$

d) $29r - (16s - 5r) + 17r + (12s - 45r)$

e) $3a^2 - (5a - 6a^2) + (13a - a^2)$

9 Wenn man in einen Taschenrechner die Buchstaben eines Namens eingibt und sie mit Plus- oder Malzeichen verbindet, erhält man verschiedene Darstellungen. Hier sind drei Beispiele zu Lilli abgebildet.

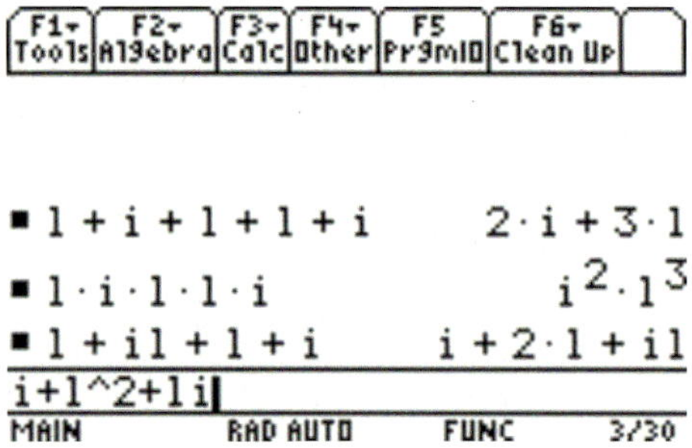

a) Erkläre, was der Taschenrechner gemacht hat.

b) Welchen Ausdruck wird er anzeigen für den neu eingegebenen Term?

c) Welcher Name verbirgt sich dahinter?
① ain^2 ② $a^2h^2n^2$ ③ a^2ens^2v
④ 2(abr) + a ⑤ e + 2gr + o ⑥ j + 2su + t

d) Welche verschiedenen Terme kannst du mit den Buchstaben deines Namens erzeugen, wenn du zwischen die Buchstaben + oder · setzt?

10 Vereinfache. Löse die inneren Klammern zuerst auf.

a) $(a + b) + (c + b)$

b) $(a - b) - (c - b)$

c) $a - (b + c) - a$

d) $x + (y - x) + 12$

e) $10x - (5y + 6x) + 5y - 3x$

f) $-ab + 7a - 13 - (-25 - 4ab + 8a) + a$

g) $-(1{,}4 - y) - (3{,}6 + y)$

h) $a - [a - (a + 4)]$

i) $4y + [5 - (y - 7) + 8y] - 12$

j) $(x + 7) - [x - (8 - 5x) - 5]$

k) $12c - [(18 - 5c) - (61 + 13c)] - 11$

11 Löse jede Klammer auf und fasse die Terme zusammen.
a) $3(a+5)+7(12-a)$
b) $8x(3-x)-2(x+12)$
c) $11a(4b-a)-(14ab-a^2)$
d) $6(x+5y)-x(3y-8)$
e) $12ab-4(a+b)-b(7a-3)$
f) $-(17c+5d)-13(2d-4c)$
g) $3-(x+8y)-4x(3+y)$

12 Multipliziere aus.
a) $5(x+2)$
b) $8(3-x)$
c) $a(1+a)$
d) $a(6-3a)$
e) $2x(a-1)$
f) $14b(b+a)$
g) $7b(2-4y)$
h) $y(11x+30)$
i) $6(2a-3b+5c)$
j) $15(-4x+5y-2z)$

13 Gib für jede Fläche einen Term für den Flächeninhalt und den Umfang an. Vereinfache den Term soweit wie möglich.

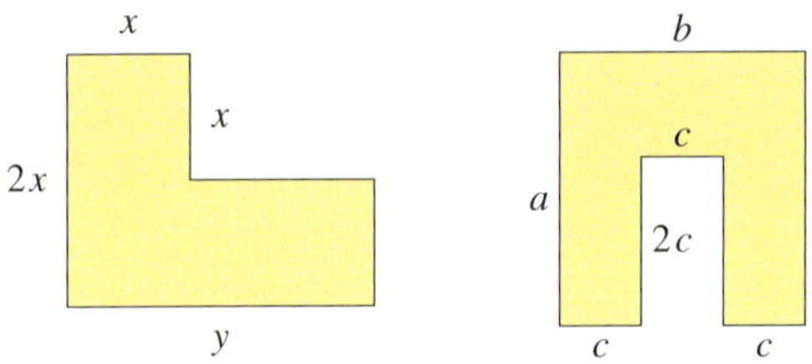

14 Welcher Faktor wurde ausgeklammert?
a) $39-42a=$ □ $(13-14a)$
b) $-60b-45=$ □ $(-4b-3)$
c) $72x-96y=$ □ $(6x-8y)$
d) $7{,}5a-8ab=$ □ $(7{,}5a-8b)$
e) $-16xy+24a=$ □ $(2xy-3a)$
f) $25a-35ab=$ □ $(-5+7b)$
g) $56xy+14x^2=$ □ $(8y+2x)$

15 Klammere den Faktor $4x$ $(-4;\ 2)$ aus.
a) $-32x-16xy$
b) $100x-24xy+36x$
c) $-20x^2+32ax$
d) $40x^2-12xy-10x$

16 Klammere den größten gemeinsamen Faktor aus.
a) $105x-75y$
b) $42a+63$
c) $23x-ax$
d) $36-48b$
e) $14a+2ab$
f) $26ax-39bx$
g) $49u+84$
h) $144o-96op$
i) $27y-54xy$
j) $150rs+225s$

17 Sind die Terme richtig zugeordnet?

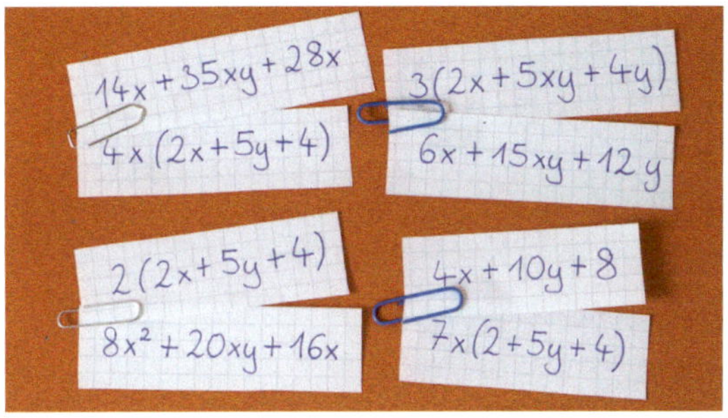

18 Überprüfe, ob die folgenden Behauptungen richtig sind. Begründe deine Antwort.
a) Wenn man bei einem Quadrat die Seitenlänge a verdoppelt, dann wird auch der Flächeninhalt doppelt so groß.
b) Verdoppelt man die Seitenlänge a eines Quadrats, dann verdoppelt sich auch der Umfang.
c) Verlängert man die Seiten eines Quadrats um 2 cm, dann wird der Umfang um 8 cm länger.

HINWEIS
Argumentiere geometrisch oder durch Termumformungen.

19 Setze Klammern so, dass die Rechnung stimmt.
a) $12-3a-8=20-3a$
b) $9\cdot x+y=9x+9y$
c) $6\cdot a+4=6a+24$
d) $7b-8+6=7b-14$
e) $3\cdot a\cdot b+5=3ab+15a$
f) $20\cdot a\cdot 5-a=100a-20a^2$
g) $3\cdot x+y-6=3x+3y-18$
h) $7\cdot x\cdot x+2+5=7x^2+14x+5$
i) $5\cdot b-3+10=5b-5$

20 Tobias behauptet, dass er eine gedachte Zahl erraten kann. Er fordert seinen Freund auf: „Denk dir eine Zahl und addiere 5. Multipliziere das Ergebnis mit 2 und subtrahiere anschließend die gedachte Zahl."
a) Führe die verlangten Rechnungen für verschiedene Zahlen durch. Erkennst du den Trick?
b) Schreibe die Anweisungen als Term auf. Kannst du nun begründen, wie der Trick funktioniert?
c) Denke dir einen ähnlichen Trick aus und erläutere ihn.

21 Übertrage die Terme in dein Heft und setze = oder ≠ ein.

a) $12x + 8xy$ ▢ $-4x(-3-2y)$
b) $-35x^2 + 15$ ▢ $5x(-7x+3)$
c) $16q - 48q^2$ ▢ $-16q(-1+3q)$
d) $18x^3 - 27x^2$ ▢ $18x(x^2 - 1{,}5x)$
e) $-0{,}8p + 0{,}32$ ▢ $-1{,}6(0{,}5p - 0{,}2)$
f) $\frac{1}{3}y - 6$ ▢ $\frac{1}{3}(y+18)$
g) $y + \frac{3}{4}y^2$ ▢ $\frac{1}{4}(4+3y)$
h) $\frac{2}{5}a - a^2$ ▢ $\frac{1}{5}(2a - 10a^2)$

HINWEIS
Die Lösungen zu Aufgabe 28 lauten (der Größe nach geordnet): $-7{,}6$; -7; $-2{,}5$; -2; 0; $0{,}5$; $0{,}75$; $\frac{7}{5}$; $2{,}2$; 9; 12; $\frac{44}{3}$

22 Gib einen Term an und vereinfache ihn.

a) Das Doppelte der Summe von a und b.
b) Das Vierfache der Summe von einer Zahl und ihrem Nachfolger.
c) Das Dreifache des Umfangs eines Dreiecks.
d) Ein Drittel der Summe von drei aufeinander folgenden Zahlen.
e) Die Hälfte der Kantenlänge eines Quaders.

23 Ordne die folgenden Terme nach der Größe. Beginne mit dem kleinsten. $x > 2$.
$7 - 2 + x$; $7 - (2 + x)$; $7 + (2 + x)$; $7 + 2 - x$

24 Multipliziere und fasse, wenn möglich, zusammen.

a) $(x+6)(x+9)$
b) $(b+8)(b-12)$
c) $(s-12)(s-7)$
d) $(a+b)(-a-c)$
e) $(-r+s)(3-s)$
f) $(9b-4)(-b+15)$
g) $(3c+4)(16-c)$
h) $(4m-9)(-12m+5)$
i) $(x-0{,}5)(2{,}5+x)$
j) $(-1{,}5r+2s)(3r-2s)$
k) $(\frac{1}{3}a - b)(a+b)$
l) $(\frac{1}{2}x + 5y)(3x + \frac{1}{4}y)$

25 Jede Seite eines quadratischen Blumenbeets wird um 30 cm verkürzt.

a) Gib einen Term an, der den Flächeninhalt des Beets beschreibt und vereinfache ihn.
b) Um wie viel Prozent verringert sich der Flächeninhalt des Beets, wenn es vorher eine Seitenlänge von 1,50 m hatte?

26 Ordne die Gegenstände nach ihrer Masse.

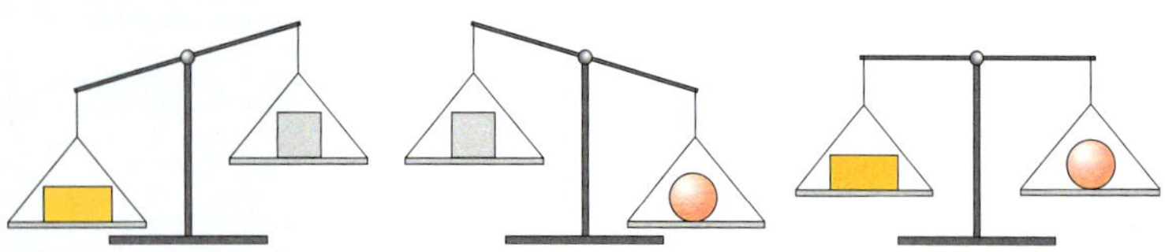

27 Löse die Gleichungen.

a) $3x - 8 = 19$
b) $6x + 17 = 5x$
c) $8 - 5y = -11$
d) $1 - 2x = 9x$
e) $17 = 13 - 16x$
f) $11a = a - 7$
g) $11x - 14 = 19$
h) $-4s + 8 = -12$
i) $3y + 2 = 34 - y$
j) $-6b + 2 = 0$

28 Löse die Gleichungen.

a) $4x - 3 + 2x = 33 + 3x$
b) $5x - 4 + 3x = 6x - 9$
c) $9x - 21 - 3x = 9x - 24 + x$
d) $4 - 9x - 15 = -11x + 29 + 4 - x$
e) $9 + 12x - 4 = 7x + 26 - 10x$
f) $42x - 45 - 81x = -32x - 7 - 2x$
g) $11y + 12 = 5y + 66$
h) $-15y - 107 = 27y - 23$
i) $5y - 3 + 22y = 21 + 9y - 15$
j) $-17y + 9 - 9y - 19 = -8y - 10 + 7y$
k) $16y - 19 - 29y = 18 - 11y + y - 16$

29 Alina und Markus erhalten von ihrem Großvater 45 €. Da Markus drei Jahre älter ist, soll er 3 € mehr erhalten. Alinas Betrag sei x. Stelle eine passende Gleichung auf und löse sie. Wie viel € erhält jeder?

30 Daniela möchte aus einem Stück Pappe mit den Seitenlängen $a = 36$ cm und $b = 24$ cm eine Schachtel herstellen, indem sie an den Ecken Quadrate mit der Seitenlänge $d = 6$ cm herausschneidet und die Seiten dann nach oben faltet.

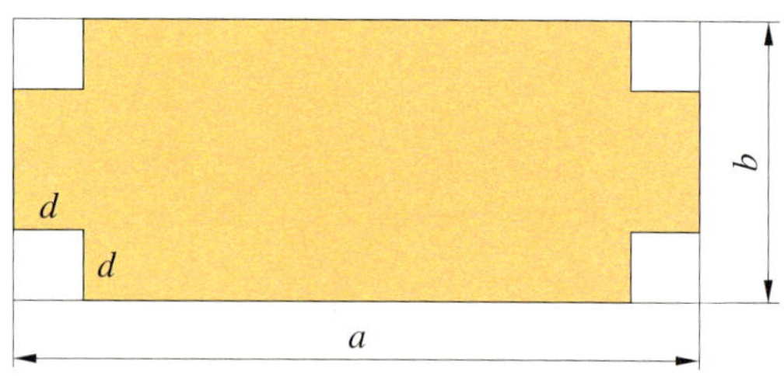

a) Funktioniert ihr Plan?
b) Berechne das Volumen der Schachtel.
c) Gib einen Term an, mit dem man den Flächeninhalt der Grundfläche für beliebige Seitenlängen a, b und d berechnen kann.
d) Gib einen Term an, mit dem man das Volumen der Schachtel für beliebige Seitenlängen a, b und d berechnen kann.

$\frac{x+y}{2}$

31 Löse zunächst die Klammern auf und löse dann die Gleichungen.
a) $6(b-1)=7b+13$
b) $3b-1=-5(3-b)$
c) $-3(5b-36)=-4b+9$
d) $3(4+b)=8(b-1)$
e) $-11(b+9)=3(-33-b)$
f) $-5(2b+9)=3(7-2b)$
g) $6(2-z)-11(-z+4)=0$
h) $8(z+1)-(z-7)-5(z+1)=0$
i) $-2(-7+4z)+3(-5+2z)-(17-7z)=0$
j) $4(z+0{,}1)-(z-4)+5(1{,}1z-1{,}9)=0$
k) $-3(2z+4)+8z=-1{,}4z(2-3)-(z+13)$

32 Hannah wurde vier Jahre vor ihrer Schwester Ulla geboren. In sechs Jahren sind beide zusammen 104 Jahre alt. Wie alt sind Hannah und Ulla zurzeit?

33 Ein Großvater ist 50 Jahre älter als sein Enkel und doppelt so alt wie sein Sohn. Zusammen sind die drei 100 Jahre alt. Wie alt ist der Enkel, und wie alt sind außerdem der Großvater und dessen Sohn?

34 Ein Radweg muss neu ausgebaut werden. Zwei Unternehmen führen den Auftrag aus, der insgesamt 32 400 € kostet.
Die kleinere Firma Anton stellt $860\,m^2$ Radweg fertig.
Die größere Firma Beitz baut $1\,300\,m^2$ Radweg in derselben Zeit aus.
Wie wurde die Gesamtsumme auf die beiden Firmen verteilt?

35 Ein 12 m langes Stück Kabel wird so in drei Teile zerschnitten, dass das zweite Stück dreimal so lang ist wie das erste Stück.
Das dritte Stück soll 50 cm kürzer als das erste Stück sein.

36 Löse nach a auf.
a) $u=a+b+c$
b) $y=a+x$
c) $ab=12$
d) $2a+4b=16$
e) $\frac{x}{a}=3$
f) $27=3a+6b$
g) $3a-12x=57$
h) $a+\frac{b}{2}=2b$
i) $4x+8a=32$
j) $3(a-2)=15y$
k) $\frac{a}{2}-4=3a$
l) $\frac{a+b}{5}=\frac{b}{6}-a$

37 Frau Schnabl, Herr Ott und Herr Damm haben gemeinsam Lotto gespielt und gewonnen. Der Lottogewinn von 135 000 € soll nun gerecht verteilt werden.
Wie viel erhält jeder, wenn Frau Schnabl 5 €, Herr Ott 6 € und Herr Damm 4 € eingesetzt haben? Begründe.

38 Ehepaar Glomp zahlt für die Übernachtungen im Urlaub insgesamt 930 €. Sie verbringen 5 Tage in einem Hotel für 95 € pro Tag. Die restlichen Tage verbringen sie in einer Pension für 65 € pro Tag. Wie lange sind sie in der Pension?

39 Autofahrer müssen voneinander Abstand halten. In der Fahrschule lernt man für die Länge des Abstandes die Faustregel Abstand = halber Tacho. Damit ist gemeint, dass der Abstand s in m die Hälfte der in $\frac{km}{h}$ angegebenen Geschwindigkeit v sein soll.
$s=\frac{1}{2}v$.
Berechne im Kopf den jeweiligen anderen Wert.
a) $v=50\,\frac{km}{h}$
b) $v=70\,\frac{km}{h}$
c) $s=65\,m$
d) $s=62{,}5\,m$

40 In einer Formelsammlung steht für den Flächeninhalt eines Dreiecks die Formel $A=\frac{1}{2}\cdot a\cdot h_a$. Berechne damit die Flächeninhalte der angegebenen Dreiecke.

	a	h_a	A
a)	2,8 cm	4,1 cm	
b)	1,6 cm	1,8 cm	
c)		2 cm	$9\,cm^2$
d)		3 cm	$12\,cm^2$
e)		2,5 cm	$8\,cm^2$
f)	4 cm		$10\,cm^2$
g)	3,5 cm		$14\,cm^2$

41 Überprüfe die angegebene Lösung durch Rechnen der Probe. Gib gegebenenfalls die richtige Lösung an.
a) $5x-1{,}5=8{,}5;\ x=2$
b) $12-3x=5{,}4;\ x=2{,}2$
c) $x-0{,}8=2{,}34;\ x=3{,}04$
d) $3{,}2x-6{,}24=4;\ x=4$

HINWEIS
Die Lösungen zu Aufgabe 31 lauten (der Größe nach geordnet): -19; $-16{,}5$; -5; $-\frac{5}{8}$; 0; 0,6; 3,6; 4; 6,4; 7; 9

NACHGEDACHT
Welche Möglichkeiten gibt es, aus 60 cm Draht Rechtecke zu formen? Zähle alle Möglichkeiten auf.

42 Ordne den Gleichungen die Lösungen zu. Die Lösungen ergeben in der Reihenfolge der Aufgaben das englische Wort für Gleichung.

a) $4(x+2) = -2(x-13)$
b) $5 - (3x+2) = 2x + 13$
c) $3 + (2x-4) = \frac{1}{2}x + 5$
d) $\frac{1}{2}x + 14 = 26$
e) $\frac{3}{4}x + 15 = 21$
f) $\frac{1}{2}x - 33 + x = -42$
g) $10 - \frac{1}{2}x = 25 - x$
h) $-5(x+2) = 2(x+37)$

A 24
E 3
I −6
O 30
U 4
T 8
Q −2
N −12

ZUM WEITERARBEITEN
Erfinde eine lustige Aufgabe zu diesem Foto.

Kanadisches Straßenschild

43 Der Grundriss eines Gebäudes ist rechteckig mit 176 m Umfang. Die Längsseite ist dreimal so lang wie die kürzere Seite. Welche Abmessungen hat das Gebäude?

44 Für die Summe der Winkel eines Dreiecks gilt die Formel $\alpha + \beta + \gamma = 180°$. Stelle um und berechne die fehlenden Werte.

	α	β	γ
a)		30°	65°
b)		40°	55°
c)	60°	74°	
d)	82°	22,2°	
e)	19,5°		58,5°
f)	73,3°		45,2°

040-1
ZUM WEITERARBEITEN
Unter dem angegebenen Webcode befinden sich Aufgaben zum Thema „Einkaufen im Nachbarland".

45 Katharina hat für ihren Urlaub eine bestimmte Summe Geld gespart. Gibt sie täglich 12 € aus, reicht ihr Geld neun Tage länger als geplant. Gibt sie aber täglich 17 € aus, muss sie ihren Urlaub um einen Tag verkürzen. Wie lange sollte ihre Urlaubsreise dauern und wie viel Geld hatte Katharina gespart?

46 Löse die Gleichung.

$$19x + 27 - 18x + 4x^2 - 2(-3x) + 2x(5-2x) = 3(5x+19) - 23$$

47 Löse die Klammern auf und bestimme die Lösung der Gleichung.

a) $(t+3)(t+7) = (t-5)(t+9)$
b) $(3x+4)(x+5) = (33+x)(3x-4)$
c) $(2r+5)(3-r) = 2r(1-r)$

48 Bei einem Rechteck ist $a = 12$ cm lang. Wenn man beide Rechteckseiten um 4 cm verkürzt, wird der Flächenhalt um 66 cm² kleiner.

a) Berechne die Seitenlänge b des ursprünglichen Rechtecks und seinen Flächeninhalt.
b) Berechne den Umfang des neuen Rechtecks.

49 Ein Motorradfahrer fährt um 8:30 Uhr mit einer Durchschnittsgeschwindigkeit von $60\,\frac{km}{h}$ in Köln los. Um 9:00 Uhr folgt ihm ein Pkw mit einer Durchschnittsgeschwindigkeit von $75\,\frac{km}{h}$. Wann holt der Pkw das Motorrad ein? Wie viel km hat jeder dann zurückgelegt?

50 Daniela möchte sich mit ihrer Freundin Melanie, die 44 km entfernt wohnt, treffen. Sie fährt um 14:00 Uhr mit einer Geschwindigkeit von $16\,\frac{km}{h}$ los. Melanie fährt ihr um 14:15 Uhr mit ihrem Mofa mit $24\,\frac{km}{h}$ entgegen.

a) Um wie viel Uhr treffen sich die beiden?
b) Welche der beiden ist dann weiter von ihrem Heimatort entfernt?

51 Ein Radfahrer fährt von A nach B mit $16\,\frac{km}{h}$. Ein Wanderer geht ihm entgegen von B nach A mit $7\,\frac{km}{h}$.
Wer ist, wenn sie sich treffen, weiter von A entfernt, der Radfahrer oder der Wanderer?

52 Viele Fahrzeuge können mit einem Gemisch aus Superbenzin und Normalbenzin betrieben werden. 1 Liter Superbenzin kostet 1,32 €, 1 Liter Normalbenzin kostet 1,29 €. Wie viel wurde von jeder Sorte getankt?

a) Herr Nitsche zahlt für 60 Liter 78,15 €.
b) Frau Klar tankt 50 Liter und zahlt 64,86 €.

53 Zwei Planschbecken werden gleichmäßig mit Wasser gefüllt. Im ersten Planschbecken steht das Wasser bereits 15 cm hoch. Es steigt jede Minute um 1,5 cm. Im anderen Becken steht das Wasser 20 cm hoch. Es steigt jede Minute um 0,8 cm.

a) Nach wie viel Minuten sind beide Planschbecken gleich hoch gefüllt?
b) Wie hoch steht das Wasser dann?
c) Welches Becken hat eine größere Grundfläche? Begründe.

Teste dich!

a

1 Vereinfache die Terme und fasse sie zusammen.

a) $3x + 5y + 16x - 3y$ b) $2a \cdot 3b \cdot 4a$ c) $2a \cdot 6a - 3a$ d) $-12{,}3x - 8{,}4a + 3{,}9x$

2 Löse die Klammern auf und fasse die Terme zusammen, wenn es möglich ist.

a) $3x + (2 - y)$
b) $(3 + x) - (8y - 5z)$
c) $b(a - 1)$
d) $(4x + 5y - z) \cdot (-7)$

3 Klammere jeweils den größtmöglichen Faktor aus.

a) $10x - 30y$
b) $az - bz$
c) $7a + 14b + 35c$

4 Löse die Klammern auf und fasse die Terme zusammen.

a) $2(x - 5) + 5(3 + 4x)$
b) $100 - 2(a - 6b - 15)$
c) $3x(2 - 7y) - 4y(6 - 5x)$

5 Gib jeweils zwei verschiedene Terme an

a) für den Flächeninhalt der Figur
b) für den Umfang der Figur.

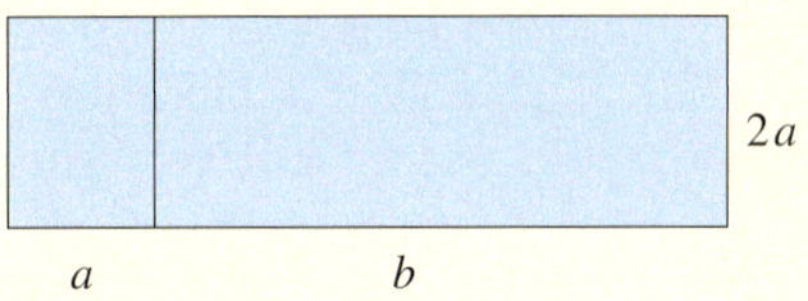

6 Löse die Gleichungen.

a) $7x + 16 = 30$ b) $25x - 29 = 21$
c) $48x - 23x = 75$ d) $10x - 25 = 23 - 2x$
e) $7(8x - 5) = 77$
f) $6(3x - 11) = 27x - 102$

7 Die Formel $v = \frac{s}{t}$ steht für Geschwindigkeit $= \frac{\text{Weg}}{\text{Zeit}}$.
Berechne die fehlenden Werte durch Umstellen der Formel und Einsetzen.

	v	s	t
a)	$150\,\frac{\text{m}}{\text{s}}$		35 s
b)	$70\,\frac{\text{m}}{\text{s}}$	175 m	
c)	$30\,\frac{\text{m}}{\text{s}}$		2 min
d)	$25\,\frac{\text{m}}{\text{s}}$	0,125 km	

b

2

a) $12{,}5x - (15y - 13{,}7x - 15{,}9y)$
b) $3x + [4 - (x - 3) + 6x] - 5$
c) $20y - (3y - 6x) - [2y - (4x - 3y)]$
d) $2{,}5a\,(3b - 4c + 5d)$

3

a) $12xy - 28x$
b) $2ab - 7bx$
c) $21abx - 6by + 15bz$

4

a) $4b(a - 6) + a(b + 7)$
b) $25c(3d - 4e) - (16cd - 12ec)$
c) $x(1 - y) + 9 - (x + 9)$

5 In einem Personenzug befinden sich 280 Fahrgäste. In der 1. Klasse sind dreimal so viele Personen wie im Speisewagen. In der 2. Klasse halten sich 70 Personen mehr auf als in der 1. Klasse. Wie viele Personen sitzen in den verschiedenen Wagenklassen?

6 Löse die Gleichungen.

a) $9x + 48 = -3x$ b) $-2{,}1a = 3{,}9a - 10{,}8$
c) $3{,}5z + 16{,}8 = 6{,}3z$ d) $13x - \frac{3}{4} = x - 0{,}75$
e) $2(3x - 5) = 0{,}8(2x + 4)$
f) $2(6a - 5) - 4(2a + 1) = 2$

7 Das Volumen einer Pyramide mit der Grundfläche A_G und der Höhe h wird mit der Formel $V = \frac{A_G \cdot h}{3}$ berechnet.
Berechne die fehlenden Werte durch Umstellen der Formel und Einsetzen.

	A_G	h	V
a)		3,7 cm	$15{,}54\,\text{cm}^3$
b)		4,5 dm	$63\,\text{dm}^3$
c)	$16\,\text{m}^2$		$25{,}6\,\text{m}^3$

HINWEIS
Brauchst du noch Hilfe, so findest du auf den angegebenen Seiten ein Beispiel oder eine Anregung zum Lösen der Aufgaben. Überprüfe deine Ergebnisse mit den Lösungen auf Seite 218.

Aufgabe	Seite
1	8
2	12, 14
3	14
4	8, 18
5	8, 18, 26
6	22
7	30

Zusammenfassung

→ Seite 8

Terme umformen und vereinfachen

In einer Summe oder Differenz darf man nur **gleiche Variablen zusammenfassen**.

$3a + 4b + 2a + 6b = 5a + 10b$

Ein Produkt aus gleichen Faktoren kann man als **Potenz** schreiben.

$a \cdot a \cdot a = a^3$

$x \cdot x \cdot x \cdot x \cdot x = x^5$

Bei **Produkten mit mehreren Faktoren** kann man die Reihenfolge der Faktoren vertauschen und sie zusammenfassen.

$4x \cdot 3x = 4 \cdot 3 \cdot x \cdot x = 12x^2$

$-5x \cdot 6y \cdot y = -5 \cdot 6 \cdot x \cdot y \cdot y = -30xy^2$

Klammern auflösen und setzen, Produkte von Summen

→ Seite 12

Eine **Klammer**, vor der ein **Pluszeichen** steht, kann man weglassen.

$a + (b + c) = a + b + c$

$12x + (15y - 7c) = 12x + 15y - 7c$

Eine **Klammer**, vor der ein **Minuszeichen** steht, löst man auf, indem man Vorzeichen und Rechenzeichen in der Klammer ändert.

$a - (b + c) = a - b - c$

$5a - (-3 - 2b) = 5a + 3 + 2b$

$100 - (6x - 3y) - 4 = 100 - 6x + 3y - 4$

→ Seite 14

Eine **Summe** wird **mit einem Faktor multipliziert**, indem man jeden Summanden in der Klammer mit dem Faktor multipliziert.

$a(b + c) = a \cdot b + a \cdot c$

$3x(4 + 5y) = 12x + 15xy$

Eine Summe kann **faktorisiert** werden, wenn alle Summanden einen gemeinsamen Faktor enthalten (der ausgeklammert wird).

$x \cdot y + x \cdot z + 3 \cdot x = x(y + z + 3)$

$12ab + 18ac = 2 \cdot 6 \cdot a \cdot b + 3 \cdot 6 \cdot a \cdot c$

$= 6a(2b + 3c)$

→ Seite 18

Beim **Multiplizieren von zwei Summen** wird jeder Summand der ersten Summe mit jedem Summand der zweiten Summe multipliziert.

$(a + b)(c + d) = ac + ad + bc + bd$

$(3x + y)(2a + 4x) = 6ax + 12x^2 + 2ay + 4xy$

$(-x + 5y)(2x - b) = -2x^2 + bx + 10xy - 5by$

→ Seiten 22, 26

Gleichungen aufstellen und lösen

Um **Sachprobleme** zu lösen, kann man sie in die Sprache der Mathematik übersetzen. Für die gesuchte Größe gibt man eine Variable an und stellt eine Gleichung auf.

Dennis ist drei Jahre älter als Luisa.
Zusammen sind sie 35 Jahre alt.
Das Alter von Luisa sei x.
$x + (x + 3) = 35$

Gleichungen können durch **Äquivalenzumformungen** gelöst werden. Dabei darf man auf beiden Seiten denselben Term addieren, subtrahieren, multiplizieren oder durch denselben Term ($\neq 0$) dividieren.

$2x + 3 = 35 \quad | -3$

$2x = 32 \quad | : 2$

$x = 16$

Luisa ist 16 Jahre alt, Dennis 19 Jahre.

Bei der **Probe** setzt man die Lösung in die Gleichung ein.

Probe:
$16 + 16 + 3 = 35$ (wahr)

→ Seite 30

Auch um **Formeln** umzustellen, verwendet man Äquivalenzumformungen.

Flächeninhalt eines Rechtecks: $A = a \cdot b$
Aufgelöst nach a: $a = \frac{A}{b}$

Ähnlichkeit

Fische einer Art haben alle die gleiche Form und die gleiche Färbung. Es gibt aber Unterschiede in der Größe. Vergrößerungen und Verkleinerungen treten auf. Die Fische sind ähnlich. Sind sie auch ähnlich im Sinne der Geometrie?

Noch fit?

1 Wandle die folgenden Maße in die angegebenen Einheiten um.

a) 120 cm (m)
b) 45 cm^2 (m^2)
c) 170 mm (cm)
d) 3 dm^3 (mm^3)
e) 1 300 m (km)
f) 275 mm^2 (cm^2)
g) 185 dm (cm)
h) 4,4 m^3 (cm^3)
i) 3,07 dm (mm)
j) 0,035 m^2 (cm^2)
k) 12,04 m (dm)
l) 0,025 km^3 (m^3)
m) 42 dm (m)
n) 1,25 km^2 (cm^2)
o) 0,08 m (dm)
p) 25 000 mm^3 (m^3)

ERINNERE DICH
Maßstab 1 : 1000, d. h. 1 cm der Karte entspricht 1000 cm in Wirklichkeit.

2 Ergänze die Sätze. In welchem Bereich wird jeweils mit diesem Maßstab gearbeitet?

a) Bei einem Maßstab von 1 : 100 000 entsprechen 2 cm auf dem Papier…
b) Bei einem Maßstab von 1 : 250 000 entsprechen 50 km in Wirklichkeit…
c) Bei einem Maßstab von 18 : 1 entsprechen 11,5 cm im Modell…
d) Bei einem Maßstab von 1 : 20 entsprechen 55,4 cm auf dem Papier…

3 Zeichne die Quadrate bzw. Rechtecke in einem geeigneten Maßstab. Gib den Maßstab an.

a) $a = 300$ m
b) $a = 4{,}5$ km
c) $a = 3$ mm
d) $a = 5$ m; $b = 13$ m
e) $a = 16$ km; $b = 30$ km
f) $a = 2$ mm; $b = 1{,}5$ mm

ZUM WEITERARBEITEN
In welchem Maßstab wurden die Rechtecke gezeichnet?

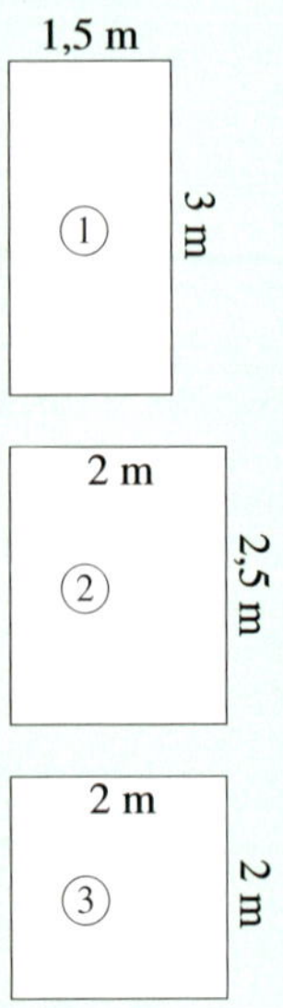

4 Zeichne zum Flächeninhalt die Quadrate im geeigneten Maßstab. Gib den Maßstab an.

a) $A = 36\ m^2$
b) $A = 144$ ha
c) $A = 400\ km^2$

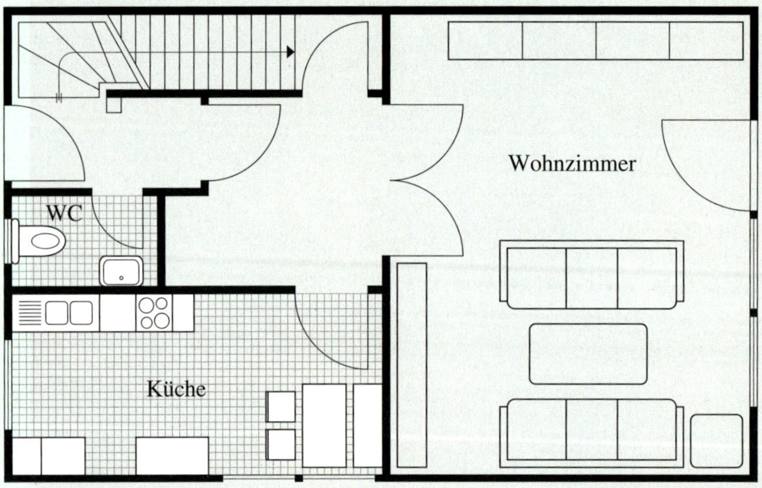

5 Der Architekt Herr Langenbrück hat das neue Haus der Familie Bender im Maßstab 1 : 100 gezeichnet.

a) Miss die Länge und Breite des Hauses in der Zeichnung. Wie lang und wie breit ist das Haus in Wirklichkeit?
b) Gib jeweils auch die Länge und Breite von Wohnzimmer, Küche und WC auf der Zeichnung und in Wirklichkeit an.

6 Konstruiere die folgenden Dreiecke.

a) $a = 3$ cm; $b = 4{,}5$ cm; $c = 7{,}3$ cm
b) $a = 4{,}3$ cm; $b = 4{,}8$ cm; $\gamma = 84°$
c) $c = 6{,}5$ cm; $\alpha = 32°$; $\gamma = 68°$
d) $\alpha = 40°$; $\beta = 15°$; $\gamma = 125°$
e) $c = 4{,}8$ cm; $\alpha = 70°$; $\beta = 45°$
f) $a = 5{,}8$ cm; $b = 4{,}3$ cm; $\beta = 50°$

Kurz und knapp

1. Ergänze die Folge der Quadratzahlen 1, 4, 9, □, □, □, □, □, □, 100.
2. Was sind keine Längeneinheiten? Kilometer, Kubikmeter, Meile, Milliliter, Dezimeter
3. Wie viele Kanten hat ein Quader?
4 Rechne 1 000 000 000 mm in km um.
5. $\frac{1}{100\,000}$ von einem Kilometer ist 1 …
6. Ergänze im Heft: Zwei Dreiecke sind zueinander kongruent, wenn sie …

Ähnlichkeit im geometrischen Sinn

Erforschen und Entdecken

1 Das links abgebildete Originalfoto hat das Format 4 cm mal 6 cm. Alle anderen Fotos sind dazu in gewisser Weise ähnlich. Aber nur eines davon ist zum Original auch geometrisch ähnlich, stellt also eine Verkleinerung dar.

a) Welches Foto ist im geometrischen Sinn ähnlich zum Original? Begründe.
b) Warum gehören die anderen nicht dazu?
c) Beschreibe, was Ähnlichkeit im geometrischen Sinn alles bedeuten kann.

2 Konstruiere die angegebenen fünf Dreiecke auf einem extra Blatt Papier so, dass sie sich nicht überschneiden. Nummeriere sie und schneide sie aus.

① $a = 3\,\text{cm}$	② $a = 5\,\text{cm}$	③ $a = 1{,}5\,\text{cm}$	④ $a = 6\,\text{cm}$	⑤ $a = 3\,\text{cm}$
$c = 5\,\text{cm}$	$b = 3\,\text{cm}$	$c = 2\,\text{cm}$	$c = 10\,\text{cm}$	$b = 5\,\text{cm}$
$\beta = 70°$	$c = 4\,\text{cm}$	$\beta = 90°$	$\beta = 70°$	$c = 4\,\text{cm}$

a) Sortiere die Dreiecke nach ihrer Ähnlichkeit. Vergleicht eure Ergebnisse in der Klasse.
b) Worin besteht ihre Ähnlichkeit? Was ist gleich, was verschieden? Beschreibe die einzelnen Merkmale.
c) Zeichne Dreiecke, die zu den ausgeschnittenen Dreiecken ähnlich sind. Wie bist du vorgegangen?
d) Du möchtest ein Dreieck vergrößern. Welche Werte musst du verändern und welche Angaben bleiben gleich?
e) Formuliere folgenden Satz zu Ende: „Stimmen zwei Dreiecke in zwei Winkeln überein, so …"

3 Versuche die Eiswaffeln größer zu zeichnen, ohne dass ein verzerrtes Bild entsteht. Wie gehst du dabei vor?

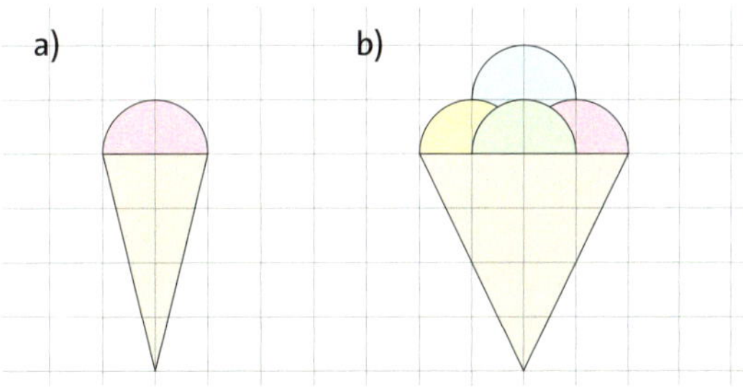

Lesen und Verstehen

BEACHTE
Vereinfachte Darstellung des Holzpuzzles rechts

ERINNERE DICH
Zwei Figuren heißen zueinander kongruent oder deckungsgleich, wenn es eine Bewegung gibt, bei der die eine Figur das Bild der anderen Figur ist.

HINWEIS
Die ähnlichen Figuren in den Beispielen sind im Holzpuzzle enthalten.

Lisas Hausaufgabe ist es, zu Hause geometrisch ähnliche Figuren zu suchen und sie in die Schule mitzubringen.
Lisa muss lange suchen. Sie findet erst nur Dinge, die nur im allgemeinen Sprachgebrauch ähnlich sind, wie z. B. Schlüssel oder Schuhe. Bei ihrem kleinen Bruder im Zimmer entdeckt sie schließlich das Holzpuzzle rechts und bringt es mit zur Schule.

Im geometrischen Sinn hat das Wort „ähnlich" eine ganz präzise Bedeutung:

Zwei Figuren heißen zueinander **ähnlich**, wenn sie durch maßstäbliches Vergrößern oder Verkleinern auseinander hervorgehen. Auch kongruente Figuren sind zueinander ähnlich.

BEISPIEL 1 ähnliche Trapeze

Beim maßstäblichen Vergrößern oder Verkleinern bleibt die Form erhalten.
Für die Ähnlichkeit ohne Bedeutung sind Farbe, Lage und auch Größe.

Bei Dreiecken gilt folgender Satz:

Hauptähnlichkeitssatz
Zwei Dreiecke sind zueinander ähnlich, wenn sie in der Größe von zwei Winkeln übereinstimmen.

BEISPIEL 2 ähnliche Dreiecke

$\alpha = \beta = 60°$

Üben und Anwenden

1 Im geometrischen Sinn sind nur einige Buchstaben unseres Alphabets (Groß- und Kleinbuchstaben) zueinander ähnlich. Welche Buchstaben sind das? Begründe.

2 Welche Dreiecke sind zueinander ähnlich? Begründe.

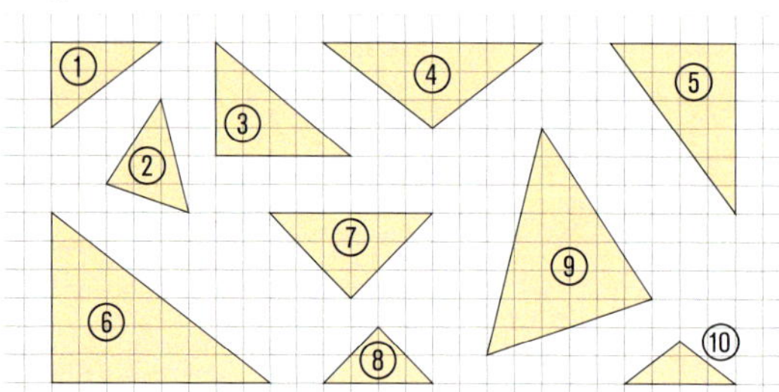

3 Welche Vierecke sind zueinander ähnlich? Begründe.

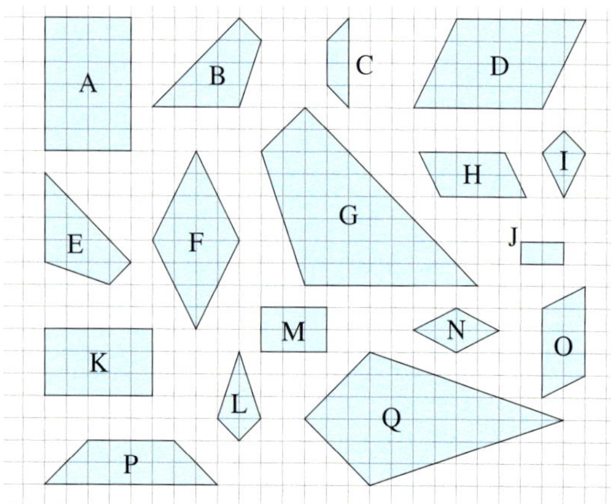

4 Beschreibe in deinen Worten, wie zwei zueinander ähnliche
a) Dreiecke **b)** Rechtecke
aussehen müssen.

5 Zeichne auf Karopapier ein Quadrat. Vergrößere und verkleinere es dann. Was fällt dir auf? Formuliere dazu einen Satz.

6 Welche zwei Figuren sind ähnlich?

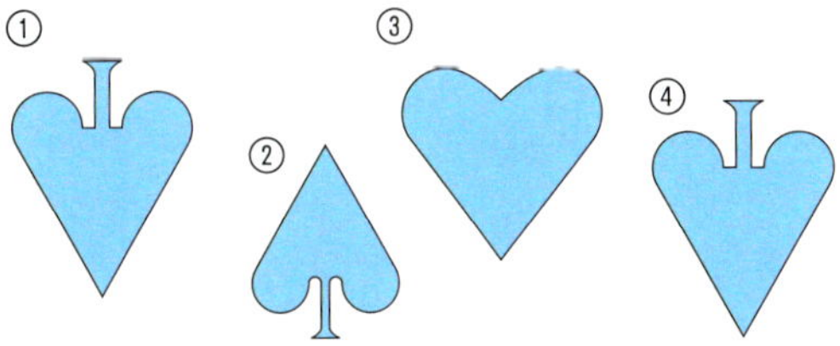

7 Beschreibe, wie zwei zueinander ähnliche Kreisausschnitte aussehen müssten. Betrachte dazu die folgende Abbildung:

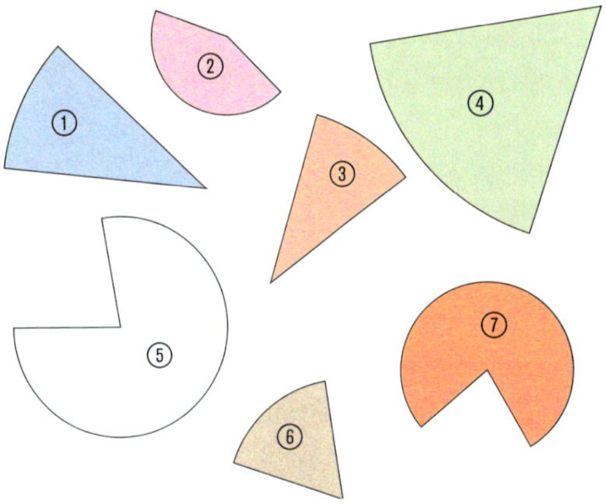

8 Spanne auf einem Geobrett ein beliebiges Rechteck. Zeichne es in dein Heft (1 LE soll 1 cm betragen und entspricht dem Abstand von Nagel zu Nagel).

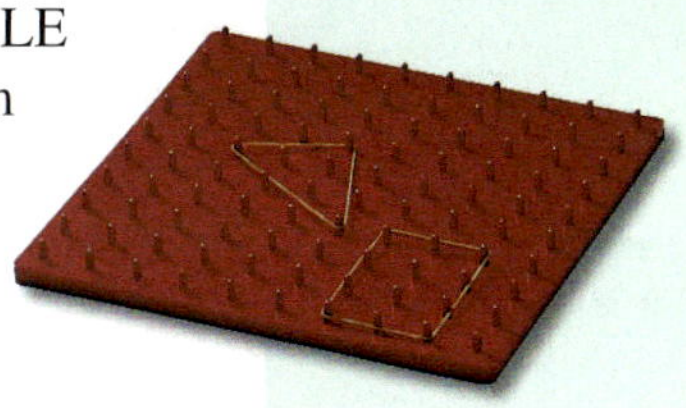

a) Vergrößere das Rechteck am Geobrett einige Male, sodass die Bilder dem ersten Rechteck (Original) ähnlich sind. Zeichne deine jeweiligen Vergrößerungen in dein Heft.

b) Verkleinere das Rechteck ebenfalls mehrmals maßstabsgerecht. Zeichne die verkleinerten Rechtecke in dein Heft.

c) Worauf muss man beim Vergrößern und Verkleinern achten?

d) Paula behauptet, dass alle Rechtecke zueinander ähnlich sind, da sie in vier Winkeln übereinstimmen. Kannst du das mit Hilfe der Tabelle belegen?

	a	*b*
Original	4 cm	6 cm
1. Bild	6 cm	
2. Bild		
…		

TIPP
Solltest du kein Geobrett zur Hand haben, kannst du die Zeichnungen auch gleich in deinem Heft vornehmen.

Eine Bauanleitung für ein Geobrett findest du unter diesem Webcode.

www 047-1

9 Eine Landkarte und das auf der Landkarte gezeigte Gebiet sind zueinander ähnlich.

a) Handelt es sich um eine Ähnlichkeit im geometrischen Sinn? Diskutiert darüber in eurer Lerngruppe.

b) Informiere dich darüber, wie solche Landkarten entstehen.

c) Suche eine Luftaufnahme und eine Karte, die dein Wohngebiet oder das Gebiet um deine Schule zeigen.

ZUR INFORMATION
Bei Anbietern von Immobilien im Internet findet man oftmals eine Hybrid-Version des gezeigten Gebietes. Hierbei wird die Karte über die Luftaufnahme gelegt und so beides gleichzeitig gezeigt.

10 Übertrage die folgende Abbildung in dein Heft. Zeichne ein Vergrößerung und eine Verkleinerung davon. Notiere, welche Teile einfach und welche schwierig zu vergrößern bzw. zu verkleinern sind und warum.

11 Aus dem Kunstunterricht kennst du vielleicht diese Methode zur Vergrößerung:
1. Nimm ein Foto von dir oder ein anderes Bild und belege es mit einem Raster.
2. Zeichne auf ein Blatt ein größeres Raster mit gleicher Zeilen- und Spaltenanzahl.
3. Übertrage nun Kästchen für Kästchen in das große Raster.

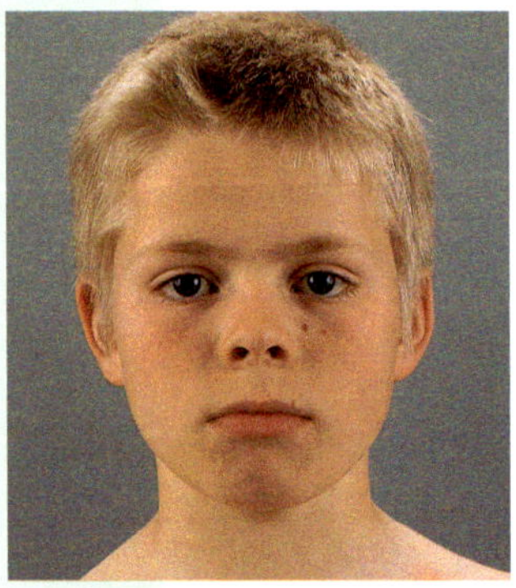

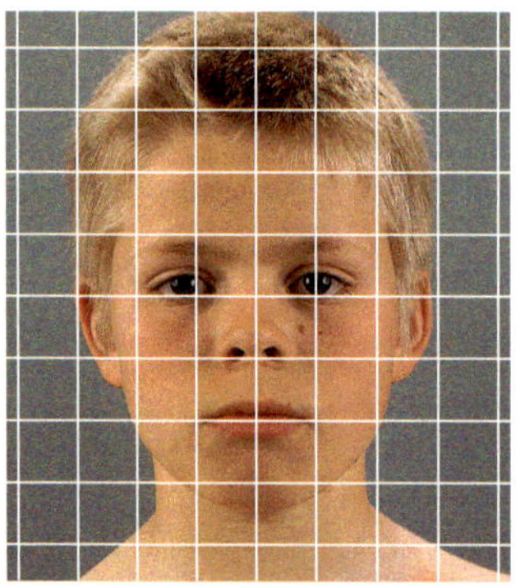

Vergleiche das Ergebnis mit dem Original.

12 Wahr oder falsch? Begründe.
Immer zueinander ähnlich sind zwei …
a) Rechtecke.
b) Kreise.
c) gleichschenklige Dreiecke.
d) Rauten.
e) Parallelogramme.
f) Trapeze.
g) gleichseitige Dreiecke.
h) Würfel.

13 Zeichne den Anfangsbuchstaben deines Namens in ein Koordinatensystem und vergrößere ihn mit Hilfe der Kästchen.
a) Notiere die Koordinaten einiger markanter Punkte.
b) Lass von deinem Nachbarn kontrollieren, ob deine Buchstaben wirklich ähnlich zueinander sind oder ob du verzerrt gezeichnet hast.
c) Woran erkennt man eine Verzerrung?

14 Tom behauptet: „Wenn ich bei einem Rechteck die Länge und die Breite um die gleiche Streckenlänge verkürze oder verlängere, dann entsteht ein ähnliches Rechteck.“
a) Überprüfe an mehreren Beispielen, ob Toms Behauptung richtig ist.
b) Bei welchen anderen geometrischen Figuren würde Toms Behauptung stimmen? Überprüfe deine Vermutungen mit Hilfe von Zeichnungen. Begründe anschließend, warum die Behauptung hier stimmt.

15 Informiere dich über die DIN-Formate für Papier.
a) Welche Formate kennst du?
b) Welches ist das ursprüngliche Format, aus dem die anderen entstehen?
c) Miss die Seitenlängen eines Papiers in den Größen DIN A3 (Zeichenblock), DIN A4 (großes Heft) und DIN A5 (kleines Heft) und trage sie in eine Tabelle ein.

	lange Seite	kurze Seite
DIN A0		
DIN A1		
DIN A2		
DIN A3		
DIN A4		
DIN A5		
DIN A6		

d) Ergänze die restlichen Felder der Tabelle.
e) Wie entstehen die einzelnen Formate?
f) Ein Kopierer verkleinert mit dem Faktor 0,707, wenn ein DIN-A3-Blatt auf DIN-A4-Größe gebracht werden soll.
Warum ist der Faktor nicht 0,5, obwohl das Blatt nur noch halb so groß ist?

Zentrische Streckung

Erforschen und Entdecken

1 Zeichne ein schlichtes Haus auf Pappe und schneide es aus. Halte das Haus zwischen eine Lichtquelle (am besten eignet sich ein Halogenstrahler) und eine Wand und experimentiere mit dem Schatten des Hauses.

a) Wie verändert sich der Schatten, wenn das Haus näher an der Lichtquelle bzw. weiter von ihr entfernt ist?
b) Was passiert mit dem Schatten, wenn du die Lichtquelle auf die Wand zu bzw. von ihr weg bewegst?
c) Versuche deine Anordnung so zu stellen, dass die Seitenlängen deines Schattenhauses genau doppelt (dreifach, vierfach, …) so groß sind wie dein Originalhaus.
d) Skizziere den Versuchsaufbau von der Seite und versuche den Weg der Lichtstrahlen zu zeichnen. Es soll erkennbar sein, wie der Schatten entsteht und wie es zu der Veränderung der Größe kommt.

2 Vergrößere eine Figur mit dem Gummiband. Dazu benötigst du ein etwa 20 cm langes Stück Gummiband und eine Stecknadel. An das eine Ende knotest du einen Bleistift und genau in die Mitte steckst du eine Stecknadel, sodass du die Nadelspitze gut sehen kannst.

a) Wo steckt die Nadel, wenn du das Gummiband streckst?
b) Zeichne eine einfache Figur in dein Heft. Markiere links (als Linkshänder rechts) daneben ein Zentrum *Z* und halte das eine Ende des Gummis dort fest. Spanne und bewege das Gummi so, dass die Nadel genau den Linien deiner Figur folgt und zeichne eine vergrößerte Figur.
c) Experimentiere mit schwierigeren Figuren oder Bildern.
d) Stich die Nadel bei einem Drittel des Gummis ein. Wie verändert sich die Bildgröße?

3 Zeichne einen Punkt *Z* in dein Heft. Zeichne von *Z* ausgehend fünf Strahlen in unterschiedliche Richtungen. Markiere auf jedem Strahl hintereinander mehrere Punkte im Abstand von 0,5 cm. Verbinde jeweils die fünf Punkte, die den gleichen Abstand zu *Z* haben.

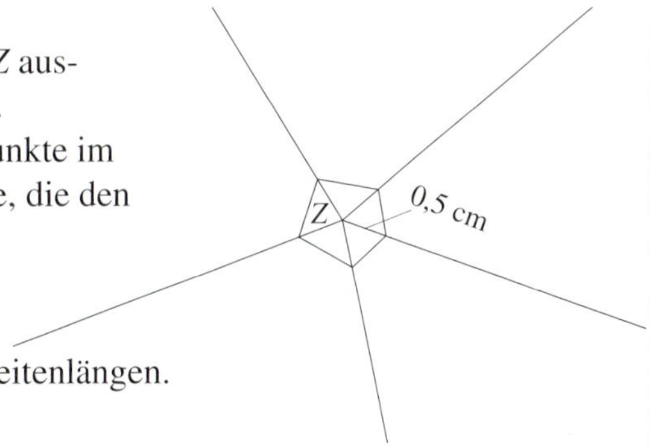

a) Beschreibe, was entsteht.
b) Was kannst du über die jeweils entstandenen Fünfecke sagen? Vergleiche auch entsprechende Seitenlängen.

4 Zeichne ein beliebiges Fünfeck.
a) In einem Eckpunkt soll *Z* liegen. Zeichne mehrere Male ein größeres und kleineres Fünfeck nach der gleichen Methode wie in Aufgabe 3.
b) Lege *Z* außerhalb des Fünfecks und vergrößere und verkleinere wieder.
c) Vergleiche die entstandenen Bilder mit denen aus Aufgabe 3. Beschreibe mit eigenen Worten die Unterschiede zu Aufgabe 3. Wurden alle Fünfecke maßstäblich vergrößert?

Zentrische Streckung mit der DGS

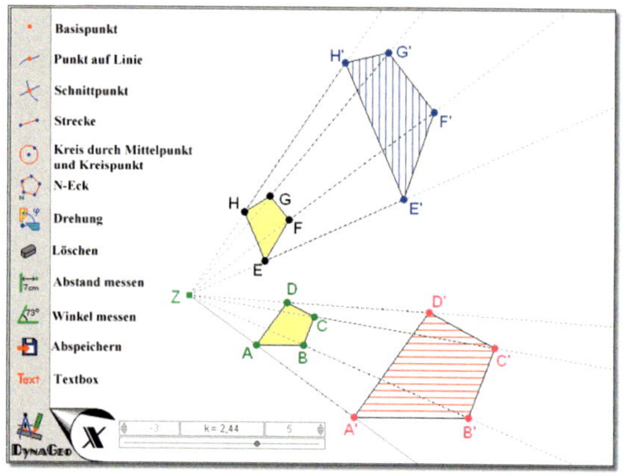

1 Zu den Vierecken *ABCD* und *EFGH* sind die Bildvierecke *A'B'C'D'* bzw. *E'F'G'H'* dargestellt.

050-1

a) Ziehe an *Z* und an den Eckpunkten des Vierecks *ABCD*. Beobachte die Auswirkungen auf das Bildviereck *A'B'C'D'*. Nutze die Messwerkzeuge zum Messen einer Strecke und eines Winkels. Welche Eigenschaften hat die Abbildung?

b) Sind die beiden Vierecke *ABCD* und *EFGH* zueinander kongruent? Prüfe nach.

c) Das blaue Viereck *E'F'G'H'* ist das Bild des Vierecks *EFGH*. Untersuche wie in Aufgabenteil a) mit dem Zugmodus auch die Eigenschaften dieser Abbildung. Welche Wirkungen hat die Anwendung des Zugmodus auf das rote bzw. auf das blaue Viereck? Was ist unterschiedlich, was ist gleich?

BEACHTE
Du kannst an den grünen Punkten Z, A, B, C und D ziehen.

050-2

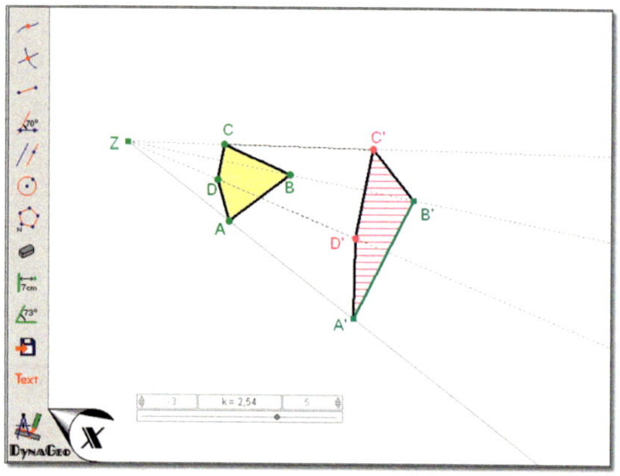

2 Gegeben sind die Vierecke *ABCD* und *A'B'C'D'*. Die grünen Punkte sind beweglich.

a) Ziehe nacheinander an den Punkten *A*, *B*, *C* und *D*. Was stellst du fest?

b) Verschiebe *A'* und *B'* so, dass die Vierecke zueinander ähnlich sind. Ziehst du nun an *Z* oder an dem Schieberegler, wird diese Ähnlichkeit aber wieder zerstört.

c) Konstruiere *A'* und *B'* des Vierecks neu, sodass die Ähnlichkeit der beiden Vierecke auch im Zugmodus erhalten bleibt. Beschreibe deine Konstruktion.

d) Miss die Abstände von *Z* zu *D* und von *Z* zu *D'*, die Abstände von *Z* zu *C* und von *Z* zu *C'*. Welche Zusammenhänge kannst du hier feststellen? Überprüfe deine Konstruktion von *A'* und *B'* mit Hilfe der gefundenen Zusammenhänge.

050-3

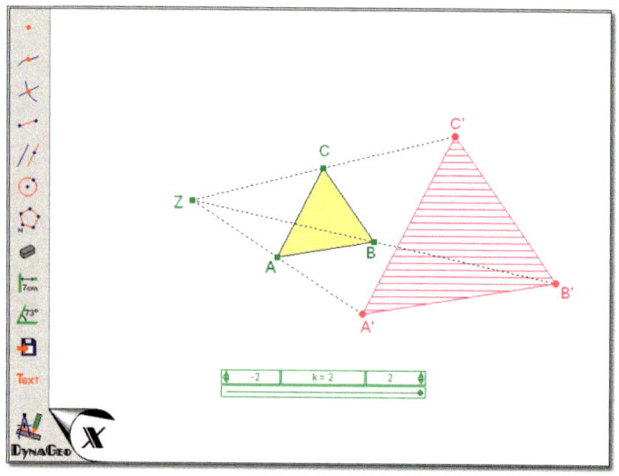

3 Zum Dreieck *ABC* wurde mit einer zentrischen Streckung das ähnliche Dreieck *A'B'C'* konstruiert.

a) Beschreibe die Lage der Punkte *A*, *B*, *C* und *A'*, *B'*, *C'*, wenn sich *Z* außerhalb, innerhalb oder auf den Eckpunkten des Dreiecks *ABC* befindet.

b) Der Schieberegler zeigt den jeweils aktuellen Wert des zu der zentrischen Streckung gehörenden Streckungsfaktors an. Was passiert, wenn du diesen veränderst? Beschreibe die besondere Lage der Eckpunkte der Dreiecke. Was passiert, wenn der Streckungsfaktor negativ ist?

4 Was ist eine zentrische Streckung mit dem Streckungszentrum Z und dem Streckungsfaktor k? Versucht gemeinsam, anhand eurer Beobachtungen eine Definition zu formulieren. Besprecht diese Definition in der Klasse und mit eurer Lehrerin oder eurem Lehrer. Korrigiert und ergänzt eure Definition nötigenfalls.

5 Rückblick auf die Aufgaben 1 und 2.

a) Untersuche noch einmal deine Konstruktionsvorschrift aus Aufgabe 2 b). Handelt es sich um eine zentrische Streckung?

b) Handelt es sich bei den Abbildungen aus Aufgabe 1 um zentrische Streckungen?

6 Die Quadrate $ABCD$ und $A'B'C'D'$ sind zueinander ähnlich.

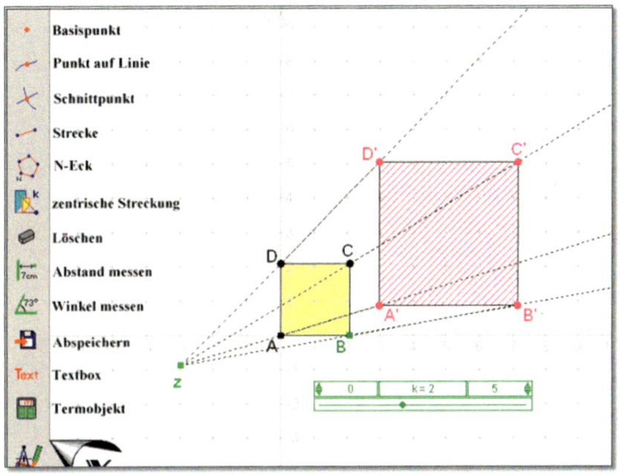

a) Ermittle den Flächeninhalt von $ABCD$ und des Bildvierecks $A'B'C'D'$ durch verschiedene Verfahren (z. B. Schätzen, Ausmessen der Figuren, Verwendung eines Termobjektes, …).

b) Ziehe an B und verändere den Streckungsfaktor der zentrischen Streckung. Wie ändern sich die Flächeninhalte der Figuren? Welcher Zusammenhang besteht zwischen beiden Flächeninhalten?

c) Konstruiere mit der DGS und einer zentrischen Streckung (Symbol:) zu anderen Figuren (Rechteck, Dreieck, …) die Bildfiguren. Lässt sich der bei b) entdeckte Zusammenhang auch auf diese Figuren übertragen? Schreibe diesen Zusammenhang allgemein auf.

051-1

HINWEIS

Konstruktion einer Bildfigur durch zentrische Streckung: Klicke nacheinander auf das Symbol der zentrischen Streckung, die Figur, Z und das Zahlobjekt.

7 Der Pantograph (auch Storchenschnabel genannt) ist ein Instrument zum Übertragen von Zeichnungen im gleichen, größeren oder kleineren Maßstab. Experimentiere mit einem echten Pantographen bzw. mit dem Pantographen aus der Datei zu dieser Aufgabe und beschreibe seine Funktionsweise.

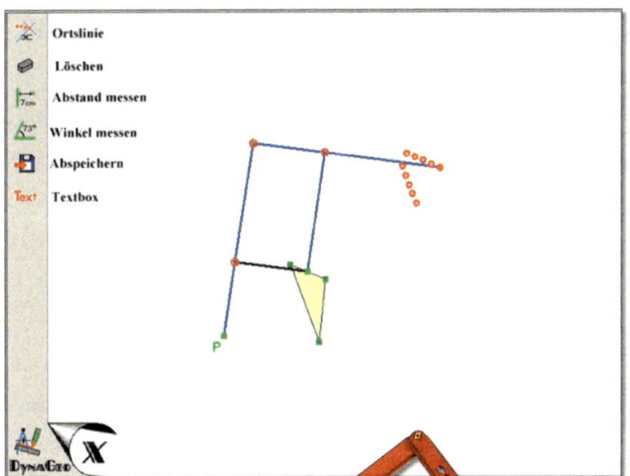

a) Mit dem Werkzeug Ortslinie wurde zu einem Dreieck durch den DGS-Pantographen eine Ortslinie erzeugt. Welches Bild des gelben Dreiecks ergibt sich, wenn du die Ortslinie vervollständigst?

b) Welche Zusammenhänge erkennst du zwischen dem gelben Ausgangsdreieck und seiner Bildfigur?

c) Experimentierecke: Nutze für die folgenden Aufträge die im Onlineangebot unter dem Webcode 051-3 angegebenen Weblinks:
- Bastele selbst einen Pantographen.
- Experimentiere mit einem dynamischen Pantographen.
- Erkundige dich durch eine Internetrecherche, wozu ein Pantograph früher gebraucht wurde.

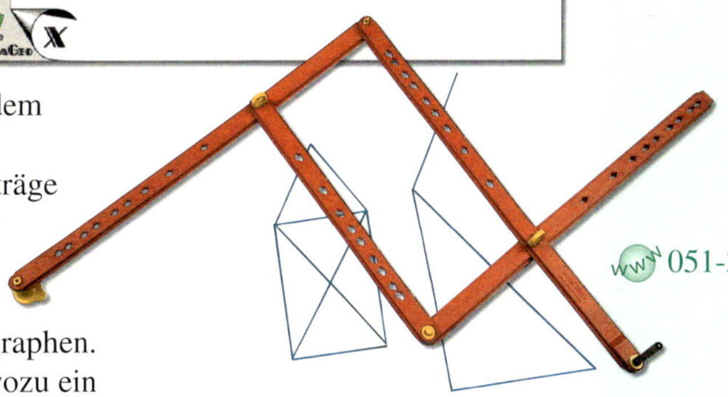

HINWEIS

„Pantograph“ (griech.) bedeutet wörtlich übersetzt „Allesschreiber“.

051-2

051-3

Lesen und Verstehen

Marie möchte verschieden große Drachen basteln. Sie hat eine Drachenschablone aus Papier, deren Form sie als Vorlage nimmt. Sie möchte die Drachenvorlage vergrößern und verkleinern und so verschieden große Drachen herstellen.
Die ursprüngliche Figur wird als **Original** bezeichnet. Die bei einer Vergrößerung oder Verkleinerung entstehende Figur ist das **Bild**.

HINWEIS
Für die Vergrößerung oder Verkleinerung mit dem Streckungsfaktor k kann man auch den Maßstab angeben. Bei einer Vergrößerung mit z. B. k = 3 ergibt sich der Maßstab 3 : 1 (Bildlänge : Originallänge) Bei einer Verkleinerung mit z. B. k = $\frac{1}{2}$ ergibt sich der Maßstab 1 : 2 (Bildlänge : Originallänge), da die Originallänge doppelt so lang ist wie die Bildlänge.

Eine maßstäbliche Vergrößerung oder Verkleinerung einer Figur kann man mit Hilfe einer **zentrischen Streckung** durchführen.
Der **Streckungsfaktor** wird hierbei mit ***k*** bezeichnet, das **Streckungszentrum** mit ***Z***.
Ist $k > 1$, spricht man von einer maßstäblichen Vergrößerung (Beispiel siehe Randspalte).
Ist $k = 1$, sind Original und Bild identisch.
Ist $0 < k < 1$, handelt es sich um eine maßstäbliche Verkleinerung.

Das so entstandene Bild und sein Original sind zueinander ähnlich.

BEISPIEL 1

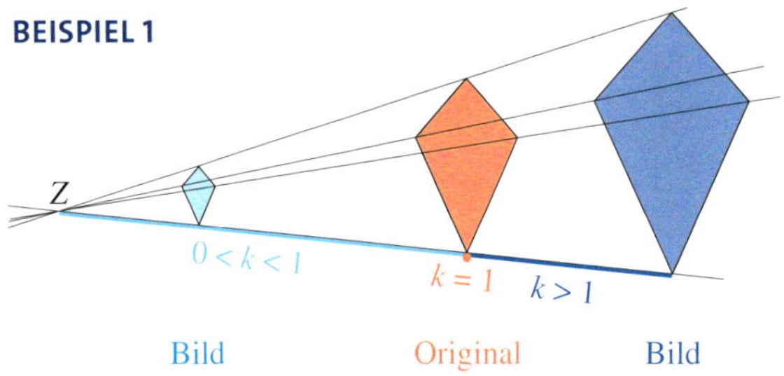

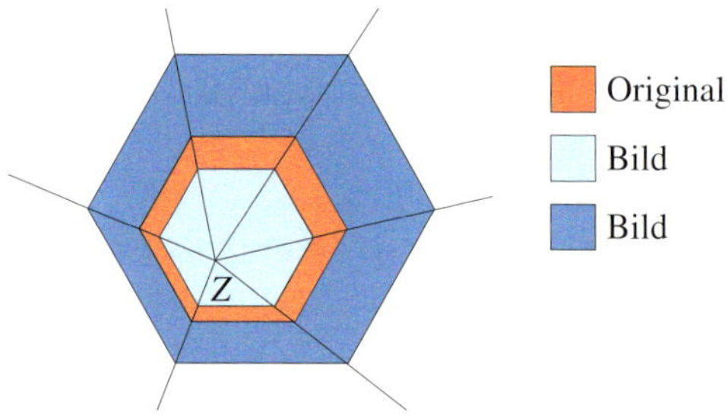

HINWEIS
*Weil die Grundfigur zu dem nebenstehenden Merksatz aus Strahlen mit gleichem Anfangspunkt besteht, wird dieser Satz auch **Strahlensatz** genannt.*

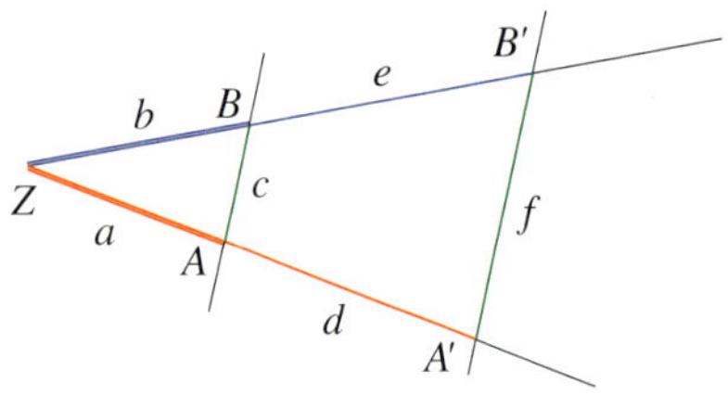

Durch zentrische Streckung des Dreiecks *ZAB* mit dem Streckungszentrum *Z* um einen Faktor *k* entsteht das Dreieck *ZA'B'*.
Da die Dreiecke *ZAB* und *ZA'B'* ähnlich zueinander sind, stehen alle entsprechenden Seiten im gleichen Verhältnis zueinander.

Es gilt: $\frac{\overline{ZA'}}{\overline{ZA}} = \frac{\overline{ZB'}}{\overline{ZB}} = \frac{\overline{A'B'}}{\overline{AB}} = k$, (oder kurz: $\frac{a+d}{a} = \frac{b+e}{b} = \frac{f}{c}$),
ebenfalls gilt: $\frac{\overline{ZA}}{\overline{AA'}} = \frac{\overline{ZB}}{\overline{BB'}}$ und $\frac{\overline{ZA'}}{\overline{AA'}} = \frac{\overline{ZB'}}{\overline{BB'}}$.

BEISPIEL 2
Die Dreiecke *ZAB* und *ZA'B'* sind ähnlich. Berechne die Länge der Strecke *x* und der Strecke *y*. (Maße in cm)

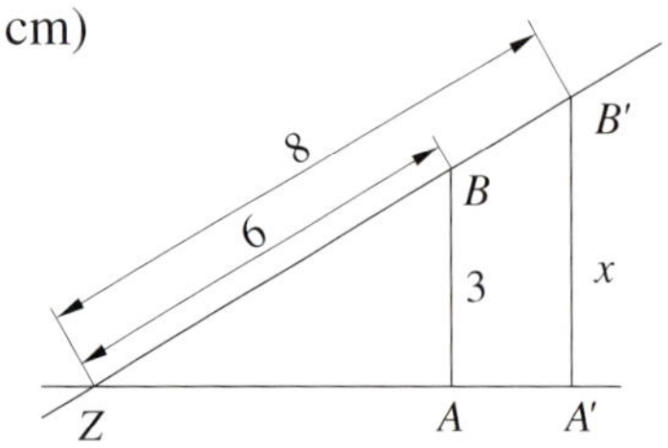

$\frac{\overline{ZB'}}{\overline{ZB}} = \frac{\overline{A'B'}}{\overline{AB}}$

$\frac{8}{6} = \frac{x}{3} \quad | \cdot 3$

$\frac{24}{6} = x$

$x = 4$

$\frac{\overline{ZA}}{\overline{ZA'}} = \frac{\overline{ZB}}{\overline{ZB'}}$

$\frac{6}{8} = \frac{y}{y+2} \quad | \cdot (y+2) \cdot 8$

$6y + 12 = 8y \quad | -6y$

$12 = 2y \quad | :2$

$y = 6$

Üben und Anwenden

1 Verändere ein Rechteck mit $a = 2\,\text{cm}$, $b = 3$ cm mit folgendem Streckungsfaktor:
a) $k = 2$ b) $k = 3$ c) $k = 1{,}5$
d) $k = \frac{1}{2}$ e) $k = \frac{1}{4}$ f) $k = 0{,}6$

2 Zeichne ein gleichseitiges Dreieck mit $a = 6\,\text{cm}$. Verkleinere es mit:
a) $k = \frac{1}{2}$ b) $k = \frac{1}{3}$ c) $k = \frac{2}{5}$

3 Mit welchem Streckungsfaktor wurden die Dreiecke vergrößert bzw. verkleinert, wenn einmal I bzw. einmal II das Original ist? Gib den Maßstab an.

4 Zeichne ein Quadrat mit der Seitenlänge $a = 3\,\text{cm}$. Gib die neuen Seitenlängen an.
a) Vergrößere das Quadrat mit $k = 2$.
b) Vergrößere das Quadrat mit $k = 3$.
c) Verkleinere das Quadrat mit $k = \frac{1}{2}$.
d) Verkleinere das Quadrat mit $k = \frac{1}{3}$.

5 Zeichne ein Dreieck mit $a = 3\,\text{cm}$, $c = 5\,\text{cm}$ und $\beta = 80°$.
a) Vergrößere das Dreieck mit $k = 2$.
b) Vergrößere das Dreieck mit $k = 1{,}5$.
c) Verkleinere das Dreieck mit $k = \frac{1}{2}$.
d) Vergrößere das Dreieck so, dass $a' = 5{,}1$ cm lang ist. Wie groß ist dann k?

6 Übertrage die folgenden Zeichnungen und das Streckungszentrum Z in dein Heft und vergrößere die Zeichnungen mit $k = 2$.

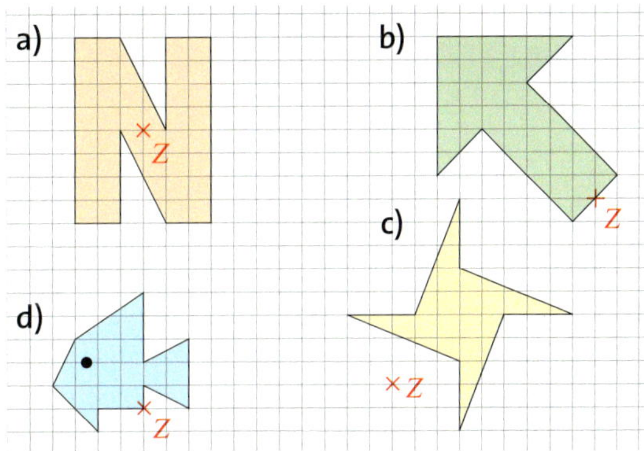

7 Beschreibe, wie du vorgehst, wenn du die Größe eines Kreises verändern möchtest. Zeichne einen Kreis und vergrößere und verkleinere ihn mit $k = 2$ und $k = \frac{1}{2}$.

8 Vergrößere die Figuren mit $k = 3$.

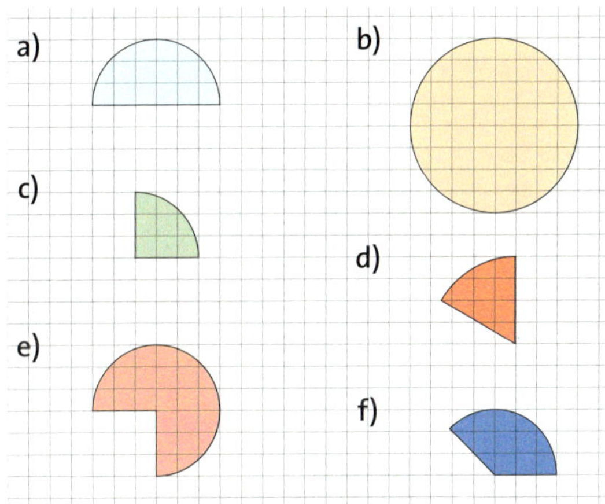

HINWEIS
Überlege dir vor dem Zeichnen immer genau, wie viel Platz die neue Figur benötigen wird, und platziere dementsprechend deine Originalfigur im Heft.

9 Übertrage die Figurenpaare ins Heft. Prüfe, bei welchen Paaren sich die eine Figur durch zentrische Streckung aus der jeweils anderen erzeugen lässt.

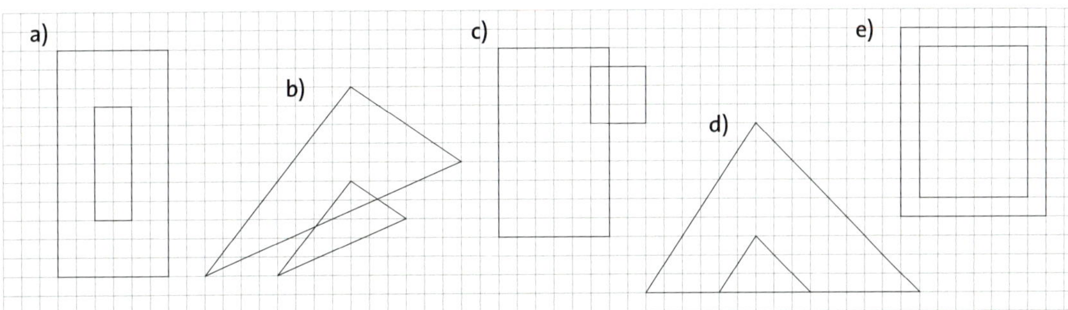

ZUM WEITERARBEITEN
In Aufgabe 13 hast du dich über den Begriff „Fluchtpunkt“ informiert. Kannst du dein Zimmer in Fluchtpunktperspektive zeichnen?

10 Übertrage die Figurenpaare auf kariertes Papier, achte dabei genau auf die Lage zueinander. Finde jeweils das Streckungszentrum Z und bestimme den Streckungsfaktor k.
Wähle einmal die rote Figur als Original und einmal die blaue.

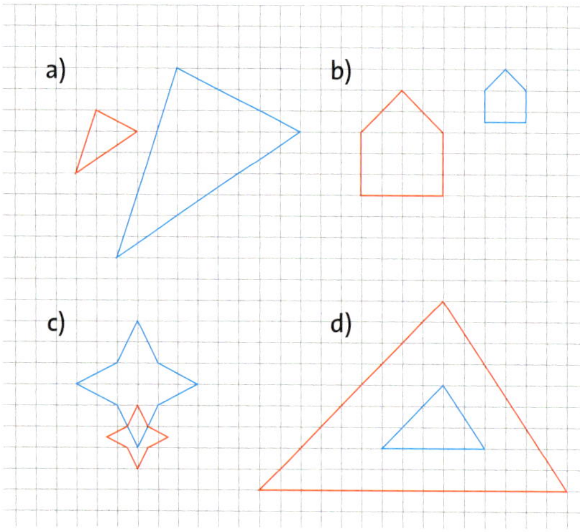

11 Von diesem Dia soll ein Fotogeschäft Fotoabzüge herstellen.

a) Bei einem Fotoabzug ist die längere Seite 15 cm lang. Wie lang kann die kürzere Seite des Abzugs werden? Vergleiche mit den gebräuchlichen Fotoformaten.
b) Das Fotogeschäft bietet auch Fotoabzüge in den Formaten 9 × 13, 13 × 18, 30 × 45 und 50 × 75 (Angaben in cm) an. Untersuche, ob diese Bildformate maßstabsgerechte Vergrößerungen des Dias sind.

www 054-1

HINWEIS
Unter diesem Webcode befindet sich ein DGS-Arbeitsblatt zur zentrischen Streckung.

12 Die Firma Loewe stellt eine Fahne mit den Maßen 56 cm × 40 cm her. Welche Maße hat eine vergrößerte (verkleinerte) Fahne, wenn der Maßstab 3 : 2 (1 : 4) beträgt?

13 Informiere dich über den Begriff „Fluchtpunkt“.
a) Beschreibe, wie und wo er eingesetzt wird.
b) Was hat dieser Begriff mit einer zentrischen Streckung zu tun? Erkläre.

14 Gegeben sind zwei Landkarten im Maßstab 1 : 20 000 und 1 : 5 000.
Wie groß ist jeweils der Streckungsfaktor k?

15 Zeichne ein Quadrat und vergrößere es mit dem Streckungsfaktor $k = 2$.
a) Wie verändert sich der Flächeninhalt?
b) Mit welchem Streckungsfaktor erhält man den neunfachen Flächeninhalt?
c) Welchen Streckungsfaktor muss man wählen, wenn man ein Quadrat mit dem doppelten Flächeninhalt erhalten möchte?
d) Gelten deine Beobachtungen auch bei anderen Vierecken und bei Dreiecken?

16 Für ähnliche Körper gilt $V' = k^3 \cdot V$.
a) Überprüfe die Formel, indem du den Quader ($a = 4$ cm, $b = 2{,}8$ cm, $c = 3$ cm) mit $k = 3$ vergrößerst.
b) Begründe, warum in der Formel k^3 steht.

17 Die Dreiecke ZAB und $ZA'B'$ sind ähnlich zueinander.

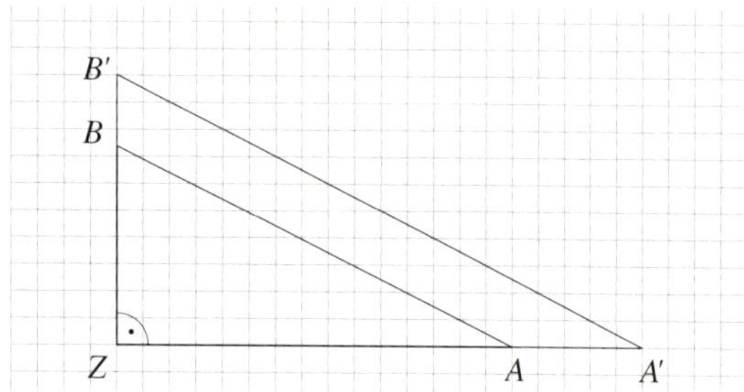

a) Ermittle den Streckungsfaktor k. Notiere alle Möglichkeiten, k zu ermitteln.
b) Teile $\overline{AB}$ durch $\overline{ZB}$ und anschließend $\overline{A'B'}$ durch $\overline{ZB'}$.
Kombiniere genauso andere Strecken und deren Bilder miteinander.
Was fällt dir auf?
c) Schreibe alle Kombinationen aus den Teilaufgaben a) und b), bei denen dies möglich ist, mit Gleichheitszeichen auf.

18 Zeichne fünf Figuren wie in Beispiel 2 auf Seite 52 in dein Heft.
Markiere wie dort alle Streckenverhältnisse, die du zusätzlich gefunden hast.

19 Zeige durch Umformung der im Merksatz (Seite 52, über Beispiel 2) angegebenen Gleichungen, dass folgende Beziehungen ebenfalls gültig sind:

a) $\frac{\overline{ZA}}{\overline{AB}} = \frac{\overline{ZA'}}{\overline{A'B'}}$ b) $\frac{\overline{ZA}}{\overline{ZB}} = \frac{\overline{ZA'}}{\overline{ZB'}}$

c) $\frac{\overline{ZA}}{\overline{ZA'}} = \frac{\overline{ZB}}{\overline{ZB'}} = \frac{\overline{AB}}{\overline{A'B'}}$

20 Gib verschiedene Wege an, die Strecke *AB* (*ZA; ZB'*) zu berechnen. Nutze dazu die Figur aus Beispiel 2 unter Lesen und Verstehen sowie die bekannten Sätze.

21 Berechne *x* (Angaben in m).

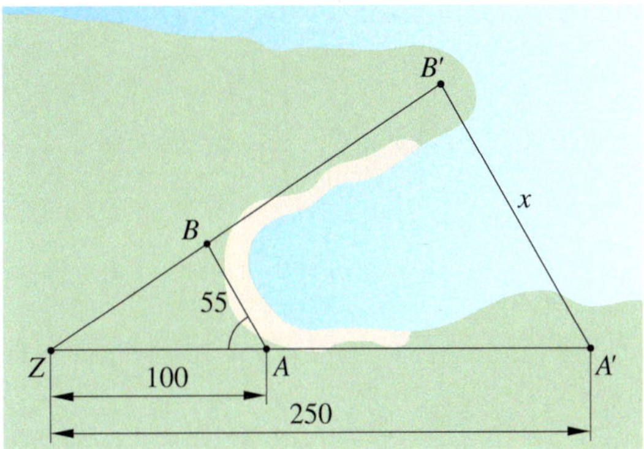

22 Schneide zwei zueinander ähnliche Dreiecke *ABC* und *A'B'C'* aus Papier.
Lege sie so aufeinander, dass *A* auf *A'*, *b* auf *b'* und *c* auf *c'* liegt.

a) Vergleiche mit der Zeichnung.
Welche Seiten entsprechen sich jeweils?

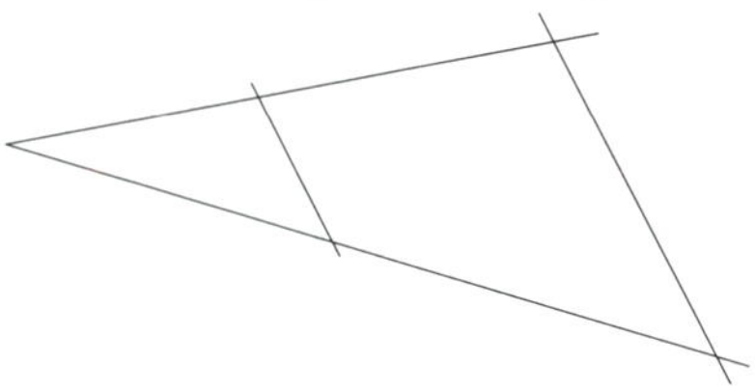

b) Drehe nun dein kleines Dreieck um 180° um *A*, sodass *A'* wieder auf *A* liegt und die Seiten vom kleinen und vom großen Dreieck eine gerade Linie bilden.
Welche Seiten entsprechen sich nun?

23 Berechne die fehlende Streckenlänge.
Finde zuerst zwei Dreiecke, die ähnlich zueinander sind. (Maße in cm)

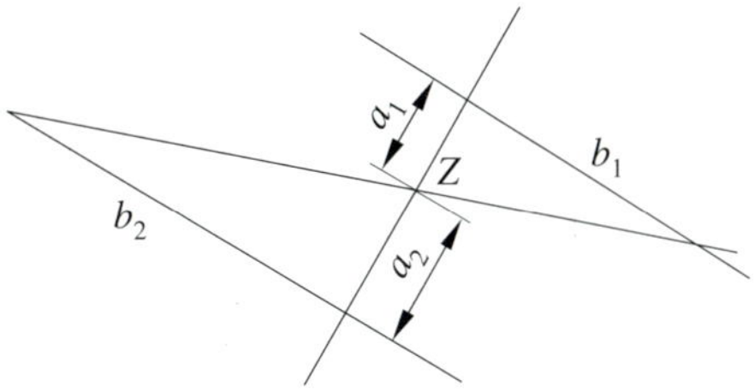

	a_1	a_2	b_1	b_2
a)	1,5	2		7
b)		2	2,5	4
c)	2	3	4	
d)	3,2		5	9,6

24 Die Höhe eines Strommastes lässt sich bei Sonnenschein einfach ermitteln.

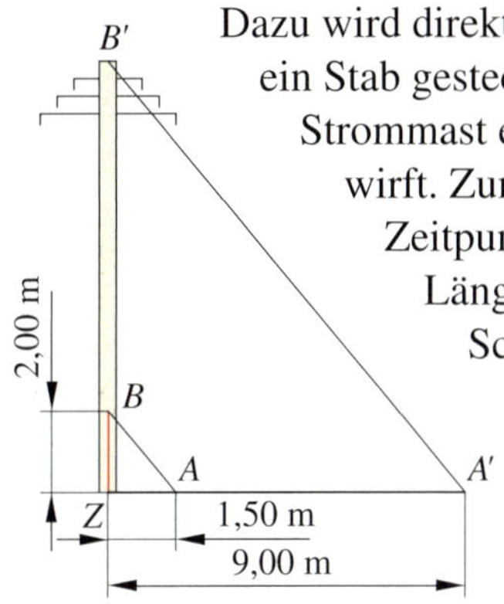

Dazu wird direkt neben den Mast ein Stab gesteckt, der wie der Strommast einen Schatten wirft. Zum gleichen Zeitpunkt hängt die Länge des jeweiligen Schattens nur von der Höhe des Gegenstandes ab. Berechne die Höhe des Strommastes.

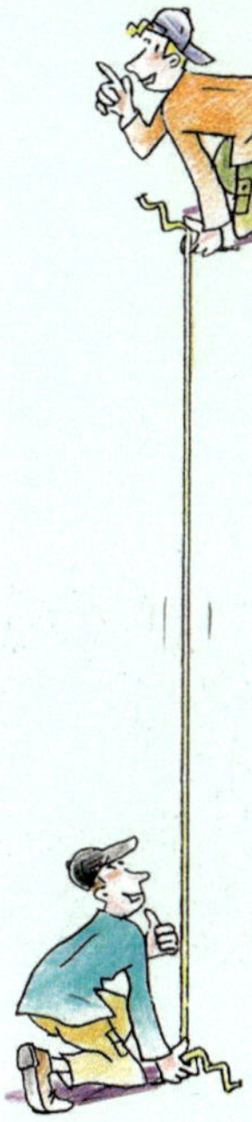

25 Man kann die Flussbreite bestimmen, wenn die drei Strecken *a*, *b* und *c* bekannt sind (siehe Zeichnung).

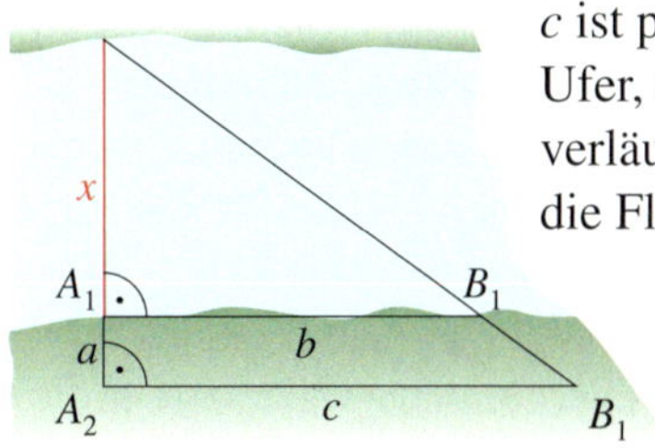

c ist parallel zum Ufer, an dem *b* verläuft. Berechne die Flussbreite *x*.

a) $a = 17\,m$; $b = 75\,m$; $c = 125\,m$
b) $a = 20\,m$; $b = 65\,m$; $c = 100\,m$
c) $a = 22\,m$; $b = 83\,m$; $c = 100\,m$
d) $a = 14\,m$; $b = 90\,m$; $c = 120\,m$
e) $a = 19{,}5\,m$; $b = 80\,m$; $c = 136{,}5\,m$

Methode: Strecken teilen

Unter Verwendung einer Figur wie auf Seite 52, Beispiel 2 lässt sich mit Zirkel und Lineal eine Strecke in beliebig viele gleich lange Teilstrecken oder in beliebige Streckenverhältnisse exakt unterteilen.

1. Fall: Eine Strecke $\overline{AB} = 5{,}3\,\text{cm}$ soll in 5 gleiche Streckenabschnitte unterteilt werden.

Konstruktionsbeschreibung:

1. Zeichne $\overline{AB} = 5{,}3\,\text{cm}$.
2. Zeichne von A aus einen Hilfsstrahl.
3. Trage von A aus auf dem Hilfsstrahl fünf gleich lange Strecken mit den Endpunkten T_1, T_2, T_3, T_4, T_5 ab.
4. Verbinde T_5 mit dem Endpunkt der Strecke $\overline{AB}$.
5. Zeichne durch T_1, T_2, T_3 und T_4 Parallelen zu $\overline{T_5B}$.

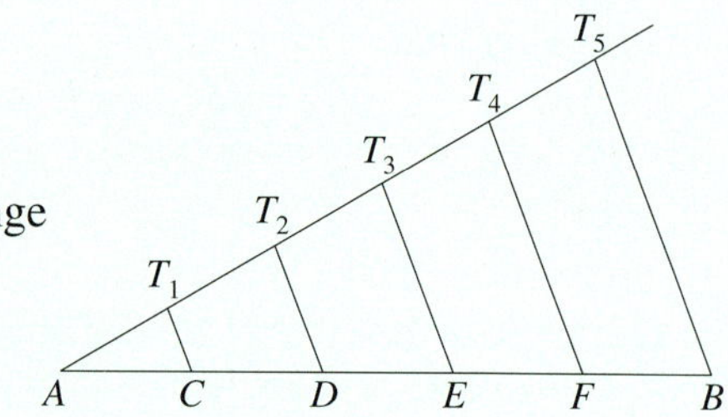

Die Punkte C, D, E, F teilen die Strecke $\overline{AB}$ in 5 gleiche Teile.

HINWEIS
Gleich lange Strecken kann man mit dem Zirkel sauber abtragen.

2. Fall: Eine Strecke $\overline{AB} = 5{,}5\,\text{cm}$ soll im Verhältnis 1 : 2 geteilt werden.

Konstruktionsbeschreibung:

1. Zeichne $\overline{AB} = 5{,}5\,\text{cm}$.
2. Zeichne von A aus einen Hilfsstrahl.
3. Trage auf dem Hilfsstrahl die Strecken $\overline{AT_1} = 1\,\text{cm}$ und $\overline{T_1T_2} = 2\,\text{cm}$ ab.
4. Verbinde T_2 mit dem Endpunkt der Strecke $\overline{AB}$.
5. Zeichne durch T_1 die Parallele zu $\overline{T_2B}$.

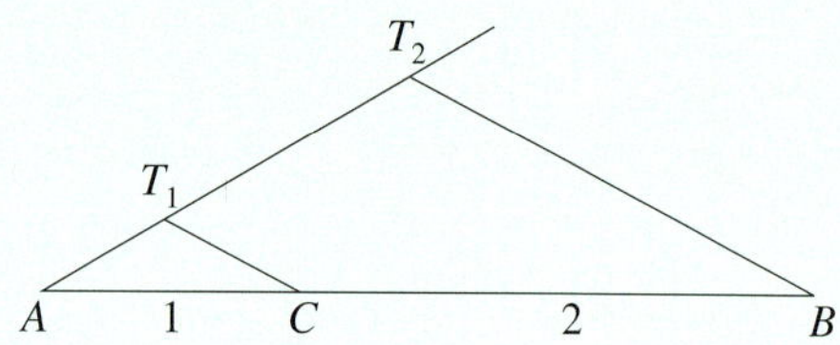

Der Punkt C teilt die Strecke $\overline{AB}$ im Verhältnis 1 : 2.

26 Gegeben ist die Strecke $\overline{AB} = 13\,\text{cm}$.

a) Teile $\overline{AB}$ mit Hilfe des 1. Falls oben in drei gleich große Abschnitte.

b) Wäre deine Streckeneinteilung genauer, wenn du sie mit dem Taschenrechner berechnet und dann gezeichnet hättest? Begründe.

27 Konstruiere ein Trapez, dessen Diagonalenschnittpunkt S die Diagonale $\overline{BD}$ im Verhältnis 5 : 3 teilt. Beschreibe, wie du vorgegangen bist.

Planfigur

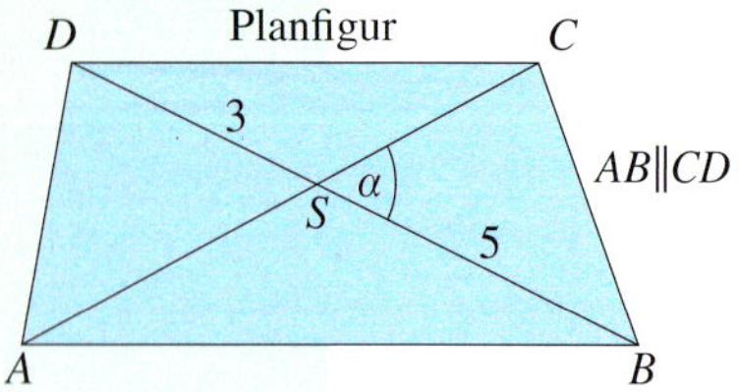

28 Teile die gegebenen Strecken.

a) Teile $\overline{AB} = 10\,\text{cm}$ in 7 gleiche Teile.

b) Teile $\overline{CD} = 8\,\text{cm}$ in 11 gleiche Teile.

c) Teile $\overline{EF} = 5{,}7\,\text{cm}$ in 4 gleiche Teile.

d) Teile $\overline{ZB} = 7{,}5\,\text{cm}$ in 9 gleiche Teile.

29 Eine Strecke $\overline{AB} = 11\,\text{cm}$ soll in folgenden Verhältnissen geteilt werden:

① 3 : 1 ② 1 : 3

a) Würdest du die Verhältnisse 1 : 3 und 3 : 1 unterscheiden oder nicht? Begründe.

b) Vergleiche die Verhältnisse beim Streckenabschnitt mit dem Größenverhältnis beim Maßstab. Wie unterscheiden sich dort die Verhältnisse 1 : 3 und 3 : 1?

Thema: Höhenbestimmung durch Anpeilen

Mit einfachen Mitteln und mit den Beziehungen in ähnlichen Dreiecken kann man die Höhe von Gebäuden, Masten, Bäumen, … ermitteln. Dazu benötigt ihr Folgendes.

Material:
Stäbe unterschiedlicher Länge (mindestens 30 cm lang), farbiges Klebeband, Zollstock, Meterschnur oder Maßband.

Bauanleitung und Vorgehensweise:
Wie auf dem Foto peilt ihr mit dem Stab in der Hand aus einem bestimmten Abstand ein Gebäude an.
Vor dem Einsatz solltet ihr noch einige Fragen klären. Diese beziehen sich auch darauf, wie ihr den Stab richtig vorbereitet:

1. In welchem Winkel sollte der Arm ausgestreckt werden und warum?
2. Wieso befindet sich die rote Markierung von der Hand gemessen auf Augenhöhe?
3. Welchen Abstand habt ihr zum Gebäude?
4. Welche Maße werden benötigt?
5. Welche Maße sind nach einem Mal Messen bekannt und welche müssen immer wieder neu ermittelt werden?

ZUR INFORMATION
Auch heute noch werden solche Peilmethoden angewendet. Zum Beispiel bestimmt der Förster so die Höhe von Bäumen mit Hilfe eines Forsterdreiecks.

Findet euch in Gruppen zusammen und geht mit eurem Material auf den Schulhof.
Baut eure Stäbe in den Maßen, die zu euch passen und mit denen ihr auf dem Schulhof die Höhen der Schulgebäude gut messen könnt. Probiert durch Anpeilen erst einmal mit verschiedenen langen Stäben ohne Markierung aus, welche Stablängen günstig sind.

1 Schaut euch die Zeichnung genau an. Überlegt gemeinsam.
a) Wie wird die Höhe des Baums bestimmt? Worauf muss geachtet werden?
b) Erklärt, warum nicht der Boden angepeilt wird.

2 Skizziert eine Figur wie Seite 52, Beispiel 2, sodass erkennbar wird, wie ihr die Höhe berechnen wollt.

3 Entwerft eine Tabelle, in der ihr die für die Höhenbestimmung benötigten Maße eintragen könnt. Peilt verschiedene Gebäude oder Bäume an.
Tragt alle ermittelten Maße in einer Tabelle zusammen. Berechnet daraus die noch fehlenden Höhen.

4 Ein Gebäude wurde mit einem Stab angepeilt und die Höhe mit Hilfe von Ähnlichkeitsbeziehungen berechnet. Die Höhe betrug nach den Berechnungen 10,80 m. Die tatsächliche Höhe betrug 12,30 m.
Erkläre den möglichen Fehler.

5 Fasst sämtliche Ergebnisse aus den Aufgaben 1 bis 4 zusammen. Stellt sie in eurer Lerngruppe vor.

HINWEIS
Aufgabe 3 kannst du auch mit einem Tabellenkalkulationsprogramm lösen. Erstelle eine geeignete Tabelle, die auch eine Spalte für die ermittelten Gebäudehöhen enthält. Wenn du dort in der obersten Zelle die Formel für die Berechnung der Höhe eingibst und diese auf die anderen Zellen überträgst, rechnet der Computer. Drucke für die Arbeit auf dem Hof die Tabelle aus und übertrage später die ermittelten Höhen in dein Programm.

Vermischte Übungen

1 Zwei amerikanischen Forschern zufolge sind sich Hund und Besitzer tatsächlich ähnlich. Jedoch werden sich Mensch und Hund nicht immer ähnlicher, sondern der Mensch sucht sich einen ihm ähnlichen Hund aus.

a) Beschreibe die Ähnlichkeiten, die du jeweils feststellen kannst.
b) Nenne die Kriterien, die für die Ähnlichkeit im geometrischen Sinn gelten.

2 Finde ähnliche Figuren.

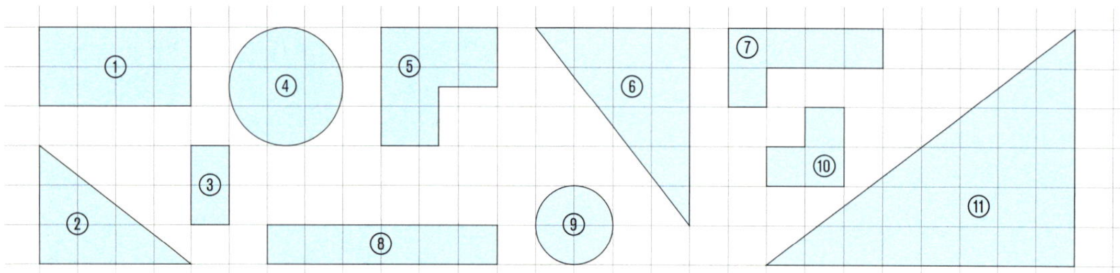

3 Zeichne ein Rechteck mit $a = 4{,}2\,\text{cm}$ und $b = 5{,}4\,\text{cm}$ in dein Heft.
a) Vergrößere das Rechteck mit $k = 2$ und verkleinere anschließend das Bild mit $k = \frac{1}{3}$.
b) Verkleinere das Rechteck mit $k = \frac{1}{2}$ und vergrößere das Bild anschließend mit $k = 4$.
c) Vergrößere zunächst mit $k = 1{,}5$ und anschließend das Bild wieder mit $k = 1{,}5$.
d) Führe die Schritte bei a) bis c) in umgekehrter Reihenfolge durch. Erhältst du das gleiche zweite Bild? Begründe.
e) Zeichne direkt das zweite Bild. Welchen Faktor k musst du wählen?
f) Formuliere eine Regel, wie das zweite Bild direkt entstehen kann.

4 „Die Kongruenz ist ein Spezialfall der Ähnlichkeit."
Nimm Stellung zu der Aussage.
Zeige deine Ergebnisse anhand einer Zeichnung und verfasse eventuell einen Eintrag darüber in deinem Lerntagebuch.

5 Vergrößere ein Original mehrmals hintereinander mit immer dem gleichen Faktor, sodass das jeweils entstandene Bild immer wieder vergrößert wird.
a) Gib den Faktor k vom Original bis zum letzten Bild nach 2 (3; 4; 5) Schritten an.
b) Der Faktor k sei a.
Wie groß ist der Faktor k vom Original zum 2. (3.; 4.; 5.; n-ten) Bild?

6 Zeichne in dein Heft das Dreieck ABC und das Streckungszentrum Z:
$A(-2|3)$, $B(1|2)$, $C(4|5)$, $Z(1|-1)$.
a) Erstelle das Dreieck $A'B'C'$ durch zentrische Streckung mit $k = 1{,}5$.
b) Erstelle das Dreieck $A''B''C''$ durch zentrische Streckung mit $k = 0{,}5$.

7 Zeichne die Dreiecke ABC und $A'B'C'$ ins Heft: $A(-2|4)$, $B(3|5)$, $C(0|8)$, $A'(-9{,}5|-1)$, $B'(8|2{,}5)$, $C'(-2{,}5|13)$
Bestimme das Streckungszentrum Z und den Streckungsfaktor k zeichnerisch.

8 Zeichne ein beliebiges, nicht zu großes Dreieck ABC mittig auf ein Blatt.
Führe nun zentrische Streckungen mit dem jeweils angegebenen Streckungszentrum Z und dem Streckungsfaktor $k = 2$ aus.
Vergleiche jeweils die Seitenlängen von Original und Bild sowie die Lage der Dreiecke zueinander:

a) Z liegt innerhalb des Dreiecks,
b) Z liegt außerhalb des Dreiecks,
c) $Z = A$,
d) Z liegt auf $\overline{AB}$, jedoch nicht auf den Eckpunkten.

Führe anschließend die Aufgabe auf einem neuen Blatt noch einmal aus, diesmal mit einem nicht zu kleinen Dreieck und dem Streckungsfaktor $k = 0{,}5$.

9 Zeichne zuerst das Dreieck $A'B'C'$ und den Punkt Z:
$A(4|7)$, $B(11|1)$, $C(14|8)$, $Z(4|3)$.
Prüfe, aus welchen Dreiecken ABC sich das Dreieck $A'B'C'$ durch zentrische Streckung mit dem Streckungszentrum Z erzeugen lässt:

a) $A(4|5)$, $B(7{,}5|2)$, $C(9|5{,}5)$
b) $A(8|7)$, $B(11{,}5|4)$, $C(13|7{,}5)$
c) $A(4|-1)$, $B(11|-7)$, $C(14|0)$
d) $A(4|9)$, $B(14{,}5|0)$, $C(19|10{,}5)$
e) $A(4|1)$, $B(14|-2)$, $C(11|5)$

10 Ein Modellauto ist im Maßstab 1 : 18 gebaut.

a) Die Höhe des Modellautos beträgt 7,9 cm. Wie hoch ist das Original?
b) Das Original ist 1,62 m breit. Wie breit ist das Modell?
c) Zeichne ein vereinfachtes Auto und vergrößere es mit $k = 3{,}5$.

11 Berechne die Länge der Strecke x. (Maße in cm)

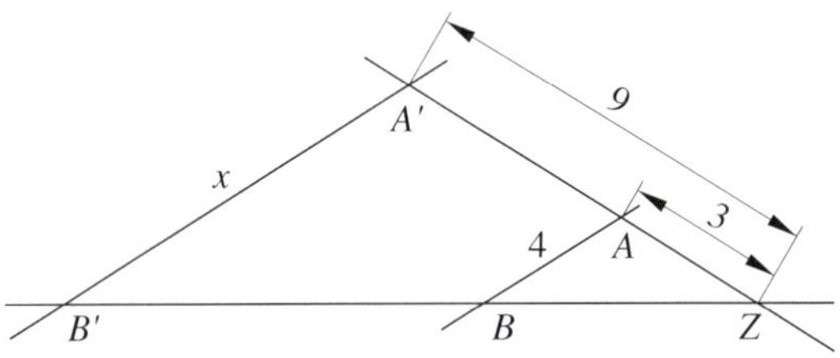

12 Berechne die Länge der Strecke x. (Maße in cm)

a)

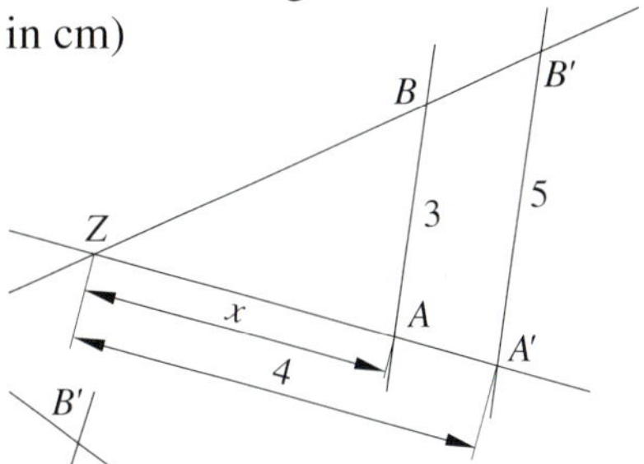

b)

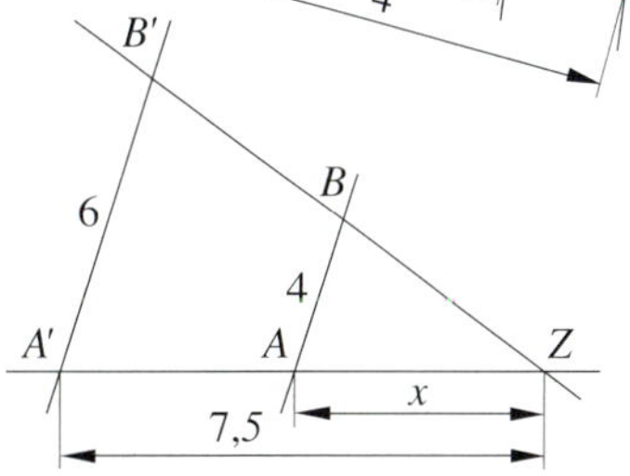

13 Mit einfachen Möglichkeiten kann man ein Schattentheater aufführen. Dabei kann man wie im Bild vor einer Wand oder auch hinter einer Leinwand – für den Zuschauer also nur als Schatten sichtbar – agieren.

a) Experimentiert mit einer Wand, einer Lichtquelle (am besten eignet sich ein Halogenstrahler) und eurem Schatten.
b) Lasst einen „Zwerg" und einen „Riesen" miteinander agieren.
c) Verfasst eine kleine Szene und spielt diese eurem Kurs vor.

14 „Die Sonne ist 400-mal so weit weg von der Erde wie der Mond.
Der Durchmesser der Sonne ist 400-mal so groß wie der des Mondes.“

a) Übersetze diesen Text in eine (nicht maßstabsgerechte) Skizze mit zwei zueinander ähnlichen Dreiecken.

b) Wie lang müsste das Papier sein, wenn der Mond mit 2 mm Durchmesser gezeichnet würde und die Zeichnung maßstabsgerecht sein sollte?

c) Der Monddurchmesser beträgt 3 476 km und die mittlere Entfernung (schaue den Begriff im Internet nach) von der Erde zum Mond beträgt 384 400 km.
Berechne den Durchmesser der Sonne sowie ihre Entfernung zur Erde.

15 Informiere dich über die Durchmesser der Planeten und ihren Abstand zur Sonne.
Trage die Werte wie folgt in einer Zeichnung zusammen:

1. Beginne auf einer Strecke von mindestens 31 cm Länge links mit der Sonne.
   Zeichne dann jeden Planeten auf der Strecke mit dem entsprechenden Abstand zur Sonne ein
   (Maßstab: 1 AE (Astronomische Einheit = der Abstand von der Erde zur Sonne) entspricht 1 cm).

2. Trage die Durchmesser der einzelnen Planeten als Senkrechte ein (1 000 km sollen 1 mm entsprechen).

a) Gibt es Planeten, die annähernd das gleiche Verhältnis von Abstand zur Sonne zu Durchmesser bzw. Radius haben?
Überprüfe mit einer Figur wie in Beispiel 2 auf Seite 52.
Lege dazu einen Faden als zweiten Strahl im Mittelpunkt der Sonne an.

b) Ist die Größe der Planeten auf dem Foto links maßstabsgerecht?
Vergleiche mit deiner Zeichnung.

c) Warum wird sich oft für eine nicht maßstabsgerechte Darstellung entschieden?

16 Aus dem Physikunterricht kennst du die Bildentstehung bei der Lochkamera. Vielleicht hast du eine solche schon selbst gebastelt. Die Bilder erscheinen dabei auf dem Kopf.

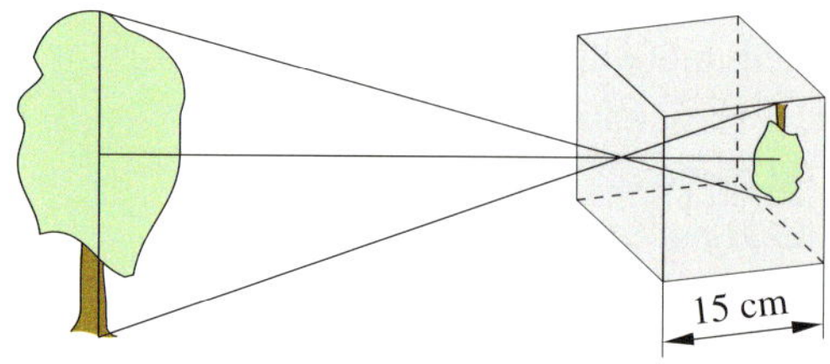

a) Bei einer Lochkamera ist die Mattscheibe 15 cm vom Loch entfernt. Auf der Mattscheibe sieht man ein 10 cm großes Bild eines Baums, der 25 m von der Lochblende entfernt ist. Wie hoch ist der Baum?

b) Wie weit muss ein 9 m hoher Baum mindestens von der Lochblende entfernt sein, damit du ihn auf der Mattscheibe der Lochkamera ganz sehen kannst?

c) Wie groß wird das Bild eines 7 m hohen Hauses auf der Mattscheibe, wenn es aus 20 m Entfernung von der Lochblende aufgenommen wird?

17 Aus der Physik weißt du, dass Sammellinsen Bilder von Gegenständen G erzeugen. Die Skizze zeigt die Versuchsanordnung mit den verschiedenen Linienverläufen und Längen. Suche zunächst zwei zueinander ähnliche Dreiecke.

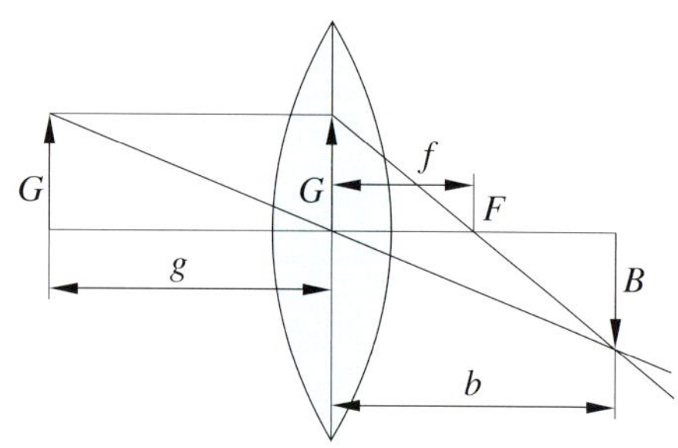

a) Stelle eine Gleichung auf, aus der du die Bildgröße B berechnen kannst, wenn $G = 5\,\text{cm}$, $g = 20\,\text{cm}$, $b = 15\,\text{cm}$ sind.

b) Wie weit ist das Bild von der Linse entfernt, wenn es 4 cm groß ist?

c) Erkläre die Gleichung $\frac{G}{B} = \frac{f}{b-f}$.

Teste dich!

a

1 Ergänze die Sätze:
a) Zwei Figuren heißen zueinander ähnlich, …
b) Zwei Dreiecke sind zueinander ähnlich, … (Hauptähnlichkeitssatz).

2 Zeichne das Rechteck und finde den Schnittpunkt S der Diagonalen. Führe die zentrische Streckung mit dem Streckungszentrum S und dem Faktor k aus. Berechne den Maßstab.
a) $a = 2\,\text{cm}$; $b = 3\,\text{cm}$; $k = 2$
b) $a = 4{,}5\,\text{cm}$; $b = 3\,\text{cm}$; $k = \frac{1}{3}$

3 Berechne die Strecke x.

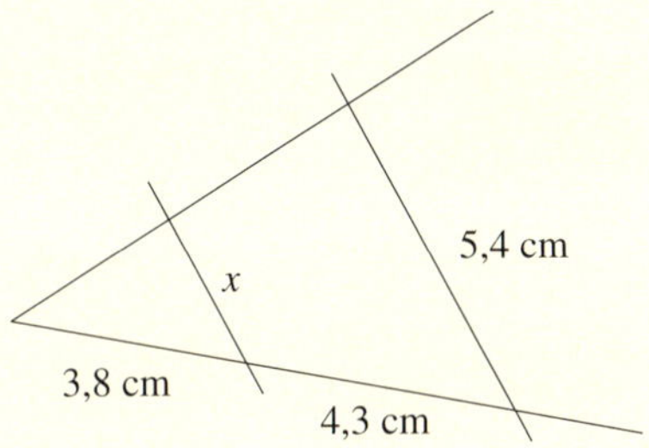

b

2 a) $a = 4\,\text{cm}$; $b = 3\,\text{cm}$; $k = 1{,}5$
b) $a = 9{,}6\,\text{cm}$; $b = 6{,}4\,\text{cm}$; $k = \frac{1}{4}$

3 Berechne die Strecke x.

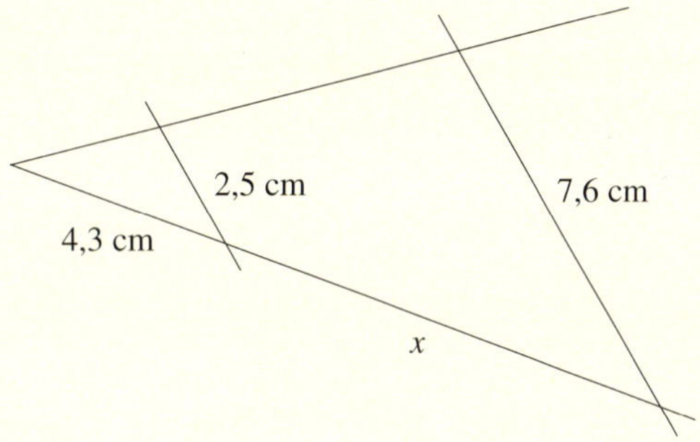

4 Die Höhe eines Gebäudes soll berechnet werden und wird dazu angepeilt. Die Entfernung des Betrachters zum Gebäude beträgt 33 m, die Armlänge 60 cm. Gemessen wird in einer Höhe von 1,50 m und die Länge des Stabes beträgt von der Markierung zur Spitze 40 cm.
Fertige mit den Daten eine Skizze an und berechne die Höhe des Gebäudes.

a

5 Ein Fachwerkträger hat die gegebene Form. Die Stäbe b und c sind Füllstäbe.

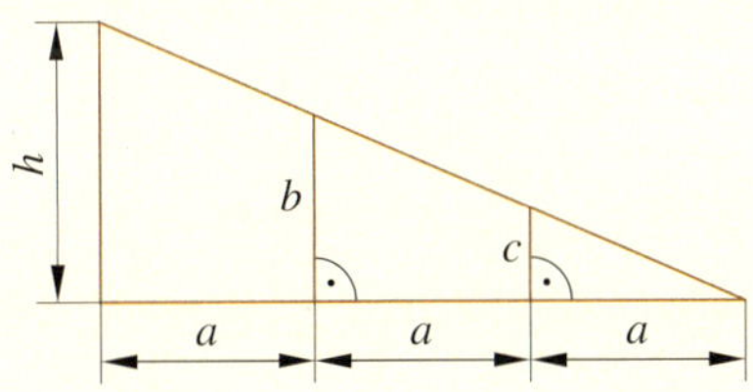

Die Längen $a = 2{,}4$ m und $h = 3{,}4$ m sind bekannt.
a) Berechne die Längen b und c.
b) Gib b und c prozentual in Abhängigkeit von h an.
c) Welche Länge hat der schräge Balken des Fachwerkträgers?

b

5 Das Wahrzeichen eines Vergnügungsparks in Virginia (USA) ist das Modell des Eiffelturms in Paris.
Das Modell ist im Maßstab 1 : 3 gebaut.

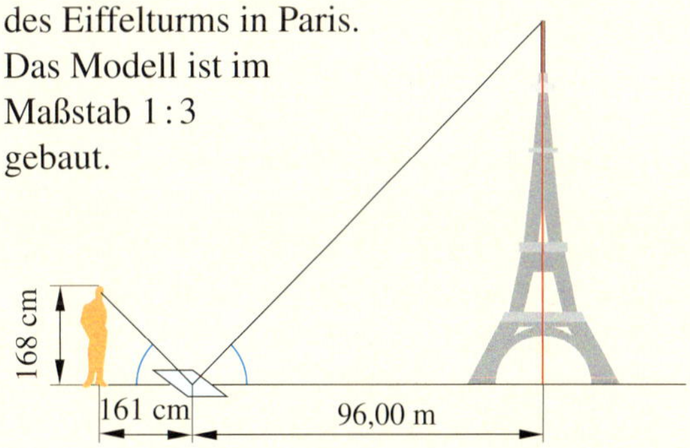

Man kann die Höhe des Modells mit Hilfe eines Spiegels bestimmen. Dazu legt man diesen auf den Boden und stellt sich so, dass man die Spitze des Turms sehen kann.
a) Wie hoch ist das Modell?
b) Gib die reale Höhe des Eiffelturms an.

HINWEIS
Brauchst du noch Hilfe, so findest du auf den angegebenen Seiten ein Beispiel oder eine Anregung zum Lösen der Aufgaben. Überprüfe deine Ergebnisse mit den Lösungen auf Seite 219.

Aufgabe	Seite
1	46
2	52
3	52
4	52
5	52

Zusammenfassung

→ Seite 46

Ähnlichkeit im geometrischen Sinn

Zwei Figuren heißen zueinander **ähnlich**, wenn sie durch maßstäbliches Vergrößern oder Verkleinern auseinander hervorgehen. Auch kongruente Figuren sind zueinander ähnlich.

ähnliche Trapeze:

Beim maßstäblichen Vergrößern oder Verkleinern bleiben Streckenverhältnisse und Winkelgrößen erhalten.
Für die Ähnlichkeit ohne Bedeutung sind Farbe, Lage und auch Größe.

ähnliche Dreiecke:

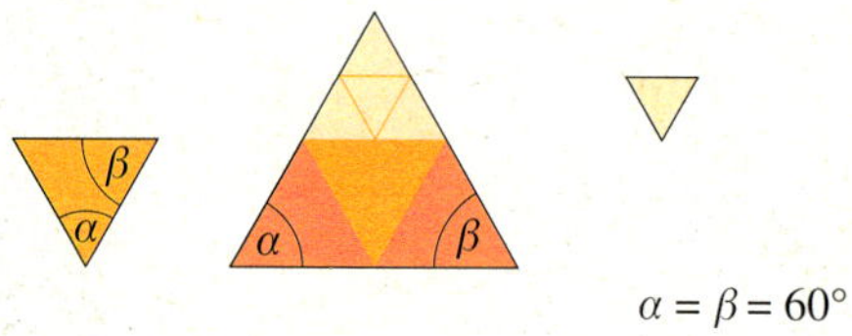

Hauptähnlichkeitssatz
Zwei Dreiecke sind zueinander ähnlich, wenn sie in der Größe von zwei Winkeln übereinstimmen.

→ Seite 52

Zentrische Streckung

Eine maßstäbliche Vergrößerung oder Verkleinerung einer Figur kann man mit Hilfe einer **zentrischen Streckung** durchführen.
Das **Streckungszentrum** wird mit ***Z*** bezeichnet, der **Streckungsfaktor** mit ***k***.

$k > 1$: Es handelt sich um eine maßstäbliche Vergrößerung.
$k = 1$: Original und Bild sind identisch.
$0 < k < 1$: Es handelt sich um eine maßstäbliche Verkleinerung.

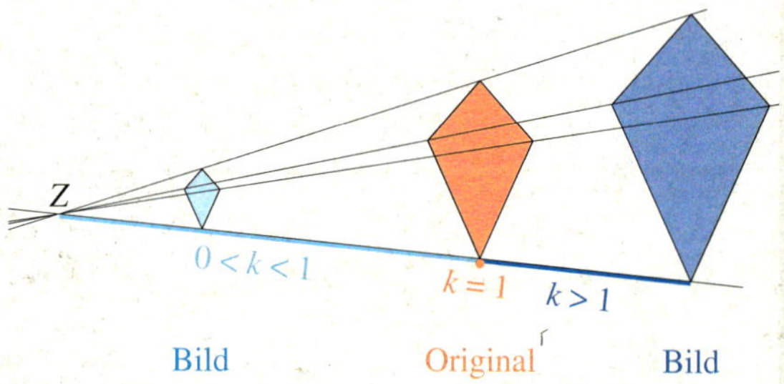

Bei sich schneidenden Geraden, die von Parallelen geschnitten werden, entstehen ähnliche Dreiecke. Deshalb stehen alle entsprechenden Seiten im gleichen Verhältnis zueinander.
Es gilt:

$$\frac{\overline{ZA'}}{\overline{ZA}} = \frac{\overline{ZB'}}{\overline{ZB}} = \frac{\overline{A'B'}}{\overline{AB}} = k,$$

ebenfalls gilt:

$$\frac{\overline{ZA}}{\overline{AA'}} = \frac{\overline{ZB}}{\overline{BB'}} \text{ und}$$

$$\frac{\overline{ZA'}}{\overline{AA'}} = \frac{\overline{ZB'}}{\overline{BB'}}.$$

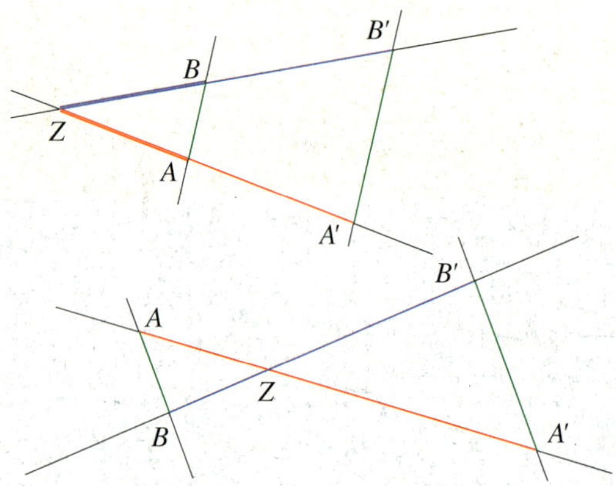

Lineare Funktionen und Gleichungssysteme

Tropfsteine entstehen durch Wasser, das durch Kalkstein fließt. Wenn das Wasser dann auf einen Hohlraum wie beispielsweise eine Höhle trifft, tropft es von der Decke herab. An der Decke entstehen Stalaktiten, am Boden Stalagmiten. Sie wachsen einander entgegen. Durchschnittlich wächst ein Stalaktit in 100 Jahren 1 cm. Es dauert also sehr lange, bis sich Stalaktit und Stalagmit treffen. Treffen sie sich in der Mitte?

Noch fit?

1 Berechne den Wert der Terme.

064-1

a) $15x + 7 - 3x$ für $x = 6$
b) $4(x - 12) - 3x$ für $x = 2$
c) $11y - (2 - 3y)$ für $y = 0{,}5$
d) $(a - 4)(3 + 2a)$ für $a = 2$
e) $-2(5 + 3x) - 12$ für $x = -2{,}5$
f) $x^2 + 3x - 4$ für $x = -4$
g) $2(\frac{1}{2}x + 7)$ für $x = -4$
h) $\frac{3}{4}(2 - 5x) - 8x$ für $x = \frac{1}{2}$
i) $x(1{,}5x - 3y) - 2x$ für $x = -3$
j) $5b - 10 + 3b(b + c)$ für $b = 1{,}5$

2 Bestimme eine natürliche Zahl für $x < 10$, sodass alle Terme den gleichen Wert haben.
① $4x - 4$ ② $23 - \frac{1}{2}x$ ③ $5(x - 2)$ ④ $2(x + 4)$

3 Finde zu jeder Aussage einen passenden Term. Gib an, wofür die Variable steht.
a) Für ein Handy zahlt man 4,95 € Grundgebühr und 0,15 € pro Gesprächsminute.
b) Eine Taxifahrt kostet pro km 1,30 € und 2,50 € Grundgebühr.
c) Ein rechteckiges Grundstück wird eingezäunt. Das Grundstück ist 10 m länger als breit.

064-2

4 Löse die Gleichungen.
a) $x + 12 = 35$
b) $2x + 12 = 30$
c) $4x - 15 = 51$
d) $86 = 14 + 3x$
e) $80 = 100 - 5x$
f) $-7x - 5 = 44$
g) $36 = 12 - 4x$
h) $42 - 8x = 46$
i) $\frac{1}{2}x + 4 = 12$
j) $\frac{3}{4}x - 8 = 1$
k) $6 - \frac{1}{3}x = -1$
l) $11 = \frac{2}{5}x - 5$

5 20 Eintrittskarten kosten 122,00 €.
a) Übertrage und ergänze die Tabelle.

Anzahl	1	2	3	4	10
Preis in €					

b) Wie viel kosten 31 Karten?
c) Ist diese Zuordnung proportional oder antiproportional?
d) Welche grafische Darstellung ① oder ② gehört zu der Zuordnung?
e) Gib eine antiproportionale Zuordnung an und nenne dazu eine passende Realsituation.

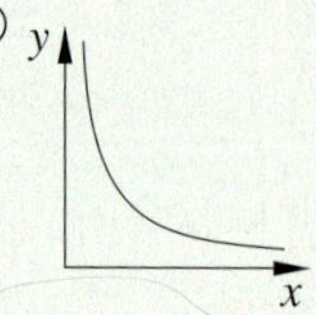

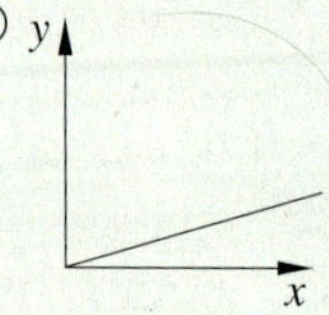

Kurz und knapp

1. Ein Pulli kostet 25 €. Der Preis wird um 15 % reduziert. Was kostet der Pulli jetzt?
2. Teilt man einen Gewinn unter 5 Personen auf, so erhält jeder 1 200 €. Wie hoch wäre der Anteil, wenn der Gewinn nur an 4 Personen verteilt würde?
3. Welches Volumen hat ein Würfel mit einer Oberfläche von 150 cm²?
4. Trage die Punkte $A(-1{,}5|-2)$, $B(3{,}5|-2)$ und $C(3{,}5|3)$ in ein Koordinatensystem ein. Ergänze D, sodass ein Quadrat entsteht. Welche Koordinaten hat D?
5. Schätze, wie viele Stunden du in deinem Leben geschlafen hast. Vergleiche mit deinem Nachbarn.
6. Welche drei aufeinander folgenden Zahlen haben die Summe 57?
7. Wie viel Liter Wasser sind in einem Aquarium ($a = 60$ cm, $b = 30$ cm und $c = 40$ cm), das zu $\frac{3}{4}$ gefüllt ist?

NACHGEDACHT
Wie viele Kugeln hat diese Pyramide? Wie viele Kugeln hätte sie, wenn sie aus 10 Schichten bestehen würde?

Lineare Funktionen erkennen und darstellen

Erforschen und Entdecken

1 Frau Brücker braucht eine größere Menge Erdbeeren, um Erdbeermarmelade herzustellen. Im Supermarkt kosten die Erdbeeren pro Kilogramm 2,50 €. In der Zeitung findet sie eine Anzeige für ein Erdbeerfeld, das allerdings 40 km entfernt ist. Sie überlegt, ob es sich lohnt, dort hinzufahren.

Erdbeeren selber pflücken
Selbst der weiteste Weg lohnt sich!
Ganz frisch und ungespritzt
nur 1,80 € pro kg.
Erdbeerfeld Mühlenhof

a) Vergleiche die Preise für 5 kg, 10 kg, 15 kg und 20 kg Erdbeeren aus dem Supermarkt und vom Erdbeerfeld.
b) Wovon hängt es ab, ob es sich lohnt, zum Erdbeerfeld zu fahren? Überlege erst allein. Redet dann zu zweit darüber und sammelt danach in der Klasse eure Überlegungen zu diesem Thema.
c) Mit dem Bus kostet die Hin- und Rückfahrt zum Erdbeerfeld 8,40 €. Wie viel Kilogramm Erdbeeren muss Frau Brücker mindestens pflücken und kaufen, damit sich die Busfahrt lohnt?
d) Überschlage, ab wie viel kg es sich lohnt, mit dem Auto zum Erdbeerfeld zu fahren.

2 Die beiden Vasen werden mit Wasser gefüllt. Ordne jeweils die passenden Graphen zu.

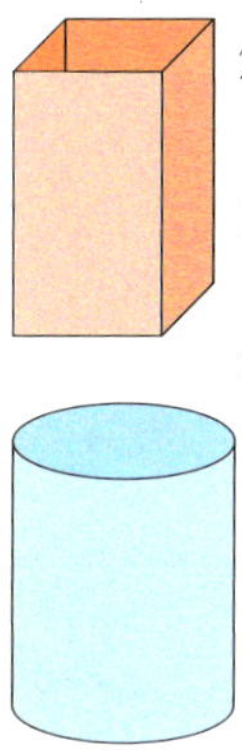

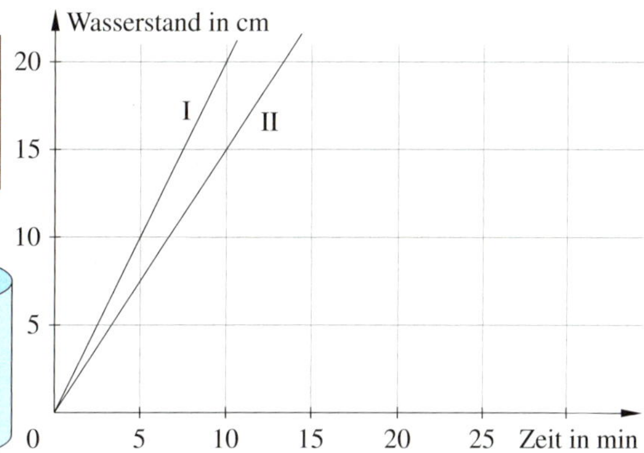

a) Beschreibe, wie sich der Wasserstand in den Gefäßen verändert.
b) Wie sieht der Füllgraph aus, wenn zu Beginn schon jeweils 10 cm hoch Wasser in den Vasen ist? Zeichne die veränderten Füllgraphen.
c) Erfinde selbst zwei Füllgraphen. Überlege dir zunächst, wie hoch das Wasser am Anfang im Gefäß steht und um wie viel cm der Wasserstand pro Minute steigt. Schreibe jeweils auf eine Karteikarte die entsprechende Wertetabelle wie in der Randspalte. Zeichne auf eine andere Karte den Füllgraphen. Arbeitet danach zu viert zusammen und vermischt eure Karten. Nun könnt ihr mit den Karten Memory spielen und raten, welche Füllgraphen jeweils zu den Wertetabellen passen.

Wertetabelle:

Zeit (in min)		
Wasserstand (in cm)		

3 Diese Aufgabe solltet ihr in Gruppen von zwei bis fünf Personen bearbeiten.
Herr Müller ist während seiner Geschäftsreisen in Leipzig und in Köln mehrfach mit dem Taxi gefahren. Er sortiert nun seine Quittungen (siehe Randspalte).
a) Frau Müller meint: „Etwas kann nicht stimmen. Eine Fahrt, die doppelt so weit ist, muss doch doppelt so viel kosten.“ Was meint ihr? Begründet eure Meinung.
b) In welchem Ort zahlt man mehr für eine Fahrt, die 20 km lang ist? Beratet, wie ihr eine Lösung finden könnt. Erläutert euer Vorgehen.
c) Es gibt eine Fahrstrecke, bei der man in beiden Städten den gleichen Betrag zahlen muss. Welche ist das? Überlegt gemeinsam, wie man die Aufgabe lösen könnte. Auch Probieren ist erlaubt. Erklärt euch gegenseitig eure Lösungswege. Überprüft die gefundenen Lösungen.

Taxi Kramer Leipzig
Strecke: 12 km
Betrag: 17,90 €

Köln Taxi-Express
15 km: 22,80 €

Taxi Kramer Leipzig
Strecke: 6 km
Betrag: 10,10 €

Köln Taxi-Express
8 km: 13 €

Lesen und Verstehen

An einem herrlichen Sonntag vergnügt sich Familie Klausen in ihrem Planschbecken, das 30 cm tief mit Wasser gefüllt ist. Dabei geht viel Wasser über den Rand verloren (Beispiel 1), das Herr Klausen am Abend mit dem Gartenschlauch wieder nachfüllt (Beispiel 2).

In Beispiel 1 handelt es sich um eine eindeutige Zuordnung *Zeit → Wasserstand*. Jeder Minute kann genau ein Wasserstand zugeordnet werden.

> Eine Zuordnung, bei der jedem x-Wert genau ein y-Wert zugeordnet wird, heißt **Funktion**.

066-1

BEISPIEL 1
Wasserverlust

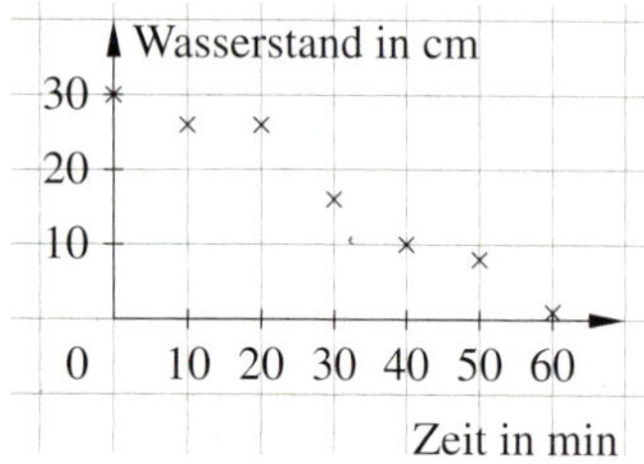

x	Zeit (in min)	0	10	20	30	40	50	60
y	Wasserstand (in cm)	30	26	26	16	10	8	1

BEISPIEL
Die Funktion $f(x) = \frac{3}{x}$ hat den Definitionsbereich $D = \mathbb{Q} \setminus \{0\}$ („alle rationalen Zahlen ohne 0“).

Funktionen kann man durch eine Wertetabelle, einen Funktionsgraphen oder eine Funktionsgleichung darstellen.
Die Menge, aus der die x-Werte **(Argumente)** stammen, nennt man **Definitionsbereich**.
Die Menge aller y-Werte **(Funktionswerte)** heißt **Wertebereich**.

Um die **Wertetabelle** einer Funktion zu erstellen, berechnet man für jedes x den zugehörigen y-Wert.

Mit Hilfe der Wertetabelle kann man den **Funktionsgraphen** zeichnen.

Der zu x gehörende y-Wert kann durch einen Funktionsterm $f(x)$ berechnet werden.
Die Gleichung $y = f(x)$ nennt man die **Funktionsgleichung**.

BEACHTE
Eine proportionale Funktion ist eine besondere lineare Funktion mit $n = 0$: $y = m \cdot x$ bzw. $f(x) = m \cdot x$

> Eine Funktion mit der Funktionsgleichung $y = f(x) = mx + n$ heißt **lineare Funktion**.
> Ihr Graph ist eine Gerade.
> Der Faktor m heißt **Steigung** der Funktion.
> Die Variable n heißt **y-Achsenabschnitt**.

Die Größe der Steigung m gibt an, wie steil die Gerade verläuft.
Der Schnittpunkt des Graphen mit der y-Achse ist der y-Achsenabschnitt n.

BEISPIEL 2
Der Wasserstand beträgt 1 cm. Mit dem Gartenschlauch wird das Becken langsam und gleichmäßig gefüllt. Pro Minute steigt der Wasserstand um 2 cm an.

x	Zeit (in min)	0	1	2	3	4	5
y	Wasserstand (in cm)	1	3	5	7	9	11

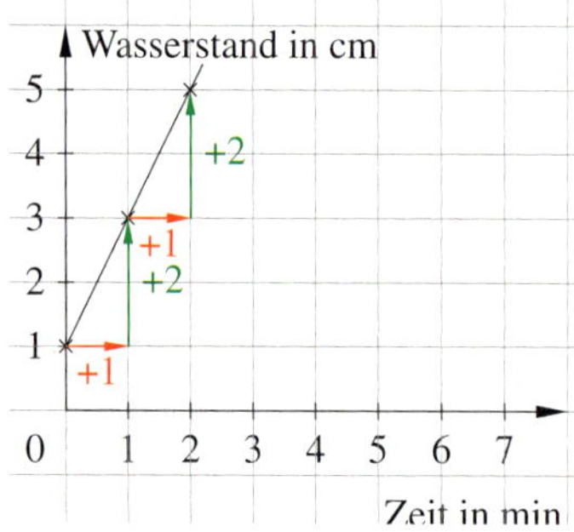

Das Nachfüllen des Wassers stellt eine lineare Funktion dar. Der Graph ist eine Gerade.

$y = 2x + 1$ oder
$f(x) = 2x + 1$ („f von x gleich $2x + 1$“)

Für $x = 3$ gilt: $y = 2 \cdot 3 + 1 = 7$ oder
$f(3) = 2 \cdot 3 + 1 = 7$
Nach 3 min beträgt der Wasserstand 7 cm.

Erhöht sich der x-Wert um 1 Einheit, dann verändert sich der y-Wert um 2 Einheiten.
Die Funktion hat die Steigung $m = 2$.
Der y-Achsenabschnitt ist $n = 1$.

Üben und Anwenden

1 Trage die zugeordneten Werte in ein Koordinatensystem ein und zeichne den Graphen der Funktion als Gerade.

a)

x	0	1	2	3	4	5	6
y	1,5	3	4,5	6	7,5	9	10,5

b)

x	0	1	2	3	4	5	6
y	2	4	6	8	10	12	14

c)

x	0	2	4	6	8	10	12
y	6	5	4	3	2	1	0

d)

x	−3	−2	−1	0	1	2	3
y	−1	0	1	2	3	4	5

2 Lege eine Wertetabelle an und zeichne die Graphen der Funktionen.

a) $y = 3x + 2$
b) $y = 2x + 1$
c) $y = 1{,}5x$
d) $y = x - 2$
e) $f(x) = 0{,}5x + 1$
f) $f(x) = 2{,}5x$

3 Lies aus den Funktionsgleichungen in Aufgabe 2 die Steigung m und den y-Achsenabschnitt n der Funktion ab.

4 Stelle die Funktionsgleichungen auf, lege jeweils eine Wertetabelle an und zeichne die Graphen der linearen Funktionen.

BEISPIEL $m = 4$; $n = 1$; $y = 4x + 1$

a) $m = 2$; $n = 3$
b) $m = 3$; $n = 5$
c) $m = 3$; $n = 0{,}5$
d) $m = 5$; $n = 2{,}2$
e) $m = 4$; $n = -2$
f) $m = 0{,}5$; $n = -2$
g) $m = 1$; $n = 1$
h) $m = -2$; $n = 1{,}5$

5 Übertrage und ergänze den Lückentext.
Der Mietpreis für einen Umzugslaster beträgt 80 €. Pro gefahrenem km müssen 0,25 € gezahlt werden.
Die Funktion ist ___, da sich die y-Werte jeweils um 0,25 erhöhen, wenn die x-Werte um 1 erhöht werden.
Die Steigung der Funktion ist $m =$ __.
Der Grundpreis liegt bei 80 €, daher ist $n =$ __. Die Gerade schneidet also die y-Achse bei $P(\_|\_)$.
Die Funktionsgleichung lautet:
$y = f(x) =$ __ $x +$ __ mit $D =$ __ und $W =$ __.

6 Durch die Wertetabelle wird eine lineare Funktion beschrieben.

x	0	1	2	3	4	5	6	7
y			3,5	5	6,5			

a) Übertrage und ergänze die Tabelle.
b) Zeichne den Graphen der Funktion.
c) Welche der folgenden Funktionsgleichungen passt zu der Funktion? Begründe.
① $y = 1{,}5x + 3{,}5$
② $y = 1{,}5 + 1x$
③ $y = 1{,}5x + 0{,}5$
④ $y = 3{,}5x + 1{,}5$

7 Gehören die Graphen in der Randspalte zu linearen Funktionen? Begründe.

8 Begründe. Handelt es sich um Funktionen, lineare Funktionen oder keine Funktionen?

a)

x	−3	−2	−1	0	1	2	3
y	5	2	5	1	5	6	1

b)

x	0	1	2	3	4	5	6
y	2	3	5	7	11	13	17

c)

x	−15	−10	−5	0	5	10	15
y	−3	−2	−1	0	1	2	3

9 Die Tabelle zeigt die Gesamtmasse eines Betonmischers bei verschiedenen Ladungen.

Betonvolumen (in m³)	1	2	3	4
Masse des Lkws (in t)	13	15,4	17,8	20,2

a) Zeichne den Graphen der Funktion.
b) Begründe, warum eine lineare Funktion dargestellt wird.
c) Lies aus deiner Zeichnung ab, wie viel der Betonmischer ohne Ladung etwa wiegt.
d) Gib die Funktionsgleichung an.
e) Das zulässige Gesamtgewicht für den Betonmischer beträgt 26 t. Wie viel m^3 Beton darf er höchstens laden?
f) Gib den Definitions- und Wertebereich an.

10 Handelt es sich um Funktionen?

a) Jeder natürlichen Zahl wird eine Primzahl zugeordnet.
b) Jedem Schüler werden seine Stifte zugeordnet.
c) Jedem Kind wird sein Alter zugeordnet.

NACHGEDACHT
Wie viele Funktionswerte muss man mindestens berechnen, um eine lineare Funktion zeichnen zu können?

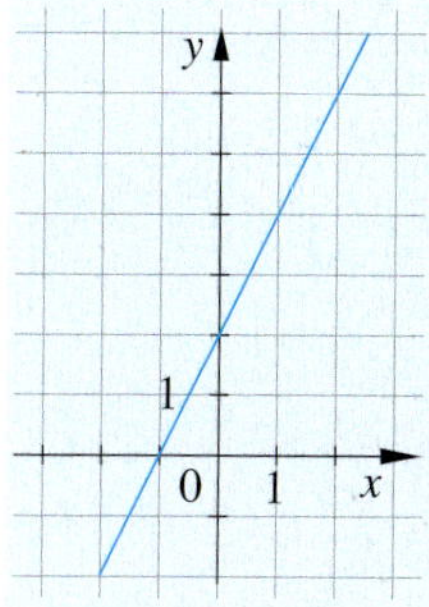

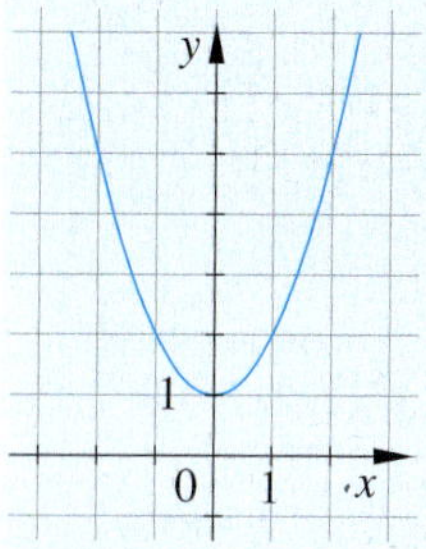

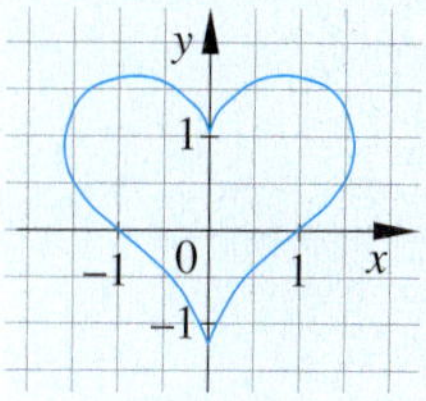

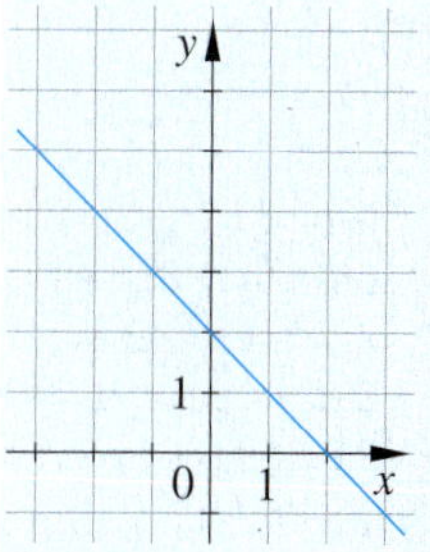

NACHGEDACHT
Was unterscheidet den Graphen einer linearen Funktion vom Graphen einer proportionalen Zuordnung?

11 Überprüfe, ob die Funktionen linear sind. Falls ja, gib die Funktionsgleichung an.

a)

x	0	1	2	4	6
y	15	13	11	7	3

b)

x	−1	0	1	2	3
y	8	10	13	15	18

c)

x	−2	0	2	4	6
y	−6	0	6	12	18

12 Lies zunächst den y-Achsenabschnitt n und die Steigung m ab. Gib dann die Funktionsgleichung der linearen Funktion an.

068-1

a)
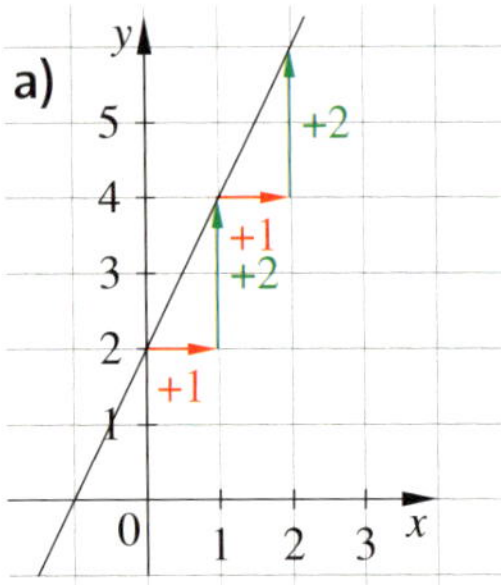

b)
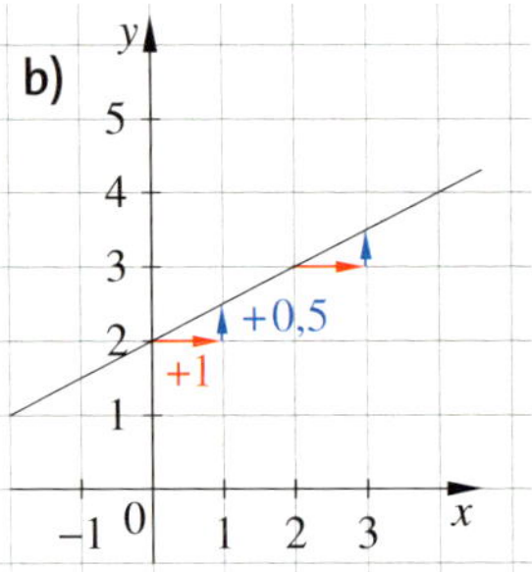

13 Tankinhalt eines Pkws:

Strecke (in km)	0	50	100	150	200	300	400
Tankinhalt (in l)	55	51	47	43			

a) Ergänze die Wertetabelle.
b) Stelle den Sachverhalt grafisch dar.
c) Gib die Funktionsgleichung mit Definitions- und Wertebereich an.

14 Ein Schwimmbecken wird geleert. Der Wasserstand beträgt zunächst 2,5 m und sinkt pro Stunde um 0,15 m.
a) Lege eine Wertetabelle an.
b) Veranschauliche das Leeren des Beckens durch einen Funktionsgraphen.
c) Begründe, warum auch hier eine lineare Funktion vorliegt. Welche Steigung hat die Funktion?
d) Gib den y-Achsenabschnitt an.
e) Gib die Funktionsgleichung mit Definitions- und Wertebereich an.

NACHGEDACHT
Welche Annahme muss man in Aufgabe 15 machen, um den Sachverhalt durch eine lineare Funktion beschreiben zu können?

15 Lineare Funktionen lassen sich auf verschiedene Weisen darstellen. Übertrage die Tabelle in dein Heft (Querformat) und vervollständige sie. Denke dir weitere Beispiele aus.

Sachverhalt	Funktionsgleichung	Wertetabelle	Graph
Kontoführungsgebühr Grundgebühr 2,50 € 0,50 € pro Buchung 	$y = 0{,}5x + 2{,}5$		
Taxifahrt 		**x**: 0, 5, 10, 15 **y**: 2,2; 9,7; 17,2; 24,7	
Handy 	$f(x) = 0{,}15x + 5$		
Kerze 			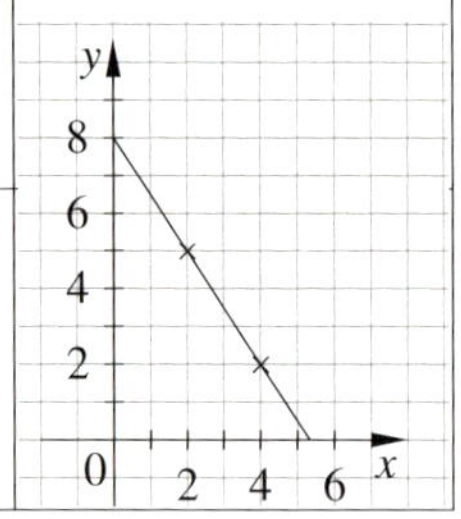

Lineare Funktionen zeichnen und untersuchen

Erforschen und Entdecken

1 Daniel hat verschiedene Geraden gezeichnet, ohne vorher eine Wertetabelle zu erstellen.

① $y = 3x - 1$ ② $y = -3x + 2$ ③ $y = \frac{3}{4}x - 2$ ④ $y = -\frac{2}{3}x + 1$

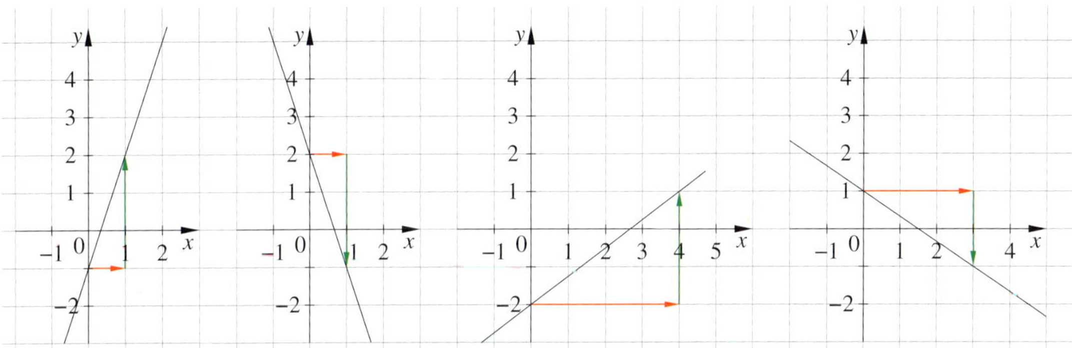

a) Daniel erklärt: „Ich bin immer von der Grundform $y = mx + n$ ausgegangen. Das n ist der y-Achsenabschnitt, also schneidet die Gerade der Gleichung $y = 3x - 1$ die y-Achse im Punkt __. Das m ist die Steigung, also …“
Führe seine Erklärung zu Beispiel ① fort. Erläutere auch sein Vorgehen in Beispiel ②.

b) Betrachte nun die Beispiele ③ und ④. Warum ist Daniel hier etwas anders vorgegangen?

2 Eine Kerze brennt ab.
Erkläre, wie du die Informationen abliest.

a) Wie hoch war die Kerze zu Beginn?
b) Um wie viel cm brennt die Kerze in einer Stunde ab?
c) Wann ist die Kerze abgebrannt?
d) Warum endet der Graph beim Schnittpunkt mit der x-Achse?
e) Stelle eine Funktionsgleichung auf.

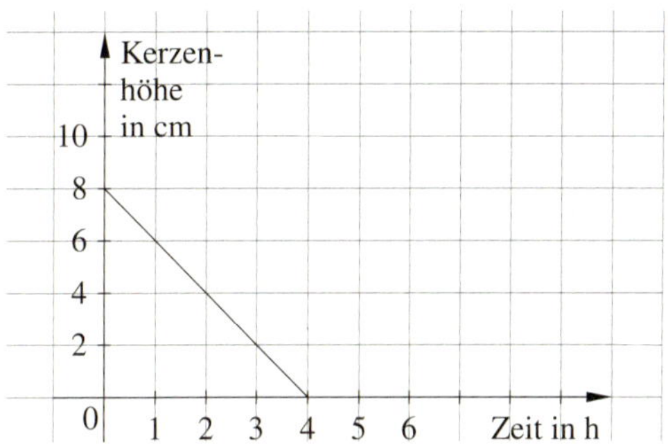

3 Die Schülerinnen und Schüler der 8a haben Funktionssteckbriefe erstellt.

① Meine Funktion geht durch den Punkt $P(2|3)$ und hat die Steigung 1,5.

② Meine Funktion hat die Steigung $\frac{1}{2}$ und schneidet die y-Achse bei 5.

③ Meine Funktion schneidet die x-Achse bei 4 und die y-Achse bei 2.

④ Meine Funktion geht durch die Punkte $P(2|3)$ und $Q(4|6)$.

⑤ Meine Funktion ist parallel zur Funktion $y = 3x + 1$ und schneidet die y-Achse bei 4.

a) Überlege, welche Funktionsgleichungen die Funktionen haben.

b) Vergleicht zu zweit eure Ergebnisse und erklärt einander, wie ihr die Gleichungen bestimmt habt. Falls ihr nicht alle Gleichungen ermitteln konntet, informiert euch bei einer anderen Kleingruppe.

c) Erstellt ein Plakat oder eine Folie und notiert, wie man die Funktionsgleichungen in den verschiedenen Fällen bestimmen kann.

ZUM WEITERARBEITEN
Denkt euch selbst Steckbriefe aus und lasst eure Mitschülerinnen und Mitschüler die Funktionsgleichungen finden.

Lesen und Verstehen

Eine Straße hat eine Steigung von 12 %, das heißt, dass sie auf 100 m horizontaler Strecke um 12 m ansteigt.
Auch lineare Funktionen haben Steigungen.
Die Funktionsgleichung $y = 1{,}2x + 1$ hat die Steigung 1,2. Das heißt, dass sich bei Erhöhung des x-Wertes um 1 der y-Wert um 1,2 erhöht. Die Steigung lässt sich durch ein **Steigungsdreieck** veranschaulichen.

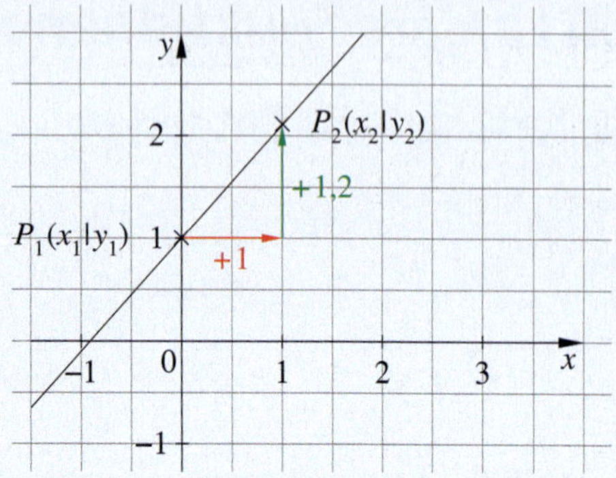

Bei Erhöhung des x-Werts um 1 erhöht sich der y-Wert in einer linearen Funktion immer um den gleichen Wert m. Diese Änderungsrate nennt man die **Steigung** der Funktion.

$$\text{Steigung } m = \frac{\text{Differenz der } y\text{-Koordinaten}}{\text{Differenz der } x\text{-Koordinaten}} = \frac{y_2 - y_1}{x_2 - x_1}$$

Ist $m > 0$, ist die Funktion **monoton steigend**, d. h. mit wachsenden x-Werten werden auch die y-Werte größer.

Ist $m < 0$, ist die Funktion **monoton fallend**, d. h. mit wachsenden x-Werten werden auch die y-Werte kleiner.

HINWEIS
*Wenn jedem x-Wert derselbe y-Wert zugeordnet wird, spricht man auch von einer **konstanten Funktion**. Für ihre Steigung gilt m = 0, z. B. y = 3.*

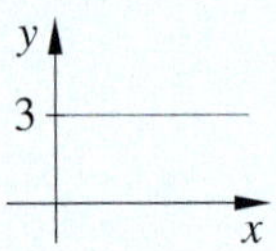

BEISPIEL 1
Graph I gehört zu der Funktionsgleichung $y = 1{,}5x + 1$.

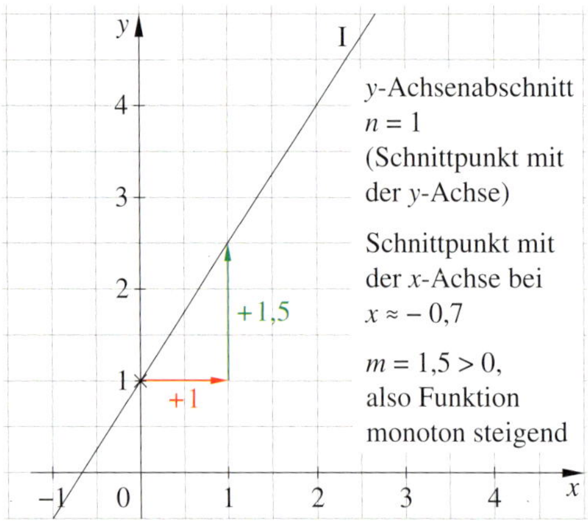

BEISPIEL 2
Graph II geht durch den Punkt $P(0{,}5\,|\,3)$ und hat die Steigung $m = -2$.

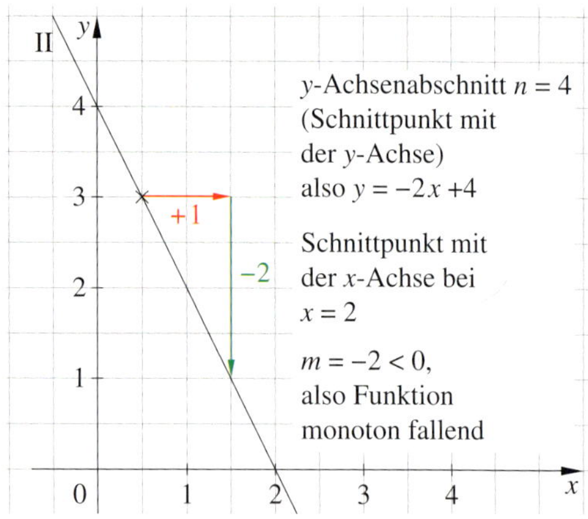

BEACHTE
Für die Schnittpunkte eines Funktiongraphen mit den Achsen gilt: Am y-Achsenabschnitt (Schnittpunkt mit der y-Achse) ist der Wert für x = 0. An der Nullstelle (Schnittpunkt mit der x-Achse) ist der Wert für y = 0.

Die **Nullstelle** ist die x-Koordinate des Schnittpunkts des Graphen mit der x-Achse.
Die Nullstelle einer linearen Funktion erhält man, indem man $y = 0$ setzt, also die Lösung der Gleichung $0 = mx + n$ bestimmt.

BEISPIEL 3
Die Nullstelle der linearen Funktion $y = 1{,}5x + 1$ ist abgelesen ungefähr $-0{,}7$. Mit dem Gleichsetzen von y und 0 kann man die Nullstelle genau bestimmen.

$1{,}5x + 1 = 0 \quad | -1$
$1{,}5x = -1 \quad | : 1{,}5$
$x = -\frac{2}{3}$

Die Nullstelle liegt bei $x = -\frac{2}{3}$.

Üben und Anwenden

1 Zeichne die folgenden Funktionen mit Hilfe eines Steigungsdreiecks.

a) $m = 2;\ n = 1$ b) $m = 4;\ n = 0{,}5$
c) $m = 0{,}5;\ n = 4$ d) $m = 2{,}5;\ n = -2$
e) $m = -2;\ n = 1$ f) $m = -3;\ n = 6$
g) $m = -1{,}5;\ n = 2\frac{1}{2}$ h) $m = -\frac{1}{2};\ n = -1$

2 Lies Steigung und y-Achsenabschnitt ab und zeichne die Gerade.

a) $y = 4x - 1$ b) $y = 7x + 2$
c) $f(x) = -3x + 6$ d) $f(x) = -4x - 0{,}5$
e) $f(x) = -x + 3$ f) $y = \frac{1}{2}x - 1$
g) $y = 2x + 5$ h) $f(x) = -2x + 1$

3 Zeichne die drei Geraden in ein Koordinatensystem. Was fällt dir auf?
I $y = 1{,}5x + 3$; **II** $y = 1{,}5x + 1$; **III** $y = 1{,}5x - 1$

4 Zeichne eine Gerade, die durch den Punkt P geht und die Steigung m hat.
Gib anschließend die Geradengleichung an.

a) $P(1|2)$; $m = 1$ b) $P(2|3)$; $m = 2$
c) $P(-1|3)$; $m = -4$ d) $P(-2|0)$; $m = 3$

5 Bestimme die Gleichung der Geraden.
Untersuche das Monotonieverhalten.

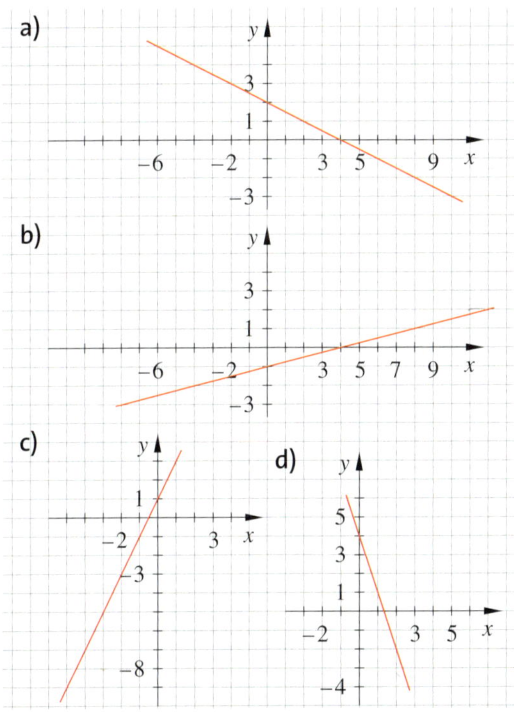

6 Kevin und Niklas haben den Graphen zur Funktion f mit $f(x) = \frac{2}{5}x + 2$ gezeichnet.

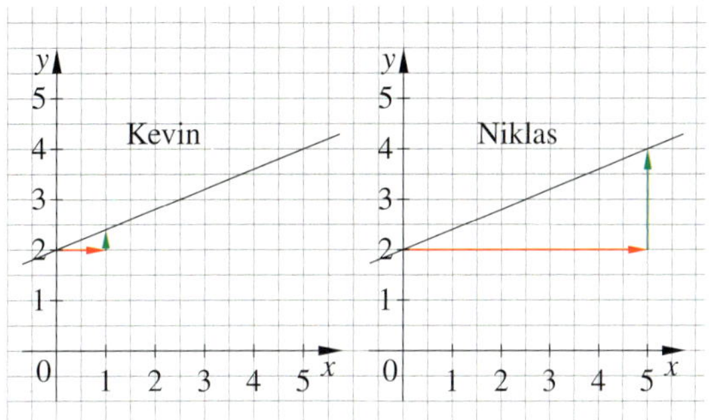

a) Vergleiche ihre Vorgehensweise.
b) Lassen sich mit beiden Methoden beliebige Brüche als Steigungen zeichnen? Welche ist genauer?

7 Alina meint: „Das mit den Steigungsdreiecken habe ich nicht ganz verstanden.
m ist die Steigung.
Bei Funktionen wie $y = 3x + 4$ ist auch alles klar, $m = 3$, da gehe ich eine Einheit nach rechts und drei Einheiten nach oben. Aber wie geht das bei $y = -3x + 4$? Und wie gehe ich vor, wenn m ein Bruch ist, also zum Beispiel bei $y = \frac{2}{3}x + 2$?"
Erkläre es an den Beispielen.
Formuliere dazu einen Lerntagebucheintrag.

8 Zeichne die Graphen der linearen Funktionen und gib ihre Funktionsgleichungen an.

a) $m = \frac{1}{5};\ n = 1$ b) $m = -\frac{5}{6};\ n = 3$
c) $m = \frac{3}{4};\ n = -2$ d) $m = -\frac{1}{3};\ n = -1$
e) $m = -\frac{2}{5};\ n = \frac{1}{2}$ f) $m = -\frac{4}{5};\ n = 2$
g) $m = \frac{1}{3};\ n = 2$ h) $m = \frac{3}{2};\ n = 1$
i) $m = 1\frac{1}{2};\ n = -1{,}5$ j) $m = 3\frac{2}{3};\ n = 2$
k) $m = 2\frac{1}{3};\ n = 3$ l) $m = -1\frac{1}{5};\ n = 0$

NACHGEDACHT
Wie verlaufen die Geraden mit den Gleichungen $y = 3$ oder $x = 5$?

NACHGEDACHT
Wie lautet die Gleichung einer Geraden mit der Steigung m, die durch den Ursprung $(0|0)$ verläuft?

NACHGEDACHT
Welche der Funktionen in Aufgabe 9 und Aufgabe 12 sind steigend und welche sind fallend?

9 Berichtige mögliche Fehler in den Geradengleichungen.

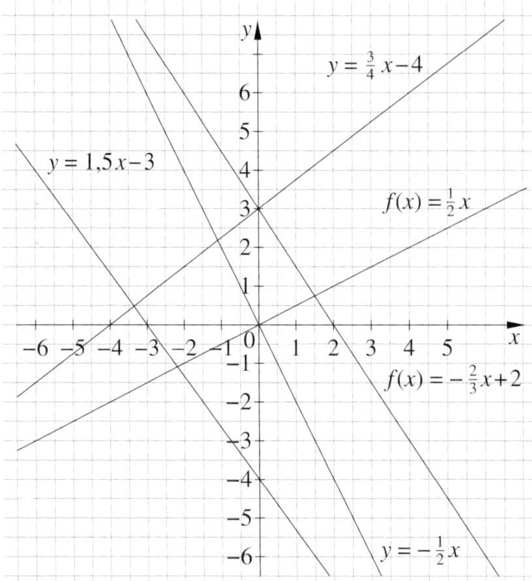

10 Eine Gerade verläuft durch die Punkte A und B. Zeichne die Gerade und bestimme ihre Funktionsgleichung. Lies auch die Nullstellen der Geraden ab. Überprüfe durch Rechnung.

a) $A(2|3)$; $B(6|5)$ b) $A(-1|4)$; $B(-2|6)$
c) $A(3|0)$; $B(5|1)$ d) $A(0|-2)$; $B(1|2)$
e) $A(0|0)$; $B(2|3)$ f) $A(1|2)$; $B(3|1)$

HINWEIS
Wenn jedem x-Wert derselbe y-Wert zugeordnet wird, spricht man auch von einer ***konstanten Funktion****.*

11 Der Graph einer Funktion verläuft parallel zur x-Achse und schneidet die y-Achse in $P(0|4)$. Wie lautet die Gleichung der Funktion? Ist die Funktion linear?

12 Gib die Funktionsgleichungen an und beschreibe jeweils den Verlauf des Graphen.

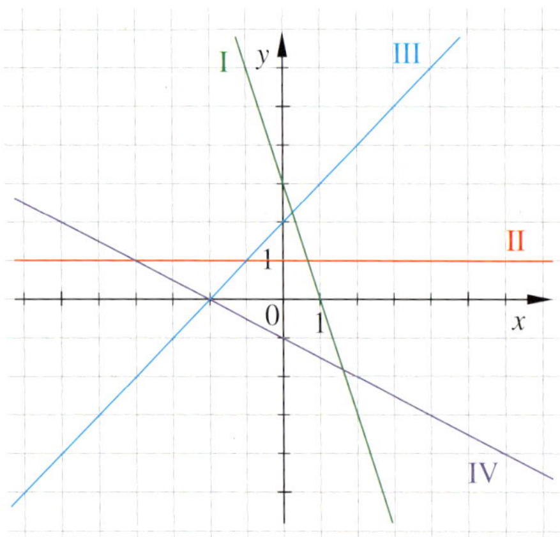

13 Gib mindestens fünf verschiedene Funktionen an, die durch den Punkt $P(1|1)$ gehen.

14 Gib zwei Funktionsgleichungen mit der gleichen Steigung, aber unterschiedlichem y-Achsenabschnitt an. Wie werden die Graphen der Funktionen zueinander verlaufen? Zeichne sie in ein Koordinatensystem.
Wie verhält es sich, wenn die beiden Funktionen unterschiedliche Steigungen, aber den gleichen y-Achsenabschnitt haben?

15 Bestimme rechnerisch die Nullstellen der Funktionen.

a) $f(x) = 4x - 5$ b) $y = 2{,}5x + 2$
c) $y = 2x + 4$ d) $f(x) = 3x - 4{,}5$
e) $f(x) = -3x + 4{,}5$ f) $f(x) = -0{,}5x + 2{,}2$
g) $y = 6x - 2{,}1$ h) $y = -\frac{3}{4}x + \frac{1}{2}$

16 Forme die Gleichung um und notiere sie in der Form $y = mx + n$. Gib die Steigung m an, den Schnittpunkt mit der y-Achse und berechne die Nullstelle.

a) $2x + y = 5$ b) $2x - y = 3$
c) $3y - x = 9$ d) $x - 2y = 6$
e) $2x + 3y = 0$ f) $4x - 3y = 12$
g) $5x = 2y$ h) $2x - 3y - 6 = 0$

17 Karina hat eine 22 cm lange Kerze angezündet. Nach 30 Minuten ist die Kerze nur noch 19,6 cm lang.

a) Bestimme eine Gleichung für die Berechnung der Kerzenlänge y nach x Minuten.
b) Berechne mit dem Funktionsterm die Kerzenlänge nach 75 Minuten, nach drei Stunden und nach 6 Stunden.
Was fällt dir auf? Beurteile dein Ergebnis.
c) Welche Brenndauer hat die Kerze insgesamt?

18 Ein 60-l-Tank ist leicht beschädigt. Pro Minute tropfen 8 ml heraus.

a) Gib eine Funktionsgleichung an, mit der man den Restinhalt des Tanks berechnen kann.
b) Wann befinden sich noch fünf Liter im Tank?
c) Wann ist der Tank leer?

19 Ordne die Funktionsgleichungen den Graphen zu.
Begründe deine Entscheidung.
① $y = \frac{2}{3}x + \frac{3}{2}$
② $y = -1{,}5x + 2$
③ $y = -\frac{1}{4}x - 1$
④ $y = x - 1\frac{1}{2}$

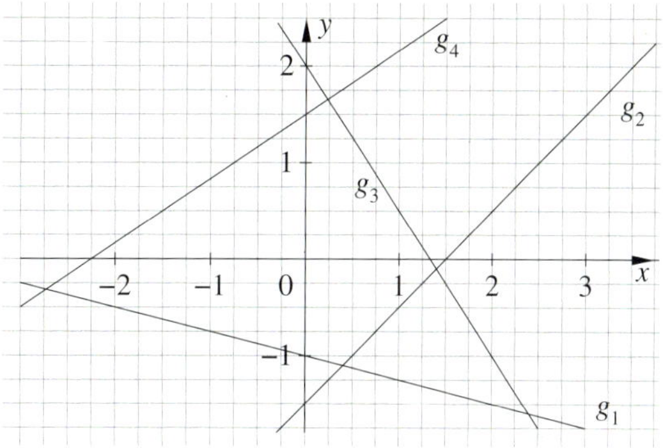

HINWEIS
Zur Bestimmung der Funktionsgleichung benötigt man einen Punkt der Geraden und die Steigung. Wähle den Punkt geschickt und lies die Steigung mithilfe des Steigungsdreiecks ab.

20 Abgebildet sind die Graphen von drei linearen Funktionen.
a) Beschreibe den Verlauf der Graphen.
b) Lies den y-Achsenabschnitt und die Nullstelle ab.
c) Ermittle jeweils eine Funktionsgleichung.
d) Welche y-Koordinate muss ein Punkt $P(-2 \mid y)$ haben, damit er auf f_1, f_2 oder f_3 liegt?

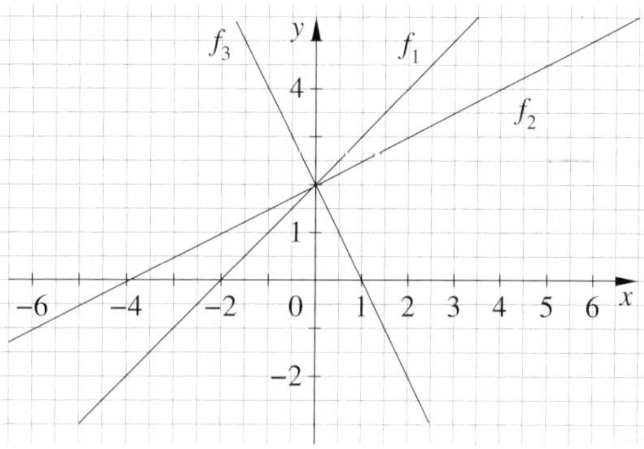

21 Die Koordinatensysteme zeigen verschiedene lineare Funktionen.
a) Stelle zu den Graphen die zugehörige Funktionsgleichung auf. Wie bist du vorgegangen?
b) Bestimme anschließend die Schnittpunkte mit den Koordinatenachsen.

NACHGEDACHT
Richtig oder falsch?
Jeder Funktionsgraph einer Geraden hat nur eine Funktionsgleichung.

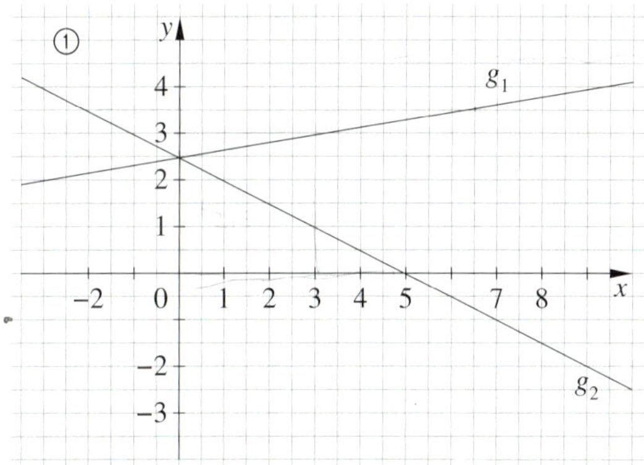

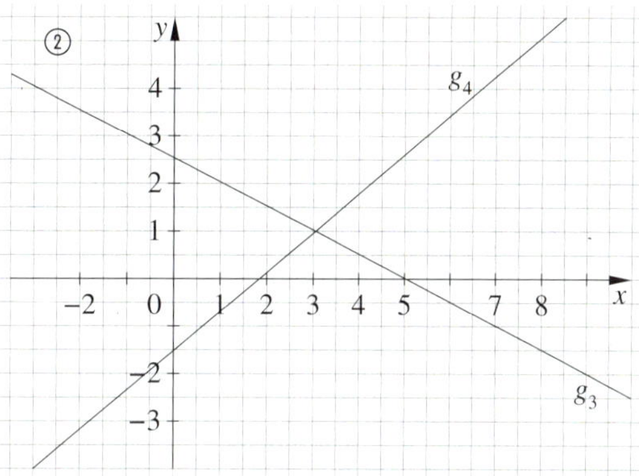

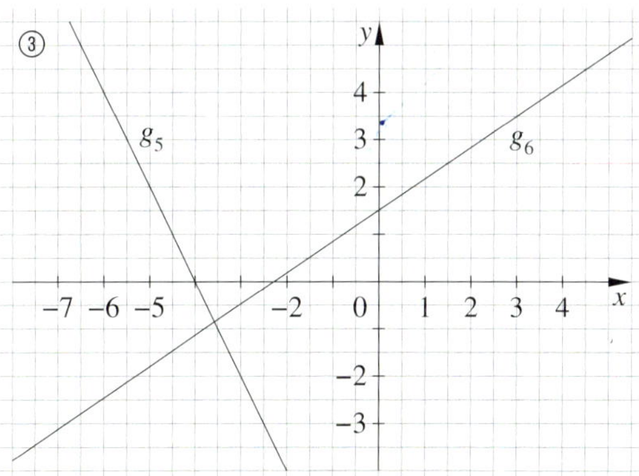

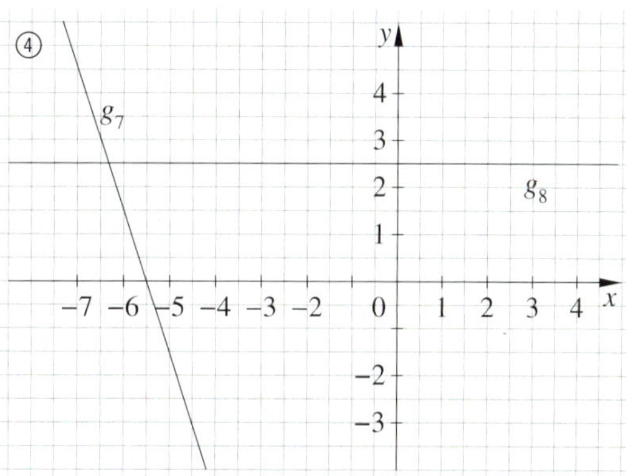

22 Eine Gerade läuft durch die Punkte $A(2|3)$ und $B(6|5)$. Zeichne die Gerade und gib die Funktionsgleichung an.

23 Der Graph einer linearen Funktion geht durch den Punkt P und hat die Steigung m. Stelle die Funktionsgleichung auf.

a) $m = 4$	$P(3|15)$
b) $m = \frac{2}{3}$	$P(6|1)$
c) $m = 0{,}3$	$P(-2|5)$
d) $m = -2$	$P(4|3)$
e) $m = -3$	$P(5|-2)$
f) $m = -1{,}4$	$P(-3|-1)$

24 Der Graph einer linearen Funktion verläuft durch die Punkte A und B. Berechne die zugehörige Funktionsgleichung. Vergleiche deine Ergebnisse mit der Randspalte.

a) $A(1|4)$	$B(3|14)$
b) $A(2|7)$	$B(4|3)$
c) $A(3|-2)$	$B(6|7)$
d) $A(-1|2)$	$B(3|8)$
e) $A(-3|6)$	$B(2|-8)$

25 Liegt der Punkt P auf der Geraden? Prüfe erst zeichnerisch und dann rechnerisch.

a) $y = 4x + 5$	$P(-1|1)$
b) $y = -6x + 3{,}5$	$P(2|7)$
c) $y = 7x - 3$	$P(0{,}5|-6{,}5)$
d) $y = -3{,}2x - 9{,}4$	$P(-2|-3)$

26 Eine Gerade mit der Steigung m geht durch den Punkt P. Gib die zugehörige Funktionsgleichung an. Prüfe dann, ob der Punkt Q auf der Geraden liegt.

a) $m = 2$	$P(5|3)$	$Q(1|-1)$
b) $m = -1$	$P(-3|5)$	$Q(3|1)$
c) $m = -6$	$P(3|-4)$	$Q(8|-34)$
d) $m = -0{,}3$	$P(-5|-2{,}5)$	$Q(3|-5)$

27 Prüfe, ob die drei Punkte auf einer Geraden liegen. Vergleiche die Lösungen mit deinem Nachbarn.

a) $A(2|-5)$	$B(6|1)$	$C(13|12)$
b) $A(-3|4)$	$B(0|3)$	$C(6|1)$
c) $A(-3{,}5|-2)$	$B(1{,}5|0{,}5)$	$C(13{,}5|7)$
d) $A(6|3{,}4)$	$B(11|0{,}4)$	$C(35|-14)$

28 Roland und Mareile machen eine Radtour. Sie starten um 9.00 Uhr und legen in drei Stunden 30 km zurück.

a) Stelle den Sachverhalt in einem Koordinatensystem dar und berechne die Funktionsgleichung.
b) Erreichen sie bei gleich bleibendem Tempo die 80 km entfernte Jugendherberge, bevor sie um 19.00 Uhr schließt?
c) Um 10.00 Uhr fahren Ulrike und Carsten ebenfalls vom gleichen Startpunkt los. Sie fahren mit einer konstanten Geschwindigkeit von $15\,\frac{\text{km}}{\text{h}}$ die selbe Strecke. Zeichne in das Koordinatensystem und bestimme die Funktionsgleichung.
d) Erkläre an den Geraden und an den Funktionsgleichungen die unterschiedlichen Startzeiten und Geschwindigkeiten.
e) Nach wie vielen Kilometern treffen die vier Freunde sich?

29 Herr Schultz und Herr Grewe wandern auf dem gleichen Wanderweg zu einem Aussichtsturm.
Als sie beide um 8.00 Uhr loswandern, befindet sich Herr Schultz 12 km vom Aussichtsturm entfernt. Er erreicht den Turm nach $2\frac{1}{4}$ Stunden. Herr Grewe ist nur 10 km vom Turm entfernt und legt pro Stunde 4 km zurück.

a) Nach welcher Zeit treffen sie sich?
b) Wie weit sind sie dann vom Turm entfernt?
c) Wie spät ist es dann?

(Tipp: Ein Diagramm kann dir bei der Lösung der Aufgaben behilflich sein.)

30 Frank fährt auf der Autobahn mit einer ziemlich konstanten Geschwindigkeit.

Uhrzeit	8.00	9.00	10.00
Entfernung vom Wohnort	35 km	110 km	185 km

Marius fährt um 8.00 Uhr im Wohnort los und versucht ihn mit dem Motorrad einzuholen. Er fährt mit einer Geschwindigkeit von $90\,\frac{\text{km}}{\text{h}}$.

a) Wann überholt er Frank?
b) Wie weit sind sie dann vom Wohnort entfernt?

Lineare Gleichungssysteme zeichnerisch lösen

Erforschen und Entdecken

1 Frau Arndt geht mit ihren vier Kindern ins Kino und bezahlt 44 €.
Familie Berndt (3 Erwachsene, 1 Kind) geht in den gleichen Film und bezahlt auch 44 €.
Wie viel kostet eine Kinokarte für Erwachsene bzw. für Kinder?

Annika löst die Aufgabe durch Probieren. Sie überlegt, dass eine Kinokarte für Erwachsene teurer ist als eine Kinokarte für Kinder. Sie stellt eine Tabelle auf. Zuerst nimmt sie an, dass eine Karte für Erwachsene 10 € kostet und eine Karte für Kinder 5 €.

	Kinokarte Erw.	Kinokarte Kind	1 · Erw. + 4 · Kind (soll 44 ergeben)	3 · Erw. + 1 · Kind (soll 44 ergeben)
1. Versuch	10 €	5 €	1 · 10 € + 4 · 5 € = 30 €	3 · 10 € + 1 · 5 € = 35 €

Tatsächlich wurden aber beide Male 44 € bezahlt. Wie könnte Annika weiter vorgehen?

2 Du brauchst zehn 1-Cent-Stücke.
Zeichne auf ein Blatt Papier zwei große, leere Felder. In jedes der beiden Felder sollen die zehn Centstücke hineinpassen.

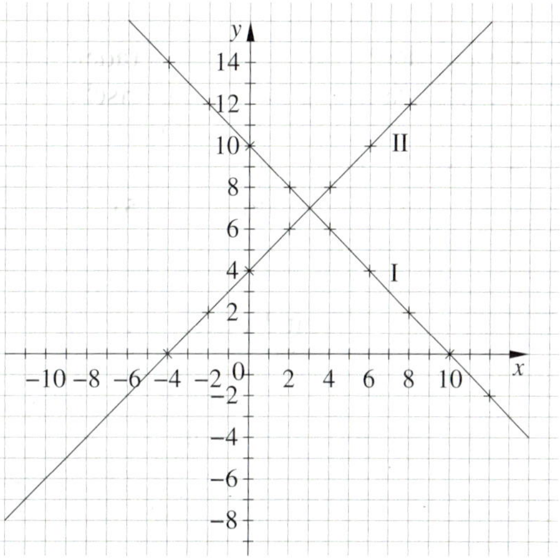

a) Lege die zehn Centstücke so in die zwei Felder, dass rechts vier mehr als links liegen.
Beschreibe, wie du vorgegangen bist.

b) Verteile die 1-Cent-Stücke so auf die zwei Felder, dass rechts zwei mehr liegen als links. Beschreibe, wie du vorgegangen bist.

c) Kira schreibt zu a): $x + y = 10$; $x + 4 = y$.
Wie kommt sie auf diese Gleichungen?
Schreibe ähnliche Gleichungen zu b).

d) Kira hat zu ihren Gleichungen Graphen gezeichnet. Wie ist sie vorgegangen? Was verrät ihr der Schnittpunkt der beiden Graphen? Zeichne ähnliche Graphen zu Aufgabe b).

ZUM WEITERARBEITEN
Erfinde selbst weitere Aufgaben wie in Aufgabe 2 a) und b) und tausche sie mit einer Mitschülerin oder einem Mitschüler. Sind alle Aufgaben lösbar?

3 Zeichne ein Koordinatensystem mit x- und y-Werten von -7 bis 7.

a) Erstelle eine Wertetabelle mit den x-Werten von $-3, -2, \ldots 2, 3$ zur Gleichung $y = x + 3$.
Zeichne den Graph in das Koordinatensystem.

b) Erstelle eine Wertetabelle mit x-Werten von -3 bis 3 zur Gleichung $y = 2x + 1$.
Zeichne den Graph in das gleiche Koordinatensystem.

c) Was stellst du fest? Was kannst du über den Schnittpunkt der beiden Graphen sagen?

Lesen und Verstehen

Clara und Justin sammeln Autogrammkarten. Clara meint: „Zusammen haben wir schon 42 Autogrammkarten.“ Justin sagt: „Ich habe doppelt so viele Karten wie du.“
Zu dieser Aufgabe gibt es zwei Gleichungen.

x ist die Anzahl von Claras Karten, **I** $x + y = 42$
y ist die Anzahl von Justins Karten. **II** $2x = y$

> Wenn mehrere lineare Gleichungen zum selben Problem bzw. zu einer Aufgabe gehören, so spricht man von einem **linearen Gleichungssystem**. Jede Zahl, die Lösung eines linearen Gleichungssystems ist, muss beim Einsetzen in alle Gleichungen des Systems zu einer wahren Aussage führen.

BEACHTE
Zur Probe sollte man die Lösung noch einmal in beide Gleichungen einsetzen. Nur wenn beide Gleichungen wahr sind, also erfüllt sind, ist die Lösung richtig.

Lineare Gleichungssysteme kann man durch **systematisches Probieren** mit einer Tabelle lösen.

BEISPIEL 1

	Anzahl von Claras Karten	Anzahl von Justins Karten (doppelt so viele wie Carlas) $2x = y$	Anzahl von Claras und Justins Karten (soll 42 sein) $x + y = 42$
1. Versuch	1	$2 \cdot 1 = 2$	$1 + 2 = 3$

Die Zahlen sind viel zu niedrig.
Im nächsten Versuch wird eine viel höhere Zahl für Carlas Karten genommen.

2. Versuch	15	$2 \cdot 15 = 30$	$15 + 30 = 45$

Die Zahl ist etwas zu hoch.
Im nächsten Versuch wird eine etwas niedrigere Anzahl für Carlas Karten angenommen.

3. Versuch	14	$2 \cdot 14 = 28$	$14 + 28 = 42$

$x = 14$ und $y = 28$ sind Lösungen beider Gleichungen. Damit ist das Gleichungssystem gelöst.

HINWEIS
Die Probe mit $x = 14, y = 28$ ergibt:
I $14 + 28 = 42$
II $2 \cdot 14 = 28$
Beide Gleichungen sind erfüllt.

Lineare Gleichungssysteme mit zwei Variablen kann man zeichnerisch lösen.

> Zur **grafischen Lösung** eines Gleichungssystems mit zwei Variablen zeichnet man die Graphen der beiden Funktionen in das gleiche Koordinatensystem.
> Der Schnittpunkt beider Graphen gibt die Lösung des Gleichungssystems an.

BEISPIEL 2

I $2y = x + 2$; **II** $y - 3 = -1{,}5x$
Beide Gleichungen werden so umgeformt, dass y allein steht: **I** $y = 0{,}5x + 1$
II $y = -1{,}5x + 3$
Die beiden Graphen werden in das gleiche Koordinatensystem eingetragen. Ihr Schnittpunkt $S(1\,|\,1{,}5)$ ist die Lösung des Gleichungssystems.
Man schreibt: Lösungsmenge $\mathbb{L} = \{(1\,|\,1{,}5)\}$.
Der x-Wert ist 1; der y-Wert ist 1,5.

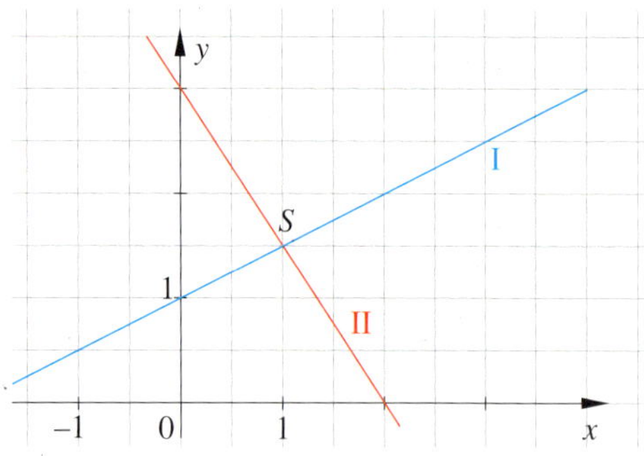

HINWEIS
Die Probe mit $x = 1, y = 1{,}5$ ergibt:
I $2 \cdot 1{,}5 = 1 + 2$
$3 = 3$
II $1{,}5 - 3 = -1{,}5 \cdot 1$
$-1{,}5 = -1{,}5$
Beide Gleichungen sind erfüllt.

Üben und Anwenden

1 Lea möchte das Gleichungssystem I $y = 2x$; II $x + y = 15$ durch Probieren mit einer Tabelle lösen. Wie könnte sie fortfahren?

x	$y = 2x$	$x + y = 15$
1	$y = 2$	$1 + 2 = 3$

2 Das Gleichungssystem
I $3x + 1 = y$; II $y - x = 7$
wird durch Probieren gelöst. Fahre fort.

x	$y = 3x + 1$	$y - x = 7$
1	$y = 4$	$4 - 1 = 3$
2	$y = 7$	…

3 Löse die Gleichungssysteme durch systematisches Probieren mit einer Tabelle.

a) I $x + y = 19$; II $2x = y + 5$

x	y	$x + y = 19$	$2x = y + 5$
1	18	$1 + 18 = 19$	$2 \cdot 1 = 18 + 5$
2	17	$2 + 17 = 19$	$2 \cdot 2 = 17 + 5$

b) I $3x + y = 15$; II $8x + 2y = 38$

x	y	$3x + y = 15$	$8x + 2y = 38$
1	12		

c) I $4x + y = 13$; II $10x + 2y = 30$
d) I $3x + 2y = 11$; II $2x + y = 6$
e) I $2x + 6y = 24$; II $x + 4y = 14$

4 Stelle jeweils zwei Gleichungen auf und löse sie durch systematisches Probieren.

a) Leon sagt: „Zusammen haben wir 117 Aufkleber.“ Marie sagt: „Ich habe doppelt so viele Aufkleber wie du.“ Wie viele Aufkleber hat jeder?

b) Frau Blüte ist Klassenlehrerin der 8 a. Sie sagt zu ihrer Kollegin aus der 8 b: „Zusammen haben wir 52 Schülerinnen und Schüler. In der 8 a sind zwei Schüler mehr als in der 8 b.“ Wie viele Schüler sind jeweils in Klasse 8 a und Klasse 8 b?

c) Zwei Bauern treffen sich. Der erste sagt: „Zusammen haben wir 84 Kühe.“ Der andere sagt: „Wenn du mir zwei Kühe abgeben würdest, hätten wir gleich viele.“ Wie viele Kühe hat jeder der beiden?

5 Löse die Gleichungssysteme durch systematisches Probieren.

a) I $2x + y = 23$; II $3x + 3y = 39$
b) I $3x - y = 11$; II $2x + y = 14$
c) I $5x + 2y = 24$; II $3x - y = 10$
d) I $7x - 2y = 15$; II $5x + y = 18$
e) I $x + y = 3$; II $y = x + 1$
f) I $2x + y = 1$; II $y + 2 = x$
g) I $y - 3x = -4$; II $2x = y - 1$
h) I $3x + y = 1$; II $4 + y = -2x$

6 Lies im Koordinatensystem die Lösung des Gleichungssystems
I $y = -x + 8$; II $y = -\frac{1}{2}x + 5$
ab. Erkläre, wie du vorgehst. Überprüfe die abgelesene Lösung durch die Probe.

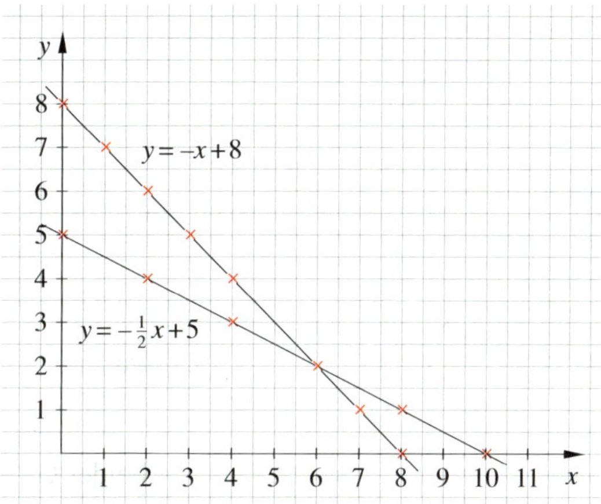

7 Die Gerade zur Gleichung $y = 0{,}25x + 3$ ist dargestellt. Übertrage sie auf Millimeterpapier.

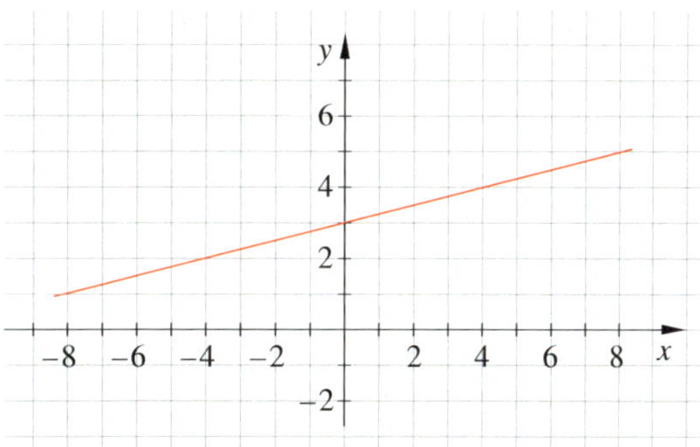

Zeichne die gegebene Gerade in dasselbe Koordinatensystem. Bestimme aus der Zeichnung die Koordinaten des Schnittpunkts.

a) $y = x$ b) $y = 2x$ c) $y = x + 2$

ZUM WEITERARBEITEN
Kannst du auch dieses Gleichungssystem durch systematisches Probieren lösen?
I $2{,}2x + y = 4{,}6$
II $x + y = 1$

8 Die Tabellen geben die Koordinaten von Punkten zweier Geraden an. Trage die Punkte in ein Koordinatensystem ein.
Zeichne die Geraden und bestimme aus der Zeichnung die Koordinaten des Schnittpunkts.

a)

x	−3	−2	−1	0	1	2	3
$y = x + 3$	0	1	2	3	4	5	6

x	−3	−2	−1	0	1	2	3
$y = 2x + 2$	−4	−2	0	2	4	6	8

b)

x	−3	−2	−1	0	1	2	3
$y = -x - 4$	−1	−2	−3	−4	−5	−6	−7

x	−3	−2	−1	0	1	2	3
$y = 2x - 1$	−7	−5	−3	−1	1	3	5

c)

x	−3	−2	−1	0	1	2	3
$y = 0{,}5x - 2$	−3,5	−3	−2,5	−2	−1,5	−1	−0,5

x	−3	−2	−1	0	1	2	3
$y = -1{,}5x + 4$	8,5	7	5,5	4	2,5	1	−0,5

ZUM KNOBELN
Finde ein Gleichungssystem mit zwei Variablen, das die Lösung $x = 3$; $y = 4{,}5$ hat.

078-1

9 Das Bild zeigt die Graphen zweier verschiedener Handytarife.

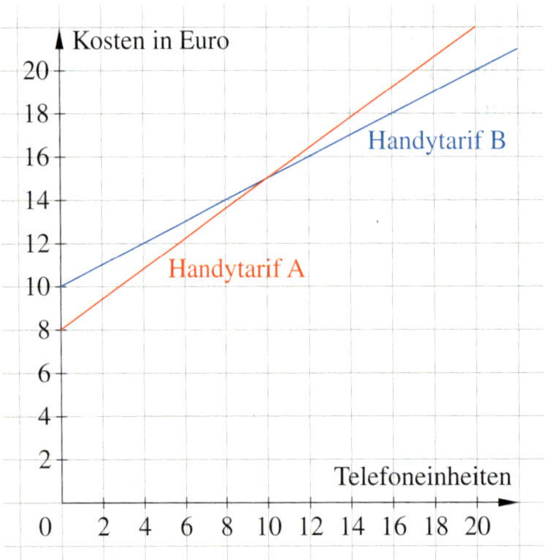

a) Beschreibe und vergleiche die Tarife.
b) Lisa hat Tarif A. Letzten Monat telefonierte sie 14 Einheiten lang.
c) Stephan will nur 20 € monatlich für seinen neuen Handyvertrag ausgeben.
d) Ein anderer Handyanbieter hat eine Flatrate für 19 € im Programm.

10 Stelle Wertetabellen mit ganzzahligen x-Werten von −3 bis +3 auf und zeichne die zugehörigen Geraden in ein Koordinatensystem. Bestimme aus der Zeichnung die Koordinaten des Schnittpunkts.

a) I $y = 10 - x$; II $y = 2x + 1$
b) I $y = 3x + 1$; II $y = x - 3$
c) I $y = x - 3$; II $y = 2x - 8$
d) I $y = 2x - 1$; II $y = x + 1{,}5$
e) I $y = 1{,}5x + 3$; II $y = -0{,}5x - 1$
f) I $y = -3x - 2{,}5$; II $y = 2x - 1{,}5$

11 Forme zunächst die Gleichungen so um, dass y allein steht. Löse dann zeichnerisch.

a) I $x + 2y = 10$; II $x + y = 8$
b) I $2x - y = -5$; II $5x + y = -2$
c) I $6x + 3y = -9$; II $2x - 4y = -8$
d) I $-4y - 1 = x$; II $2y = x + 2$
e) I $3x + y = 4$; II $2{,}5x - y = 3$

12 Anna kauft auf einem Volksfest Wertmarken für Getränke. Es gibt Wertmarken zu 0,80 € und Wertmarken zu 1 €. Sie bezahlt 14 € für insgesamt 15 Marken. Wie viele Marken von jeder Sorte hat sie gekauft? Löse schrittweise.

– Stelle zwei Gleichungen mit x und y auf. Die Anzahl der Marken zu 0,80 € sei x. Die Anzahl der Marken zu 1 € sei y.
– Forme die Gleichungen so um, dass y alleine steht.
– Zeichne die zugehörigen Geraden in ein Koordinatensystem.
– Bestimme die Lösung für x und y.
– Schreibe die Antwort auf.

13 Familie Schneider (2 Erwachsene, 1 Kind) zahlt im Schwimmbad 11,50 € Eintritt.
Familie Lehmann (2 Erwachsene, 2 Kinder) zahlt 14 € Eintritt.
Wie viel kostet der Eintritt für einen Erwachsenen, wie viel für ein Kind?

14 Sarah kauft 12 Briefmarken und bezahlt 10,20 €.
Wie viele Briefmarken zu 55 ct und zu 145 ct hat sie gekauft?

$\frac{x+y}{2}$

Lineare Gleichungssysteme rechnerisch lösen

Erforschen und Entdecken

1 Im Sommer war Nora in einem Zeltlager.
Dort gab es Zelte für 2 Personen und Zelte für 3 Personen. Insgesamt waren 30 Jugendliche im Ferienlager und es gab 13 Zelte.
Wie viele Zelte für 2 Personen und wie viele Zelte für 3 Personen gab es?
Sprecht zu zweit über mögliche Lösungswege und vergleicht eure Ideen. Einigt euch auf einen Lösungsweg, den ihr gemeinsam der Klasse vorstellt. Gestaltet dazu ein Plakat oder eine Folie und präsentiert eure Vorgehensweise zur Lösung der Aufgabe.

2 Auf einem Bauernhof gibt es Hühner und Kühe. Es sind doppelt so viele Kühe wie Hühner. Sie haben alle zusammen 30 Beine.
Wie viele Hühner und wie viele Kühe gibt es auf dem Bauernhof?

	Anzahl der Hühner	Anzahl der Kühe	Anzahl der Hühner mal zwei gleich Anzahl der Kühe	Anzahl der Hühner mal zwei Beine plus Anzahl der Kühe mal vier Beine (soll 30 sein)
1. Versuch	1	2	$2 \cdot 1 = 2$	$2 \cdot 1 + 4 \cdot 2 = 10$
2. Versuch	2	4	$2 \cdot 2 = 4$	$2 \cdot 2 + 4 \cdot 4 = 20$
3. Versuch	3	6	$2 \cdot 3 = 6$	$2 \cdot 3 + 4 \cdot 6 = 30$
allgemein:	x	y	$2x = y$	$2x + 4y = 30$

a) Erkläre jeden Schritt in der Tabelle.
b) In der Tabelle werden zwei Gleichungen aufgestellt: $2x = y$ und $2x + 4y = 30$.
Weil $y = 2x$ ist, darf man statt y auch $2x$ schreiben. Dann ergibt sich für die 2. Gleichung $2x + 4(2x) = 30$. Wie könnte man jetzt weiter vorgehen?

3 Das Gleichungssystem I $y = 100x + 57$; II $y - 70x = 147$ soll gelöst werden.
a) Welche Möglichkeiten sind dir zur Lösung des Gleichungssystems bekannt?
Warum eignet sich die grafische Lösung nicht so gut für dieses Gleichungssystem?
b) Weil $y = 100x + 57$ ist, darf man statt y auch $100x + 57$ schreiben. Setze in Gleichung II anstelle von y den Term $100x + 57$ ein und löse die Gleichung.
Wie könnte man den Wert von y finden?

ZUM WEITERARBEITEN
Auf einem anderen Bauernhof gibt es Schweine und Gänse, insgesamt 12 Tiere. Sie haben zusammen 38 Beine. Erstelle dazu zwei Gleichungen. Versuche, das Gleichungssystem zu lösen.

4 Zeichne das Gleichungssystem I $y = x + 2$; II $y = 2x - 1$ in ein Koordinatensystem.
a) Bestimme den Schnittpunkt.
b) Merlin findet, dass das Zeichnen von Koordinatensystemen zu aufwändig ist.
Er berechnet lieber den Schnittpunkt der beiden Geraden. Da die rechten Seiten beider Gleichungen gleich y sind, setzt er diese gleich: $x + 2 = 2x - 1$.
Löse die Gleichung. Berechne y durch Einsetzen von x in Gleichung I.
c) Erkläre, wie die Gleichsetzung der beiden Geradengleichungen und der Schnittpunkt der beiden Geraden zusammenhängen.
d) Löse das Gleichungssystem I $x = 2 + 2y$; II $x = 30 - 12y$ wie in Teil b).
Erkläre, warum man dieses Verfahren Gleichsetzungsverfahren nennt.

Lesen und Verstehen

Frau Jähring und Herr Klein bepflanzen ihre Balkone.
Frau Jähring kauft 3 Geranien und 1 Blumenkasten und zahlt dafür 9 €. Herr Klein kauft 8 Geranien und 2 Blumenkästen und bezahlt 22 €.
Wie viel kostet eine Geranie und wie viel ein Blumenkasten?

Zu dieser Aufgabe gibt es zwei Gleichungen: x sei der Preis einer Geranie, y sei der Preis eines Blumenkastens.
Für Frau Jährings Einkauf gilt die Gleichung $3x + y = 9$.
Für Herrn Kleins Einkauf gilt die Gleichung $8x + 2y = 22$.

Gleichungssysteme kann man grafisch lösen, aber das Zeichnen der beiden Graphen ist aufwändig und kann ungenau sein. Weil der Schnittpunkt zweier Graphen auf jeder der beiden Geraden liegt, erhält man durch Gleichsetzen der beiden zugehörigen Geradengleichungen eine Koordinate des Schnittpunkts.

BEACHTE
Denke daran, zur Probe die Lösung noch einmal in beide Ursprungsgleichungen einzusetzen. Wenn beide Gleichungen erfüllt sind, ist die Lösung richtig.

Um ein lineares Gleichungssystem mit zwei Gleichungen und zwei Variablen zu lösen, kann man das **Gleichsetzungsverfahren** anwenden:
1. Beide Gleichungen nach der gleichen Variablen auflösen.
2. Die Terme gleichsetzen, um eine Gleichung mit einer Variablen zu erzeugen. Der Wert dieser Variablen wird berechnet.
3. Dieser Wert wird in eine der beiden Gleichungen eingesetzt. So wird der Wert der anderen Variablen berechnet.
4. Probe

BEISPIEL 1
I $3x + y = 9$; II $8x + 2y = 22$
1. Gleichung I nach y auflösen: $y = 9 - 3x$
   Gleichung II nach y auflösen: $y = 11 - 4x$
2. Die beiden zu y gleichwertigen Terme gleichsetzen.
   $9 - 3x = 11 - 4x \quad | -9 \quad | +4x$
   $x = 2$
3. Wert für x in I oder II einsetzen
   $3 \cdot 2 + y = 9 \quad | -6$
   $y = 3$
4. I $3 \cdot 2 + 3 = 9$ ✓; II $8 \cdot 2 + 2 \cdot 3 = 22$ ✓

Eine Geranie kostet 2 €, ein Kasten 3 €.

Gleichungssysteme kann man auch durch Umstellen und Einsetzen lösen.

HINWEIS
Wähle die Variable, nach der du auflöst, möglichst so, dass der Faktor davor kein Vielfaches von 3 ist. Sonst musst du mit Brüchen rechnen.

Um ein lineares Gleichungssystem mit zwei Gleichungen und zwei Variablen zu lösen, kann man das **Einsetzungsverfahren** anwenden:
1. Man löst eine der Gleichungen nach einer Variablen hin auf.
2. Der entstehende Term wird in die andere Gleichung eingesetzt und die Gleichung wird wie gewohnt gelöst.
3. Der Wert der zweiten Variable wird durch Einsetzen der Lösung in eine der Gleichungen gefunden.
4. Probe

BEISPIEL 2
I $3x + y = 9$; II $8x + 2y = 22$
1. Eine Gleichung (hier I) nach y auflösen.
   $y = 9 - 3x$
2. Term in die andere Gleichung einsetzen und die Gleichung lösen.
   $8x + 2(9 - 3x) = 22 \rightarrow x = 2$
3. Wert für x in die andere Gleichung einsetzen.
   $3 \cdot 2 + y = 9 \rightarrow y = 3$
4. I $3 \cdot 2 + 3 = 9$ ✓; II $8 \cdot 2 + 2 \cdot 3 = 22$ ✓

Eine Geranie kostet 2 €, ein Kasten 3 €.

Üben und Anwenden

1 Das Gleichungssystem
I $y = 2x - 5$; II $x + y = 1$
soll mit dem Gleichsetzungsverfahren gelöst werden. Vervollständige die Lösung und rechne auch die Probe.
1. Gleichung I ist schon nach y aufgelöst, Gleichung II wird umgeformt zu $y = 1 - x$.
2. Die beiden Terme, die gleichwertig zu y sind, werden gleichgesetzt und aufgelöst.
   $2x - 5 = 1 - x$

2 Johanna löst das Gleichungssystem
I $y = 5x - 2$; II $y + x = 16$
mit dem Gleichsetzungsverfahren.
Bringe ihre Rechenschritte in die richtige Reihenfolge.
① $y = 5 \cdot 3 - 2 = 13$
② I $y = 5x - 2$; II $y = 16 - x$
③ $5x - 2 = 16 - x \quad | + x$
$6x - 2 = 16 \quad | + 2$
$6x = 18 \quad | : 6$
$x = 3$

3 Löse die Gleichungssysteme mit dem Gleichsetzungsverfahren.
a) I $y = 4x - 2$; II $y = 2x$
b) I $y = 3x - 5$; II $y = 2x - 3$
c) I $y = 7x - 21$; II $y = 4x - 12$
d) I $y = 8x - 11$; II $y = 5x - 5$
e) I $y = 6x + 4$; II $y = -x - 3$
f) I $y = 2x + 3$; II $y = 3x + 5$
g) I $x = 2y - 3$; II $x = 3y - 5$
h) I $x = 4y - 11$; II $x = 13y - 29$
i) I $x = -4y - 3$; II $x = -3y - 2$
j) I $x = 5y - 12$; II $x = -5y + 8$

4 Sind die angegebenen Werte Lösungen des Gleichungssystems?
Überprüfe mit der Probe.
a) I $3x + 2y = 19$; II $4x = y + 7$
   Lösungen $x = 3$ und $y = 5$
b) I $2x + y = 12$; II $x + 2y = 11{,}5$
   Lösungen $x = 4{,}5$ und $y = 3$
c) I $3x + 2y = 34$; II $5x - y = 35$
   Lösungen $x = 8$ und $y = 5$
d) I $7x + 3y = 70{,}5$; II $2x - 4y = 8$
   Lösungen $x = 9$ und $y = 2$

5 Löse die Gleichungssysteme mit dem Gleichsetzungsverfahren.
Löse zunächst die Gleichungen so auf, dass eine Variable allein steht.
Gib die Lösungsmenge $\mathbb{L}$ an.
a) I $12x + y = 40$; II $y = 3x - 5$
b) I $x + 4y = 11$; II $2y - 1 = x$
c) I $y = x + 1$; II $2 = x - y$
d) I $y = -8x + 7$; II $7x = 8 - y$
e) I $x = -y + 8$; II $-6y = 57 - x$
f) I $5y = x + 25$; II $2x = 4y - 14$
g) I $3x = y + 3$; II $4 = 2x + y$
h) I $3x + y = 4$; II $2x + 2y = 16$
i) I $x + 5y = 28$; II $-2x + 6y = 8$

6 Familie Leuven (2 Erwachsene, 2 Kinder) geht in den Zoo und zahlt 32 €.
Familie Fischer (1 Erwachsene, 3 Kinder) zahlt 28 € Eintritt.
– Stelle zu der Aufgabe zwei Gleichungen auf. Bezeichne den Eintrittspreis für einen Erwachsenen mit x, für ein Kind mit y.
– Löse beide Gleichungen nach x auf.
– Setze die beiden Terme gleich und löse die entstandene Gleichung.
– Setze den Wert von y in eine Gleichung ein, um x zu berechnen.
– Wie viel kostet der Eintritt für Erwachsene, wie viel für Kinder?
– Mache die Probe, indem du die Lösungen in die Ursprungsgleichungen einsetzt.

7 Stelle ein Gleichungssystem auf und löse die Gleichungen mit dem Gleichsetzungsverfahren.
a) Die Klasse 8 b (1 Lehrkraft, 25 Schüler) geht ins Kino. Es kostet insgesamt 133 €. Klasse 8 c (2 Lehrkräfte, 26 Schüler) zahlt 146 €.
   Wie viel kostet der Eintritt für einen Schüler bzw. für eine Lehrkraft?
b) Frau Kröger zahlt für sich und ihre beiden Kinder für eine Busfahrt 4,80 €. Familie Lehmann (2 Erwachsene, 2 Kinder) zahlt für die gleiche Busfahrt 6,60 €.
   Wie viel kostet ein Fahrschein für Erwachsene bzw. für Kinder?

HINWEIS
Dies sind die y-Werte der Lösungen aus Aufgabe 5 der Größe nach geordnet: –7; 1,2; 2; 4; 4; 6; 10; 15.

HINWEIS
Unter diesen Beträgen sind die Ergebnisse aus Aufgabe 7: 1 €; 1,50 €; 1,80 €; 2,50 €; 4 €; 5 €; 6,50 €; 8 €; 10 €.

8 Dominik löst das Gleichungssystem
I $4x + y = 21$; II $9x + 2y = 46$
mit dem Einsetzungsverfahren. Bringe seine Rechenschritte in die richtige Reihenfolge und in die richtige Form.

① $4 \cdot 4 + y = 21$
$16 + y = 21 \quad | -16$
$y = 5$

② $4x + y = 21 \quad | -4x$
$y = 21 - 4x$

③ $9x + 2(21 - 4x) = 46$
$9x + 42 - 8x = 46 \quad | -42$
$x = 4$

9 Vervollständige die Lösung des linearen Gleichungssystems.
I $2x + y = 8$; II $6x + 2y = 22$

1. $2x + y = 8 \quad | -2x$
   $y = 8 - 2x$
2. $6x + 2(8 - 2x) = 22$
   $6x + 16 - 4x = 22 \quad | -16$
   $2x = 6 \quad | :2$
   $x = 3$

10 Löse die linearen Gleichungssysteme mit dem Einsetzungsverfahren.

a) I $y = 20 - 2x$; II $8x + 2y = 68$
b) I $y = 17 - 3x$; II $14x + 3y = 76$
c) I $2x + y = 21$; II $5x + 2y = 48$
d) I $4a + b = 33$; II $9a + 2b = 73$
e) I $x + 3y = 26$; II $2x + 7y = 60$
f) I $r + 2s = 39$; II $2r + 5s = 93$
g) I $a + 4b = 22$; II $3a + 14b = 74$

HINWEIS
Dies sind die y-Werte der Lösungen aus Aufgabe 14 der Größe nach geordnet: 2; 3; 3; 5; 5; 9.

11 Lena hat das Einsetzungsverfahren noch nicht ganz verstanden. Berichtige ihre Fehler.

I $2x+y=25$ II $5x+2y=61$
1. $2x+y=25 \quad |-2x$
   $y=25-2x$
2. $5x+25-2x=61$
3. $3x+25=61 \quad |-25$
   $3x=36 \quad |:3$
   $x=12$
4. $2 \cdot 12+y=25$
   $24+y=25 \quad |-24$
   $y=1$

12 Anna kauft 3 Rosen und 1 Nelke und bezahlt dafür 7 €. Jonas kauft 9 Rosen und 2 Nelken und bezahlt 20 €.
– Stelle zu der Aufgabe zwei Gleichungen auf. Bezeichne den Preis für eine Rose mit x, für eine Nelke mit y.
– Forme die Gleichung zu Annas Einkauf so um, dass y allein steht.
– Setze den Term, der gleichwertig zu y ist, in die andere Gleichung ein.
– Wie viel kostet eine Rose, wie viel kostet eine Nelke?

13 Stelle zwei Gleichungen auf und löse das Gleichungssystem mit dem Einsetzungsverfahren.

a) Judith kauft für ihre Inline-Skater 3 Ersatzrollen und 1 Gelenkschützer.
Sie zahlt dafür 27 €. Jan kauft 2 Ersatzrollen und 2 Gelenkschützer und bezahlt 38 €.
b) Herr Wolff kauft 12 Flaschen Mineralwasser und 1 Flasche Saft und bezahlt insgesamt 20 €. Frau Fuchs kauft 10 Flaschen Mineralwasser und 5 Flaschen Saft und bezahlt dafür 25 €. Berechne die Preise pro Flasche.
c) Jana und Erik sind Eis essen. Jana zahlt für 3 Kugeln Eis und 1 Portion Sahne 2,30 €, Erik zahlt für 2 Kugeln Eis und 2 Portionen Sahne 2,20 €. Was kostet eine Kugel Eis und was eine Portion Sahne?

14 Gib die Lösungsmengen der linearen Gleichungssysteme an.

a) I $3x + y = 24$; II $10x + 2y = 68$
b) I $2s + t = 19$; II $5s + 2t = 45$
c) I $a + 4b = 26$; II $3a + 15b = 93$
d) I $15c + 5d = 120$; II $2c + d = 17$
e) I $a + 8b = 20$; II $5a + 2b = 24$
f) I $3s + t = 30$; II $9s + t = 84$

15 Löse das Gleichungssystem mit Hilfe des Einsetzungsverfahrens.

a) I $4a - 2b = -6$; II $2a + b = 9$
b) I $0{,}5x - 3y = -3$; II $-x + 4y = -4$
c) I $-2{,}5k + 3y = 6$; II $5k - 6y = -2$
d) I $2{,}4x + 3y = 0$; II $3{,}6x + 5y = 0{,}8$
e) I $1{,}8x + 2y = 30{,}4$; II $8x - 17 = -2y + 1$

$\frac{x + y}{2}$

Lineare Gleichungssysteme mit dem Additionsverfahren lösen

Erforschen und Entdecken

1 Wie viel wiegen drei Hasen und drei Meerschweinchen zusammen? Erkläre, wie du zu einer Lösung kommst.

2 Wie viel wiegt ein Hase und wie viel ein Meerschweinchen? Arbeitet zu zweit.

a) Zum Lösen der Aufgabe benötigt ihr das Bild dieser Aufgabe sowie ein Bild aus Aufgabe 1. Welches Bild könnte das sein?

b) Wie könnt ihr die beiden Waagen in Verbindung bringen, um das Gewicht des Hasen bzw. des Meerschweinchens zu ermitteln?

c) Schreibt zu jeder Waage eine Gleichung auf. Wählt h = Masse des Hasen, m = Masse des Meerschweinchens. Überlegt anhand eurer Gleichungen, wie ihr die Massen berechnen könnt.

3 Arbeitet zu zweit.

a) Löst das Gleichungssystem
I $2x + y = 10$; II $5x - y = 11$
mit einer Methode eurer Wahl.

b) Schaut euch die rechts stehende Lösung des Gleichungssystems an. Erklärt euch die Vorgehensweise. Welches Verfahren ist einfacher?

I	$2x + y = 10$	
II	$5x - y = 11$	
I + II	$7x = 21$	$\mid :7$
	$x = 3$	
	$2 \cdot 3 + y = 10$	$\mid -6$
	$y = 4$	

Lösungsmenge $\mathbb{L} = \{(3 \mid 4)\}$

4 Betrachte das Gleichungssystem.
I $2x + 3y = 9$; II $4x - 3y = 3$

a) Addiere die Terme auf den linken und die Terme auf den rechten Seiten der beiden Gleichungen. Was geschieht?

b) Warum heißt diese Verfahrensweise Additionsverfahren? Welche Gemeinsamkeiten und Unterschiede gibt es zu den anderen dir bekannten Lösungsverfahren?

c) Das Gleichungssystem I $5x + 2y = 18$; II $2x + 2y = 12$ kann man durch Subtraktion lösen. Wie könnte es funktionieren? Probiere es aus.

5 Löse das Gleichungssystem I $3x + y = 7$; II $6x + 2y = 14$ und das Gleichungssystem I $y = x + 2$; II $y = x + 1$ mit dem Gleichsetzungsverfahren oder Einsetzungsverfahren.

a) Was stellst du fest?

b) Löse die Gleichungssysteme nun auch zeichnerisch. Was beobachtest du?

NACHGEDACHT
Sind die beiden Gleichungssysteme in Aufgabe 5 lösbar?

Lesen und Verstehen

Nele ist die ältere Schwester von Lukas. Zusammen sind die Geschwister 30 Jahre alt. Die Differenz zwischen dem Alter von Nele und Lukas beträgt 4 Jahre.
Das Alter von Nele wird mit x bezeichnet, das Alter von Lukas mit y: I $x + y = 30$; II $x - y = 4$

Dieses Gleichungssystem lässt sich durch Addition der beiden Gleichungen lösen.

$$\begin{array}{lrl} \text{I} & x + y = 30 & \\ \text{II} & x - y = 4 & \\ \hline \text{I + II} & 2x = 34 & \quad |:2 \\ & x = 17 & \end{array}$$

Einsetzen in II, um y zu erhalten: $17 - y = 4 \rightarrow y = 13$
Nele ist also 17, Lukas ist 13 Jahre alt.

Beim Additionsverfahren werden die Gleichungen so umgeformt, dass eine Variable beim Addieren der beiden Gleichungen wegfällt. Wie bei den anderen Lösungsverfahren entsteht dadurch eine Gleichung mit nur noch einer Variablen.

BEACHTE
Damit die Variable herausfällt, können die beiden Gleichungen statt addiert auch subtrahiert werden. Es ist also ein Additions- und Subtraktionsverfahren.

Das **Additionsverfahren**
1. Beide Gleichungssysteme werden so umgeformt, dass eine der Variablen beim Addieren wegfällt.
2. Die Gleichungen werden addiert. Daraus ergibt sich eine Gleichung mit einer Variablen, die gelöst werden kann.
3. Um den Wert der anderen Variablen zu bestimmen, wird der gefundene Wert in eine der beiden Gleichungen I oder II eingesetzt und berechnet.
4. Probe

BEISPIEL 1
I $4x + 2y = 24$; II $3x - 2y = 11$
1. Gleichung I wird mit 2 multipliziert.
$$\begin{array}{lrl} \text{I} & 2x + y = 12 & \quad |\cdot 2 \\ \text{I'} & 4x + 2y = 24 & \end{array}$$
2. Die Gleichungen werden addiert.
$$\begin{array}{lr} \text{I'} & 4x + 2y = 24 \\ \text{II} & 3x - 2y = 11 \\ \hline \text{I' + II} & 7x = 35 \rightarrow x = 5 \end{array}$$
3. $x = 5$ in Gleichung I einsetzen:
$2 \cdot 5 + y = 12 \rightarrow y = 2$ $\quad \mathbb{L} = \{(5|2)\}$
4. I $4 \cdot 5 + 2 \cdot 2 = 24$ ✓;
II $3 \cdot 5 - 2 \cdot 2 = 11$ ✓

Beim Lösen linearer Gleichungssysteme kann auch der Fall auftreten, dass es **keine Lösung** gibt oder **unendlich viele Lösungen**. Man kann sehen, dass die Graphen in diesen Fällen zueinander parallel verlaufen und keinen Berührungspunkt haben bzw. zusammenfallen.

HINWEIS
In Beispiel 2 ergibt sich nach der Addition beider Gleichungen eine falsche Aussage (0 = 3). In Beispiel 3 stellt sich nach Umformungen heraus, dass die Gleichungen identisch sind.

BEISPIEL 2
I $x + 3y = 6$; II $x + 3y = -3$

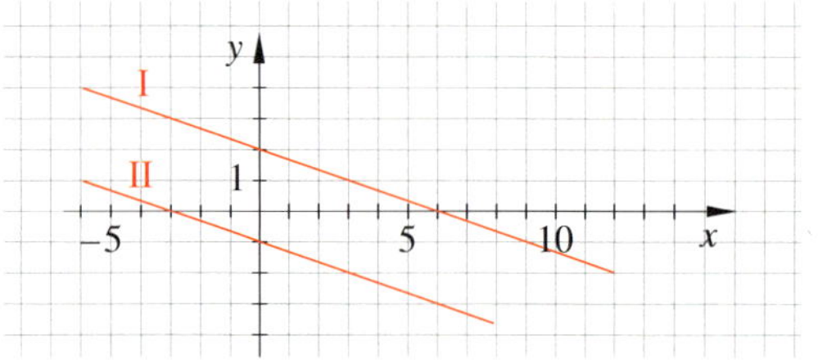

BEISPIEL 3
I $x = 2y + 4$; II $x - 6y = 12$

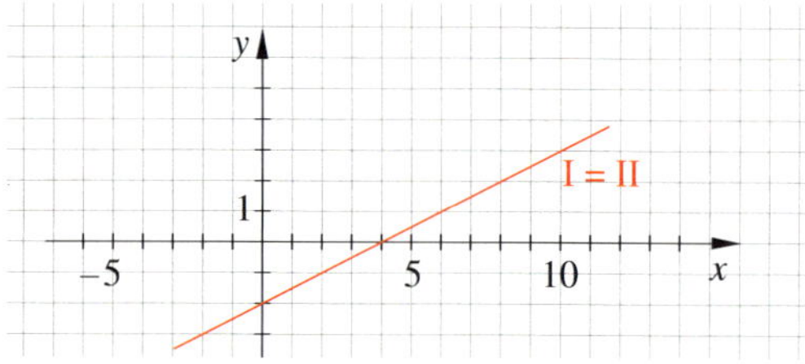

Üben und Anwenden

1 Was genau bedeutet es, zwei Gleichungen zu addieren?
Erkläre die Vorgehensweise anhand des Gleichungssystems und löse es.

I $2x + y = 14$
II $5x - y = 7$
I + II $7x \quad = 21$

2 Löse die Gleichungssysteme mit Hilfe des Additionsverfahrens.

a) I $3x + y = 25$; II $4x - y = 17$
b) I $3x + y = 11$; II $7x - y = 9$
c) I $6x - 3y = 6$; II $15x + 3y = 57$
d) I $2x - 3y = 4$; II $x + 3y = 11$
e) I $14x + 2y = 24$; II $-2x - 2y = 0$
f) I $7x - y = 30$; II $12x + y = 65$
g) I $3x - 7y = 19$; II $5x + 7y = 13$
h) I $4x - 5y = 27$; II $2x + 5y = 21$
i) I $3x - 5y = 11$; II $6x + 5y = 16$
j) I $x + 5y = 61$; II $-x + 6y = 60$
k) I $-2x + y = 11$; II $2x + 3y = 21$
l) I $-3x + 2y = 3$; II $3x - 1{,}5y = -2$

3 Antonia hat noch Probleme mit dem Additionsverfahren.
Was muss sie anders machen?

I $x + 4y = 9$
II $3x - 4y = 1$
I + II $4x = 9 \rightarrow x = 2{,}25$

4 Wie könnte man das Gleichungssystem
I $5x + 2y = 26$;
II $2x + 2y = 14$
am einfachsten lösen?

5 Löse die Gleichungssysteme durch Subtraktion. Gib die Lösungsmenge $\mathbb{L}$ an.

a) I $9x + 7y = 23$; II $4x + 7y = 11$
b) I $5x + y = 22$; II $2x + y = 10$
c) I $3x + 2y = 25$; II $x + 2y = 10$
d) I $2x + 4y = 22$; II $2x + 2y = 16$
e) I $x + 7y = 50$; II $x + 3y = 26$
f) I $3x + 4y = 25$; II $3x + y = 13$
g) I $8x + 6y = 68$; II $8x + 5y = 66$
h) I $7x - y = 24$; II $4x - y = 15$
i) I $9x - 2y = 19$; II $5x - 2y = 7$
j) I $-2x + 4y = 24$; II $-2x + 3y = 15$

6 Löse die Gleichungssysteme durch Addition oder Subtraktion.

a) I $6x + 4y = 4$; II $9x - 4y = 1$
b) I $2x - 3y = 1$; II $-3x + 3y = 3$
c) I $3x + 4y = 32$; II $x + 4y = 16$
d) I $5x + y = 19$; II $3x + y = 15$
e) I $4x + 6y = 16$; II $4x + 2y = 8$
f) I $6x - 4y = 60$; II $4y + 9x = 90$
g) I $8y + 7x = 37$; II $7x - 8y = 5$
h) I $5x - 3y = 34$; II $x - 3y = 2$
i) I $14x - 2y = 2$; II $y - 14x = 13$
j) I $9x + 3y = 45$; II $4x - 3y = 7$

HINWEIS
Unter diesen Zahlen befinden sich die y-Werte der Lösungen von Aufgabe 6: -15; -3; 0; $\frac{1}{2}$; 2; 3; 9.

7 Sara ist die ältere Schwester von Lea. Zusammen sind Sara und Lea 26 Jahre alt. Die Differenz zwischen Saras und Leas Alter beträgt 2 Jahre. Wie alt sind die beiden?

NACHGEDACHT
Sara erzählt: „Gestern habe ich auf dem Jahrmarkt 10 Lose gekauft. Ich hatte doppelt so viele Nieten wie Gewinne.“ Kann das sein?

8 Löse die Zahlenrätsel.

a) Die Summe zweier Zahlen ist 40, ihre Differenz ist 6.
b) Die Summe zweier Zahlen ist 28, ihre Differenz ist 2.
c) Die Summe zweier Zahlen ist 50, ihre Differenz ist 42.
d) Die Summe zweier Zahlen ist 128, ihre Differenz ist 24.

NACHGEDACHT
Ben meint: „Die Zahlenrätsel aus Aufgabe 8 muss ich gar nicht berechnen. Ich teile die Summe durch 2 und ziehe dann die Hälfte der angegebenen Differenz ab, dann habe ich eine der Ergebniszahlen.“ Funktioniert Bens Vorgehensweise? Wenn ja, warum?

9 Um das Gleichungssystem I $7x + 2y = 41$; II $3x - y = 12$ zu lösen, muss erst eine der Gleichungen umgeformt werden, damit durch Addition eine Variable herausfällt. Multipliziere Gleichung II mit 2 und löse dann das Gleichungssystem.

10 Das Gleichungssystem

I $5x + 6y = 37$

II $3x - 2y = 11$ ist gegeben.

a) Mit welcher Zahl müsste man die Gleichung II multiplizieren, damit bei der Addition der beiden Gleichungen die Variable y wegfällt?

b) Gib die Lösungsmenge $\mathbb{L}$ an.

HINWEIS
In der Türkei nennt man das Additionsverfahren yok etme metodu, das heißt Auslöschungsverfahren. Es bezeichnet anschaulich den Zweck des Verfahrens.

11 Forme eine der Gleichungen um und löse mit dem Additionsverfahren.

a) I $2x + 2y = 8$; II $-4x + 6y = 22$

b) I $2a + 8b = 48$; II $3a - 2b = 30$

c) I $-4k - 5y = -18$; II $2k - 3y = -2$

d) I $3x - 7y = -15$; II $x + 14y = 44$

e) I $a + 9b = 47$; II $-3a + 2b = 4$

f) I $7x + 4 = 8y$; II $3x - 4 = 2y$

g) I $-4x + 5y = 22$; II $2x + 3y = 22$

h) I $3c + d = -1$; II $4c + 3d = 2$

i) I $2s + 5t = 33$; II $6s + 3t = 63$

j) I $-x + 2y = 2$; II $2x - 6y = 3$

ZUM WEITERARBEITEN
Erstelle ein Gleichungssystem, bei dem ähnlich wie in Aufgabe 12 entweder die Variable x oder die Variable y durch Umformen und anschließendes Addieren herausfällt.

12 Simon und Tim machen zusammen Hausaufgaben. Sie sollen das Gleichungssystem I $2x + 4y = 30$; II $-6x - 2y = -50$ lösen.

a) Simon multipliziert die Gleichung I mit 3, damit bei der Addition der beiden Gleichungen x herausfällt. Löse das Gleichungssystem wie Simon.

b) Tim multipliziert Gleichung II mit 2, damit bei der Addition der beiden Gleichungen y herausfällt. Löse das Gleichungssystem wie Tim.

c) Warum funktionieren in diesem Gleichungssystem beide Vorgehensweisen?

HINWEIS
Dies sind die x-Werte der Lösungen von Aufgabe 13 der Größe nach geordnet: −6; −3,5; −2; 0; 2; 3; 3; 11.

13 Manchmal muss man beide Gleichungen umformen, um ein Gleichungssystem mit dem Additionsverfahren lösen zu können.

a) I $2x + 5y = 6$; II $3x - 2y = -10$

b) I $2x + 3y = 12$; II $3x - 2y = 5$

c) I $4x + 6y = 54$; II $-8x - 2y = -38$

d) I $4x + 12y = 10$; II $3x - 8y = -26{,}5$

e) I $2x + 3y = 37$; II $-5x - 5y = -80$

f) I $3x + y = 7$; II $4x - 2y = 6$

g) I $5x - 3y = 6$; II $2x + 4y = -8$

h) I $5x + 4y = 2$; II $8x + 9y = 24$

14 Würfle viermal mit einem Würfel und trage die Ergebnisse der Reihe nach in die leeren Felder ein.
Forme dann die Gleichungen so um, dass du das Gleichungssystem lösen kannst.

I $\square\, x + \square\, y = 12$

II $\square\, x + \square\, y = 60$

15 Forme die Gleichungen um und löse die Gleichungssysteme mit dem Additionsverfahren. Gib die Lösungsmenge an.

a) I $8a + 2b = 58$; II $3a + b = 24$

b) I $2x + 10y = 122$; II $x + 4y = 50$

c) I $2c + d = 18$; II $11c + 2d = 85$

d) I $-7k - 2y = -25$; II $-2k + 5y = 4$

e) I $-3x - 5y = -8$; II $-4x - 2y = -20$

16 Löse das Gleichungssystem
I $4x = y$; II $4 - x = y$
mit einem Verfahren deiner Wahl.

17 Lisa zahlt für ihren Kauf von 10 Dosen Cola und 4 Packungen Pizza 20,50 €.
Jan kauft im gleichen Geschäft Cola und Pizza.

Wie viel kostet eine Dose Cola und wie viel eine Pizza?

18 Stelle jeweils ein Gleichungssystem auf und löse es mit einem Verfahren deiner Wahl.

a) Ein Kaninchen und ein Käfig kosten zusammen 43,50 €.
Der Käfig kostet doppelt so viel wie das Kaninchen.

b) Ein Stempel und ein Stempelkissen kosten zusammen 7,80 €.
Das Stempelkissen kostet dreimal so viel wie der Stempel. Wie viel haben die beiden Gegenstände gekostet?

19 Wie alt sind die Personen?

a) Thomas ist halb so alt wie seine Mutter. Zusammen sind sie 75 Jahre alt.

b) Jürgen ist zwei Jahre älter als Monika. Zusammen sind sie 100 Jahre alt.

c) Sabine ist 16 Jahre älter als Tim. Zusammen sind beide 38 Jahre alt.

20 Löse die Gleichungssysteme nach einem der Verfahren deiner Wahl. Begründe, warum sich das Gleichungssystem besonders dafür eignet.

a) I $4x + y = 27$; II $3x + 4y = 43$

b) I $3x + y = 20$; II $5x + 3y = 36$

c) I $2a - b = 2$; II $6a + 5b = 38$

d) I $x + 3y = 13$; II $3x - 2y = 6$

e) I $x = 2y - 1$; II $x - \frac{2}{3}y = 3$

21 Eine Jugendherberge hat insgesamt 80 Vier- und Sechsbettzimmer. Den Gästen stehen damit 390 Betten zur Verfügung. Wie viele Vier- und Sechsbettzimmer gibt es?

22 Jannis und Eike haben beide ein Gleichungssystem gelöst.

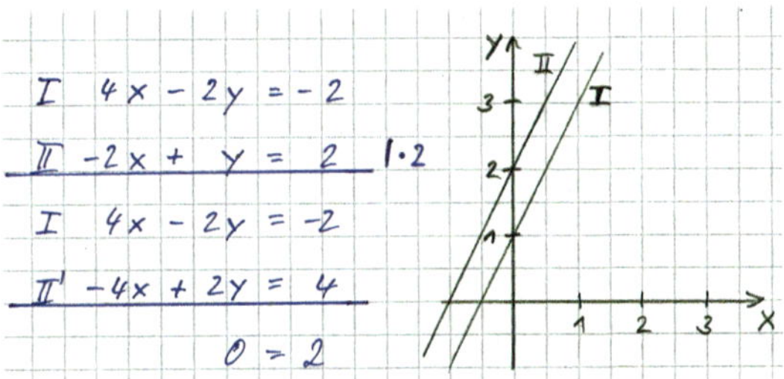

a) Begründe, warum beide Lösungen zum gleichen Gleichungssystem gehören.

b) Welche Lösungsmenge hat das Gleichungssystem? Begründe.

c) Wie könnte die Gleichung II aussehen, wenn das Gleichungssystem unendlich viele Lösungen hätte?

23 Hat das Gleichungssystem Lösungen oder nicht? Wenn ja, gib drei mögliche Lösungen an.

a) I $x - 2y = 4$; II $3x - 6y = 12$

b) I $4x + 12y = 6$; II $x + 3y = -3$

c) I $y = -x + 4$; II $3x + 3y = 12$

d) I $3y + 15 = 3x$; II $2x = 2y + 12$

24 Zum Beispiel mit dem Additionsverfahren lassen sich auch Gleichungssysteme mit mehr als zwei Variablen und Gleichungen lösen.

I $x + 3y + z = 8$
II $2y + z = 5$
III $4z = 12$

a) Erkläre, wie man die Lösungen dieses Gleichungssystems finden kann.

b) Berechne die Lösung und überprüfe sie durch eine Probe.

25 Das Gleichungssystem in Aufgabe 23 befindet sich in einer Dreiecksgestalt. Überführe die folgenden Gleichungssysteme in Dreiecksgestalt und löse sie.

a) I $3x - y + 2z = 13$
II $4y + 4z = 8$
III $4y + z = -1$

b) I $4x + 3y + z = 18$
II $4y - z = 4$
III $y + 3z = 14$

c) I $2x + 4y + z = 5$
II $x + 3y + 2z = 7$
III $5y + z = 3$

26 Löse die Gleichungssysteme. Beschreibe deine Vorgehensweise.

a) I $4x + 3y + 2z = 48$
II $2x - 3y + 3z = -8$
III $2x + 4y - 2z = 38$

b) I $3x + 2y - 4z = 9$
II $x + 5y + 3z = 16$
III $2x + 6y + z = 19$

c) I $x + 2y - 3z = -7$
II $4x - 3y + 5z = 24$
III $3x - 5y + 4z = 11$

27 In einer Familie sind die Großmutter, die Mutter und die Tochter zusammen 129 Jahre alt. Das Alter der Großmutter und das der Mutter ergeben zusammen 113 Jahre. Dagegen sind Großmutter und Enkelin zusammen 88 Jahre alt.

a) Berechne das Alter der drei Frauen. Vergleicht eure Lösungswege in der Klasse.

b) Denk dir selbst ein ähnliches Rätsel aus und tausche dieses mit deinem Nachbarn aus.

BEACHTE
Hat ein Gleichungssystem die folgende Form, spricht man von Dreiecksgestalt:

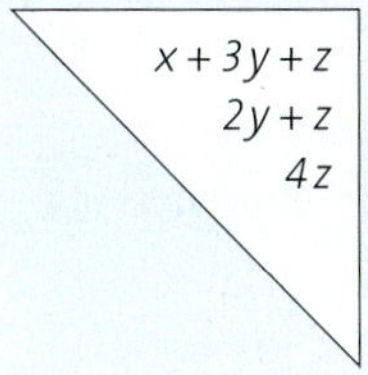

HINWEIS
Das Verfahren zur Lösung solcher Gleichungssysteme nennt man auch ***Gaußsches Eliminierungsverfahren****, da diese Lösungsstrategie auf den Mathematiker* ***Carl Friedrich Gauß*** *(1777–1855) zurückführt.*

087-1

Schülerzeitung

In vielen Schulen gibt es eine Redaktion für eine Schülerzeitung. Schülerinnen und Schüler verschiedener Klassenstufen treffen sich in der Regel außerhalb des Unterrichts, um gemeinsam Artikel zu planen, zu schreiben und die nächste Ausgabe der Schülerzeitung vorzubereiten.

Die Redaktion der Schülerzeitung „Stachelschwein“ an der Goetheschule trifft sich einmal in der Woche. Thorsten aus der 9b ist als Chefredakteur zuständig für die Organisation. Die Redaktionsmitglieder schreiben Artikel, Reportagen und Kommentare zu interessanten Themen. Dann entscheiden sie gemeinsam über die Reihenfolge der Artikel und wann die nächste Ausgabe erscheinen soll.
An der Goetheschule wird die Zeitung immer für 1,00 € pro Exemplar verkauft. Es gibt 340 Schülerinnen und Schüler und 20 Lehrkräfte.

Holger kümmert sich um Werbekunden für die Schülerzeitung. Eine Bank, eine Versicherungsfiliale und ein Café aus der Stadt werden in der nächsten „Stachelschwein“-Ausgabe werben. Für jede Werbeanzeige verlangt die Redaktion 25 €.

Michelle hat mit zwei Druckereien telefoniert und Preise eingeholt.
Die Zeitung soll im DIN-A4-Format erscheinen. Druckbare PDF-Dateien liefert die Schülerzeitungsredaktion an die Druckerei. Michelle stellt zwei Angebote vor:

ABC-Druck
Grundpreis: 55 €
Zusätzliche Material- und Druckkosten pro Heft: 0,80 €

Druckfix
Grundpreis: 60 €
Zusätzliche Material- und Druckkosten pro Heft: 0,75 €

1 Stelle für die Preise der beiden Druckereien jeweils eine Funktionsgleichung auf. Bezeichne die Anzahl der Hefte mit x.

a) Ergänze für jede der beiden Druckereien die Wertetabelle für die Druckkosten.

Anzahl der Hefte	0	50	100	150	200	250	300	350	400
Druckkosten									

b) Zeichne die Graphen zu den beiden Druckereien in ein gemeinsames Koordinatensystem. Wo liegt der Schnittpunkt? Ab wie vielen Heften lohnt sich Druckerei „Druckfix"?

2 Ein Copyshop bietet noch ein weiteres Angebot für den Druck der Schülerzeitung. Stelle eine Funktionsgleichung für das Angebot auf. Notiere dann die Funktionsgleichung für die Einnahmen der Redaktion, wobei die Anzahl der Hefte mit x bezeichnet wird.

COPYSHOP
Material- und Druckkosten:
nur 1,25 € pro Heft
!Kein Grundpreis!

Beachte dabei die Einnahmen durch Werbekunden und durch den Verkauf der Schülerzeitung. Bis zu wie vielen Heften ist das Angebot des Copyshops sinnvoll, ohne dass die Redaktion Verluste macht?

3 Die Redaktion muss entscheiden, wie viele Hefte sie drucken lassen will. Welche Faktoren spielen dabei eine Rolle? Denke über die Kosten nach und finde eine begründete Lösung, wie viele Hefte in welcher Druckerei gedruckt werden sollten.

Projekt

Arbeitet zu zweit oder in kleinen Gruppen.
Denkt euch ein eigenes Schülerzeitungsprojekt aus. Legt gemeinsam fest, welches Format die Zeitung haben soll, wie viele Seiten sie umfasst, ob sie farbig sein soll oder schwarz-weiß und wie viele Exemplare es geben soll.
Erkundigt euch dann bei zwei Druckereien oder Copyshops nach den Angeboten für den Druck von Schülerzeitungen. Vergleicht die verschiedenen Angebote, indem ihr Funktionsgleichungen für die jeweiligen Angebote aufstellt und zeichnerisch darstellt.
Präsentiert eure Ergebnisse in der Klasse.

089-1

BEACHTE
Unter dem Webcode gibt es eine Linkliste mit weiterführenden Links zu Druckereien und Tipps für Schülerzeitungsredaktionen.

HINWEIS
Vielleicht gibt es eine Schülerzeitungsredaktion an eurer Schule, der ihr mit euren Berechnungen helfen könnt.

Vermischte Übungen

1 Durch die Wertetabelle wird eine lineare Funktion beschrieben.

x	1	2	3	4	5	6	7	8
$f(x)$	5	7	9	11				

a) Übertrage die Tabelle in dein Heft und ergänze sie.
b) Zeichne den Graphen der Funktion.
c) Welche der folgenden Funktionsgleichungen passt zu der Tabelle?
① $f(x) = 4x + 1$ ② $f(x) = 4x - 1$
③ $f(x) = 2x + 3$ ④ $f(x) = 3x + 2$

2 Entscheide, ob es sich um lineare Funktionen handelt.

a)

x	−3	−2	−1	0	1	2	3
y	29	22	15	8	1	−6	−13

b)

x	−3	−2	−1	0	1	2	3
y	9	4	1	0	1	4	9

c)

x	−15	−10	−5	0	5	10	15
y	−50	−35	−20	−5	10	25	40

HINWEIS
In den Zeppelinen schweben die Lösungen zu Aufgabe 7.

3 Eine dünne Kerze brennt ab.

Zeit	0 min	10 min	20 min	30 min
Höhe	12 cm	10 cm	8 cm	6 cm

a) Wie hoch war die Kerze zu Beginn?
b) Nach wie viel Minuten ist die Kerze ganz abgebrannt?
c) Welche dieser Funktionsgleichungen passt zu der Situation?
① $f(x) = 2x + 12$ ② $f(x) = 12x - 2$
③ $f(x) = 12 - x$ ④ $f(x) = 12 - 0{,}2x$

4 Ein Eiswürfel schmilzt in der Sonne. Die Höhe des Eiswürfels wird regelmäßig gemessen.

Zeit	0 min	1 min	2 min	3 min
Höhe	8 cm	7,6 cm	7,2 cm	6,8 cm

a) Gib eine passende Funktionsgleichung an.
b) Wann ist der Eiswürfel geschmolzen?
c) Zeichne den Graphen der Funktion. Zeichne das Steigungsdreieck ein.

5 Ein Fallschirmspringer springt aus 4 000 m Höhe. Nach den ersten 300 m fällt er mit einer konstanten Geschwindigkeit von $200\,\frac{\text{km}}{\text{h}}$, das sind $55\frac{5}{9}\,\frac{\text{m}}{\text{s}}$, bis zu einer Höhe von 1 000 m. Dort öffnet er den Fallschirm.
Welche der Funktionen gibt seine jeweilige Höhe für den Bereich von 3 700 m bis 1 000 m an? x steht für Sekunden.
① $f(x) = 3\,700 + 200x$
② $f(x) = 3\,700 - 55\frac{5}{9}x$
③ $f(x) = 55\frac{5}{9}x - 3\,700$
④ $f(x) = 55\frac{5}{9}x$

6 Zeichne mit Hilfe eines Steigungsdreiecks Graphen zu den folgenden Funktionen.
a) $m = 3;\ n = 1$ b) $m = 2{,}5;\ n = 4$
c) $m = -2;\ n = -0{,}5$ d) $m = 1;\ n = -3{,}5$
e) $m = -1{,}5;\ n = 1{,}5$ f) $m = 1{,}8;\ n = 0$

7 Gib eine Funktionsgleichung an, deren Graph durch die angegebenen Punkte verläuft. Gibt es mehrere Möglichkeiten?
a) $P(1|4);\ Q(2|12)$ b) $P(1|4);\ Q(5|0)$
c) $P(-2|1);\ Q(2|-7)$ d) $P(3|6{,}5);\ Q(5|9{,}5)$

8 Ben hat einen Handyvertrag mit einer Grundgebühr von 9 € monatlich. Für jede Minute Telefonat zahlt er 9 ct. Tim hat ein Handy ohne Grundgebühr. Für jede Minute Telefonat zahlt er 19 ct.
Ab wie viel Minuten Nutzungszeit monatlich würde sich für Tim ein Wechsel zum Vertrag lohnen?

9 Katrin und Thomas wollen sich treffen. Sie wohnen 12 km voneinander entfernt. Katrin fährt um 15 Uhr zu Hause mit dem Fahrrad mit $12\,\frac{\text{km}}{\text{h}}$ los. Thomas kommt ihr zu Fuß mit $6\,\frac{\text{km}}{\text{h}}$ entgegen. Um wie viel Uhr treffen sie sich?

10 Ein Radfahrer fährt von A nach B mit $16\,\frac{\text{km}}{\text{h}}$. Ein Wanderer geht ihm entgegen von B nach A mit $7\,\frac{\text{km}}{\text{h}}$. Wer ist, wenn sie sich treffen, weiter von A entfernt, der Radfahrer oder der Wanderer?

11 Stephans Eltern wollen sich für einen Tag ein Auto leihen.
Sie haben drei Fahrzeuge mit folgenden Kosten zur Auswahl:

Fahrzeug	Leihgebühr pro Tag (in €)	Preis für jeden km (in €)
Bunto	32,00	0,50
Corso	46,00	1,00
Mondeus	62,00	1,50

a) Stelle für jedes Fahrzeug eine Funktionsgleichung $f(x)$ auf.
b) Zeichne alle drei Graphen in ein Koordinatensystem ein.
c) Wie viel müssen Stephans Eltern bezahlen, wenn sie einen Bunto leihen und damit 70 km fahren?
d) Wie viel müssen sie bezahlen, wenn sie mit einem Modeus 50 km fahren?
e) Wie weit können Stephans Eltern für 81 € mit einem Corso fahren?
f) Wie weit können sie für den gleichen Preis mit einem Bunto fahren?
g) Prüfe deine Ergebnisse, indem du die Werte in den Funktionsgraphen abliest.

12 Die Firmen A, B und C vermieten Autos. Für den gleichen Wagentyp werden die in der Grafik angegebenen Mietkosten pro Tag berechnet.

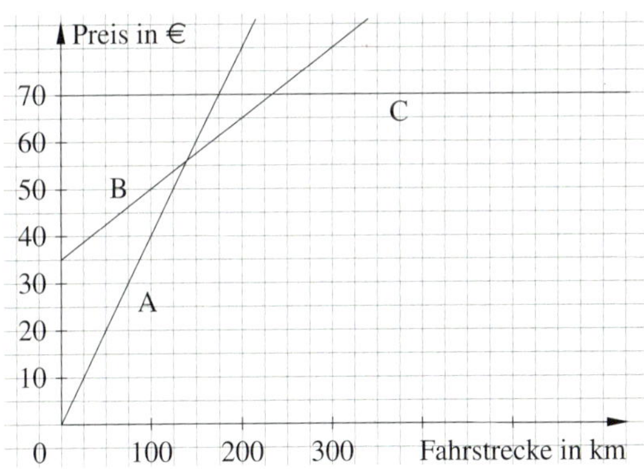

a) Bestimme jeweils die Funktionsgleichung *Fahrstrecke → Mietkosten.*
b) Wann ist welche Firma am günstigsten?
c) Zeichne einen Graphen zum Angebot der Firma D: Der Grundpreis beträgt 30 €. 100 km sind frei, danach kostet jeder km 0,20 €.

13 Das Bild zeigt den Graphen einer Funktion.

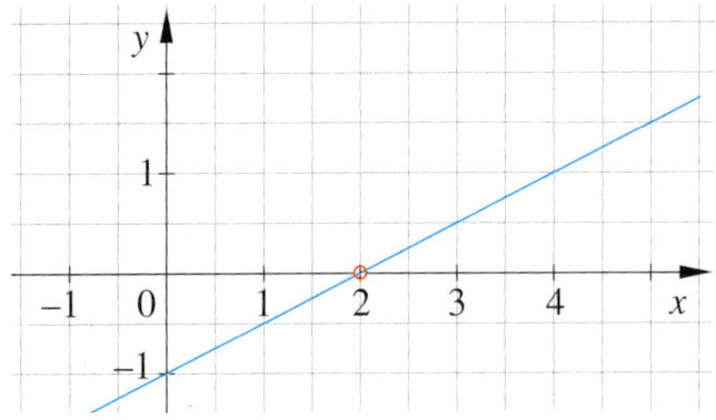

a) Gib die Steigung m, den y-Achsenabschnitt n und die Nullstelle x an.
b) Gib die Funktionsgleichung an.
c) Erstelle eine Wertetabelle für $x = -5, -4, \dots 5$.

14 Bei den Stadtwerken gelten für den Bezug von Strom die in der Randspalte angegebenen Nettoverbrauchspreise.
a) Gib jeweils eine Funktionsgleichung für die beiden Tarife an.
b) Familie Berger hatte einen Verbrauch von 3 800 kWh. Wie hoch war ihre Stromrechnung inklusive 19 % Mehrwertsteuer?
c) Frau Hofer hat in ihrem Bastelgeschäft 12 400 kWh verbraucht. Wie viel musste sie inklusive 19 % Mehrwertsteuer zahlen?
d) Lampenladen Lichte hatte Nettokosten von 3 167,68 €. Wie viele kWh haben sie verbraucht?
e) Herr Maler musste für seinen Zeitungsladen inkl. Mehrwertsteuer 1 707 € Stromkosten zahlen. Wie viel kWh hat er verbraucht?

HINWEIS
Angaben für Aufgabe 14

Private Haushalte:
Pro kWh: 18,98 ct
Grundpreis pro Jahr: 30,60 €
Zählerbereitstellung: 30,60 €

Gewerbe:
Pro kWh: 19,61 ct
Grundpreis pro Jahr: 59,40 €
Zählerbereitstellung: 30,60 €

15 In dem Behälter rechts werden pro Minute 200 cm³ einer Flüssigkeit gefüllt.

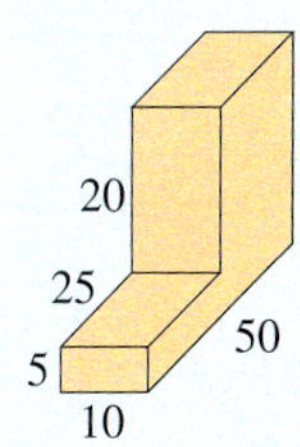

a) Berechne das Volumen des Behälters.
b) Wie viel Liter Flüssigkeit benötigt man, um den Behälter zu 80 % zu füllen?
c) Wie hoch steht die Flüssigkeit nach 12,5 Minuten des Füllvorgangs?
d) Zeichne den Graphen der Funktion *Zeit (in min) → Füllhöhe (in cm).*
e) Bestimme die Funktionsgleichungen für den Füllvorgang bis 12,5 min und ab 12,5 min.
f) Wie hoch steht die Flüssigkeit, wenn 60 % des Behälters gefüllt sind?

HINWEIS
Die x-Werte der Lösungen zu Aufgabe 22 befinden sich unter den Zahlen −5; −4; −2; 1; 2; 3.

ZUM KNOBELN
Sara, Tom, Sophie und Martin sind Geschwister. Sara ist dreimal so alt wie Martin. Tom ist zwei Jahre älter als Sophie. Martin und Sophie sind zusammen 16 Jahre alt. Zusammen sind die vier Geschwister 44 Jahre alt. Wie alt sind die Jungen und Mädchen?

16 Lies aus den Geradengleichungen die Steigung und den y-Achsenabschnitt ab und zeichne die Geraden.

a) $y = 2x + 1$ b) $y = 4x - 3$
c) $y = \frac{3}{4}x - 2$ d) $f(x) = -\frac{1}{3}x - 1$
e) $y = -\frac{4}{5}x + 2$ f) $y = -\frac{2}{5}x + \frac{1}{2}$

17 Bestimme die Gleichungen der Geraden.

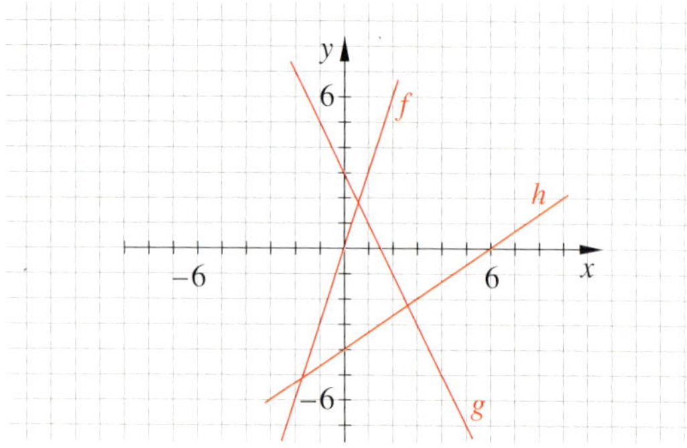

18 Gegeben ist die Funktion $f(x) = -4x + 5$.

a) Zeichne die Funktion.
b) Prüfe, ob der Punkt $A(2{,}5\,|\,15)$ auf dem Graphen liegt.
c) Bestimme die Nullstelle der Funktion.
d) Zeichne eine Funktion g, die parallel zur Funktion f ist und durch den Punkt $B(0\,|\,3)$ verläuft.
e) Gib die Gleichung der Funktion g an.

19 Zeichne die beiden Punkte $A(2\,|\,2)$ und $B(4\,|\,3)$ in ein Koordinatensystem ein.

a) Zeichne eine Gerade durch die Punkte und gib die Geradengleichung an.
b) Bestimme die Nullstelle.
c) Gib die Gleichung einer parallelen Geraden an, deren Nullstelle bei $x = 1$ liegt.

20 Eine Kerze hat eine Höhe von 14 cm. Nachdem sie 5 Stunden gebrannt hat, ist sie noch 10 cm lang. Welche Brenndauer hat die Kerze insgesamt?

21 Bestimme zeichnerisch die Lösung des Gleichungssystems.

a) I $y = -2x - 5$; II $y = x + 5$
b) I $y = 3x + 1$; II $y = 3x - 4$
c) I $y = 0{,}25x + 1{,}5$; II $y = 2x + 5$
d) I $y = 1{,}5x - 3$; II $y = \frac{2}{3}x + 2$

22 Entscheide, mit welchem Verfahren du das Gleichungssystem löst (Gleichsetzungs-, Einsetzungs- oder Additionsverfahren). Begründe deine Wahl und bestimme die Lösungsmenge $\mathbb{L}$.

a) I $y = \frac{1}{2}x - 1$; II $y = -2{,}5x + 2$
b) I $-2x + 2y = -3$; II $2x + 12y = 24$
c) I $y = -0{,}5x + 2{,}5$; II $1{,}5x - y = 1{,}5$
d) I $3x + 3 = -12y$; II $2x = 5y - 15$
e) I $-4x + 3y = 29$; II $3x - 3y = -27$
f) I $-3 = 1{,}5x - y$; II $y = \frac{1}{4}x - 2$

23 In einer Tierhandlung gibt es Kaninchen und Vögel. Die Tiere haben zusammen 35 Köpfe und 94 Füße. Wie viele Tiere sind es jeweils?

24 Ein Rechteck hat einen Umfang von 60 dm. Verkürzt man eine Seite um 2 dm und verlängert die andere Seite um 1,5 dm, dann entsteht ein Rechteck mit einem genau so großen Flächeninhalt. Berechne die Seitenlängen der beiden Rechtecke.

25 Zwei Planschbecken werden gleichmäßig mit Wasser gefüllt. Im ersten Planschbecken steht das Wasser bereits 15 cm hoch. Es steigt jede Minute um 1,5 cm. Im anderen Becken steht das Wasser 20 cm hoch. Es steigt jede Minute um 0,8 cm.

a) Nach wie viel Minuten sind beide Planschbecken gleich hoch gefüllt?
b) Wie hoch steht das Wasser dann?
c) Welches Becken hat eine größere Grundfläche? Begründe.

26 Gib die Gleichungen der linearen Funktionen an.
Berechne ihren Schnittpunkt.

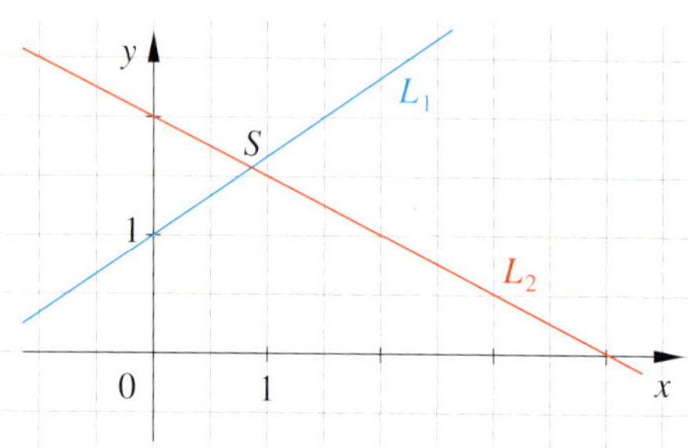

Teste dich!

a | b

1 Lege eine Wertetabelle mit Werten für x von -3 bis $+3$ an und zeichne die Graphen der Funktionen mit Hilfe des Steigungsdreiecks. Lies jeweils die Nullstelle ab.

a) $f(x) = 5x - 7$ b) $f(x) = 3x + 2{,}2$ c) $f(x) = -x - 1$

d) $f(x) = 1{,}5x + 1{,}5$ e) $f(x) = -2x + 4$ f) $f(x) = -3 + 2x$

2 Bei seinem Handyvertrag bezahlt Björn im Monat 9,99 € Grundgebühr. Jede Minute Telefonat kostet 0,11 €.

a) Stelle eine Funktionsgleichung auf. Bezeichne die Anzahl der Minuten mit x.

b) Wie viel zahlt Björn, wenn er in einem Monat 60 Minuten telefoniert hat?

3 Gib die Gleichung für folgende lineare Funktion an und zeichne den Graphen.

a: Die Steigung ist 3 und der y-Achsenabschnitt ist -1.

b: Der Graph verläuft durch die Punkte $A(-1|-2{,}5)$ und $B(6|1)$.

4 Bestimme rechnerisch die Nullstellen der Funktionen.

a:

a) $f(x) = 3x + 9$ b) $f(x) = -x + 5$

c) $f(x) = 4x - 3$ d) $f(x) = 5x + 2\frac{1}{2}$

b:

a) $f(x) = 0{,}4x - 7$ b) $f(x) = 1{,}2x - 2{,}4$

c) $f(x) = -1\frac{1}{4}x - 8$ d) $f(x) = \frac{5}{8} - \frac{1}{4}x$

5 Löse die Gleichungssysteme zeichnerisch oder rechnerisch mit einer Methode deiner Wahl.

a:

a) I $f(x) = x + 2$; II $f(x) = 2x - 2$

b) I $f(x) = 3x + 4$; II $f(x) = -3x + 8$

c) I $f(x) = -2x + 1$; II $f(x) = 2x - 4$

d) I $f(x) = -5x + 19$; II $f(x) = -11x + 3$

b:

a) I $f(x) = -5x + 2$; II $f(x) = 5x - 2$

b) I $f(x) = -4x - 6$; II $f(x) = 2x + 1$

c) I $f(x) = 16x - 3$; II $f(x) = 4x + 1{,}5$

d) I $f(x) = 7{,}5x + 3$; II $f(x) = 2{,}5x - 4$

6 Dies ist der Graph einer Funktion.

a) Gib die Steigung m, den y-Achsenabschnitt n und die Nullstelle an.

b) Gib die zugehörige Funktionsgleichung an.

c) Berechne den Schnittpunkt dieses Graphen mit dem Graphen der Funktion $f(x) = x + 2$

d) Liegt der Punkt $A(7|4)$ auf dem Graphen?

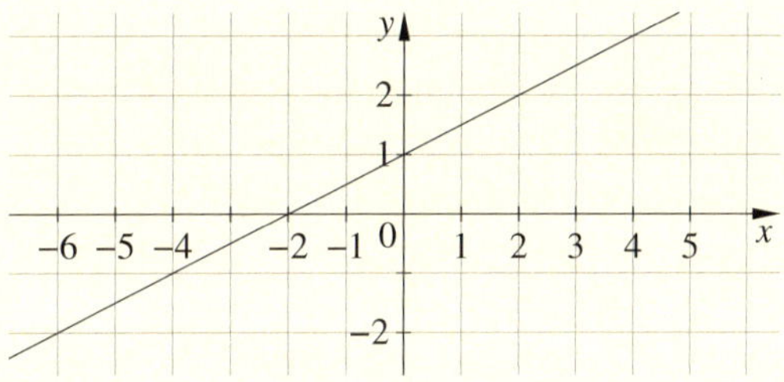

a:

7 Die Klassen 8 a und 8 b planen einen Theaterbesuch. Klasse 8 a (1 Lehrkraft, 26 Schüler) zahlt im Theater insgesamt 128 € Eintritt. Klasse 8 b (2 Lehrkräfte, 25 Schüler) zahlt insgesamt 134,5 €.
Wie viel kostet der Eintritt für einen Erwachsenen, wie viel für einen Schüler?

b:

7 Eine Bank bietet zwei Girokonten an: Eines ohne Grundpreis, dafür aber mit Kosten von 0,50 € pro Buchung oder eines mit 3,50 € monatlichem Grundpreis und 0,15 € pro Buchung.
Ab wie viel Buchungen im Monat lohnt sich das Konto mit Grundpreis?

HINWEIS
Brauchst du noch Hilfe, so findest du auf den angegebenen Seiten ein Beispiel oder eine Anregung zum Lösen der Aufgaben. Überprüfe deine Ergebnisse mit den Lösungen auf Seite 220.

Aufgabe	Seite
1	66
2	66
3	70
4	70
5	76, 80, 84
6	80, 84
7	80, 84

Zusammenfassung

→ Seite 66

Lineare Funktionen erkennen und darstellen

Eine Zuordnung, bei der jedem x-Wert genau ein y-Wert zugeordnet wird, nennt man eine **Funktion**. Eine Funktion mit der Funktionsgleichung $y = f(x) = mx + n$ heißt **lineare Funktion**.

Lineare Funktionen kann man durch eine **Wertetabelle**, einen **Funktionsgraphen** oder eine **Funktionsgleichung** darstellen.

Der **Graph** einer linearen Funktion ist eine Gerade, die die y-Achse im Punkt $P(0|n)$ schneidet. Man nennt n **y-Achsenabschnitt**.

$f(x) = \frac{2}{5}x + 2$

x	−3	−2	−1	0	1	2	3
y	$\frac{4}{5}$	$1\frac{1}{5}$	$1\frac{3}{5}$	2	$2\frac{2}{5}$	$2\frac{4}{5}$	$3\frac{1}{5}$

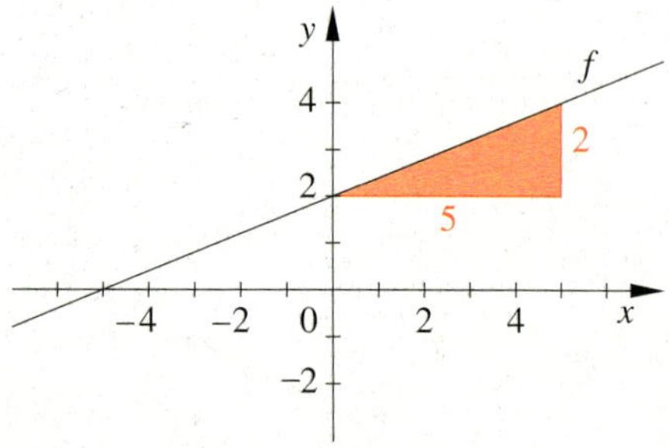

→ Seite 70

Lineare Funktionen zeichnen und untersuchen

Bei Erhöhung des x-Wertes um 1 erhöht sich der y-Wert in einer linearen Funktion immer um den gleichen Wert m. Diese Änderungsrate nennt man die **Steigung**.

Ist die Steigung positiv bzw. negativ, so ist die Funktion **monoton steigend** bzw. **monoton fallend**.

Den x-Wert des Schnittpunkts eines Graphen mit der x-Achse nennt man **Nullstelle**. Die Nullstelle kann man durch Einsetzen von 0 für y in die Funktionsgleichung berechnen.

Der Graph der Funktion $f(x) = \frac{2}{5}x + 2$ verläuft durch die Punkte $P(2|2\frac{4}{5})$ und $Q(3|3\frac{1}{5})$.

Die Steigung ist $\frac{3\frac{1}{5} - 2\frac{4}{5}}{3-2} = \frac{\frac{2}{5}}{1} = \frac{2}{5}$

$0 = \frac{2}{5}x + 2 \quad | -2$

$-2 = \frac{2}{5}x \quad | : \frac{2}{5}$

$-5 = x$

Die Nullstelle liegt bei $(-5|0)$.

→ Seite 76

Lineare Gleichungssysteme zeichnerisch lösen

Zur grafischen Lösung eines Gleichungssystems zeichnet man die Graphen zu den Gleichungen in ein Koordinatensystem. Der **Schnittpunkt** beider Graphen gibt die Lösung des Gleichungssystems an: $\mathbb{L} = \{(3|2)\}$.

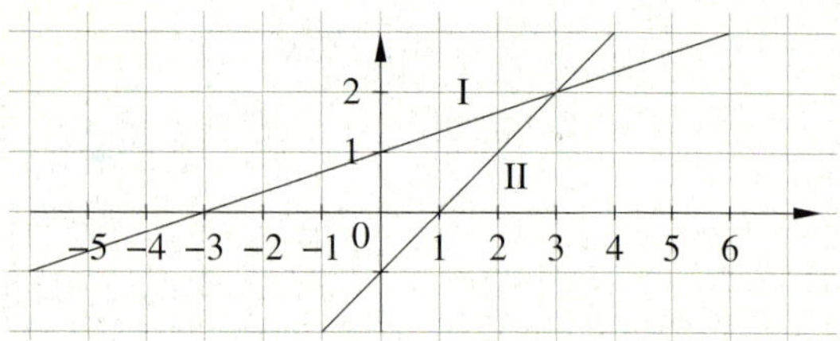

→ Seite 80, 84

Lineare Gleichungssysteme zeichnerisch lösen

Um ein lineares Gleichungssystem zu lösen, kann man verschiedene rechnerische Verfahren verwenden: das **Gleichsetzungs-**, das **Einsetzungs-** oder das **Additionsverfahren**.

Rechnen mit Potenzen

Um sehr große bzw. sehr kleine Zahlen schnell erfassen zu können, benutzt man einen Trick: Man trennt Zehnerpotenzen ab.

Masse eines Elektrons: $9{,}1 \cdot 10^{-31}$ kg
Entfernung Sonne – Erde: $1{,}5 \cdot 10^{8}$ km

Masse der Erde: $6{,}0 \cdot 10^{24}$ kg
Elementarladung: $1{,}6 \cdot 10^{-19}$ C
Volumen der Erde: $1{,}1 \cdot 10^{12}$ km^3

Noch fit?

1 Schreibe das Produkt der Variablen vereinfacht als Potenz.

a) $x \cdot x$ b) $a \cdot a \cdot a \cdot a \cdot a$ c) $b \cdot b \cdot b \cdot b$ d) $i \cdot i \cdot i \cdot i \cdot i \cdot i \cdot i \cdot i$

2 Übertrage die Tabellen in dein Heft und fülle sie aus.

a)

x	1	2	5	10	$\frac{1}{2}$	$\frac{1}{10}$
x^2						
x^3						
x^4						

b)

x	−1	−3	−8	−10	$-\frac{1}{3}$	$-\frac{1}{10}$
x^2						
x^3						
x^4						

ERINNERE DICH
Bei Produkten mit mehreren Faktoren kann man die Reihenfolge der Faktoren beliebig vertauschen.

3 Vereinfache die Terme so weit wie möglich.

a) $-3x \cdot 5x$ b) $-8a \cdot (-6a)$ c) $-5y \cdot (-2y) \cdot y$ d) $2x \cdot (-5x) \cdot (-3x)$
e) $2b \cdot 4a \cdot 6b$ f) $2x^2 \cdot 5y \cdot (-6y)$ g) $0{,}2m \cdot 5m \cdot \frac{1}{2}$ h) $-2{,}5x \cdot (-3y^2) \cdot 8x$

4 Gib die Größenangaben jeweils in der in Klammern stehenden Einheit an.

a) 5 cm (mm) b) 12 cm (dm) c) 3 400 m (km) d) 12 000 cm (km)
e) 5 cm^2 (mm^2) f) 12 cm^2 (dm^2) g) 3 400 m^2 (km^2) h) 12 000 cm^2 (km^2)
i) 5 cm^3 (mm^3) j) 12 cm^3 (dm^3) k) 3 400 m^3 (km^3) l) 12 000 cm^3 (km^3)

ERINNERE DICH
1 ℓ = 1 dm^3
1 ℓ = 1000 ml

5 Ordne die Flächen- bzw. Volumenangaben der Größe nach.

a) 5050 m^2 | 5 m^2 55 cm^2 | 55 dm^2 | 500 000 mm^2 | 0,555 km^2 | 500 m^2 | 5,05 km^2 | 50 000 mm^2 | 5,55 m^2

b) 230 ml | 33,5 m^3 | 64 dm^3 | 2 000 mm^3 | 340 ml | 0,07 m^3 | 4,5 ℓ | 50 000 cm^3 | 0,000 12 km^3

6 Zeichne das Schrägbild eines Würfels mit einer Kantenlänge von 3,5 cm.

a) Welche Vorschriften musst du beim Zeichnen des Schrägbilds beachten? Notiere sie.
b) Berechne den Flächeninhalt der Grundseite.
c) Gib den Oberflächeninhalt des Würfels an.
d) Bestimme das Volumen des Würfels.

7 Überlege vorher genau! Zeichne …

a) ein Quadrat mit einem Flächeninhalt von 25 cm^2.
b) ein gleichschenkliges, rechtwinkliges Dreieck mit einem Flächeninhalt von 2 cm^2.
c) das Schrägbild eines Würfels mit einem Volumen von 8 cm^3.
d) das Schrägbild eines Würfels mit einem Oberflächeninhalt von 6 cm^2.

Kurz und knapp

1. Schreibe als Term: „Eine Zahl wird fünfmal mit sich selbst multipliziert."
2. Schreibe 0,003 1 und 0,000 125 als Bruch.
3. Ein Rechteck hat die Seitenlängen $a = 2$ cm und $b = 18$ cm. Welche Seitenlänge hat ein flächengleiches Quadrat?
4. Ein Würfel hat eine Kantenlänge von 7 cm. Wie groß ist sein Volumen?
5. Wie viel Liter Wasser passen in ein Schwimmbecken mit $a = 8$ m, $b = 25$ m und $h = 3$ m?

Der Potenzbegriff

Erforschen und Entdecken

1 Berechne die folgenden Ketten bis zum Ziel.

START **3**	+ 2		+ 2		+ 2	ZIEL
START **3**	· 2		· 2		· 2	ZIEL
START **3**	hoch 2		hoch 2		hoch 2	ZIEL

a) Betrachte die Verläufe der einzelnen Ketten und beschreibe sie im Vergleich zueinander.
b) Finde für jede Kette eine Startzahl, mit der du am Ziel die 1 000 möglichst genau erreichst. Vergleicht untereinander. Wer ist am nächsten an die 1 000 herangekommen?
c) Welche Startzahl musst du jeweils einsetzen, um am Ziel genau die 1 zu erhalten? Ist dies bei allen drei Ketten möglich?

ZUM KNOBELN
Welches ist die kleinste Stufenzahl (1; 10; 100; 1000; ...) über 1, die bei den einzelnen Ketten genau erreichbar ist, wenn mit einer natürlichen Zahl gestartet wird?

2 Ordne den Aussagen die gesuchten Zahlen zu.

- Eine Zahl wird fünfmal mit sich selbst multipliziert. Das Ergebnis ist 1 024.
- Multipliziert man eine Zahl achtmal hintereinander, so ist das Ergebnis 6 561.
- Multipliziert man eine Zahl dreimal mit sich selbst, so ist das Ergebnis 216.
- Wird eine Zahl mit sich selbst multipliziert, so erhält man den Betrag dieser Zahl.
- Das Produkt aus zwei gleichen Zahlen ergibt wieder die Zahl.
- Eine Zahl wird sechsmal mit sich selbst multipliziert. Das Ergebnis ist 15 625.

Zahlen: −1; 1; 3; 4; 5; 6

3 Schneide ein beliebiges Blatt Papier in zwei Hälften. Halbiere die beiden Hälften und die daraus entstandenen Teilstücke.
a) Wie viele Teilstücke hast du nach dem ersten, zweiten und dritten Zerschneiden?
b) Wie groß ist der Flächeninhalt eines Teilstücks nach dem ersten, zweiten bzw. dritten Zerschneiden im Vergleich zu dem ursprünglichen Blatt?
c) Wie viele Teilstücke würdest du nach dem vierten, fünften, … zehnten Zerschneiden erhalten? Wie groß ist jeweils der Flächeninhalt eines Teilstücks?

4

			3^2	3^1	3^0	3^{-1}	3^{-2}		
243	81	27	9	3	1				

a) Ergänze die obere Tabellenzeile sinnvoll im Heft. Wie verändern sich jeweils die Zahlen?
b) Wie ändert sich der Wert der Zahlen in der zweiten Tabellenzeile von einer Zelle zur nächsten Zelle?
c) Wie kann die zweite Zeile sinnvoll fortgesetzt werden? Gib die Zahlen als Brüche an.

Lesen und Verstehen

Die Aufgabe $3 \cdot 3 \cdot 3 \cdot 3$ ist zu lösen. Anches Antwort ist 81, Erics Antwort war 3^4.

HINWEIS
a^n – Exponent – Basis
Potenz

Wird eine Zahl a mehrfach mit sich selbst multipliziert, so kann das Produkt als **Potenz** geschrieben werden.

BEISPIEL
$\underbrace{a \cdot a \cdot \ldots \cdot a}_{n \text{ Faktoren}} = a^n$

Es gibt Potenzen bei denen der Exponent negativ ist. Diese kommen zustande, indem mehrfach durch die gleiche Zahl dividiert wird.

BEISPIEL

…	5^3	$\xrightarrow{:5}$	5^2	$\xrightarrow{:5}$	5^1	$\xrightarrow{:5}$	5^0	$\xrightarrow{:5}$	5^{-1}	$\xrightarrow{:5}$	5^{-2}	$\xrightarrow{:5}$	5^{-3}	…
	125		25		5		1		$\frac{1}{5}$		$\frac{1}{25}$		$\frac{1}{125}$	

HINWEIS
$0^1 = 0$;
0^0 ist nicht definiert.

Es gilt: $a^0 = 1 \quad (a \neq 0)$ und $a^{-n} = \frac{1}{a^n} \quad (a \neq 0)$

Üben und Anwenden

1 Schreibe als Potenz.
a) $5 \cdot 5 \cdot 5 \cdot 5 \cdot 5 \cdot 5$
b) $\frac{1}{2} \cdot \frac{1}{2} \cdot \frac{1}{2} \cdot \frac{1}{2}$
c) $x \cdot x \cdot x \cdot x \cdot x \cdot x \cdot x \cdot x \cdot x$
d) $4a \cdot 4a \cdot 4a$

2 Schreibe die Potenz als Produkt.
a) 4^3 b) b^7 c) $\left(\frac{1}{3}\right)^6$
d) $2 \cdot a^3$ e) $(2x)^2$ f) $(-a)^3$

3 Berechne den Wert der Potenzen.
a) a^3 für $a = 1; 2; \ldots; 10$
b) a^4 für $a = 1; 2; \ldots; 5$
c) $2n$ für $n = 0; 1; \ldots; 10$

4 Berechne den Wert der Potenzen.
a) 4^4 b) 6^3 c) 5^4
d) 2^7 e) 7^2 f) $0{,}1^5$

5 Schreibe ohne negativen Exponenten.
a) 8^{-1} b) 12^{-3} c) $(-2)^{-6}$
d) $\left(\frac{3}{4}\right)^{-2}$ e) $(3a)^{-9}$ f) $2 \cdot 5^{-4}$

6 Wie unterscheiden sich jeweils die Ergebnisse? Überprüfe deine Vermutungen mit dem Taschenrechner.
a) -3^4 und $(-3)^4$
b) $\frac{2^2}{3}$ und $\left(\frac{2}{3}\right)^2$
c) $4 \cdot 5^3$ und $(4 \cdot 5)^3$

7 Schreibe mit negativem Exponenten.
a) $\frac{1}{4^2}$ b) $\frac{1}{12^4}$ c) $\frac{3}{5^6}$
d) $\frac{1}{16}$ e) $\frac{1}{100}$ f) $\frac{1}{8}$

8 Berechne.
a) 4^{-1} b) 10^{-3} c) 5^{-2}
d) 1^{-3} e) 6^{-3} f) $\left(\frac{1}{2}\right)^{-4}$

9 Berechne jeweils die beiden Potenzen. Vergleiche die Ergebnisse. Was fällt auf?
a) $\left(\frac{1}{5}\right)^4$ und $\frac{1^4}{5^4}$
b) $\left(\frac{3}{4}\right)^2$ und $\frac{3^2}{4^2}$
c) $\left(\frac{2}{3}\right)^{-3}$ und $\frac{2^{-3}}{3^{-3}}$

Zehnerpotenzen

Erforschen und Entdecken

1 Wer ist am leichtesten, wer am schwersten?
Schätze jeweils die Masse der Gegenstände und Tiere.
Ordne deine Schätzwerte der Größe nach.

Erde | Atom | Elefant | Alpen | Ameise | Kölner Dom | Blauwal | Staubkorn | Bakterie | Sonne | Mücke | Flugzeug | deine Schule | Auto | Feder

2 Es gibt Lineale verschiedener Größen mit verschieden eingeteilten Skalen.
Je genauer man messen möchte, desto feiner muss auch die Einteilung sein.

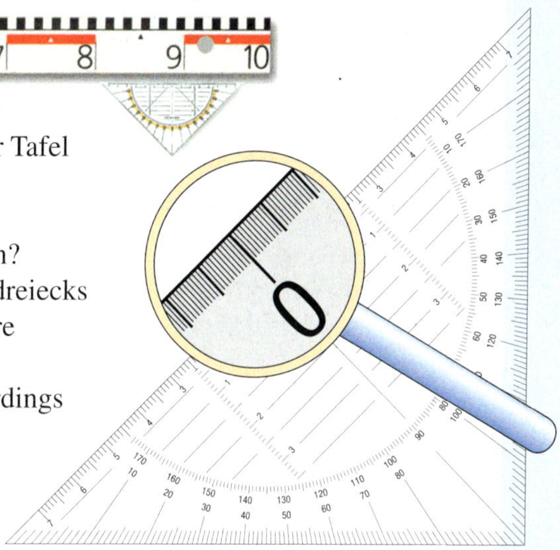

a) Beschreibe die Skala des Lineals, mit dem ihr an der Tafel arbeitet.
Wie genau kann man damit messen?
b) Wie genau kannst du mit deinem Geodreieck messen?
c) Für ein feineres Geodreieck wird die Skala des Geodreiecks weiter unterteilt. Jeder Abschnitt wird in zehn weitere Abschnitte unterteilt.
Um diese Einteilung zu erkennen bräuchte man allerdings eine Lupe.
Wie genau kann nun mit dem Geodreieck gemessen werden?
d) Überlege, wie oft man die Skala unterteilen müsste, um die Größe einer Bleistiftspitze, eines Sandkorns bzw. des Durchmessers eines Haares genau messen zu können?
Wie lang wäre dann ein einzelner Abschnitt?

3 Bei einer Talentshow kommt in jeder Runde jeder zehnte Bewerber weiter.

a) Wie viele Bewerber gab es zu Beginn der Show, wenn um zu gewinnen 5 Runden durchlaufen werden müssen?
b) Wie viele Bewerber gab es noch in der zweiten, dritten, vierten Runde?
c) Schätze, wie viele Runden ungefähr durchlaufen werden müssten, wenn ganz Deutschland an der Talentshow teilnimmt?

Lesen und Verstehen

In den Naturwissenschaften kommen häufig sehr große oder sehr kleine Größen vor.

BEISPIEL

Entfernung Erde – Sonne:	149 600 000 000 m
Masse der Erde:	5 970 000 000 000 000 000 000 000 kg
Durchmesser eines Virus:	0,000 001 mm
Masse eines Protons:	0,000 000 000 000 000 000 000 000 001 67 kg

Solche Angaben können schnell unübersichtlich werden.
Große und kleine Zahlen lassen sich übersichtlicher mit **Zehnerpotenzen** darstellen.
Hierbei ist die Basis 10.

Man erhält die nächstgrößere Zehnerpotenz, indem man mit 10 multipliziert.

$10 = 10^1$
$100 = 10^2$
$1\,000 = 10^3$
$10\,000 = 10^4$

Die nächstkleinere Zehnerpotenz erhält man, indem man durch 10 dividiert

$10 = 10^1$
$1 = 10^0$
$0,1 = 10^{-1}$
$0,01 = 10^{-2}$

BEISPIEL
Die Entfernung Erde – Sonne könnte mithilfe der Zehnerpotenz 10^8 geschrieben werden: $1\,496 \cdot 10^8$ m.
Die Masse eines Protons könnte mithilfe der Zehnerpotenz 10^{-29} geschrieben werden: $167 \cdot 10^{-29}$ kg.

HINWEIS
Die wissenschaftliche Schreibweise ermöglicht einen guten Überblick über die Größe einer Zahl und hilft verschiedene Größen schnell zu vergleichen.

Für die Schreibweise von großen und kleinen Zahlen mithilfe von Zehnerpotenzen wurde die **wissenschaftliche Schreibweise** festgelegt.
Bei der wissenschaftlichen Schreibweise ist der erste Faktor eine Zahl zwischen 1 und 10 und der zweite Faktor die entsprechende Zehnerpotenz.

BEISPIEL
Entfernung Erde – Sonne in wissenschaftlicher Schreibweise: $1,496 \cdot 10^{11}$ m.
Masse eines Protons in wissenschaftlicher Schreibweise: $1,67 \cdot 10^{-27}$ kg.

Die Umwandlung von der Zehnerpotenz-Schreibweise in Dezimalzahlen kann man ohne Zwischenschritt durch eine Kommaverschiebung vornehmen.

BEISPIEL
$8,42 \cdot 10^7 = 84\,200\,000$ (Komma um 7 Stellen nach rechts verschoben)
oder: $2,75 \cdot 10^{-4} = 0,000\,275$ (Komma um 4 Stellen nach links verschoben).

$\frac{x+y}{2}$

Üben und Anwenden

1 Schreibe als Zehnerpotenz.

a) Eintausend b) 1 Millionen
c) 10 Milliarden d) 100 Billionen
e) 0,1 Millionen f) 0,001 Milliarden

2 Um welche Zahl handelt es sich? Schreibe in Worten.

a) $2 \cdot 10^5$ b) $9 \cdot 10^6$
c) $3 \cdot 10^9$ d) $1{,}5 \cdot 10^{12}$
e) $3{,}7 \cdot 10^2$ f) $3{,}05 \cdot 10^7$

3 Schreibe mit Zehnerpotenzen in wissenschaftlicher Schreibweise.

a) 120 000 b) 5 700 000
c) 24 580 000 d) 4 509 000
e) 625 000 000 f) 120 030 000

4 Forme in Dezimalschreibweise um.

a) $2 \cdot 10^4$ b) $2{,}4 \cdot 10^3$
c) $1{,}7 \cdot 10^5$ d) $3{,}14 \cdot 10^7$
e) $2{,}406 \cdot 10^8$ f) $1{,}0275 \cdot 10^6$
g) $0{,}00025 \cdot 10^{12}$ h) $0{,}000045 \cdot 10^{10}$

5 Schreibe als Zehnerpotenz.

a) 0,001 b) 0,000 01
c) 0,000 000 1 d) 0,000 000 001
e) 0,01 f) 0,000 001

6 Stelle die Brüche als Zehnerpotenz dar.

a) $\frac{1}{10}$ b) $\frac{1}{100}$ c) $\frac{1}{10\,000}$
d) $\frac{1}{1\,000\,000}$ e) $\frac{1}{1\,000}$ f) $\frac{1}{100\,000}$

7 Gib die Zahlen in wissenschaftlicher Schreibweise an.

a) 0,01 b) 0,000 2
c) 0,000 204 d) 0,090 75
e) 0,000 000 032 f) 0,000 000 002 01

8 Schreibe als Dezimalzahl.

a) 10^{-2} b) 10^{-8} c) 10^{-3}
d) 10^{-5} e) 10^{-12} f) 10^{-10}

9 Schreibe als Dezimalzahl.

a) $5 \cdot 10^{-2}$ b) $798 \cdot 10^{-7}$
c) $5{,}1 \cdot 10^{-5}$ d) $3\,103{,}4 \cdot 10^{-4}$
e) $206 \cdot 10^{-9}$ f) $18{,}5 \cdot 10^{-6}$

10 Schreibe den Bruch wie im Beispiel mit Zehnerpotenzen.

BEISPIEL $\frac{5}{100} = 5 \cdot \frac{1}{100} = 5 \cdot 10^{-2}$

a) $\frac{4}{100}$ b) $\frac{17}{10\,000}$ c) $\frac{2}{10}$
d) $\frac{201}{1\,000\,000}$ e) $\frac{39}{1\,000}$ f) $\frac{2}{100\,000}$

11 Schreibe die Dezimalzahl auf, die in der Taschenrechneranzeige erschienen ist.

a) 3.7×10^{12} b) 2.59×10^{10}
c) 9.5×10^{15} d) 4.267×10^{12}
e) 3.9×10^{-8} f) 7.62×10^{-11}

12 Schreibe die Längen in cm. Benutze hierfür die wissenschaftliche Schreibweise.

a) 235 m b) 0,1 m c) 41 dm
d) 30 261 mm e) 62,4 m f) 15,75 km
g) 1 208 cm h) 1 278 km i) 0,025 km
j) 30 050 m k) 0,21 km l) 32 500 dm

13 Gib die Größenangaben in Metern in wissenschaftlicher Schreibweise an.

a) Durchmesser eines Regentropfens (Nieselregen): 1 mm
b) Durchmesser eines Nebeltröpfchens: 0,1 mm
c) Durchmesser von Tröpfchen in Wolken: 0,001 mm
d) Durchmesser eines Hagelkorns: 6 mm

14 Rechne die Einheiten in Meter um und gib sie in wissenschaftlicher Schreibweise an.

a) 0,2 m b) 5 cm c) 0,6 dm
d) 61 mm e) 2,4 cm f) 5 mm
g) 11,08 cm h) 278 mm i) 0,002 cm
j) 0,000 02 km k) 0,052 cm l) 40,21 mm

15 Schreibe als Dezimalzahl und in wissenschaftlicher Schreibweise.

a) Masse der Sonne: $2 \cdot 10^{30}$ kg
b) Volumen der Sonne: $1{,}414 \cdot 10^{18}\,\text{km}^3$
c) Sonnendurchmesser: $1{,}4 \cdot 10^9$ m
d) Entfernung Sonne – Merkur: $57{,}9 \cdot 10^6$ km
e) Entfernung Erde – Venus: $108{,}2 \cdot 10^6$ km
f) Entfernung Sonne – Pluto: $5\,900 \cdot 10^6$ km

HINWEIS
In einigen Taschenrechneranzeigen kann die Darstellung von Zehnerpotenzen anders aussehen. Überprüfe, indem du sehr große bzw. sehr kleine Zahlen in deinem Taschenrechner miteinander multiplizierst.

16 Berechne mit dem Taschenrechner und schreibe als Dezimalzahl.

a) $40\,000 \cdot 90\,000\,000$
b) $250\,000 \cdot 80 \cdot 78\,000$
c) $60\,000 \cdot 12\,000 \cdot 960\,000$
d) $730 \cdot 25\,000\,000 \cdot 20\,000$
e) $10^4 \cdot 4000 \cdot 16\,000$
f) $10^7 \cdot 10^2 \cdot 10^{15} \cdot 2{,}05$
g) $10^{-2} \cdot 0{,}03 \cdot 10^{15} \cdot 2{,}71$

17 Schreibe als Dezimalzahl.
Nutze als Hilfe den Taschenrechner.

a) $0{,}000\,458 \cdot 0{,}001 \cdot \frac{1}{180}$
b) $\frac{13}{10\,000} \cdot 0{,}000\,5 \cdot \frac{4}{1\,000}$
c) $0{,}000\,064 \cdot 0{,}000\,008 : 50\,800$
d) $10^{-7} \cdot \frac{6}{100\,000} \cdot 0{,}000\,006$
e) $10^{-9} \cdot 10^{-15} \cdot 10^{-6}$

18 Gib die Flächenangaben in wissenschaftlicher Schreibweise an.

a) Europa: $10\,180\,000\,\text{km}^2$
b) Amerika: $41\,930\,000\,\text{km}^2$
c) Afrika: $30\,100\,000\,\text{km}^2$
d) Asien: $44\,400\,000\,\text{km}^2$
e) Australien: $7\,692\,030\,\text{km}^2$

19 Berechne. Schreibe das Ergebnis als Dezimalzahl. In welchen Teilaufgaben lässt sich das Rechnen vereinfachen?

a) $10^4 + 10^2$
b) $5 \cdot 10^5 + 4 \cdot 10^5$
c) $12 \cdot 10^3 - 9 \cdot 10^3$
d) $4 \cdot 10^7 + 4 \cdot 10^2$
e) $12 \cdot 10^{-4} + 20 \cdot 10^{-4}$
f) $8 \cdot 10^9 - 0{,}2 \cdot 10^9$

HINWEIS
Zu Aufgabe 23: Ein Lichtjahr ist die Entfernung, die Licht in einem Jahr zurücklegt. Das sind etwa 9,46 Billionen Kilometer.

20 Berechne und fasse das Ergebnis wieder als Zehnerpotenz zusammen.

a) $10^3 \cdot 10^4$
b) $10^5 \cdot 10^2$
c) $10^4 \cdot 10^5$
d) $10^6 \cdot 10^2$
e) $10^8 \cdot 10^{-6}$
f) $10^5 \cdot 10^{-4}$
g) $10^{-5} \cdot 10^{-2}$
h) $\frac{10^4}{10^8}$
i) Wie kannst du Rechnen, ohne die Potenz in eine Dezimalzahl umzuwandeln?

21 Berechne im Kopf.

a) $10^1 \cdot 10^7$
b) $10^{13} \cdot 10^{-9}$
c) $5 \cdot 10^2 \cdot 10^2$
d) $2{,}5 \cdot 10^8 \cdot 10^6$
e) $10^6 \cdot 7 \cdot 10^4$
f) $3 \cdot 10^{-4} \cdot 10^8$
g) $10\,000 \cdot 10^{-5}$
h) $3 \cdot 10^{-7} \cdot 6 \cdot 10^{-4}$
i) $\frac{10^{20}}{10^8}$
j) $4 \cdot \frac{10^{17}}{10^{11}}$

22 Die Milchstraße besteht aus rund 200 Milliarden einzelnen Sternen. Betrachtet man die Milchstraße von weitem, so hat sie annähernd die Form einer Scheibe. Der Längsdurchmesser der Milchstraße beträgt 10^{21} m.

a) Wie oft passt der Erddurchmesser in den Längsdurchmesser der Milchstraße (Durchmesser der Erde: $1{,}3 \cdot 10^7$ m)?
b) Der Scramjet X-43A ist eines der schnellsten Flugzeuge der Welt. Er kann eine Geschwindigkeit von $3\,\frac{\text{km}}{\text{s}}$ erreichen. Wie lange würde er mit dieser Geschwindigkeit brauchen, um einmal quer durch die Milchstraße zu fliegen?

23 Die Andromeda-Galaxie ist ein Sternensystem wie unsere Milchstraße. Ihre Entfernung zur Erde beträgt rund 17,97 Millionen Lichtjahre. Gib die Entfernung in km an.

24 Ein Gletscher hat eine durchschnittliche Fließgeschwindigkeit von $2{,}3 \cdot 10^{-4}\,\frac{\text{m}}{\text{s}}$.

a) Wie viele Meter bewegt sich der Gletscher in einer Stunde?
b) Wie viel Zeit benötigt der Gletscher, um sich 100 m weiterzubewegen.

25 Die Erde bewegt sich mit einer durchschnittlichen Geschwindigkeit von $3 \cdot 10^4\,\frac{\text{m}}{\text{s}}$ um die Sonne.

a) Wie viele Kilometer legt die Erde in 365 Tagen zurück?
b) Wie lange dauert es, bis die Erde sich 1 000 km weiterbewegt hat?

Einfache Potenzen und Wurzeln

Erforschen und Entdecken

1 Die Zahlen in der Tabelle wurden immer nach der gleichen Vorschrift gebildet.
a) Formuliere, durch welche Rechenvorschrift diese Zahlen entstehen.
b) Was fällt dir in den Zeilen und Spalten auf?
c) Kannst du noch andere Rechenvorschriften entdecken?
d) Führt ein Schreibgespräch zu den Fragen. Sieh dir dazu den Webcode 103-1 an.

1	4	9	16	25	36	49	64	81	100
121	144	169	196	225	256	289	324	361	400
441	484	529	576	625	676	729	784	841	900
961	1 024	1 089	1 156	1 225	1 296	1 369	1 444	1521	1600
1 681	1 764	1 849	1 936	2 025	2 116	2 209	2 304	2401	2500
2 601	2 704	2 809	2 916	3 025	3 136	3 249	3 364	3 481	3 600
3 721	3 844	3 969	4 096	4 225	4 356	4 489	4 624	4 761	4 900
5 041	5 184	5 329	5 476	5 625	5 776	5 929	6 084	6 241	6 400
6 561	6 724	6 889	7 056	7 225	7 396	7 569	7 744	7 921	8 100
8 281	8 464	8 649	8 836	9 025	9 216	9 409	9 604	9 801	10 000

2 Arbeitet zu viert.
Schaut euch die Quadrate genau an.
Ihr Flächeninhalt ist angegeben.
a) Gebt jeweils die Seitenlänge der Quadrate an.
b) Es sei $c = a_1 + a_2$ und $A_c = A_1 + A_2$.
Gehört dann auch zum Quadrat mit dem Flächeninhalt A_c die Seitenlänge c? Begründe deine Entscheidung.
c) Gib zum Quadrat mit der Seitenlänge c den zugehörigen Flächeninhalt an. Finde zum Quadrat mit dem Flächeninhalt A_c die zugehörige Seitenlänge.
Stelle beide Lösungen zeichnerisch dar.
Nimm dazu das blaue und das gelbe Quadrat zu Hilfe.
d) Nils fragt sich: „(−3) · (−3) ist ja auch 9 und (−4) · (−4) ist auch 16. Gibt es dann auch Quadrate mit einer Seitenlänge von (−3) cm oder (−4) cm?"
Begründe deine Antwort.

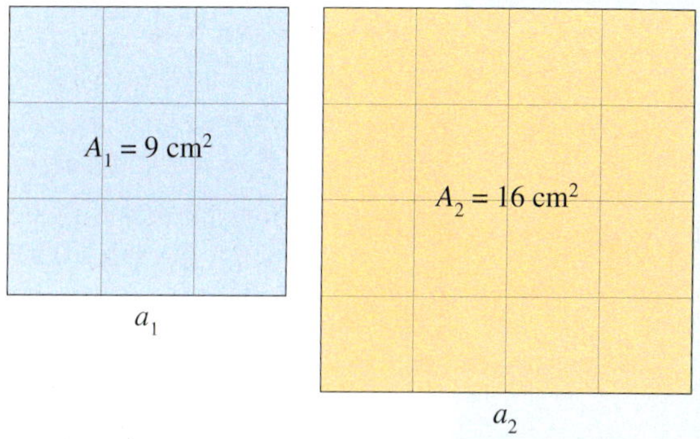

103-1

BEACHTE
Unter dem obigen Webcode wird die Methode „Schreibgespräch" erklärt.

3 Verdoppelt man die Kantenlängen eines Würfels, so verachtfacht sich sein Volumen
a) Überprüfe die Aussage zeichnerisch mit Hilfe eines Schrägbilds.
b) Gilt die Aussage auch für das Volumen eines Quaders?
c) Wie verändert sich das Volumen eines Würfels bzw. Quaders, wenn die Seitenlängen verdreifacht werden?
Prüfe deine Vermutung zeichnerisch.
d) Wie ändert sich das Volumen, wenn die Seitenlängen des Würfels bzw. Quaders vervierfacht, verfünffacht, versechsfacht, … werden.
Begründe deine Vermutungen.

4 Ordne die Zahlen der gelben und blauen Tafel nach einer gleich bleibenden Vorschrift einander zu und notiere deine Zuordnung.
Beschreibe, wie du dabei vorgehst.
Welche Zahlen kannst du nicht zuordnen? Begründe.
Gib eventuell fehlende Zahlen an.

Gelbe Tafel: 3; 5; 2; 1; $\frac{1}{10}$; −4; 0,2; −1; −7; 8; −5; 0,4; $-\frac{1}{2}$

Blaue Tafel: 27; 0,027; 8; −1; 125; $-\frac{1}{4}$; $\frac{1}{1000}$; 0,008; −343; 0,064; 6,4; −27

Lesen und Verstehen

Aus Steckwürfeln kann man viele unterschiedliche Figuren bauen.
Jana möchte aus mehreren Steckwürfeln einen großen Würfel bauen.
In jede Reihe legt sie 5 Steckwürfel.

Multipliziert man eine Zahl a mit sich selbst, erhält man das Produkt $a \cdot a = a^2$.
a^2 ist die **Quadratzahl** (zweite Potenz) von a.

BEISPIEL
Die Grundfläche des Würfels besteht aus $5 \cdot 5 = 25$ Steckwürfeln.
Man schreibt: $5^2 = 25$
Man liest: 5 hoch 2 gleich 25.

Die Umkehrung des Quadrierens bzw. Potenzierens nennt man Wurzelziehen (Radizieren).

BEACHTE
Zieht man die Wurzel einer Zahl, ist das Ergebnis immer positiv.
Es gilt:
$\sqrt{x^2} = |x|$.

Zerlegt man eine positive Zahl a in zwei gleiche positive Faktoren x, so erhält man: $a = x \cdot x = x^2$.
Man nennt x die **Quadratwurzel** (zweite Wurzel) von a.
Es gilt: $\sqrt{a} = x$ ← Wert der Quadratwurzel
↑ Radikand
Den Term unter einer Wurzel nennt man **Radikand**, er darf nicht negativ sein.

BEISPIEL
Jana vergrößert die Grundfläche des Würfels um 24 Steckwürfel. In einer Reihe liegen jetzt $\sqrt{25 + 24}$, also $\sqrt{49}$ Steckwürfel.
Man schreibt: $\sqrt{49} = 7$
Man liest: zweite Wurzel aus 49 ist 7
Probe: $7 \cdot 7 = 49$
Mit dem Taschenrechner z. B.:
[√] 49 =

Das Volumen eines Würfels bestimmt man, indem die Seitenlänge dreimal mit sich selbst multipliziert wird. Ist das Volumen eines Würfels bekannt, so kann durch das Ziehen der dritten Wurzel auf die Kantenlänge geschlossen werden.

Multipliziert man eine Zahl a dreimal mit sich selbst, erhält man das Produkt $a \cdot a \cdot a = a^3$.
a^3 ist die **Kubikzahl** (dritte Potenz) von a.

BEISPIEL
Liegen 5 Steckwürfel in einer Reihe, besteht der Würfel aus $5 \cdot 5 \cdot 5 = 125$ Steckwürfeln.
Man schreibt: $5^3 = 125$
Man liest: 5 hoch 3 gleich 125

HINWEIS
Ähnlich wie bei Quadratwurzeln soll der Term unter der Wurzel nicht negativ sein.

Will man eine positive Zahl a in drei gleiche positive Faktoren x zerlegen, so erhält man $a = x \cdot x \cdot x = x^3$.
Man nennt x die **Kubikwurzel** (dritte Wurzel) von a.
Wurzelexponent
↓
Es gilt: $\sqrt[3]{a} = x$ ← Wert der Kubikwurzel
↑ Radikand

BEISPIEL
Erweitert Jana den Würfel um 218 Steckwürfel, liegen in einer Reihe $\sqrt[3]{343}$ Steckwürfel.
Man schreibt: $\sqrt[3]{343}$
Man liest: dritte Wurzel aus 343 ist 7
Probe: $7 \cdot 7 \cdot 7 = 343$
Mit dem Taschenrechner z. B.:
343 [$\sqrt[x]{y}$] 3 oder 3 [$\sqrt[x]{y}$] 343

Üben und Anwenden

1 Quadriere die Zahlen von 0 bis 25 und präge dir die Ergebnisse ein. Lass dich von deinem Tischnachbarn abfragen.

2 Berechne. Was stellst du fest?
a) $11^2 = \square$; $1{,}1^2 = \square$; $0{,}11^2 = \square$
b) $17^2 = \square$; $1{,}7^2 = \square$; $0{,}17^2 = \square$
c) $21^2 = \square$; $2{,}1^2 = \square$; $0{,}21^2 = \square$
d) $6^2 = \square$; $0{,}6^2 = \square$; $0{,}06^2 = \square$

3 Berechne. Beachte die Randspalte.
a) 1^2; 10^2; 100^2; 1000^2; $10\,000^2$
b) $(-2)^2$; $(-7)^2$; $(-12)^2$; $(-21)^2$; 0^2
c) $(\frac{3}{4})^2$; $\frac{3^2}{4}$; $\frac{3}{4^2}$; $(-\frac{3}{4})^2$; $-(\frac{3}{4})^2$
d) $(-11)^2$; -11^2; $-(-11)^2$; $\frac{19^2}{13}$

4 Quadriere zuerst und ziehe anschließend die Wurzel. Was stellst du fest?
a) 2 b) 10 c) 15 d) 0,5
e) –8 f) 0,2 g) –2,6 h) –1,2

5 Bestimme die Quadratwurzel.
a) 16 b) 49 c) 169 d) 361
e) 625 f) 441 g) 900 h) 2 500

6 Berechne im Kopf.
a) $\sqrt{0{,}04}$ b) $\sqrt{0{,}25}$ c) $\sqrt{0{,}09}$ d) $\sqrt{0{,}49}$
e) $\sqrt{1{,}21}$ f) $\sqrt{0{,}009}$ g) $\sqrt{0{,}0036}$ h) $\sqrt{0{,}0144}$

7 Berechne mit dem Taschenrechner.
a) $-11{,}45^2$ b) $(-265{,}11)^2$
c) $7{,}43^2 \cdot 6$ d) $2{,}8 \cdot 5{,}6^2$
e) $2{,}4^2 \cdot 5{,}6^2$ f) $(2{,}3 \cdot 8{,}7)^2$
g) $(15{,}1 + 67{,}9)^2$ h) $(3{,}7^2 - 1{,}2^2) \cdot 4{,}5$

8 Ergänze die Tabellen im Heft.

a)

Zahl	64	81	324	529	625
Quadratwurzel					

b)

Zahl					
Quadratwurzel	11	17	21	32	40

9 Korrigiere den Fehler und begründe.
a) $6{,}8^2 = 46{,}25$ b) $71^2 = 5041$
c) $2{,}7^2 = 12{,}79$ d) $435^2 = 1925$
e) $0{,}8^2 = 6{,}4$ f) $1{,}2^2 = 14{,}4$

10 Welche Zahlen sind jeweils gleich?
a) 8; 2^3; 4^2; $\sqrt{64}$; $2 \cdot 2^2$
b) $10 \cdot 3$; 10^3; $10^2 + 10$; $1\,000$; $\sqrt{100}$
c) $\sqrt[3]{27}$; $3 \cdot 3 \cdot 3$; $3^2 \cdot 3^2$; 3^3; 27
d) $2a \cdot b^2 \cdot a$; $a^3 \cdot b^2$; $b \cdot a^2 \cdot a \cdot b$; $a^2 \cdot ab$

11 Berechne.
a) 1^3 b) 3^3 c) 5^3 d) 7^3
e) 2^3 f) 4^3 g) 10^3 h) 100^3
i) -2^3 j) $(-2)^3$ k) $0{,}5^3$ l) $(-0{,}01)^3$

12 Überprüfe die Gleichung. Korrigiere, wenn nötig.
a) $\sqrt[3]{65} = 4$ b) $\sqrt[3]{27} = 3$
c) $\sqrt[3]{9{,}261} = 2{,}1$ d) $\sqrt[3]{0{,}27} = 0{,}3$

HINWEIS
Es gilt:
$(-3)^2 = (-3) \cdot (-3) = 9$, aber
$-3^2 = -3 \cdot 3 = -9$

13 Welche der folgenden Zahlen sind Kubikzahlen?
1; 27; 49; 100; 141; 729; 1 000; 64; 2 197; 2 198; 64 000; 640; –64; 1 331; 1 728; 514

14 Ergänze die Tabellen im Heft.

a)

Zahl			
Kubikwurzel	0,3	6	–2

b)

Zahl	343	64	125
Kubikwurzel			

c)

Zahl	0,064		0,512
Kubikwurzel		–4,2	

NACHGEDACHT
Warum kann aus negativen Zahlen keine Quadratwurzel gezogen werden? Begründe.

15 Berechne.
a) $\sqrt[3]{1\,000}$ b) $\sqrt[3]{1\,000\,000}$
c) $\sqrt[3]{140{,}608}$ d) $\sqrt[3]{0{,}027}$
e) $\sqrt[3]{438{,}976}$ f) $\sqrt[3]{0{,}857\,375}$

16 Bestimme das Volumen des Würfels mit folgender Seitenlänge.
a) $a = 4\,\text{cm}$ b) $a = 0{,}2\,\text{m}$
c) $a = 0{,}6\,\text{dm}$ d) $a = 80\,\text{mm}$
e) $a = 6{,}9\,\text{cm}$ f) $a = 4{,}5\,\text{cm}$
g) Ordne die Rauminhalte der Größe nach.

17 Ermittle aus dem Volumen des Würfels die Kantenlänge.
a) $V = 216\,\text{m}^3$ b) $V = 512\,\text{dm}^3$
c) $V = 64\,\text{cm}^3$ d) $V = 1728\,\text{cm}^3$

ZUR INFORMATION
Das Wurzelzeichen ist aus einem kleinen „r" entstanden. Das war die Abkürzung für „radix" (lateinisch: Wurzel). Im 13. Jahrhundert schrieb Leonardo Fibonacci noch für die Quadratwurzel einer Zahl folgendes Zeichen, in dem ein großes „R" und ein „x" erkennbar sind.

Die heutige Schreibweise stammt aus dem 16. Jahrhundert.

18 Eine quadratische Fliese hat eine Kantenlänge von 12,5 cm.
a) Wie groß ist ihr Flächeninhalt?
b) Wie viele Fliesen benötigt man für eine quadratische Terrasse von $6{,}25\,m^2$?

19 Wie verändert sich die Fläche eines Quadrates, wenn seine Seitenlänge verdoppelt (verdreifacht) wird?

20 Zeichne einen Würfel mit einem Volumen von $42{,}875\,cm^3$ im Schrägbild.

21 Eine Zahl wie 703 hat besondere Eigenschaften. Quadriert man die Zahl $703^2 = 494\,209$ und teilt die Quadratzahl in 494 und 209 auf, so ist die Summe 494 + 209 wieder 703.
Gilt die Regel auch für folgende Zahlen?
1; 9; 45; 55; 99; 297; 703; 999; 2 223; 2 728; 4 879; 5 050; 5 292; 7 272; 7 777 und 9 999.

22 Finde Begründungen, warum einige Zahlen die gleiche Endziffer haben wie ihre Quadratwurzeln. Das Ergebnis der Wurzel aus 625 hat z. B. die Endziffer 5.

23 Ordne die Endziffern zu.

$\sqrt{169}$ | Endziffer 6 | $\sqrt{256}$ | $\sqrt{361}$ | Endziffer 9 | Endziffer 3

24 Berechne im Kopf. Was fällt auf? Formuliere eine allgemeine Regel in Bezug auf die Nachkommastellen.
a) 13^2; $1{,}3^2$; $0{,}13^2$; $0{,}013^2$
b) $0{,}2^2$; $0{,}02^2$; $0{,}002^2$; $0{,}0002^2$
c) $\sqrt{400}$; $\sqrt{4}$; $\sqrt{0{,}04}$; $\sqrt{0{,}0004}$
d) $\sqrt{900}$; $\sqrt{9}$; $\sqrt{0{,}09}$; $\sqrt{0{,}0009}$
e) $\sqrt{1600}$; $\sqrt{16}$; $\sqrt{0{,}16}$; $\sqrt{0{,}0016}$

25 Stimmt die folgende Aussage?
„Die dritte Potenz einer Zahl ist immer größer als ihr Quadrat, weil der Exponent 3 größer ist als der Exponent 2."

26 Pascal meint, dass 11^3 und 111^3 „symmetrische" Zahlen ergeben, $1\,111^3$ aber nicht.
Findest du heraus, was er damit meint?

27 Finde Beispiele und begründe. Formuliere dann eine Regel.
a) Bei welchen Zahlen erhält man beim Wurzelziehen eine kleinere Zahl?
b) Bei welchen Zahlen erhält man beim Wurzelziehen eine größere Zahl?
c) Bei welchen Zahlen erhält man beim Wurzelziehen die gleiche Zahl?
d) Gelten die Regeln auch für Kubikwurzeln?

28 Eine $1\,m^2$ große Fläche wird mit 2 500 quadratischen Steinen ausgelegt.
a) Welche Kantenlänge hat ein Stein?
b) Wie viele Steine benötigt man für eine Fläche von $72{,}75\,m^2$?

29 Der Thronsaal von Schloss Neuschwanstein ist mit einem Mosaik geschmückt.

a) Wie viele quadratische Steinchen werden mit 1,2 cm Kantenlänge benötigt, wenn der Thronsaal 20 m breit und 23 m lang ist?
b) Wie ändert sich die Anzahl der Steinchen pro m^2, wenn die Kantenlänge eines Steinchens verdoppelt wird?

30 Ein Quader hat ein Volumen von $216\,cm^3$.
a) Welche Seitenlängen hat ein Würfel mit gleichem Volumen?
b) Welche Seitenlängen hat der Quader, wenn die Seitenlängen im Verhältnis 1 : 2 : 4 zueinander stehen?

ZUM KNOBELN
Ein Mann sagte: „Ich bin x Jahre alt im Jahre x^2 des 20. Jahrhunderts." Wann wurde der Mann geboren? Haben Menschen im 21. Jahrhundert die Chance, einen ähnlichen Satz zu sagen?

$\frac{x+y}{2}$

Methode: Einfache Gleichungen mit Potenzen lösen

Es gibt Gleichungen, in denen eine Variable mit einem Exponent vorkommt. Diese lassen sich ähnlich wie lineare Gleichungen lösen.

Bei den Äquivalenzumformungen können Variablen mit Exponenten zunächst wie gewöhnliche Variablen behandelt werden.

Um im letzten Schritt die Lösung zu erhalten, muss die Wurzel gezogen werden.

BEISPIEL

$3x^2 - 9 = 498 \quad | +9$
$3x^2 = 507 \quad | :3$
$x^2 = 169$
$x_1 = \sqrt{169} = 13$
$x_2 = -\sqrt{169} = -13$
Probe: $3 \cdot 4^2 - 9 = 498$
$3 \cdot (-4^2) - 9 = 498$

Gleichungen der Form $x^2 = a$ können keine Lösung ($a < 0$), eine Lösung ($a = 0$) und zwei Lösungen ($a > 0$) besitzen.

Gleichungen der Form $x^3 = a$ haben immer genau eine Lösung.

BEISPIEL

$x^3 = -125$
$x = -\sqrt[3]{125} = -5$, denn $(-5)^3 = -125$

31 Löse die Gleichung.

a) $x^2 = 16$ b) $x^2 = 121$
c) $2x^2 = 8$ d) $5x^2 = 125$
e) $-4x^2 = -324$ f) $8x^2 = -50$
g) $0{,}5x^2 = 18$ h) $-12x^2 = -5x^2$

• **32** Forme die Gleichung um und gib die Lösung an.

a) $x^2 - 6 = 75$ b) $x^2 - \frac{1}{4} = 90$
c) $5 - x^2 = 164$ d) $2x^2 + 1 = 51$
e) $\frac{1}{2}x^2 - 8 = -7{,}5$ f) $3x^2 + 6 = 7{,}08$
g) $5 + 0{,}2x^2 = 0$ h) $-2x^2 - 4 = -6{,}42$

33 Löse die Gleichung.

a) $x^3 = 125$ b) $x^3 = 512$
c) $x^3 = 512\,000$ d) $x^3 = -64$
e) $x^3 = -15\,625$ f) $x^3 = 46\,656$
g) $x^3 = 0{,}512$ h) $x^3 = -421\,875$

34 Gib die Lösung der Gleichung an.

a) $x^3 + 2 = 10$ b) $x^3 - 7 = 209$
c) $2x^3 = 250$ d) $6x^3 = -48$
e) $4x^3 - 5 = 88$ f) $4 - 2x^3 = -124$
g) $\frac{1}{4}x^3 + 2{,}5 = 65$ h) $5x^3 - 3{,}75 = -1\,870$
i) $8x^3 - 10{,}2 = 167$ j) $-0{,}2x^3 - 7{,}5 = 17{,}5$

35 Lässt man einen Stein von einem Turm fallen, so kann man anhand der Zeit bis zum Aufschlagen des Steins, annähernd die Turmhöhe bestimmen.
Berechne die Turmhöhe mit der Formel $s = 5t^2$ (s: Höhe in m, t: Zeit in s).

a) $t = 3$ s b) $t = 6{,}5$ s c) $t = 11$ s
d) $t = 0{,}9$ s e) $t = 1{,}8$ s f) $t = 2{,}4$ s

36 Kennt man die Höhe eines Turms, so kann man berechnen, wie lange ein Stein in etwa fällt.
Berechne mit der Formel die Fallzeit.
$t^2 = \frac{s}{5}$ (t: Zeit in s, s: Höhe in m).

a) $s = 20$ m b) $s = 85$ m c) $s = 250$ m
d) $s = 12$ m e) $s = 6{,}8$ m f) $s = 28{,}6$ m

• **37** Das Volumen des rot markierten Körpers kann mit folgender Formel bestimmt werden: $V = \frac{1}{2}a^2 \cdot h$.
Berechne die fehlenden Werte.

	a)	b)	c)	d)
V		9 cm³	72 cm³	540 cm³
a	3 cm	1,5 cm		
h	5 cm		4 cm	7,5 cm

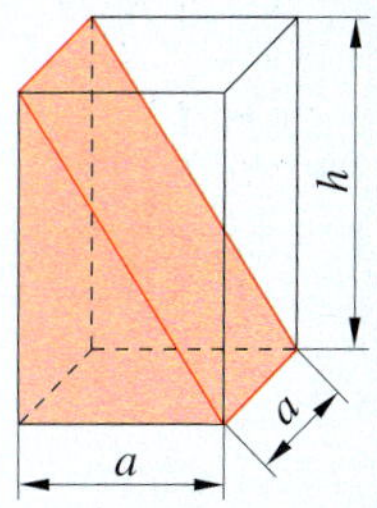

Vermischte Übungen

1 Schreibe als Potenz.

a) $3 \cdot 3 \cdot 3 \cdot 3 \cdot 3 \cdot 3 \cdot 3 \cdot 3$
b) $\frac{2}{5} \cdot \frac{2}{5} \cdot \frac{2}{5} \cdot \frac{2}{5} \cdot \frac{2}{5} \cdot \frac{2}{5} \cdot \frac{2}{5}$
c) $0{,}1\,u \cdot 0{,}1\,u \cdot 0{,}1\,u$
d) $(-7) \cdot (-7) \cdot (-7) \cdot (-7) \cdot (-7) \cdot (-7)$
e) $(-4b) \cdot (-4b) \cdot (-4b) \cdot (-4b)$

2 Schreibe die Potenzen als Produkt.

a) x^7 b) 7^8 c) $(\frac{1}{2})^5$
d) c^{-3} e) $(-5)^4$ f) $(3v)^6$

3 Berechne den Wert der Potenzen.

a) a^4 für $a = -1; 0; \ldots; 3$
b) a^3 für $a = -1; -2; \ldots; -5$
c) 3^n für $n = 0; 1; \ldots; 6$
d) 2^{-n} für $n = -2; -1; \ldots; 2$

4 Berechne.

a) 17^2 b) $(\frac{1}{2})^4$ c) $(-3)^5$
d) $0{,}1^5$ e) 4^{-3} f) $0{,}65^6$

5 Schreibe die Potenzen jeweils als Produkt. Worin liegt der Unterschied? Beschreibe.

a) $4v^3 =$ und $(4v)^3 =$
b) $a \cdot 5^2 =$ und $(a \cdot 5)^2 =$
c) $-x^6 =$ und $(-x)^6 =$
d) $\frac{b}{3^4} =$ und $(\frac{b}{3})^4 =$

6 Berechne den Wert der Potenzen.

a) $(\frac{3}{4})^4$ b) $(-2)^7$ c) $(-1{,}75)^7$
d) $(\frac{3}{8})^5$ e) $(-\frac{3}{5})^7$ f) $(-1)^{17}$

7 Ordne die Potenzen der Größe nach. Überprüfe deine Lösung mit Hilfe des Taschenrechners.

2^8 5^3 15^2 3^5
16^2 4^5 20^2 8^2

8 Wie schnell erreichst du die 1 000? Starte bei 2 (3; 4; …; 10). Multipliziere die Startzahl so oft mit sich selbst, bis du ein Ergebnis über 1 000 erhältst. Schreibe anschließend als Potenz.

9 Schreibe die Zahl jeweils als Potenz mit der Basis 2 oder 3.

a) 8 b) 27 c) 81
d) 256 e) 216 f) 169
g) 1 331 h) 2 197 i) 1 024

10 Stelle die Zahlen in wissenschaftlicher Schreibweise dar.

a) 2 800 000 000 b) 45 000 000
c) 63 400 000 000 d) 897 600 000
e) 0,000 004 3 f) 0,000 000 112
g) 0,012 08 h) 0,000 000 084

11 Schreibe in Dezimalschreibweise.

a) $4{,}8 \cdot 10^7$ b) $9{,}76 \cdot 10^6$
c) $8{,}321 \cdot 10^{11}$ d) $5{,}001 \cdot 10^8$
e) $1{,}54 \cdot 10^{-4}$ f) $3 \cdot 10^{-6}$
g) $2{,}1045 \cdot 10^{-7}$ h) $4{,}00101 \cdot 10^{-3}$

12 Schreibe als Bruch.

a) 10^{-4} b) 0,001
c) 0,000 000 1 d) 10^{-5}
e) 10^{-9} f) $7 \cdot 10^{-6}$

13 Berechne mit Hilfe des Taschenrechners und ordne die Ergebnisse der Größe nach.

a) $2000 \cdot 12000 \cdot 40000$
b) $0{,}00021 \cdot 0{,}0000006 \cdot 0{,}00001$
c) $300 \cdot 26000 \cdot 350000$
d) $47 \cdot 618000 \cdot 4000000$

14 Um welche Zahl handelt es sich? Schreibe in Worten.

a) $5 \cdot 10^{12}$ b) $1{,}2 \cdot 10^{10}$
c) $4{,}05 \cdot 10^7$ d) $6{,}7 \cdot 10^{13}$

15 Stelle die Zahlen in wissenschaftlicher Schreibweise dar.

a) 4 Trillionen b) 5,8 Billiarden
c) 46 Billionen d) 347 Milliarden

16 Der Planet Neptun ist 30 Astronomische Einheiten von der Sonne entfernt.

a) Gib die Entfernung zur Sonne in km an.
b) Der Jupiter ist $1427 \cdot 10^6$ km von der Sonne entfernt. Gib die Entfernung in der Astronomischen Einheit an.

HINWEIS
Zu Aufgabe 16: Eine Astronomische Einheit ist die mittlere Entfernung der Erde zur Sonne. Eine Astronomische Einheit ist in etwa $1{,}496 \cdot 10^8$ km.

17 Bestimme jeweils den Wert der Wurzel.

a) $\sqrt{484}$ b) $\sqrt{1296}$ c) $\sqrt{12{,}96}$
d) $\sqrt{1135{,}69}$ e) $\sqrt{2209}$ f) $\sqrt{44521}$
g) $\sqrt[3]{729}$ h) $\sqrt[3]{15625}$ i) $\sqrt[3]{4096}$
j) $\sqrt[3]{35937}$ k) $\sqrt[3]{1953{,}125}$ l) $\sqrt[3]{9{,}261}$

18 Welche Endziffer hat die Kubikwurzel der folgenden Zahlen?
Begründe deine Annahme.
Überprüfe mit Hilfe des Taschenrechners.

a) 4913 b) 1728 c) 2197
d) 15625 e) 6859 f) 1331
g) 39304 h) 287496 i) 21952
j) 1728000 k) 29791 l) 140608

19 Überprüfe, ob die Additionsmauern richtig ausgefüllt sind.

a) 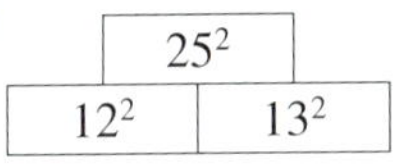

b) 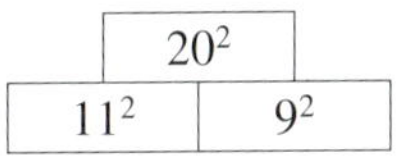

20 Überprüfe, ob die Multiplikationsmauern richtig ausgefüllt sind.

a) 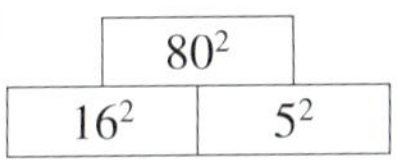

b) 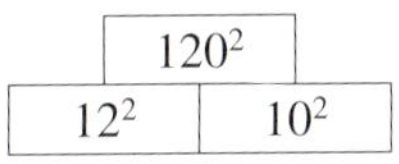

21 Vervollständige die angegebenen Zahlenmauern mit Quadratzahlen.
Additionszahlenmauern

a) 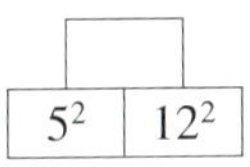

b) 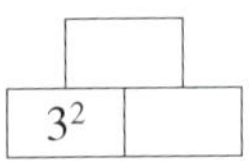

c) 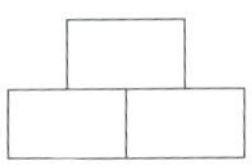

Multiplikationsmauern

d) 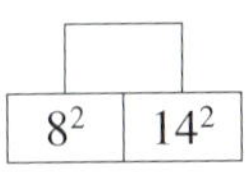

e) 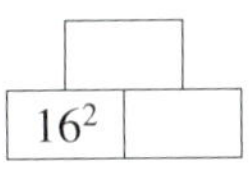

f) 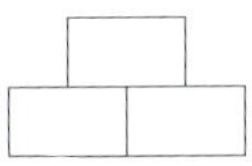

22 Ein Rechteck hat die Seitenlängen $a = 4\,\text{cm}$ und $b = 3{,}5\,\text{cm}$.

a) Welche Seitenlänge hat ein flächengleiches Quadrat?
b) Die Länge der Seite a wird verdreifacht. Wie verändert sich die Seitenlänge des Quadrats?
c) Wie verändert sich die Seitenlänge des Quadrats, wenn die Längen der Seiten a und b jeweils verdreifacht werden?

23 Ein Ikosaeder ist ein Körper, dessen Oberfläche aus zwanzig gleichseitigen Dreiecken (mit der Seitenlänge a) besteht.
Berechne das Volumen des Ikosaeders mit der Formel $V = \frac{5}{12}a^3(3 + \sqrt{5})$.

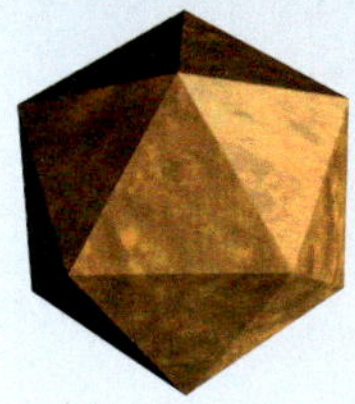

a) $a = 1\,\text{cm}$ b) $a = 3\,\text{cm}$
c) $a = 20\,\text{mm}$ d) $a = 5\,\text{cm}$
e) $a = 2{,}4\,\text{cm}$ f) $a = 0{,}8\,\text{dm}$
g) $a = 16\,\text{cm}$ h) $a = 0{,}04\,\text{m}$

24 Das Volumen eines Zylinders mit dem Radius r und der Höhe h kann man mit Hilfe der Formel $V = \pi \cdot r^2 \cdot h$ bestimmen.
Stelle die Formel um und berechne die fehlenden Werte.

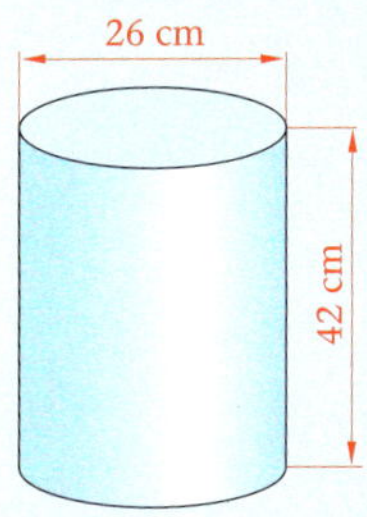

	V	r	h
a)		2 cm	3 cm
b)	100 cm³	5 cm	
c)	50 cm³		4 cm
d)		80 mm	100 mm
e)	25,14 m³	0,9 m	
f)	150 cm³		120 mm
g)		4,5 cm	1,2 dm

25 Berechne im Kopf.

a) $2 \cdot 10^4 + 3 \cdot 10^4$ b) $5 \cdot 10^3 - 5 \cdot 10^3$
c) $10^2 \cdot 10^5$ d) $10^9 \cdot 10^4$
e) $10^6 \cdot 10^{-2}$ f) $10^7 \cdot 10^{-4}$
g) $10^{-3} \cdot 10^{-1}$ h) $\frac{10^5}{10^2}$
i) $100000 \cdot 10^{-4}$ j) $10^8 \cdot 0{,}00000001$
k) $4 \cdot 10^2 \cdot 5 \cdot 10^6$ l) $3 \cdot 10^7 \cdot 2 \cdot 10^{-4}$

26 Sortiere die Gleichungen nach Anzahl der Lösungen. Gib jeweils die Lösung an.

a) $x^2 = 196$ b) $x^2 = -144$
c) $1{,}5x^2 = 384$ d) $-8x^2 = -288$
e) $x^2 + 4 = 173$ f) $x^2 + 35 = -14{,}75$
g) $8 - x^2 = 152$ h) $81 + 3x^2 = 81$
i) $\frac{1}{4}x^2 - 5 = 51{,}25$ j) $-2x^2 + 25 = 9$
k) $-10 = 5 + 5x^2$ l) $x^2 - 6 = 30 - 2x^2$

27 Löse die Gleichung.

a) $x^3 = 729$ b) $x^3 = -0{,}001$
c) $3x^3 = 3$ d) $2x^3 = 0$
e) $x^3 + 1 = 28$ f) $x^3 - 19 = 106$
g) $-4x^3 = 54$ h) $\frac{1}{5}x^3 = -675$
i) $10x^3 - 8 = 3422$ j) $\frac{1}{4}x^3 - \frac{8}{1000} = 0{,}12$
k) $20 = \frac{1}{3}x^3 + 11$ l) $-8 = 1000x^3$

28 Es gibt Quadratzahlen, die kleiner als ihre Quadratwurzel sind.
a) Nenne fünf Beispiele.
b) Formuliere eine allgemeine Regel.
c) Gilt deine in b) aufgestellte Regel auch für Kubikzahlen?

29 Welche Zahl ist größer?
Löse im Kopf.
a) 2^{10} oder 10^2
b) 5^0 oder 0^5
c) $(\frac{2}{3})^3$ oder $\frac{2^3}{3}$
d) 6^{-1} oder 1^{-6}
e) $(-13)^4$ oder $(-4)^{13}$
f) $(\frac{1}{3})^2$ oder $(\frac{1}{2})^2$

30 Vervollständige die angegebenen Zahlenmauern mit Quadratwurzeln.

① Additionsmauer

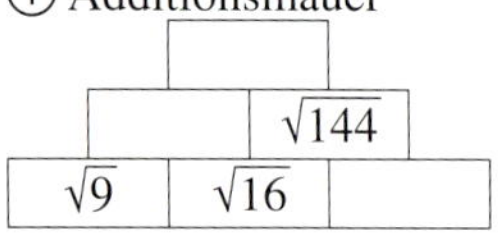

② Multiplikationsmauer

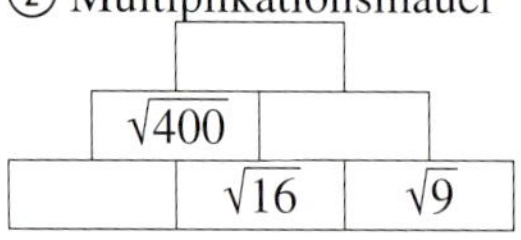

31 Pro Jahr treffen durchschnittlich etwa 850 Millionen Regentropfen auf jeden Quadratmeter Erde.
a) Wie viele Tropfen sind es in einem Monat?
b) Wie viele Tropfen fallen pro Jahr auf die gesamte Landfläche der Erde?
c) Wie viele Tropfen wären es in Deutschland pro Jahr.
d) Sind die Ergebnisse aus b) und c) realistisch? Begründe.

HINWEIS
Die Erde hat eine Landfläche von 148 Millionen km². Die Fläche von Deutschland beträgt 357 000 km².

32 Ein quadratischer Spielplatz hat eine Fläche von $961\,m^2$.
Er liegt an einer Kreuzung und soll ringsherum eingezäunt werden.
a) Wie viel Meter Zaun werden benötigt, wenn 4 m für die Einfahrt frei bleiben sollen?
b) An der Kreuzung wurde überall ein gleich breiter Radweg hinzugefügt. Dadurch ist das Grundstück nur noch $870{,}25\,m^2$ groß. Wie viel Meter Zaun werden nur noch benötigt?
c) Wie breit ist der Radweg?
Fertige zunächst eine Skizze an.

33 Die Klasse 8 c möchte für ein Kindertherapiezentrum Spenden sammeln.
Heidrun schlägt vor, einen Spendenaufruf per E-Mail zu verschicken. In der E-Mail soll die Bitte stehen, diese jeweils an zwei Freunde weiterzuleiten.
a) Wie viele E-Mails werden verschickt, wenn die 30 Schülerinnen und Schüler der Klasse sie jeweils an zwei Freunde weiterleiten und die Freunde sie wieder an zwei Freunde weiterleiten?
b) Nach wie vielen Runden wären über 25 000 E-Mails verschickt?
c) Wie viele Runden werden mehr benötigt, wenn zwei Schüler vergessen die E-Mail abzuschicken?
d) Maiko schlägt vor, die E-Mail jeweils an drei Freunde weiterleiten zu lassen. Nach wie viel Runden wären dann die 25 000 E-Mails verschickt?
e) Sind die Zahlen realistisch? Woran könnten die Überlegungen scheitern? Gib mindestens zwei Gründe an, warum der Plan nicht funktionieren kann.

34 In einem Partyraum soll eine quadratische Fläche mit 144 kleinen Spiegelkacheln der Größe 15 cm × 15 cm beklebt werden.

a) Wie viele Spiegelkacheln bilden den Rand der beklebten quadratischen Fläche?
b) Wie lang ist die Seitenlänge der beklebten quadratischen Fläche?
c) Wie groß ist der Flächeninhalt der beklebten quadratischen Fläche?

Teste dich!

a

1 Vereinfache den Term und berechne seinen Wert, so weit dies möglich ist.

a) $3 \cdot 3 \cdot 3 \cdot 3 \cdot 3$
b) $x \cdot x \cdot x \cdot x \cdot x \cdot x \cdot x$
c) $(-4) \cdot (-4) \cdot (-4)$
d) $(-a) \cdot (-a) \cdot (-a) \cdot (-a)$

2 Berechne den Wert der Potenzen.

a) 2^3
b) 4^5
c) $(-5)^2$
d) $(-1)^6$
e) $0{,}1^4$
f) 2^{-1}

3 Schreibe als Dezimalzahl.

a) $2 \cdot 10^4$
b) $3{,}5 \cdot 10^7$
c) $5 \cdot 10^{-6}$
d) $1{,}2 \cdot 10^{-5}$

4 Gib die Zahlen in wissenschaftlicher Schreibweise an.

a) 5 Millionen
b) 8 Tausend
c) 0,0028

5 Ein Lichtjahr ist die Strecke, die das Licht in einem Jahr zurücklegt. Ein Lichtjahr sind in etwa 9,46 Billionen km.

a) Gib die Strecke als Zehnerpotenz an.
b) Wie viele km entsprechen 5 Lichtjahren?

b

1 Vereinfache den Term und berechne seinen Wert, so weit dies möglich ist.

a) $\frac{1}{2} \cdot \frac{1}{2} \cdot \frac{1}{2} \cdot \frac{1}{2} \cdot \frac{1}{2} \cdot \frac{1}{2} \cdot \frac{1}{2}$
b) $3x \cdot 3x \cdot 3x \cdot 3x \cdot 3x$
c) $(-\frac{2}{5}) \cdot (-\frac{2}{5}) \cdot (-\frac{2}{5}) \cdot (-\frac{2}{5}) \cdot (-\frac{2}{5})$
d) $(-0{,}2a) \cdot (-0{,}2a) \cdot (-0{,}2a) \cdot (-0{,}2a)$

2 Berechne den Wert der Potenzen.

a) $0{,}01^6$
b) $(-6)^7$
c) 4^{-3}
d) $(\frac{3}{4})^3$
e) -3^8
f) $(\frac{1}{2})^{-5}$

3 Schreibe als Dezimalzahl.

a) $-1{,}35 \cdot 10^9$
b) $0{,}08701 \cdot 10^{12}$
c) $158{,}02 \cdot 10^{-10}$
d) $-2{,}79 \cdot 10^{-8}$

4 Gib die Zahlen in wissenschaftlicher Schreibweise an.

a) 0,7 Billionen
b) 0,4 Billiarden 50 Tausend
c) 0,00001025

5 Ein Tropfstein wächst mit einer durchschnittlichen Geschwindigkeit von $1{,}4 \cdot 10^{-4}$ mm pro Stunde.
Wie lange dauert es, bis der Tropfstein 1 m lang ist?

6 Ergänze die Tabellen im Heft.

a)

Zahl	4		81	144		400		441	7,84	
Quadratwurzel		8			1,2		0,5			4,5

b)

Zahl	1		27	8		1000		1,331	1728	
Kubikwurzel		4			6		8			2,4

7 Eine Terrasse soll mit quadratischen Steinen ausgelegt werden.
Die Terrasse ist 5,1 m lang und 4,5 m breit. Die Steine haben eine Grundfläche von $225\,cm^2$.

a) Wie viele Steine werden benötigt?
b) Wie viele Steine werden benötigt, wenn Steine verbaut werden, deren Kantenlänge fünfmal kürzer ist?

HINWEIS
Brauchst du noch Hilfe, so findest du auf den angegebenen Seiten ein Beispiel oder eine Anregung zum Lösen der Aufgaben. Überprüfe deine Ergebnisse mit den Lösungen auf Seite 221.

Aufgabe	Seite
1	98
2	98
3	100
4	100
5	100
6	104
7	104

Zusammenfassung

→ Seite 98

Der Potenzbegriff

Wird eine Zahl a mehrfach mit sich selbst multipliziert, so kann das Produkt als **Potenz** geschrieben werden.
Es gilt: $a^0 = 1 \quad (a \neq 0)$
$a^{-n} = \frac{1}{a^n} \quad (a \neq 0)$

$8 \cdot 8 \cdot 8 \cdot 8 \cdot 8 \cdot 8 \cdot 8 = 8^7$
$x \cdot x \cdot x \cdot x = x^4$

$18^0 = 1$
$5^{-3} = \frac{1}{5^3} = \frac{1}{125}$

→ Seite 100

Zehnerpotenzen

Große und kleine Zahlen lassen sich übersichtlicher mit **Zehnerpotenzen** darstellen. Hierbei ist die Basis 10.

$455\,000\,000 = 455 \cdot 10^6$
$0{,}000\,000\,136 = 136 \cdot 10^{-9}$

Bei der **wissenschaftlichen Schreibweise** ist der erste Faktor eine Zahl zwischen 1 und 10 und der zweite Faktor die entsprechende Zehnerpotenz.

$23\,600\,000 = 2{,}36 \cdot 10^7$
$0{,}000\,098 = 9{,}8 \cdot 10^{-5}$

→ Seite 104

Potenzen und Wurzeln

Multipliziert man eine Zahl a mit sich selbst, erhält man das Produkt $a \cdot a = a^2$ (a^2 ist die **Quadratzahl** von a).

$8 \cdot 8 = 8^2 = 64$
$(-12) \cdot (-12) = (-12)^2 = 144$

Zerlegt man eine positive Zahl a in zwei gleiche positive Faktoren x, so erhält man die **Quadratwurzel** von a.

$\sqrt{a} = x$ ← Wert der Quadratwurzel
↑
Radikand

Der Radikand darf nicht negativ sein.

$\sqrt{156{,}25} = 12{,}5$;
denn $12{,}5 \cdot 12{,}5 = 156{,}25$

Multipliziert man eine Zahl a dreimal mit sich selbst, erhält man das Produkt $a \cdot a \cdot a = a^3$ (a^3 ist die **Kubikzahl** von a).

$6 \cdot 6 \cdot 6 = 6^3 = 216$
$(-4) \cdot (-4) \cdot (-4) = (-4)^3 = -64$

Zerlegt man eine positive Zahl a in drei gleiche positive Faktoren x, so erhält man die **Kubikwurzel** von a.

Wurzelexponent
↓
$\sqrt[3]{a} = x$ ← Wert der Kubikwurzel
↑
Radikand

$\sqrt[3]{729} = 9$;
denn $9 \cdot 9 \cdot 9 = 729$

Satz des Pythagoras

Der Philosoph und Mathematiker Pythagoras wurde um etwa 570 v. Chr. auf der griechischen Insel Samos geboren. Er war einer der ersten, die Mathematik als Wissenschaft zum Zwecke einer höheren Welterkenntnis betrieben. Das Pythagoras-Denkmal in der nach ihm benannten Hafenstadt Pythagorio auf Samos wurde im Jahre 1988 errichtet.

Noch fit?

1 Unterscheide folgende Dreiecke einmal nach ihren Seiten und einmal nach ihren Winkeln.

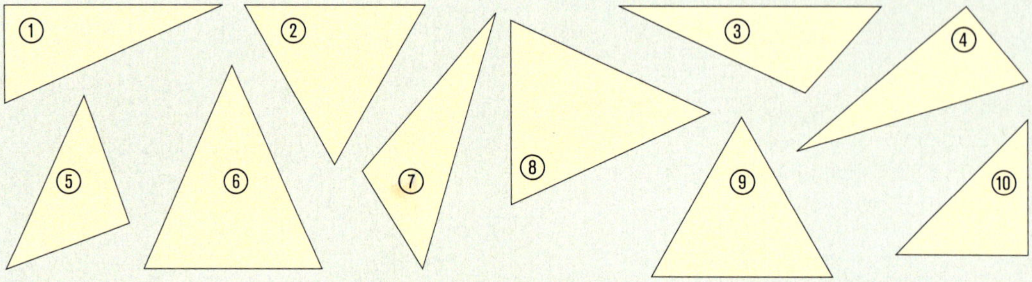

2 Übertrage die Tabelle. Gib das Ergebnis, wenn erforderlich, in der kleineren Einheit an.

a)

+	6000 km	45 cm	36 dm
3 m			
0,098 km			
825,5 m			
$\frac{2}{5}$ km			
906,1 dm			

b)

+	$45\,cm^2$	$5{,}1\,dm^2$	$7{,}2\,m^2$
$1{,}5\,dm^2$			
$400\,cm^2$			
$1{,}2\,m^2$			
$\frac{1}{4}\,m^2$			
$3{,}5\,m^2$			

ERINNERE DICH
Das Produkt aus zwei Summen berechnet man wie folgt:

$(a + b) \cdot (c + d)$

$= ac + ad + bc + bd$

3 Konstruiere folgende Dreiecke. Gib die fehlenden Größen an. Entscheide, welche Dreiecksart jeweils konstruiert wurde. Welcher Kongruenzsatz wurde genutzt?

a) gegeben: $a = 4\,cm$, $b = 7{,}5\,cm$, $c = 8{,}5\,cm$
b) gegeben: $a = 7{,}3\,cm$, $\beta = 45°$, $\gamma = 62°$
c) gegeben: $h_c = 3{,}9\,cm$, $c = 8{,}9\,cm$, $\beta = 47°$

4 Löse die Klammern auf.

a) $(x + y)(a + b)$
b) $(x + 2)(y + 4)$
c) $(a + 2)(7 - b)$
d) $(3a - b)(2 - 4b)$
e) $(5a - 2b)(-a + 4b)$
f) $(2x + 3y)(2x - 3y)$

5 Löse folgende Gleichungen.

a) $8{,}5 + x = 13$
b) $x - 2{,}7 = 5$
c) $5x + 4 = 49$
d) $6x - 5 = 43$
e) $4x + 3 = 2x + 19$
f) $11x - 5 = 7x + 47$
g) $\frac{x}{3} = 7{,}5$
h) $8 + \frac{x}{5} = 18$

6 Gib die Seitenlänge des Quadrats mit dem gegebenen Flächeninhalt an.

a) $A = 4\,cm^2$
b) $A = 1\,mm^2$
c) $A = 25\,km^2$
d) $A = 81\,cm^2$
e) $A = 36\,dm^2$
f) $A = 1000\,cm^2$
g) $A = 169\,m^2$
h) $A = 0{,}09\,cm^2$

Thales von Milet 624 bis 547 v. Chr.

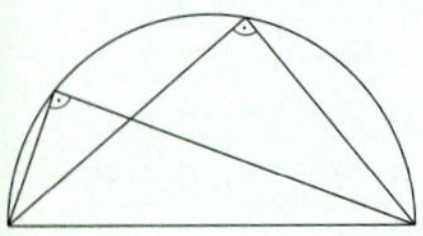

KURZ UND KNAPP

1. Setze die Klammern so, dass das Ergebnis 3192 ist: $45 + 12 \cdot 16 - 8 \cdot 7$
2. Wie lang ist die Seite eines Quadrats, das einen Flächeninhalt von $169\,cm^2$ besitzt?
3. Das Dreifache und das Fünffache einer Zahl ergeben zusammen 184. Wie heißt die Zahl?
4. Wenn man die Seite eines Quadrats um 6 cm verlängert, so wird der Flächeninhalt um $312\,cm^2$ größer. Welche Länge hat die Seite des Quadrats?
5. Nenne alle Vierecksarten, die auch ein Trapez sind.
6. Wie lautet der Satz des Thales?

Der Satz des Pythagoras

Erforschen und Entdecken

1 Der Künstler Max Bill verwendete für dieses Kunstwerk „Thema 3 : 4 : 5“ einen mathematischen Zusammenhang aus der Geometrie. Arbeitet zu zweit.

a) Betrachtet das Bild und beschreibt es.
b) Was meint der Künstler mit „Thema 3 : 4 : 5“?
c) Kann man ein solches Bild aus Quadraten auch zum Thema 4 : 5 : 6 oder 5 : 12 : 13 finden?
d) Findet andere geeignete Zahlenkombinationen und erklärt, wie sie aufgebaut sind. Begründet.
e) Sucht in dem Bild des Künstlers Max Bill verschieden große Quadrate und vergleicht sie miteinander.
f) Findet Möglichkeiten, die Größe (den Flächeninhalt) der verschiedenen Quadrate miteinander zu vergleichen. Versucht herauszufinden, wie viele der kleinen bunten Quadrate jeweils auf die größeren Quadrate passen. Könnt ihr auch herausfinden, wie viele der kleinen bunten Quadrate auf eines der weißen Dreiecke passen?

115-1
BEACHTE
Über den Webcode kann mit einer DGS erkundet werden, ob Max Bill das innere Quadrat auch anders in das äußere hätte einbauen können.

Pythagoras

2 Teilt euch in drei Gruppen ein. Jede Gruppe bearbeitet ein Thema. Erstellt zum Thema eine Präsentation. Tragt diese anschließend in der Klasse vor.

Thema 1: Bringt ein langes Seil mit. Die Länge sollte sich durch 12 teilen lassen, z. B. 6 m, 2,40 m, 1,80 m. Stellt euch vor, ihr befindet euch im alten Ägypten. Jährlich nach der großen Nilüberschwemmung war das Problem zu lösen, rechtwinklige Felder neu zu vermessen und neu zu konstruieren. Das gelang mit einem Harpedonaptenseil. Stellt dieses Seil selbst her.

- Stellt eine Knotenschnur mit 12 Längeneinheiten (z. B. 1 LE = 6 cm) her. Spannt verschiedene Dreiecke auf.
- Findet heraus, wie sich mit Hilfe des Seils rechte Winkel konstruieren lassen. Welches rechtwinklige Dreieck entsteht? Wie lang sind die Seiten dieses Dreiecks?
- Funktioniert dies auch mit Seilen, die andere Knotenanzahlen besitzen?

Thema 2: Konstruiert rechtwinklige Dreiecke mit Hilfe einer dynamischen Geometrie-Software. Messt und quadriert alle Seitenlängen und findet einen Zusammenhang zwischen diesen Quadratzahlen. Konstruiert auch rechtwinklige Dreiecke mit nur ganzzahligen Seitenlängen.

Thema 3: Bereitet ein Quadratpuzzle vor, das die Entdeckung des Satzes des Pythagoras ermöglicht. Recherchiert dazu nach Beweisen in Büchern oder im Internet.

115-2
BEACHTE
Unter dem Webcode ist eine Linkliste zu den Puzzle-Beweisen zum Satz des Pythagoras hinterlegt.

Lesen und Verstehen

In der „Mitmach-Welt“ im Potsdamer Exploratorium ist ein drehbares Ausstellungsstück zum Satz des Pythagoras zu sehen. Im Zentrum befindet sich ein rechtwinkliges Dreieck. In Bild ① ist das größte Quadrat mit Sand gefüllt. Dreht man die Konstruktion um 180°, rieselt der gesamte Sand in die beiden anderen Quadrate (Bild ②), bis sie vollständig gefüllt sind (Bild ③).

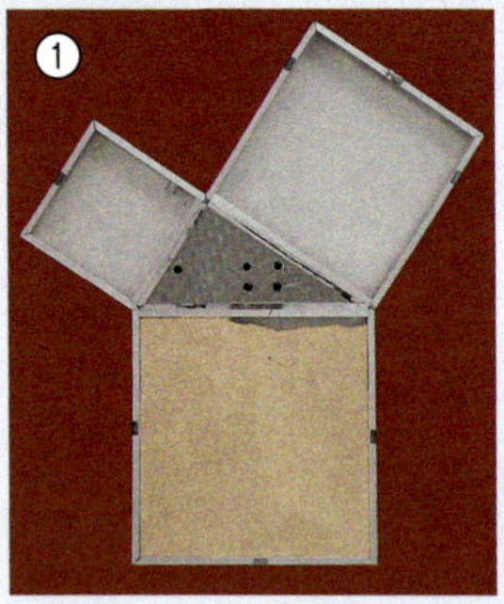

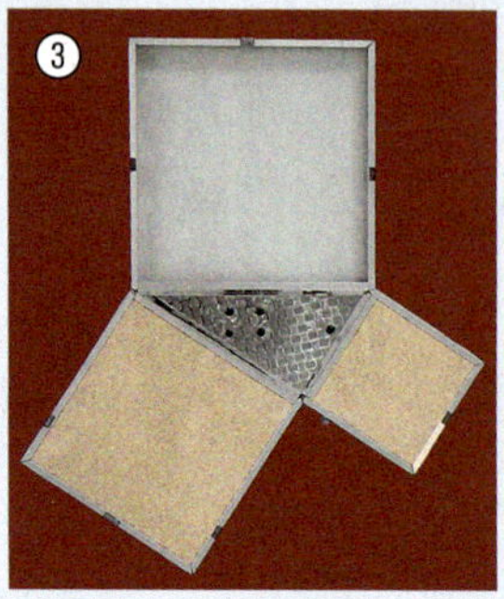

HINWEIS
Dreht man nach Bild 3 die Konstruktion wieder um, so füllt sich wieder das Hypotenusenquadrat.

Für die Seiten eines rechtwinkligen Dreiecks verwendet man folgende Begriffe:

In einem rechtwinkligen Dreieck wird die Seite, die dem rechten Winkel gegenüberliegt, Hypotenuse genannt.
Sie ist die längste Seite im Dreieck.
Die beiden Seiten, die den rechten Winkel einschließen, heißen Katheten. Sie sind die beiden kürzeren Seiten im Dreieck.

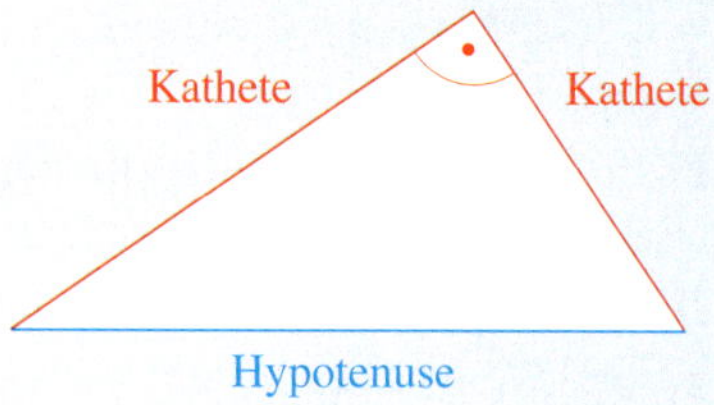

Satz des Pythagoras
Bei allen rechtwinkligen Dreiecken ist die Summe der Flächeninhalte der Kathetenquadrate gleich dem Flächeninhalt des Hypotenusenquadrats.
Ist das Dreieck wie im Bild bezeichnet, gilt:
$\boldsymbol{a^2 + b^2 = c^2}$
Umgekehrt gilt: Wenn in einem Dreieck mit den Seiten a, b, c die Beziehung $a^2 + b^2 = c^2$ besteht, dann ist das Dreieck rechtwinklig. Die Hypotenuse ist c.

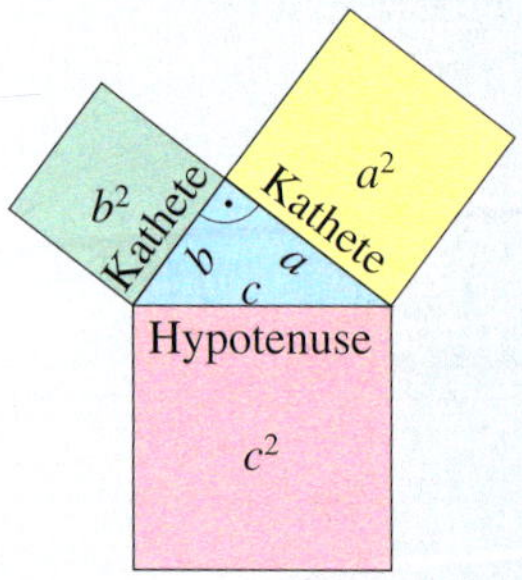

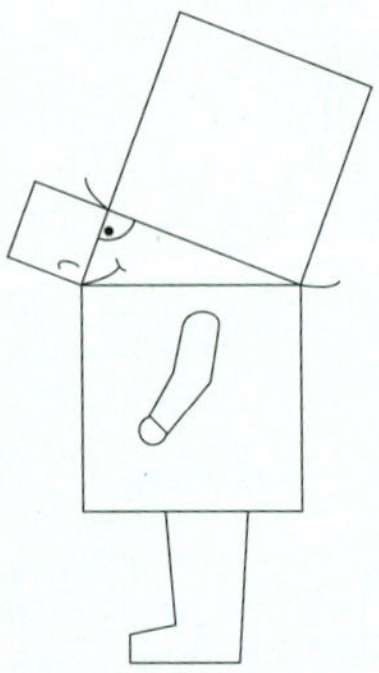

ZUM WEITERARBEITEN
Zeichne selbst so ein Pythagorasmännchen.

Mit dem Satz des Pythagoras lässt sich eine fehlende Seitenlänge berechnen.

BEISPIEL
In einem Dreieck sind $a = 3\,\text{cm}$, $b = 4\,\text{cm}$, $\gamma = 90°$ gegeben. Berechne c.
Lösung: $c^2 = a^2 + b^2$
$c^2 = (3\,\text{cm})^2 + (4\,\text{cm})^2$
$c^2 = 9\,\text{cm}^2 + 16\,\text{cm}^2$
$c^2 = 25\,\text{cm}^2 \quad | \sqrt{\ }$
$c = \sqrt{25\,\text{cm}^2}$
$c = 5\,\text{cm}$

Planfigur

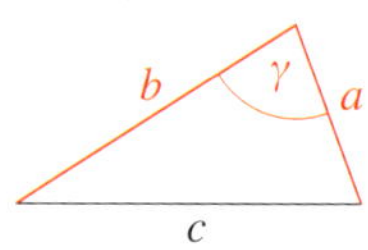

Berechne die fehlende Kathete b.
gegeben: $a = 9\,\text{cm}$, $c = 15\,\text{cm}$, $\gamma = 90°$
Lösung: $a^2 + b^2 = c^2 \quad | -a^2$
$b^2 = c^2 - a^2$
$b^2 = (15\,\text{cm})^2 - (9\,\text{cm})^2$
$b^2 = 225\,\text{cm}^2 - 81\,\text{cm}^2$
$b^2 = 144\,\text{cm}^2 \quad | \sqrt{\ }$
$b^2 = \sqrt{144\,\text{cm}^2}$
$b = 12\,\text{cm}$

Planfigur

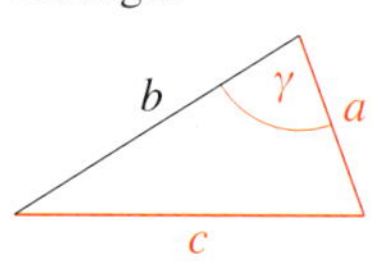

Üben und Anwenden

1 Übertrage das „Pythagoraspuzzle" auf ein Blatt Papier. Schneide die farbigen Teile aus und lege sie zum Hypotenusenquadrat zusammen. Präsentiere dein Ergebnis in geeigneter Form der Klasse.

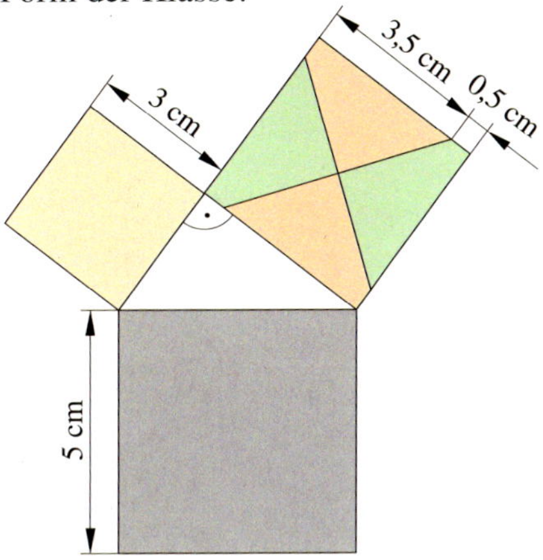

2 Gib die Katheten und die Hypotenuse an. Notiere die Gleichung, die sich nach dem Satz des Pythagoras ergibt.

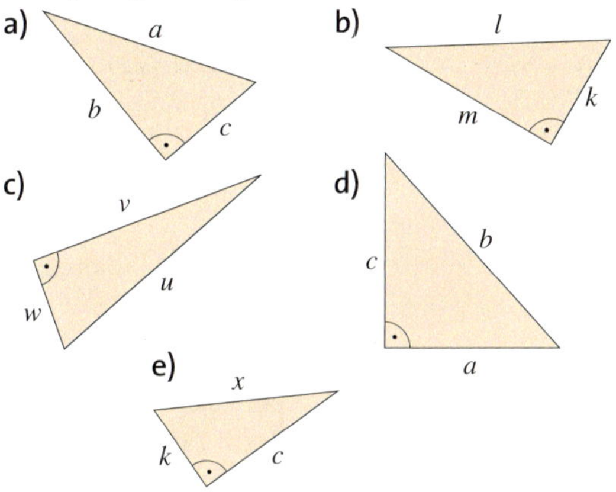

3 Der Satz des Pythagoras kann mit Hilfe der dynamischen Geometrie-Software erkundet werden. Nutze den Webcode.

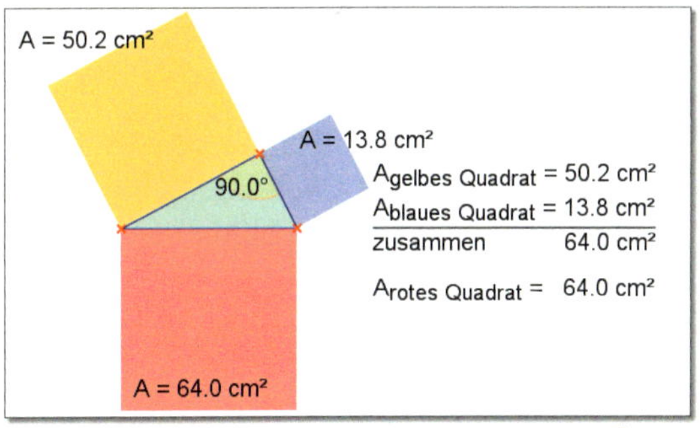

4 Gib die Katheten und die Hypotenuse an. Berechne die fehlende Seitenlänge des rechtwinkligen Dreiecks.

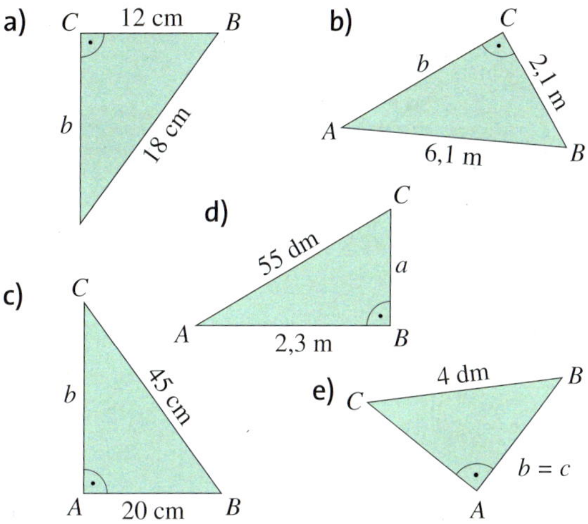

5 Zeichne das Dreieck. Ist die längste Seite Hypotenuse eines rechtwinkligen Dreiecks? Überprüfe durch eine Rechnung.

a) $a = 5\,\text{cm}$; $b = 6{,}5\,\text{cm}$; $c = 9\,\text{cm}$
b) $a = 3{,}5\,\text{cm}$; $b = 6{,}5\,\text{cm}$; $c = 4{,}5\,\text{cm}$
c) $a = 4\,\text{cm}$; $b = 3{,}4\,\text{cm}$; $c = 2{,}4\,\text{cm}$

6 Suche rechtwinklige Dreiecke. Schreibe alle Gleichungen auf, die sich nach dem Satz des Pythagoras ergeben.

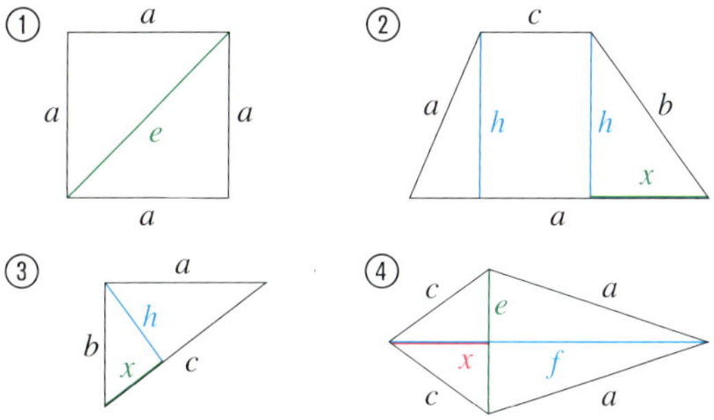

7 Berechne im Dreieck ABC mit $\gamma = 90°$ …

a) die fehlende Hypotenuse c.
① $a = 1{,}5\,\text{cm}$, $b = 2\,\text{cm}$
② $a = 1{,}5\,\text{cm}$, $b = 2\,\text{cm}$
③ $a = 2{,}5\,\text{cm}$, $b = 6\,\text{cm}$

b) die fehlende Kathete.
① $a = 1{,}5\,\text{cm}$, $c = 2\,\text{cm}$
② $b = 12\,\text{cm}$, $c = 37\,\text{cm}$
③ $a = 8\,\text{cm}$, $c = 17\,\text{cm}$

117-1

BEACHTE
Unter dem Webcode gibt es das Puzzle zu Aufgabe 1 zum Ausdrucken und Ausschneiden.

TIPP
*Um zu **prüfen, ob ein Dreieck rechtwinklig ist**, muss das Quadrat der längsten Seite mit der Summe aus den Quadraten der beiden anderen Seiten übereinstimmen.*

AUFGEPASST
Mit einer beschrifteten Planfigur, in der die gegebenen Stücke farbig eingezeichnet sind, ist es leichter, die Pythagoras-Gleichung aufzustellen.

117-2

BEACHTE
Über den Webcode kann Aufgabe 3 mit einer DGS erkundet werden.

HINWEIS
Pythagoräische Zahlentripel, wie z. B. (3, 4, 5), bestehen aus drei natürlichen Zahlen, die als Seitenlängen ein rechtwinkliges Dreieck ergeben. Nennne weitere solcher Zahlentripel, mit denen ein rechter Winkel hergestellt werden kann.

8 Der rechte Winkel des Dreiecks ABC gehört zum gegebenen Eckpunkt, dabei liegt z. B. der Punkt A gegenüber der Seite a. Berechne die fehlende Seite.

	90° bei	Seite a	Seite b	Seite c
a)	A		3 cm	4 cm
b)	B	8 cm		18 cm
c)	C		4,5 cm	85 mm
d)	A	1 dm	6 cm	
e)	A		15 cm	128 mm

9 Ist das Dreieck rechtwinklig?
a) $a = 3{,}2\,\text{cm}$; $b = 2{,}4\,\text{cm}$; $c = 4\,\text{cm}$
b) $a = 2{,}5\,\text{cm}$; $b = 6{,}5\,\text{cm}$; $c = 6\,\text{cm}$
c) $a = 5{,}2\,\text{cm}$; $b = 2\,\text{cm}$; $c = 4{,}8\,\text{cm}$

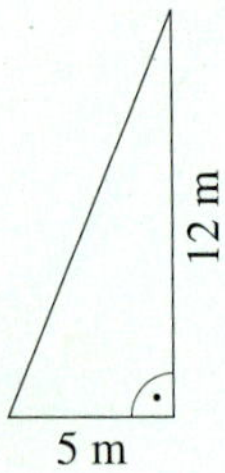

10 „Rasenlatscher" sind Fußgänger, die gerne Wege abkürzen.
a) Wie viel Meter werden gespart?
b) Wie viele Schritte benötigt man für jeden der beiden Wege (Schrittlänge 80 cm)?

11 Berechne die Seitenlängen sowie den Flächeninhalt des Drachens mit:
$e = 1{,}2\,\text{cm}$,
$f = 4{,}2\,\text{cm}$.

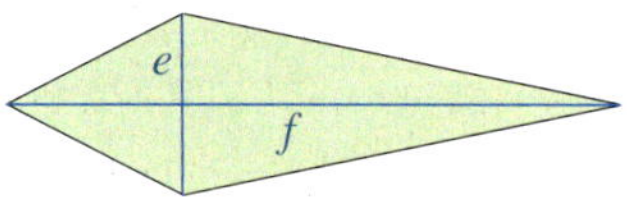

12 Wie weit steht eine 4 m lange Leiter von einer senkrechten Wand ab, wenn das obere Ende der Leiter 3,90 m hoch liegen soll?

13 Wie hoch reicht eine 5 m lange Leiter, die 1,5 m von der Wand entfernt steht, wenn der Winkel $\alpha = 70°$ betragen soll?

14 Die als Pylon bezeichneten rot-weißen Kegel haben in der Standardgröße eine 51 cm lange Seitenlinie s und am Fuß einen Durchmesser von 19 cm. Berechne ihre Höhe.

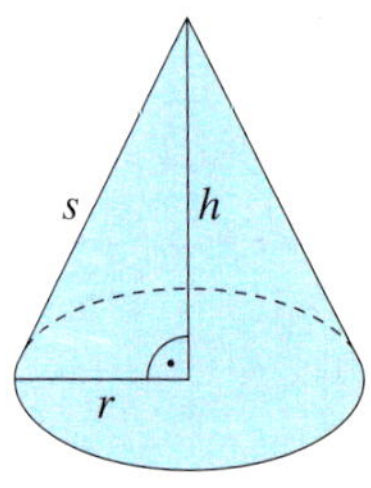

15 In einigen handwerklichen Berufen muss man aus Latten ein Maßwerkzeug für rechte Winkel herstellen können.

Finde weitere natürliche Zahlen, mit denen ein rechter Winkel hergestellt werden kann.

16 Sind die gegebenen drei Zahlen Pythagoräische Zahlentripel (siehe Randspalte)?
Erkläre, wie man das herausfindet.
a) 20, 21, 29
b) 19, 180, 181
c) 20, 100, 101
d) 20, 99, 101

17 Wenn $a^2 + b^2 = c^2$ ist, ist dann auch $a + b = c$? Erkläre.

18 Welche der folgenden Aussagen ist zutreffend? Begründe.
a) Die Summe der Katheten kann nicht genauso groß sein wie die Hypotenuse.
b) Die Summe der Katheten kann ebenso groß sein wie die Hypotenuse.
c) Die Summe der Katheten kann größer sein als die Hypotenuse.
d) Die Summe der Katheten kann kleiner sein als die Hypotenuse.

19 Bei einem Herbststurm wurde ein Baum abgeknickt. Die Höhe des noch stehenden Stamms beträgt 4,8 m. Die Baumkrone liegt in 5,5 m Entfernung zum Fuß des Baumes. Wie hoch war der Baum?

20 Aus einem kreisrunden Baumstamm soll ein Balken mit einem Querschnitt von 14 cm mal 22,5 cm gesägt werden.
Welchen Durchmesser muss der Baumstamm dafür mindestens haben?
Fertige eine Skizze an.

21 Nils möchte mit seinem Mountainbike den Berg hinunterfahren. Zur Bergstation gelangt er mit der Gondel.

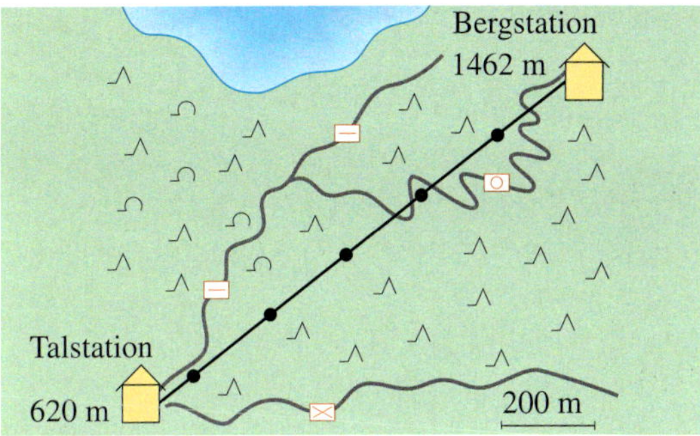

a) Welche Strecke legt die Gondel in Wirklichkeit zurück?
b) Welche Steigung hat die Gondel durchschnittlich?
c) Welche Strecke legt Nils ungefähr mit dem Mountainbike zurück?

22 Die Fluggesellschaft Martin Air hat einen besonderen Kaffeelöffel herstellen lassen. Er ragt genau bis zum Tassenrand.

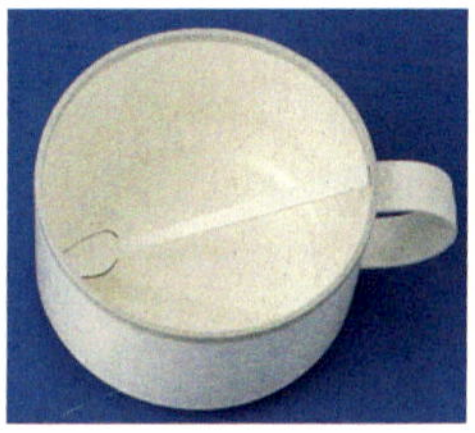

Die Tasse hat einen Durchmesser von 7,3 cm und eine Höhe von 4,3 cm.
Wie lang ist der Löffel?

23 Ein Einfamilienhaus hat ein Satteldach.

a) Wie lang sind die Dachsparren s, wenn die Dachhöhe $h = 6$ m und dessen Breite $b = 11$ m betragen?
b) Wie hoch ist ein Dach mit der Dachsparrenlänge 7,50 m und der Breite 9,40 m?
c) Wie breit ist das Haus, wenn 6 m lange Sparren eine Höhe von 4,8 m ergeben?

24 Passt der 23 cm lange Stift in die Verpackung mit den Kantenlängen $a = 18$ cm, $b = 14$ cm und $c = 6$ cm?
Tipp: Gesucht ist d. Zur Berechnung von d fehlt die Länge von e.

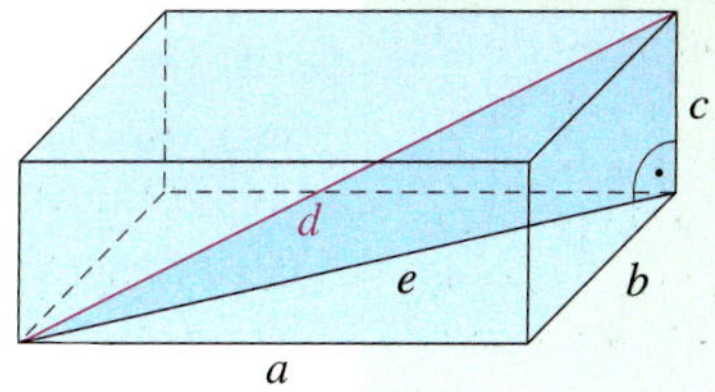

25 Passt ein 1,20 m langer Stab in einen Quader mit den Maßen 1 m; 80 cm; 60 cm?
Fertige zunächst eine Skizze an.

26 Anna schaut vom Strand aufs Meer.
Wie weit könnte sie bis zum Horizont sehen?
Ihre Augenhöhe beträgt 1,60 m.
Die Erde hat einen mittleren Erdradius von 6 371 km.

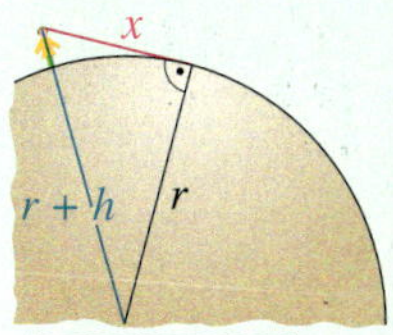

x Sichtweite
r Erdradius
h Augenhöhe

27 Reiseflugzeuge haben eine durchschnittliche Flughöhe von 10 km. Wie weit könnte man bei klarer Sicht aus dieser Höhe bis zum Horizont schauen?

28 Ein Schilfrohr steht 5 m vom Ufer eines Sees entfernt. Es ragt 1 m über die Wasseroberfläche. Zieht man seine Spitze ans Ufer, berührt sie gerade den Wasserspiegel.
Berechne die Tiefe x des Teichs.
Fertige eine Skizze an.

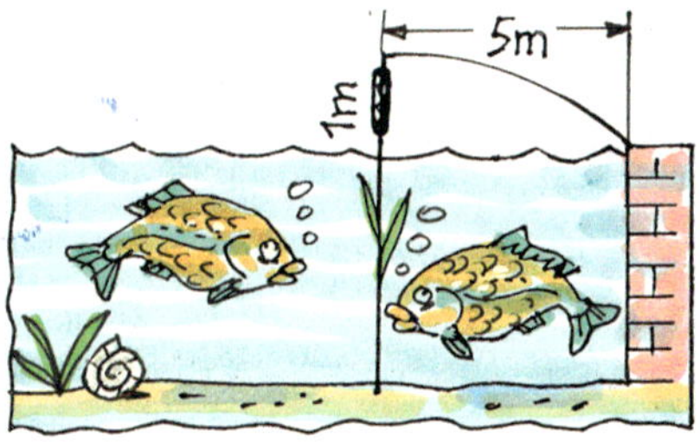

29 Zwei Radfahrer fahren an einer Straßenkreuzung in verschiedene Richtungen.
Der eine fährt mit 20 $\frac{\text{km}}{\text{h}}$ nach Norden, der andere mit 18 $\frac{\text{km}}{\text{h}}$ nach Osten. Wie weit sind sie nach 30 Minuten voneinander entfernt?

30 Ein Radfahrer möchte von A nach B fahren. Spart er über die Abkürzung Zeit, wenn er dort durchschnittlich 10 $\frac{\text{km}}{\text{h}}$, auf den Hauptstraßen aber 25 $\frac{\text{km}}{\text{h}}$ fahren kann?

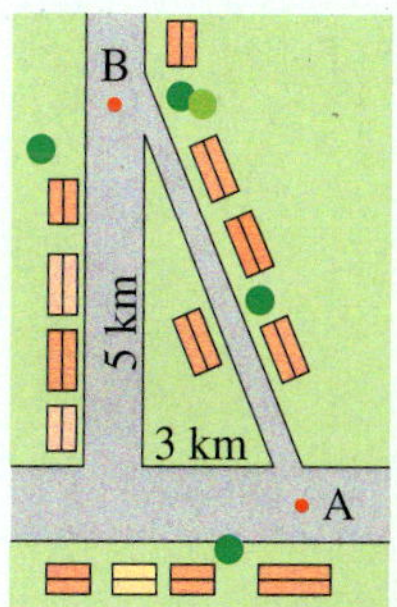

31 Ein Grundstück hat den in der Zeichnung gegebenen Grundriss. Berechne die Länge für eine komplette Umzäunung und die Größe der Grundstücksfläche.

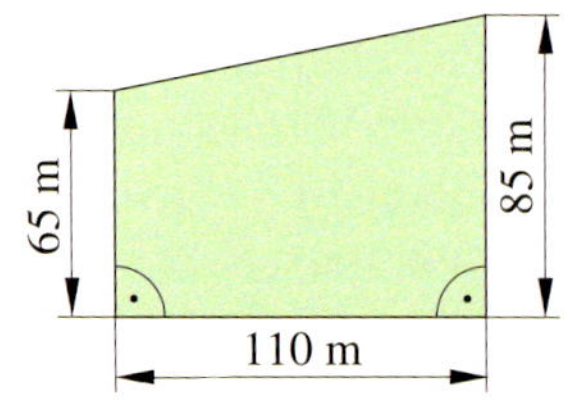

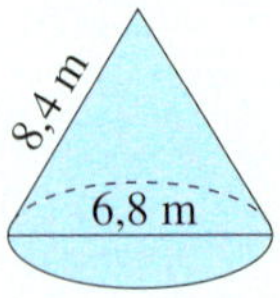

32 Ein kegelförmiges Dach hat einen Durchmesser von $d = 6{,}8$ m und eine Dachschräge von $s = 8{,}4$ m. Wie hoch ist dieses Dach?

33 Mitten über einer Straße hängen Straßenlampen. Die Haltseile hängen quer über die Straße. Sie sind in 7,5 m Höhe an den Häuserfronten befestigt. Die Häuserfronten liegen 15 m voneinander entfernt. In welcher Höhe hängen die Lampen, wenn ein Seil von der Hauswand bis zur Lampenmitte 7,6 m misst?

34 Mit viel Geschicklichkeit müssen alle Kugeln in die Löcher der gefärbten Flächen gerollt werden.

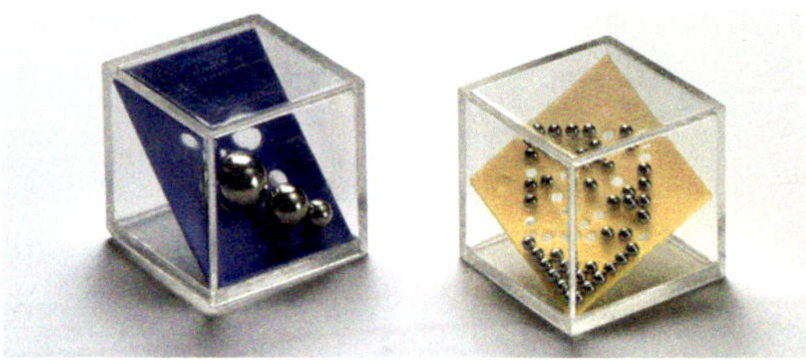

a) Berechne von der blauen Fläche die Länge der längeren Seite, wenn der Würfel 8 dm³ Volumen hat.

b) Die gelbe Fläche ist eine Raute (Rhombus). Berechne die Längen der kürzeren Diagonale e und die der längeren Diagonale f für einen Würfel mit 8 cm Kantenlänge.

c) Stelle für einen würfelförmigen Hohlkörper mit 1 dm³ Volumen, der oft als Lehrmittel an Schulen vorhanden ist, beide Flächen aus Tonpapier her.

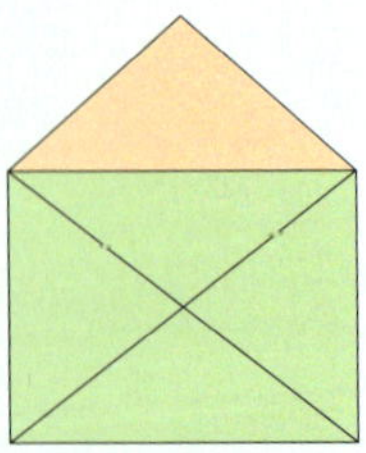

35 Beim Haus vom Nikolaus muss man alle Linien genau einmal zeichnen, ohne abzusetzen. Berechne die Länge dieses Streckenzuges. Das grüne Rechteck ist 5 cm breit und 4 cm hoch. Das Dach ist 2,5 cm hoch.

36 Berechne die Länge des gesamten Streckenzuges innerhalb des Rechtecks, wenn e 3 cm lang ist.

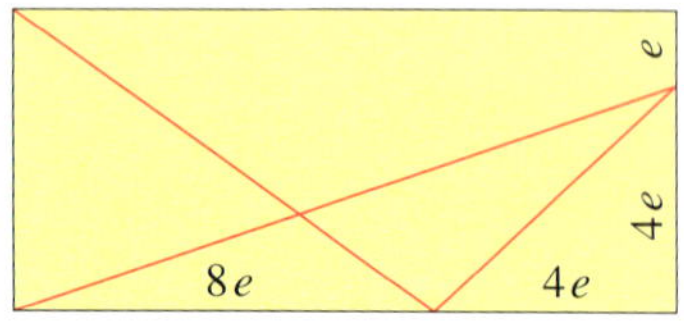

37 Die Drehleiter eines Feuerwehrwagens wurde entsprechend der Zeichnung links ausgefahren.
In welche Höhe reicht die Leiter?

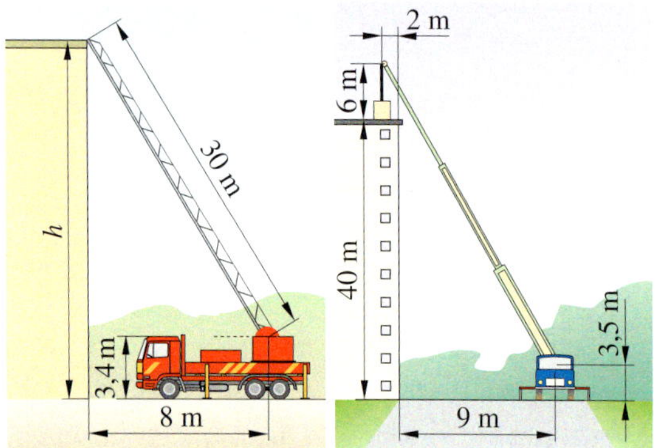

38 Auf einem Hochhaus soll eine Funkstation errichtet werden. Sie wird mit einem Kran auf das Hausdach gehoben.
Berechne die notwendige Länge des Kranarms aus den Angaben der Zeichnung oben rechts.

39 Am Kap São Vincente in Portugal überragt eine 60 m hohe Steilküste das Meer. Das Leuchtfeuer des lichtstärksten europäischen Leuchtturms warnt aus 25 m Höhe über dem Erdboden vor gefährlichen Klippen. In welcher Entfernung vom Leuchtturm kann man das Leuchtfeuer auf dem Meer noch sehen? Nutze die Skizze auf S. 119 am Rand.

Höhen- und Kathetensatz

Erforschen und Entdecken

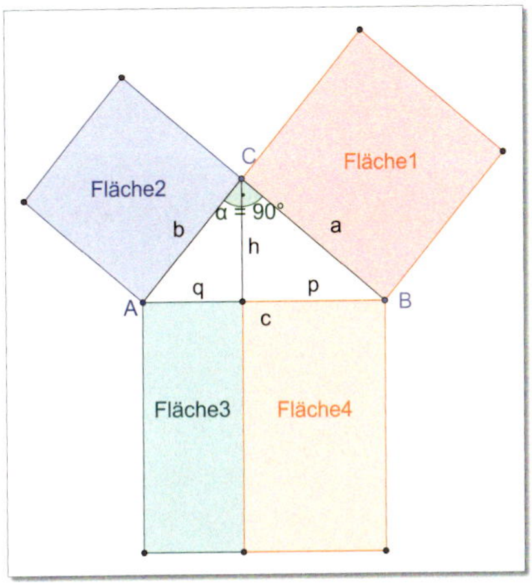

1 Mit einer dynamischen Geometrie-Software wurde der Satz des Pythagoras dargestellt. Zudem wurde das Hypotenusenquadrat durch die Verlängerung der Höhe geteilt. In welchem Verhältnis stehen die vier Flächen zueinander? Erkunde die Verhältnisse mit Hilfe einer dynamischen Geometrie-Software (siehe Randspalte).

121-1
BEACHTE
Unter dem Webcode kann man Aufgabe 1 mit einer dynamischen Geometrie-Software erkunden.

2 Die Figur rechts zeigt Teile der Pythagorasfigur.
a) Zeichne die Figur ab. Schneide die drei blauen Teile aus. Kannst du damit das untere braune Rechteck ausfüllen?
b) Notiere die Erkenntnisse über die Zusammenhänge zwischen den verschiedenen Längen im rechtwinkligen Dreieck.
c) Vergleicht eure Ergebnisse untereinander.
d) Was gilt für den anderen Teil der Pythagorasfigur?

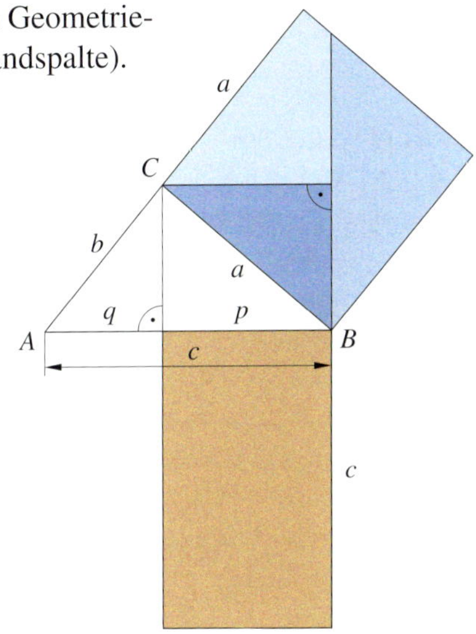

3 Ergeben sich zwei ähnliche Dreiecke, wenn man ein rechtwinkliges Dreieck entlang seiner Höhe teilt?
a) Begründe mit Hilfe von Seitenlängen und Winkelgrößen.
b) Stelle eine Gleichung auf, die die Seitenverhältnisse wiedergibt.
c) Löse die Gleichung nach der Höhe h auf. Man erhält den Höhensatz.

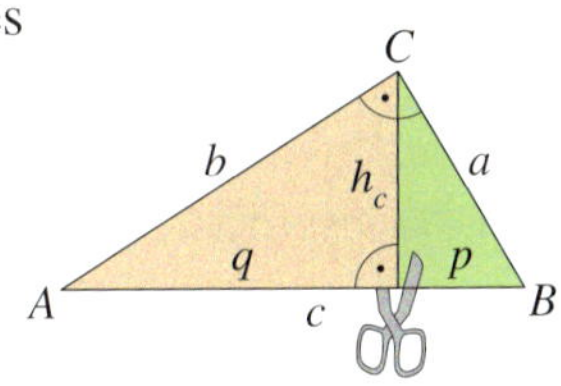

121-2
BEACHTE
Unter dem Webcode findet man die Figur zu Aufgabe 3 zum Ausschneiden.

4 Betrachte die drei Figuren unten.
a) Erläutere ihre Zusammensetzung.
b) Skizziere die Figuren im Heft und beschrifte alle Seiten entsprechend Dreieck ①.
c) Vergleiche den Flächeninhalt von Dreieck ② und ③.
d) Was gilt für den Flächeninhalt vom weißen Quadrat und vom weißen Rechteck? Stelle eine Formel auf.
e) Beziehe die Formel aus c) auf Dreieck ① und formuliere eine Gesetzmäßigkeit dazu.

①

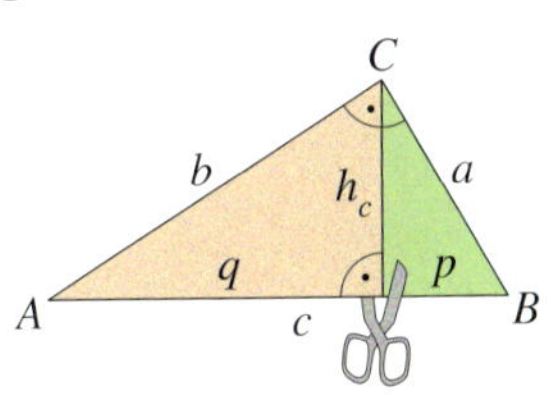

②

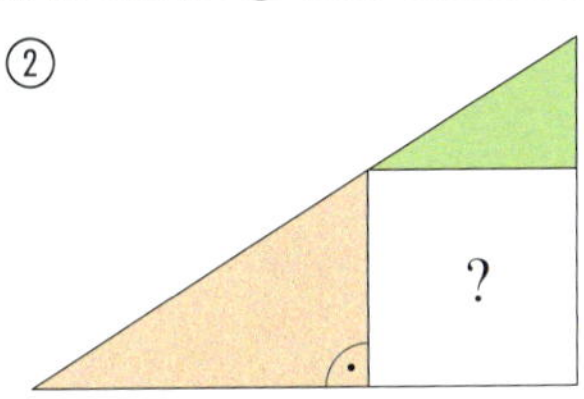

③

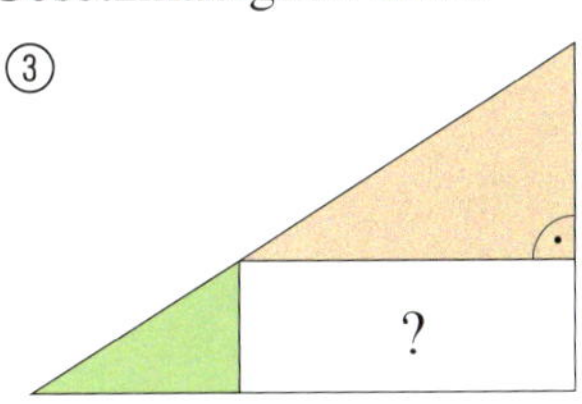

Lesen und Verstehen

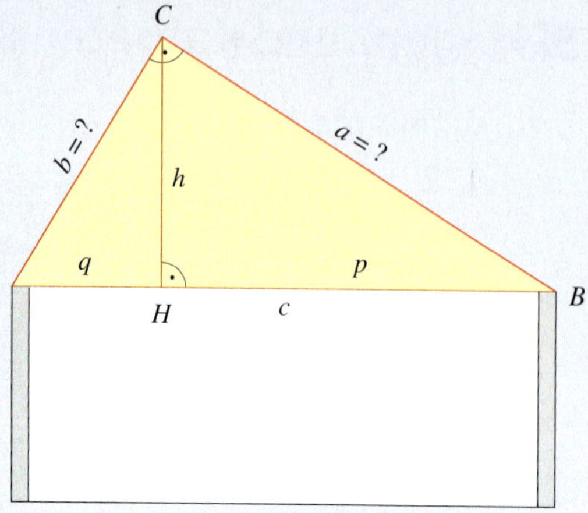

In der Schulgarten-AG wird ein Gewächshaus mit einem Pultdach gebaut. Eine Skizze wurde angefertigt. Die Breite des Gewächshauses beträgt 6,4 m, die Strecke $\overline{HB}$ 4,65 m. Die Dachsparrenlängen und die Dachhöhe müssen berechnet werden.

In jedem rechtwinkligen Dreieck ($\gamma = 90°$) teilt die Höhe h die Hypotenuse c in zwei Hypotenusenabschnitte q und p.

Kathetensatz des Euklid

Im rechtwinkligen Dreieck hat das Quadrat über einer Kathete denselben Flächeninhalt wie das Rechteck, dessen Seiten aus der Hypotenuse und dem anliegenden Hypotenusenabschnitt gebildet werden.

Es gilt: $\boldsymbol{a^2 = c \cdot p}$ und $\boldsymbol{b^2 = c \cdot q}$

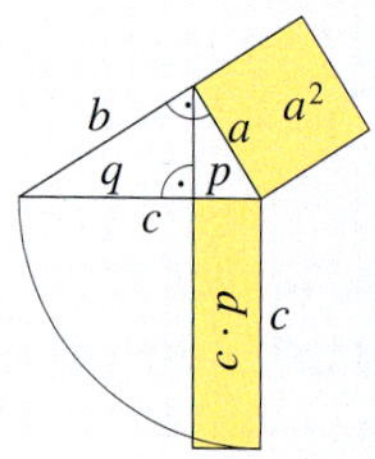

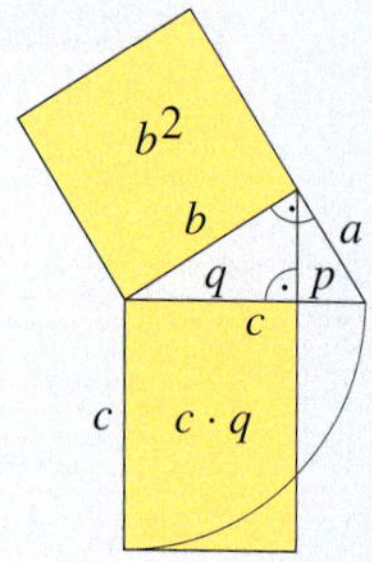

BEISPIEL 1

Berechnung der Dachsparrenlänge a:
gegeben: $p = 4{,}65\,\text{m}$, $c = 6{,}4\,\text{m}$
gesucht: a
Lösung:
$a^2 = c \cdot p \qquad a^2 = 6{,}4\,\text{m} \cdot 4{,}65\,\text{m}$
$a^2 = 29{,}76\,\text{m}^2 \quad | \sqrt{}$
$a \approx 5{,}46\,\text{m}$
Der Dachsparren a muss 5,46 m lang sein.

Berechnung der Dachsparrenlänge b:
gegeben: $c = 6{,}4\,\text{m}$
gesucht: q und a
Lösung: $q = c - p = 6{,}4\,\text{m} - 4{,}65\,\text{m} = 1{,}75\,\text{m}$
$b^2 = c \cdot p \qquad b^2 = 6{,}4\,\text{m} \cdot 1{,}75\,\text{m}$
$b^2 = 11{,}2\,\text{m}^2 \quad | \sqrt{}$
$b \approx 3{,}35\,\text{m}$
Der Dachsparren b muss 3,35 m lang sein.

Höhensatz des Euklid

Im rechtwinkligen Dreieck ist das Quadrat über der Hypotenusenhöhe flächengleich zum Rechteck, dessen Seiten aus den Hypotenusenabschnitten gebildet werden.

Es gilt: $\boldsymbol{h^2 = p \cdot q}$

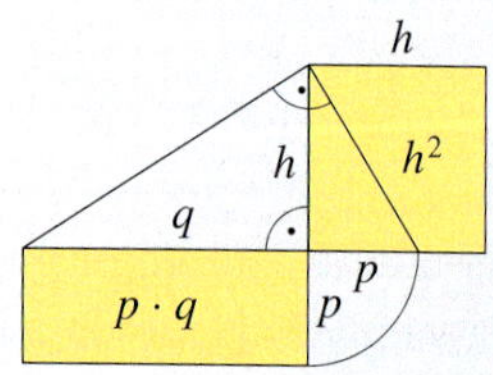

HINWEIS
Die Höhe h kann in diesem Fall auch mit dem Satz des Pythagoras berechnet werden, da die Länge a vorher schon ermittelt wurde.

BEISPIEL 2

Berechnung der Höhe h des Daches:
gegeben: $p = 4{,}65\,\text{m}$, $q = 1{,}75\,\text{m}$
gesucht: h
Lösung: $h^2 = p \cdot q \qquad h^2 = 4{,}65\,\text{m} \cdot 1{,}75\,\text{m}$
$h^2 \approx 8{,}14\,\text{m}^2 \quad | \sqrt{}$
$h \approx 2{,}85\,\text{m}$
Das Dach ist 2,85 m hoch.

Üben und Anwenden

1 Notiere alle möglichen Beziehungen zwischen den beschrifteten Strecken.

a)

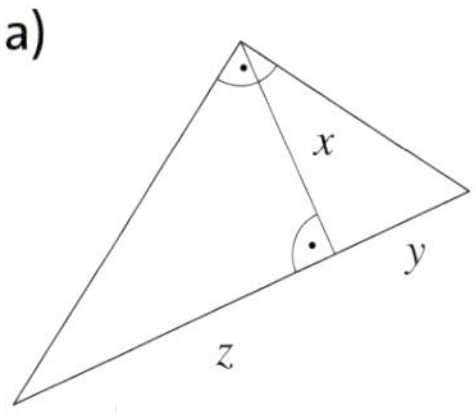

b)

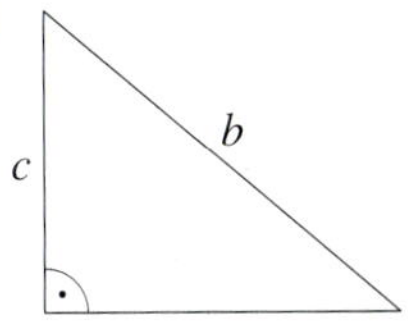

c)

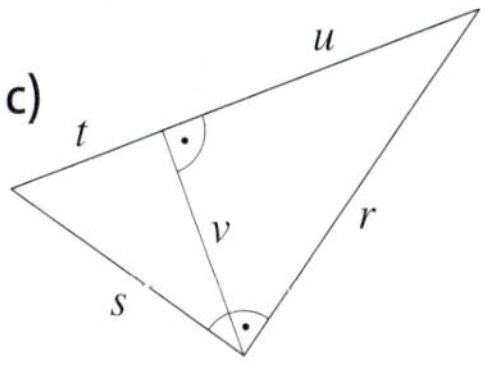

d)

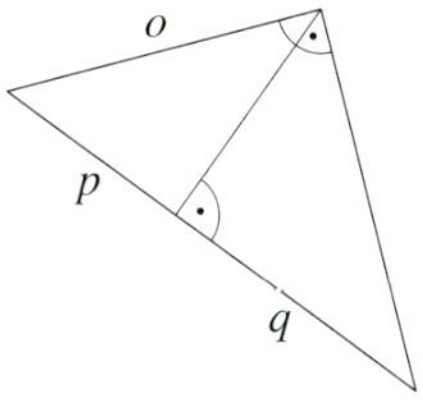

2 Berechne die Höhe des Dreiecks ABC.

a) $p = 2{,}5\,\text{cm}$; $q = 3{,}6\,\text{cm}$, $\gamma = 90°$

b) $p = 0{,}8\,\text{cm}$; $q = 0{,}47\,\text{dm}$, $\gamma = 90°$

c) $p = 6{,}6\,\text{cm}$; $q = 2{,}3\,\text{cm}$, $\gamma = 90°$

3 Berechne die fehlenden Längen von a, b, c, h, p und q des Dreiecks ($\gamma = 90°$).

a) $a = 5\,\text{cm}$; $p = 2{,}5\,\text{cm}$

b) $a = 4\,\text{cm}$; $q = 3{,}5\,\text{cm}$

c) $c = 17{,}2\,\text{cm}$; $q = 6{,}5\,\text{cm}$

d) $a = 5\,\text{cm}$; $h = 3{,}7\,\text{cm}$

4 Berechne im Dreieck ABC ($\gamma = 90°$) die fehlenden Größen mit dem Höhensatz oder Kathetensatz.

	a)	b)	c)	d)	e)
a		4,12 m			
b			16 cm		
c		6,30 m		75 cm	
p	7,3 m				17 m
q	5,9 m		8 cm	34 cm	
h					13 m

5 In einem rechtwinkligen Dreieck ist die Höhe 6 cm lang.

a) Wie lang könnten die Hypotenusenabschnitte sein?

b) Wie lang sind sie, wenn ihr Verhältnis 1 : 4 beträgt?

c) Beantworte die Frage a) und b) für den Fall, dass die Höhe 10 cm lang ist.

6 In einem rechtwinkligen Dreieck ist die Hypotenusenhöhe $h = 3{,}5\,\text{cm}$.

a) Wie lang muss die Hypotenuse mindestens sein?

b) Wie lang kann die Hypotenuse höchstens sein?

7 Wie hoch befindet sich der Regenbogen über der Straße, wenn er rechts 75 m und links 54 m von der Straßenmitte entfernt ist?

8 Verwandle ein Rechteck mit der Länge $a = 4{,}5\,\text{cm}$ und der Breite $b = 2\,\text{cm}$ zeichnerisch in ein flächengleiches Quadrat. Welche Seitenlänge hat das Quadrat? (Tipp: Höhensatz und Satz des Thales)

9 Landvermesser haben verschiedene Längen vermessen. Wie lang und breit ist der Wald?

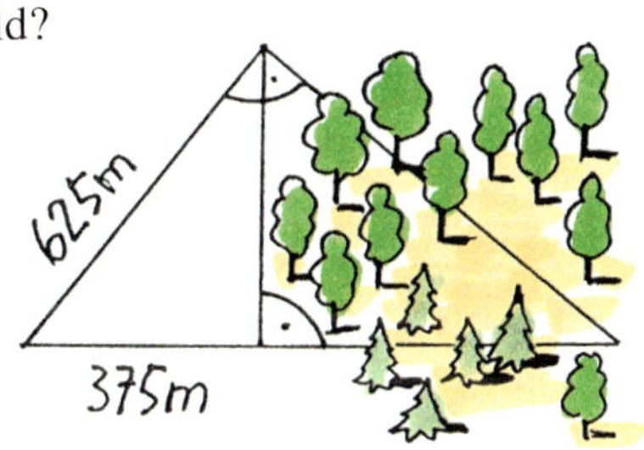

10 Gruppenarbeit: Der Drachen wurde aus einem quadratischen Papier mit einer Seitenlänge von 9 cm gefaltet.

a) Berechnet den Flächeninhalt. (Tipp: Faltet den Drachen nach. Überlegt euch bekannte Winkelgrößen und Seitenlängen).

b) Stellt eure Vorgehensweise mit euren Berechnungen in der Klasse vor. Vergleicht eure Ergebnisse.

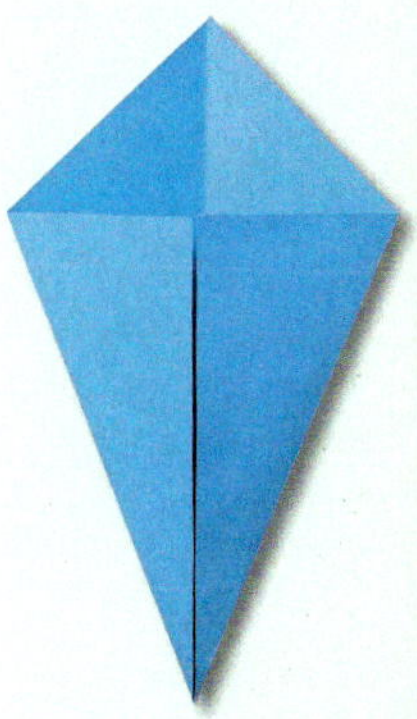

ZUM WEITERARBEITEN

Wie kannst du aus den beiden Kathetensätzen die Gleichung herleiten, die sich nach dem Satz des Pythagoras ergibt?

ERINNERE DICH

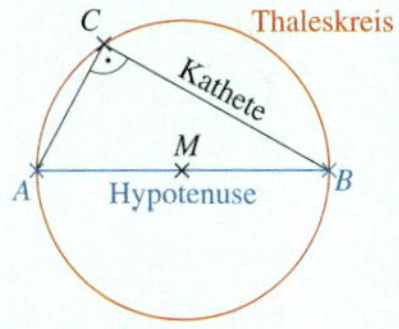

Pythagoras gestern und heute

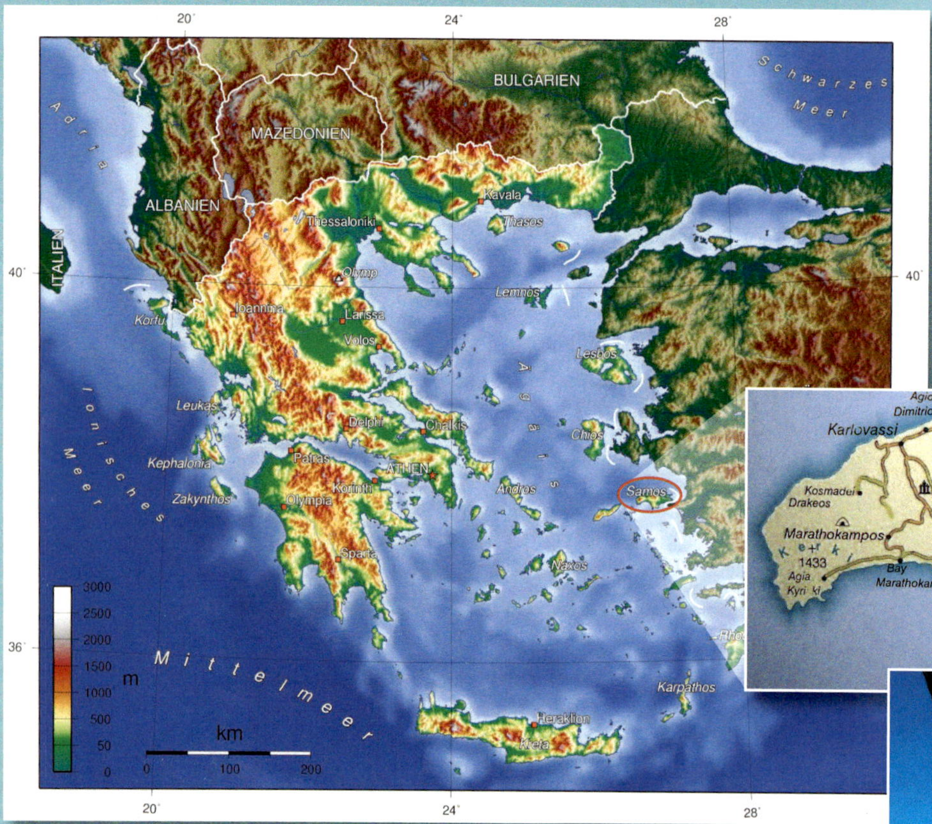

Pythagoras wurde etwa im Jahr 570 v. Chr. auf der griechischen Insel Samos geboren, die ihm zu Ehren 1955 eine kleine Stadt in Pythagorio umbenannte. Dort am Hafen steht heute ein großes modernes Denkmal, das seinen berühmten Satz symbolisiert.

Sein Leben verbrachte Pythagoras an vielen anderen Orten. In der von Griechen bewohnten Stadt Croton in Süditalien gründete er eine religiös-philosophische Schule. Ihre Mitglieder waren die **Pythagoräer**, die nach strengen Vorschriften über Kleidung und Nahrung lebten.

Ein großes Interesse der Pythagoräer galt der Erforschung der Zahlen. Ein Kernsatz der pythagoräischen Lehre lautete: „Alles ist Zahl."

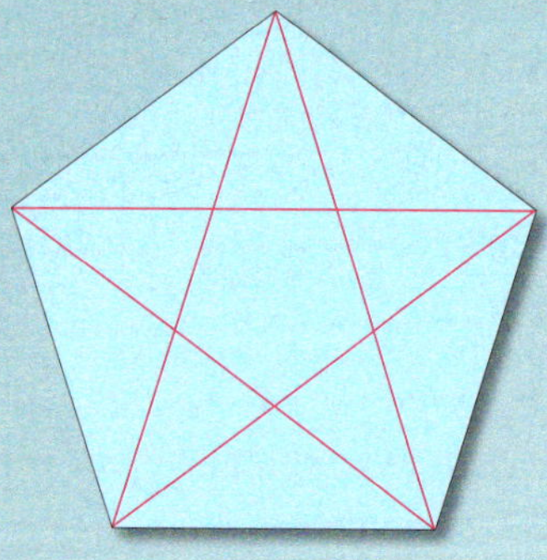

Das Ordenszeichen dieses Geheimbundes der Pythagoräer wurde das Pentagramm, das im Mittelalter als „Drudenfuß" magische Bedeutung erhielt.

Pythagoras starb etwa im Jahre 500 v. Chr. Nach Pythagoras' Tod entdeckten die Pythagoräer, dass es nicht messbare, irrationale Zahlen gibt. Dies widersprach ihrer Auffassung „alles ist Zahl, alles ist Harmonie" und führte schließlich gegen Ende des 4. Jahrhunderts v. Chr. zur Auflösung des Geheimbundes.

Eine weitere bedeutende Entdeckung der Pythagoräer ist der Zusammenhang zwischen natürlichen Zahlen und musikalischen Harmonien. Erzeugt man einen bestimmten Ton durch Zupfen einer Saite, so erzeugt man den Ton, der genau eine Oktave tiefer liegt, wenn man die Saite doppelt so lang spannt. Das bedeutet, eine Oktave entspricht einem Saitenverhältnis von $1:2\ (=\frac{1}{2})$. Für eine Quinte beispielsweise gilt das Verhältnis $2:3$, für die Quarte $3:4$.
Die Pythagoräer glaubten sogar, dass die Planeten auf ihren Bahnen ganzzahlige himmlische Harmonien erzeugen, die „Sphärenmusik".

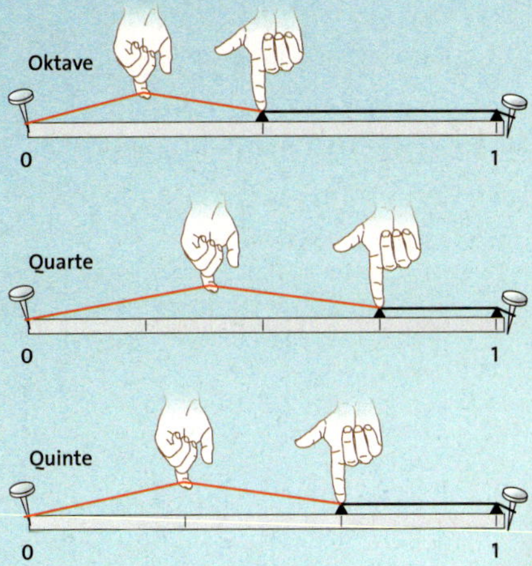

In vielen Kulturen hat man sich mit dem Satz des Pythagoras beschäftigt.
Figuren zum Beweis des Satzes von Pythagoras:

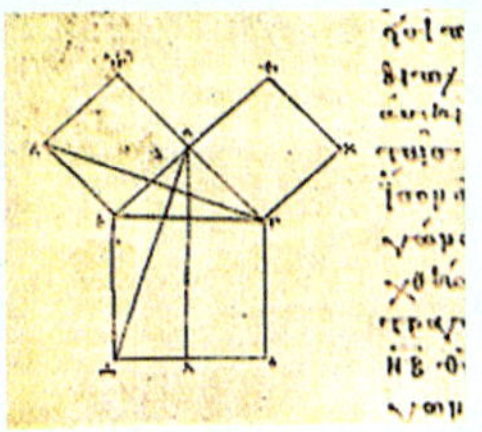

griechische Darstellung aus dem 8. Jahrhundert n. Chr.

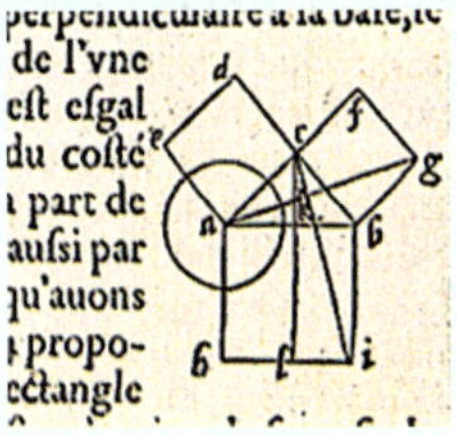

französische Darstellung aus dem 16. Jahrhundert n. Chr.

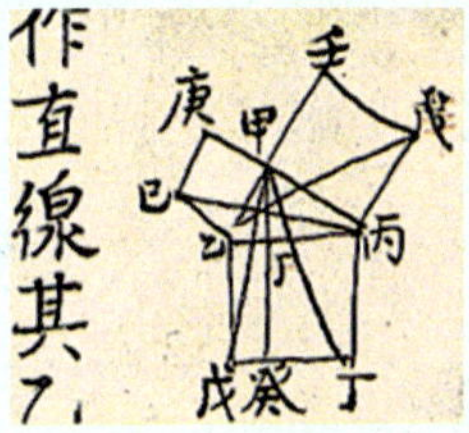

chinesische Darstellung aus dem 17. Jahrhundert n. Chr.

Die **Internationale Bauausstellung (IBA) Emscher Park**, die von 1989 bis 1999 im Ruhrgebiet stattfand, verwendete als Logo eine stilisierte Grafik des Satzes des Pythagoras. An Ausstellungsorten in Bottrop und Duisburg findet man Plastiken, die ganz deutlich den Satz des Pythagoras symbolisieren.

Projekt

Recherchiert in Gruppen weitere Daten zu Pythagoras, seinem Leben und Mathematikern, die ihm in seinem Leben begegnet sind. Sortiert eure Informationen, wählt geeignete aus und fertigt ein Plakat über Pythagoras an. Stellt es in der Klasse vor.

Vermischte Übungen

1 Beweise den Satz des Pythagoras. Zeichne vier kongruente rechtwinklige Dreiecke. Zeichne ein Quadrat, dessen Seitenlänge der Summe der beiden Kathetenlängen der Dreiecke entspricht.

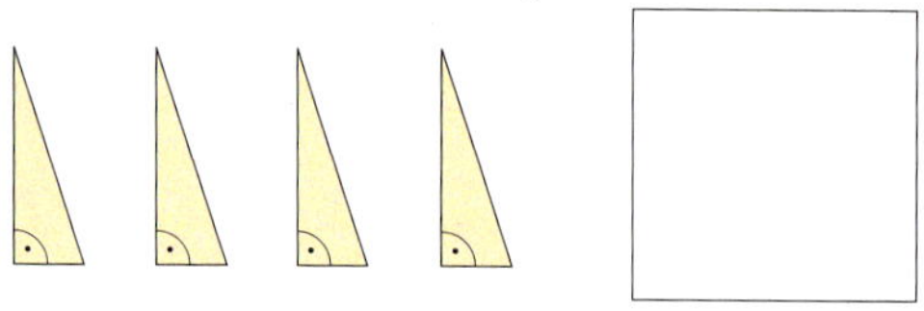

- Schneide die Dreiecke aus. Platziere sie in dem Quadrat so, dass die gesamte freibleibende Fläche innerhalb des Quadrats wieder ein Quadrat ist. Zeichne eine Skizze davon.
- Platziere nun die Dreiecke so, dass die freibleibende Restfläche genau aus zwei Quadraten besteht. Skizziere.
- Vergleiche anschließend beide Figuren. Begründe, warum der Satz des Pythagoras dadurch bewiesen ist.

2 Bestimme für diesen „Pythagorasbaum" die Maßzahlen für die Flächeninhalte der grünen Quadrate und die Maßzahlen der Längen der roten Strecken.

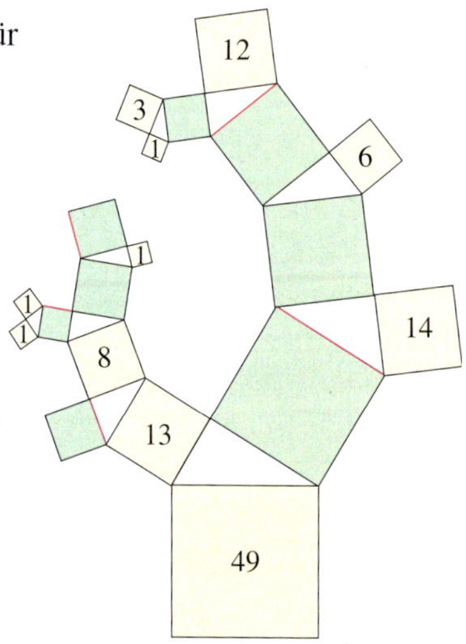

3 Berechne am rechtwinkligen Dreieck *ABC* die fehlende Seitenlänge.

	Kathete *a*	Kathete *b*	Hypotenuse *c*
a)	6cm	8 cm	
B)		15cm	17 cm
c)	7cm		25 cm
D)		7,5cm	8,5cm
E)		9,6cm	12 cm

4 Berechne die fehlenden Seitenlänge im rechtwinkligen Dreieck.

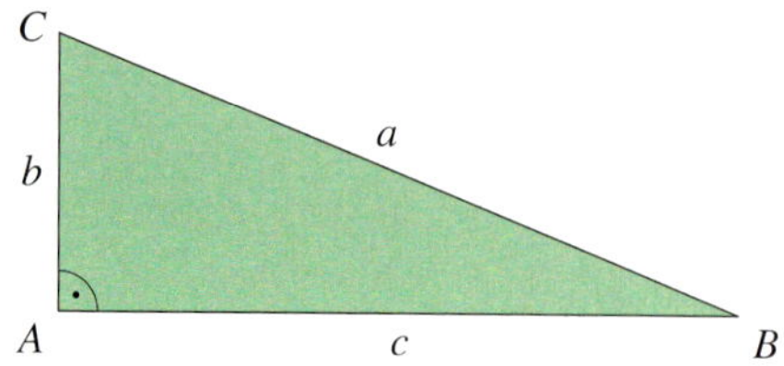

a) $a = 5\,\text{cm}$ $c = 12\,\text{cm}$
b) $a = 15\,\text{cm}$; $c = 9\,\text{cm}$
c) $a = 16{,}9\,\text{cm}$; $b = 15{,}6\,\text{cm}$

5 Zeichne das Dreieck nach den gegebenen Maßen. Ist es rechtwinklig? Überprüfe deine Entscheidung durch eine Rechnung.
a) $a = 4{,}5\,\text{cm}$; $b = 2{,}7\,\text{cm}$; $c = 3{,}6\,\text{cm}$
b) $a = 5{,}9\,\text{cm}$; $b = 4{,}6\,\text{cm}$; $c = 3{,}6\,\text{cm}$
c) $a = 6{,}5\,\text{cm}$; $b = 15{,}6\,\text{cm}$; $c = 16{,}9\,\text{cm}$

6 Ist das Dreieck rechtwinklig? Berechne.
a) $a = 4\,\text{cm}$; $b = 7{,}5\,\text{cm}$; $c = 8{,}5\,\text{cm}$
b) $a = 3{,}6\,\text{cm}$; $b = 4{,}8\,\text{cm}$; $c = 6\,\text{cm}$
c) $a = 9{,}4\,\text{cm}$; $b = 4{,}6\,\text{cm}$; $c = 8{,}1\,\text{cm}$

7 Eine 7,5 m lange Leiter wird an eine Hauswand gelehnt.
Wie hoch reicht sie, wenn ihr unteres Ende 1,8 m von der Hauswand entfernt ist?

8 Übertrage das Pythagoraspuzzle auf ein Blatt Papier. Schneide die hier farbigen Teile des Hypotenusenquadrats aus und lege damit die Kathenquadrate aus.

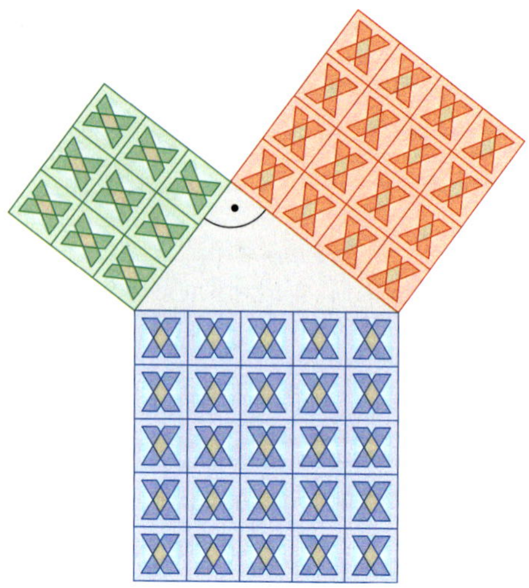

9 Das Dreieck ABC ist gleichseitig. Ergänze die Tabelle im Heft.

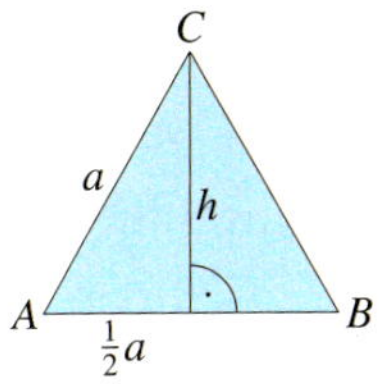

	a	h	A
a)	10 cm		
b)		6 cm	
c)			$32\,cm^2$
d)			$43\,cm^2$

10 Die Figur $ABCD$ mit den Diagonalen e und f ist ein Raute.

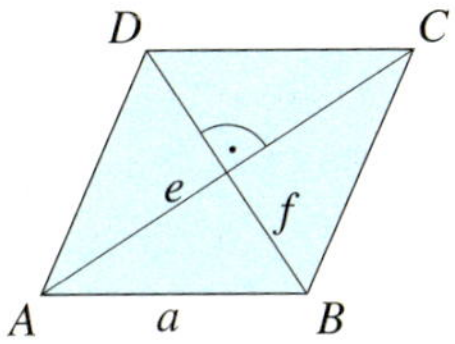

Berechne die fehlende Größe.

a) $a = 6\,cm$; $e = 8\,cm$
b) $a = 6{,}3\,cm$; $f = 4{,}4\,cm$
c) $e = 9{,}4\,cm$; $f = 5{,}8\,cm$
d) $e = f = 8{,}2\,cm$

11 Berechne am gleichschenkligen Dreieck mit der Basis c, dem Schenkel a bzw. b und der Höhe h_c die fehlende der drei Längen.

a) $c = 30\,cm$; $h_c = 42\,cm$
b) $a = 4{,}1\,cm$; $c = 6{,}2\,cm$
c) $b = 3{,}8\,cm$; $c = 5{,}4\,cm$
d) $b = 5{,}7\,cm$; $h_c = 4{,}1$

12 Berechne nach den in der Skizze gegebenen Variablen alle möglichen fehlenden Größen am rechtwinkligen Dreieck.

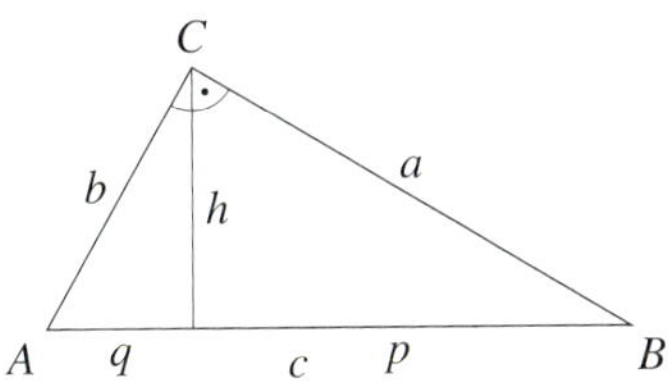

Hinweis: Zur Lösung der Aufgabe ist es zweckmäßig, auch den Höhensatz bzw. den Kathetensatz am rechtwinkligen Dreieck anzuwenden.

a) $a = 6\,cm$; $b = 25\,cm$
b) $a = 5\,cm$; $p = 2{,}5\,cm$
c) $b = 4\,cm$; $q = 3{,}5\,cm$
d) $p = 10{,}7\,cm$; $q = 6{,}5\,cm$
e) $a = 5\,cm$; $h = 3{,}7\,cm$

13 Eine 4,5 Meter hohe Eiche steht von einer Hauswand 1,8 Meter entfernt.
Bei Sturm kippt die Eiche gegen die Wand.
In welcher Höhe berührt sie die Hauswand?

14 In einem Hotel brennt es im Dachgeschoss, das sich 14 m über dem Boden befindet. Die Feuerwehrleiter wird in 4 m Entfernung aufgestellt. Wie lang muss die Leiter ausgefahren werden?

15 Berechne den Radius des Kreises.

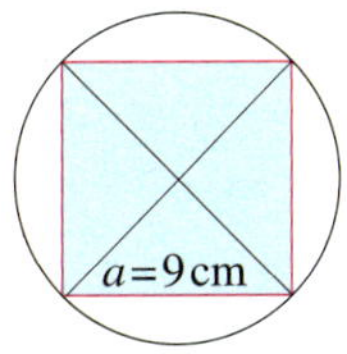

16 Die Füße einer Klappleiter stehen 1,20 m auseinander. Wie lang ist eine Leiterseite, wenn die Leiter 3 m hoch reicht?

17 Ein Würfel hat 12 cm Kantenlänge. Berechne die Längen der Flächendiagonale und der Raumdiagonale.

18 Autos parken am Straßenrand hintereinander. Das mittlere Auto hat eine Länge von 4,20 m und eine Breite von 1,60 m. Zwischen dem vorderen und dem hinteren Auto wurden jeweils 25 cm Platz gelassen. Kann das mittlere Auto ausparken? Begründe mit einer Rechnung.

19 Gegen Ende der 80er Jahre wurde das europäische Projekt des hochauflösenden Fernsehens gegründet – High Definition Television (HDTV).
Der HDTV Bildschirm hat das Seitenverhältnis 16 : 9 und mindestens eine Bilddiagonale von 110 cm.
Welche Abmessungen hat dieser Schirm?

20 Der Flächeninhalt eines Quadrats beträgt $32\,cm^2$ ($162\,cm^2$; $79{,}38\,cm^2$).
Berechne die Länge der Diagnonale d.

21 Ein 13 cm langer Strohhalm steht in einem 12,5 cm hohen Glas.
Das Glas hat einen Durchmesser von 6 cm und eine Sockelhöhe von 1,5 cm.
a) Entwirf eine Skizze und bezeichne sie.
b) Wie viel Zentimeter des Strohhalms befinden sich innerhalb des Glases?
c) Berechne die Länge des Strohhalms, die sich außerhalb des Glases befindet.

22 Udo sucht sich für sein Zimmer einen neuen Schrank aus.
Welche Maße kann der Schrank maximal haben, damit die Teile des zerlegten Schrankes durch die Zimmertür passen und man den Schrank nach dem Zusammenbauen auch noch aufstellen kann?
Die Zimmertür ist 78 cm breit und 2 m hoch. Die Deckenhöhe des Zimmers beträgt 2 Meter und 75 Zentimeter.

23 Berechne den Flächeninhalt des Quadrats mit der Diagonalenlänge $\sqrt{98}$.

24 Ein Rechteck hat eine Diagonale der Länge $\sqrt{208}$.
a) Wie lang sind die beiden Seiten? Beschreibe deine Vorgehensweise.
b) Gibt es verschiedene Rechtecke?

25 Wie weit kann man von einem 40 m hohen Leuchtturm sehen?
Stelle dir die Erde als Kugel vor. Verwende den Radius 6371 km. Nutze die Skizze auf S. 119, am Rand.

26 In Yokohama steht der höchste Leuchtturm der Welt. Er ist 106 m hoch.
Wie weit ist sein Leuchtfeuer zu sehen?

27 Kann es sein, dass die Lichter des Empire-State-Buildings (332 m hoch) 32 km weit zu sehen sind?
Fertige eine Skizze an und rechne nach.

28 Solarzellen wandeln die Energie des Sonnenlichts direkt in elektrische Energie um. Mit jedem Quadratzentimeter der Solarzelle im direkten Sonnenlicht können 0,01 Watt elektrische Leistung erreicht werden.
Eine Solarzelle in Gestalt eines regelmäßigen Sechsecks soll 15 Watt liefern. Welche minimale Seitenlänge muss sie haben?

29 Ein rechteckiger Sportplatz ist 100 m lang und 50 m breit. Steffen läuft diagonal zur gegenüberliegenden Ecke. Robin läuft entlang der Außenlinie.
a) Wie viel Prozent des Weges spart Steffen?
b) Angenommen, beide laufen gleich schnell. Wie viel Meter muss Robin noch bis zum Ziel laufen, wenn Steffen ankommt?
c) Wie schnell müsste Robin laufen, um gleichzeitig mit Steffen anzukommen?

30 Beim Elfmeter schießt der Fußballer direkt ins obere rechte Eck des Tores.
a) Welchen Weg legte der Ball bis dahin zurück, wenn das Tor innen eine Breite von 7,32 m und eine Höhe von 2,44 m hat? Fertige eine Skizze an.
b) Wie viele Sekunden fliegt der Ball bis dahin, wenn er mit $100\,\frac{km}{h}$ geschossen wurde?

31 Das rechtwinklige Dreieck ABC hat die Seitenlängen $a = 5{,}6\,cm$, $b = 3{,}3\,cm$ und $c = 65\,cm$. Um alle drei Seiten wurden Halbkreise gezeichnet.

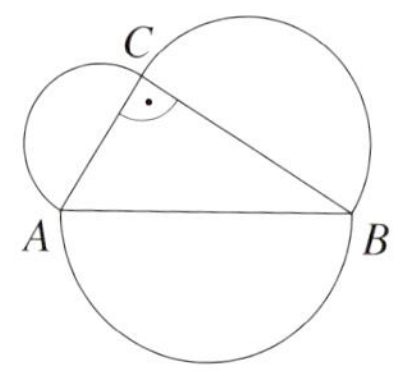

a) Berechne die Flächeninhalte der Halbkreise und vergleiche sie miteinander. Was fällt auf? Stelle eine Vermutung auf.
b) Kontrolliere deine Vermutung an einem anderen rechtwinkligen Dreieck.
c) Zeichne gleichseitige Dreiecke an ein rechtwinkliges Dreieck. Berechne und vergleiche ihre Flächeninhalte. Welche Vermutung ergibt sich?
d) Präsentiert eure Vermutungen der Klasse.

Teste dich!

1 Berechne die fehlende Seitenlänge des rechtwinkligen Dreiecks.
Fertige jeweils eine Skizze an. Berechne auch Umfang und Flächeninhalt des Dreiecks.

a) $a = 9\,\text{cm}$; $b = 16\,\text{cm}$; $\gamma = 90°$
b) $b = 9{,}8\,\text{cm}$; $c = 4{,}5\,\text{cm}$; $\alpha = 90°$
c) $a = 3{,}1\,\text{cm}$; $c = 6{,}7\,\text{cm}$; $\beta = 90°$
d) $a = 5\,\text{m}$; $b = 4\,\text{m}$; $\alpha = 90°$

2 Überprüfe mit Hilfe einer Rechnung, ob das Dreieck rechtwinklig ist.

a) $a = 2{,}4\,\text{cm}$; $b = 3{,}2\,\text{cm}$; $c = 4\,\text{cm}$
b) $a = 2\,\text{cm}$; $b = 5{,}2\,\text{cm}$; $c = 4{,}8\,\text{cm}$
c) $a = 6{,}5\,\text{cm}$; $b = 2{,}5\,\text{cm}$; $c = 6\,\text{cm}$
d) $a = 7{,}5\,\text{cm}$; $b = 4\,\text{cm}$; $c = 8{,}5\,\text{cm}$

a

3 Ein Rechteck hat die Seitenlängen $a = 7\,\text{cm}$ und $b = 4\,\text{cm}$. Berechne die Länge der Diagonale e.

4 Ein Funkmast wird durch drei 75 m lange Spannseile gesichert, die 15 m vom Fußpunkt des Mastes im Erdboden verankert sind. In welcher Höhe wurden die Seile am Mast befestigt?

5 Ein Fesselballon ist an einem Seil befestigt. Durch starken Wind wird er 18 m weit abgetrieben und hat dann nur noch eine Höhe senkrecht über dem Boden von 80 m. Wie lang ist das Seil?

6 Bestimme mit Hilfe der Zeichnung die Tiefe des Grabens.

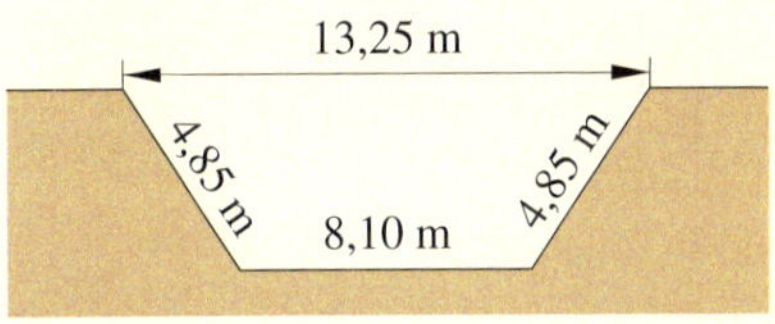

7 Die Kantenlänge des Würfels ist $a = 9\,\text{cm}$.

a) Berechne die Länge der Flächendiagonalen e.
b) Berechne die Länge der Raumdiagonalen d.

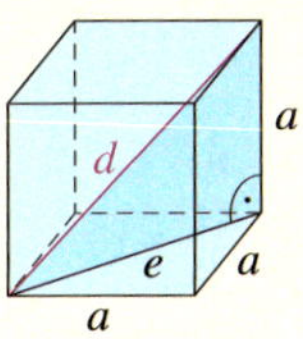

b

3 Ein Quadrat hat eine Diagonale der Länge $\sqrt{450}$. Berechne seine Seitenlänge und seinen Flächeninhalt.

4 Miriam (Augenhöhe 1,70 m) steht auf dem 11 m hohen Pier und schaut übers Meer zum Horizont. Wie weit kann sie sehen? Der Erdradius beträgt 6371 km. Fertige zunächst eine Skizze an.

5 Ein Fesselballon ist an einem Seil befestigt. Durch starken Wind wird er 32 m weit abgetrieben und verliert dadurch 5 m an Höhe. Wie lang ist das Seil, das bei Windstille lotrecht über dem Erdboden steht?

6 Bei einem Segelboot bricht der Mast so, dass die Mastspitze in 2,20 m Entfernung vom Mastfuß auf dem Deck auftrifft. In welcher Höhe ist die Bruchstelle?

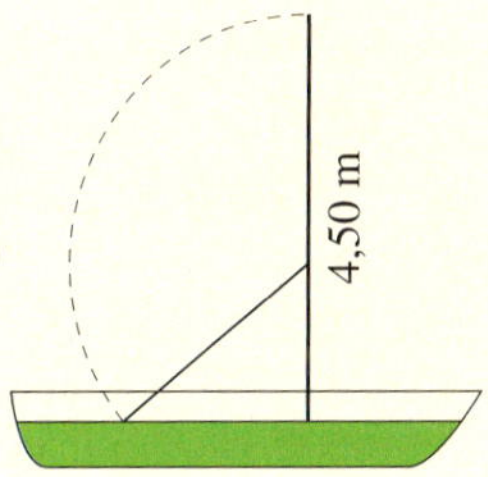

7 Die Raumdiagonale beträgt $d = 22{,}5\,\text{cm}$.

a) Berechne die Länge der Kante a.
b) Zeige, dass für die Länge der Raumdiagonalen im Würfel stets gilt: $d = a\sqrt{3}$.

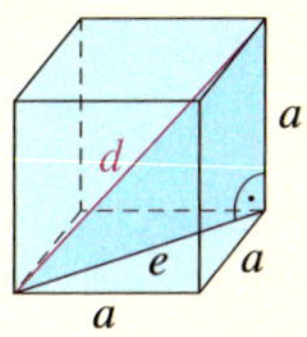

HINWEIS
Brauchst du noch Hilfe, so findest du auf den angegebenen Seiten ein Beispiel oder eine Anregung zum Lösen der Aufgaben. Überprüfe deine Ergebnisse mit den Lösungen auf Seite 222.

Aufgabe	Seite
1	116
2	117
3	116
4	116
5	116
6	116
7	116, 119

Zusammenfassung

Bezeichnungen am rechtwinkligen Dreieck

→ Seite 116

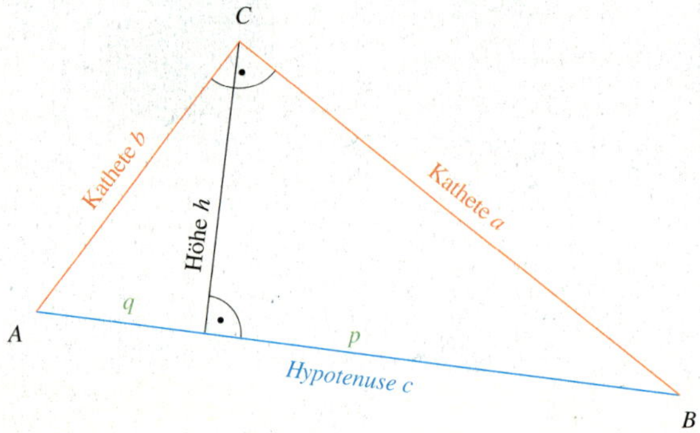

In einem rechtwinkligen Dreieck liegt die **Hypotenuse** dem rechten Winkel gegenüber. Die **Katheten** schließen den rechten Winkel ein.
Die Höhe h teilt die Hypotenuse in zwei Hypotenusenabschnitte.

Sätze am rechtwinkligen Dreieck

→ Seite 116

Satz des Pythagoras

$$a^2 + b^2 = c^2$$

Die Summe der Kathetenquadrate ist flächengleich mit dem Hypotenusenquadrat.

Der Satz des Pythagoras gilt auch umgekehrt:
Wenn in einem Dreieck mit den Seiten a, b und c die Beziehung $a^2 + b^2 = c^2$ besteht, dann ist das Dreieck rechtwinklig. Die Hypotenuse is c.

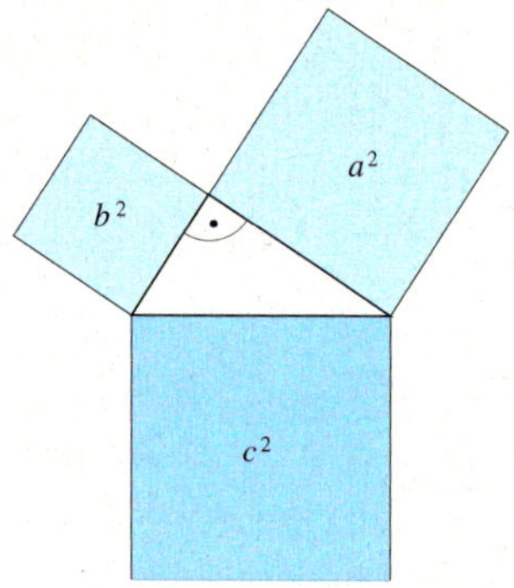

→ Seite 122

Höhensatz

$$h^2 = p \cdot q$$

Das Quadrat über der Höhe ist flächengleich zum Rechteck aus den Hypotenusenabschnitten.

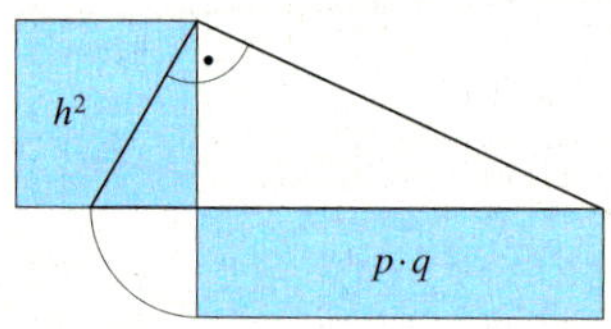

→ Seite 122

Kathetensatz

$$a^2 = p \cdot c \quad \text{und} \quad b^2 = q \cdot c$$

Das Quadrat über eine Kathete ist flächengleich mit dem Rechteck aus der Hypotenuse und dem anliegenden Hypotenusenabschnitt.

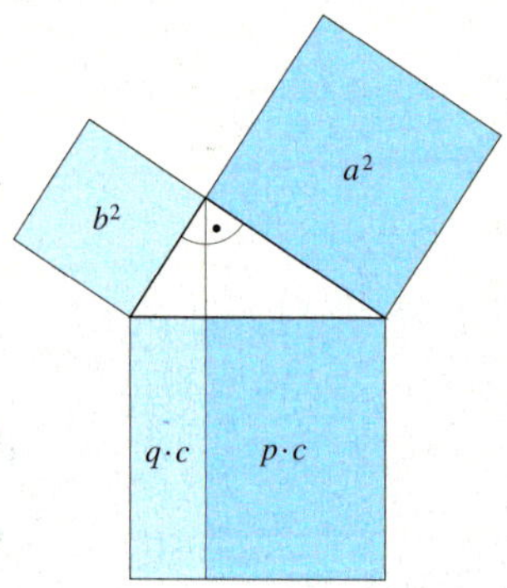

Daten

In Deutschland gibt es etwa 350 Tageszeitungen, dazu kommen viele Wochenzeitungen und unzählige Zeitschriften für jede Altersgruppe und für jedes Thema. Diese Medien informieren über aktuelles Geschehen. Datenerhebungen sind ein wichtiges Mittel, um Stimmungen, Trends und Meinungen herauszufinden. Zur Veranschaulichung werden Ergebnisse oft in Diagrammen dargestellt.

Noch fit?

1 Bei einer Klassenarbeit in Mathematik gab es folgende Notenverteilung:

sehr gut	gut	befriedigend	ausreichend	mangelhaft	ungenügend
2	6	8	7	4	0

a) Wie viele Schüler schrieben die Arbeit mit?
b) Gib den Durchschnitt der Arbeit an.
c) Wie müssten die Noten verändert werden, damit ein glatter Durchschnitt von 3 erreicht wird und trotzdem die Noten von sehr gut bis mangelhaft vertreten sind?

2 30 Schülerinnen und Schüler einer Klasse kommen mit unterschiedlichen Verkehrsmitteln zur Schule: drei von ihnen werden täglich mit dem Auto gefahren, elf kommen zu Fuß, sieben benutzen ihr Fahrrad, acht fahren Bus und ein Schüler reist täglich mit dem Zug an.
a) Erstelle aus diesen Daten ein Säulendiagramm sowie ein Piktogramm.
b) Worauf muss bei den beiden Diagrammtypen in Teilaufgabe a) geachtet werden?
c) Was ist der Vorteil eines Diagramms gegenüber einem Text oder einer Tabelle?

3 In einem 8. Schuljahr wurden zehn Kinder nach ihrer Größe gefragt.
Es ergab sich folgende Verteilung:

Name	Stefan	Sabrina	Maria	Patrick	Nikolai	Helena	Paul	Mike	Jenny	Klaudia
Größe (in cm)	163	156	177	162	166	157	152	162	156	154

Nimm diese Daten zur Grundlage und bestimme
a) das Minimum und das Maximum,
b) die Spannweite,
c) den Zentralwert (Median),
d) das arithmetische Mittel.

4 Kennst du dich mit Winkeln aus?
a) Erkläre: Scheitelpunkt, Schenkel, rechter Winkel, spitzer Winkel, stumpfer Winkel, überstumpfer Winkel, gestreckter Winkel.
b) Zeichne Winkel mit den Größen: 40°, 65°, 90°, 112°, 135°, 160°, 207°.
c) Lasse deinen Banknachbarn nachmessen, ob du alle Winkel in b) richtig gezeichnet hast.

5 Gib die Anteile in Bruch-, Dezimalbruch- und Prozentschreibweise an.

	Bruch	Bruch mit Nenner 100	Dezimalbruch	Anteil in Prozent
17 von 20	$\frac{17}{20}$	$\frac{85}{100}$	0,85	85 %
3 von 10				
23 von 50				
320 von 400				
5 von 250				
7 von 8				

Kurz und knapp

1. Ergänze den Satz: Diagramme dienen dazu, …
2. Erkläre, wie du einen Bruch in einen Dezimalbruch umwandelst.
3. Erläutere, wie du einen Bruch in Prozentschreibweise umwandelst.
4. Wie misst du mit dem Geodreieck einen überstumpfen Winkel?

Häufigkeiten und Kenngrößen

Erforschen und Entdecken

1 In einer Oberschule wurden Schüler zum Thema „Lieblingssport“ befragt.

a) Erkläre den Aufbau der Tabelle.

b) Wie viele Schülerinnen und Schüler wurden befragt?

c) Welchen Sinn hat das Anlegen einer Strichliste? Wieso werden die einzelnen Häufigkeiten wieder addiert, nachdem man sie doch vorher getrennt voneinander betrachtet hat?

	Strichliste	Häufigkeit
Handball	|||	3
Fußball	卌 卌	10
Schwimmen	卌 卌 ||	12
Tischtennis	||||	4
Tennis	卌	5
Gesamt		34

d) Gib für jede Sportart den Anteil der Schülerinnen und Schüler als Bruch und als Prozentangabe an. Gib auch die relative Häufigkeit an.

e) Legt eine eigene Strichliste und Häufigkeitstabelle für die Lieblingssportarten in eurer Klasse an.

2 Die Klassen 8 a und 8 b haben jeweils ihren Klassensprecher gewählt. Es ergaben sich folgende Ergebnisse.

Ergebnis in der Klasse 8 a:

Ergebnis in der Klasse 8 b:

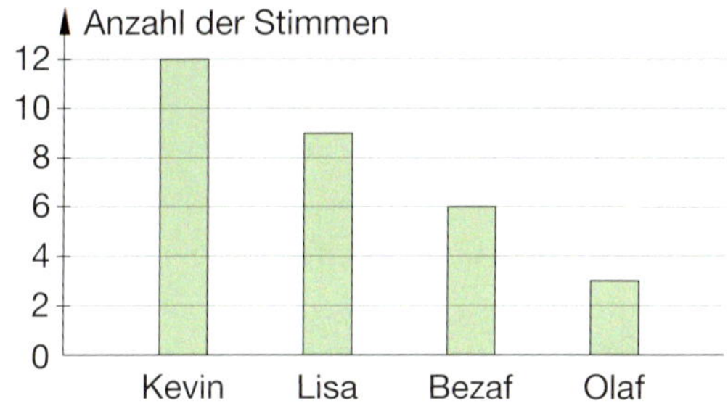

a) Wie viele Schülerinnen und Schüler haben in der 8 a gewählt?

b) Stelle die Ergebnisse der Klassensprecherwahl in der 8 a in einem Säulendiagramm dar.

c) Gib den Anteil der Schülerinnen und Schüler der 8 a, die Max zu ihrem Klassensprecher gewählt haben, in Prozent an.

d) Stelle die Ergebnisse der Wahl in der 8 b in einer Häufigkeitstabelle dar.

e) Gib den Anteil der Schülerinnen und Schüler der 8 b an, die Kevin zu ihrem Klassensprecher gewählt haben (als Bruch und in Prozent).

f) Max aus der 8 a und Kevin aus der 8 b streiten sich, wer das bessere Wahlergebnis erzielt hat.

3 Für das Landessportfest der Schulen im Fußball trainieren 5 Schüler das Passen in den Lauf. Jan passt von 20 Schüssen 16-mal direkt vor die Füße von Luka. Tom passt 12-mal perfekt, Oliver 15-mal, Sebastian 9-mal und Uli 12-mal.

a) Stelle die Ergebnisse der Jungen übersichtlicher dar.

b) Wer traf am häufigsten, wer am seltensten?

c) Um zu sehen, wie gut ihre kleine Gruppe schon ist, wollen die Jungen wissen, wie oft sie im Durchschnitt sicher passen.

d) Levent, ein Freund von Uli, hat von 16 Schüssen 10-mal perfekt gepasst. Sollen die Jungen ihn aufnehmen?

Lesen und Verstehen

Tim verwandelte 8 seiner letzten 10 Elfmeter; Tom 9 der letzten 12.

Möchte man Ereignisse vergleichen, so sind dafür die Anzahlen (absolute Häufigkeiten) wegen der meist unterschiedlichen Gesamtzahlen ungeeignet.

> Zum Vergleich von Ereignissen dividiert man die absoluten Häufigkeiten durch die Gesamtzahl aller Ereignisse und erhält so die ***relativen Häufigkeiten***.
>
> $$\text{relative Häufigkeit eines Ereignisses} = \frac{\text{absolute Häufigkeit des Ereignisses}}{\text{Gesamtzahl aller Ereignisse}}$$

BEISPIEL

Vergleich der relativen Häufigkeit für ein Elfmetertor von Tim und Tom:

Tim: $\frac{8}{10} = \frac{80}{100} = 80\,\%$ Tom: $\frac{9}{12} = \frac{3}{4} = \frac{75}{100} = 75\,\%$

Tim ist in diesem Fall der erfolgreichere Elfmeterschütze.

Zur Auswertung kann man eine **Strichliste (Urliste) mit Häufigkeitstabelle** erstellen.

Liest du gerne?	Strichliste	Häufigkeit
ja	𝍸 𝍸 𝍷𝍷𝍷	13
nein	𝍸 𝍷𝍷𝍷𝍷	9

Den größten Wert der erhobenen Daten nennt man **Maximum**.
Der kleinste Wert heißt **Minimum**.

Die **Spannweite** bezeichnet die Differenz zwischen dem Maximum und dem Minimum.

BEISPIEL 1

Der älteste befragte Schüler ist 16 Jahre alt, der jüngste ist 12.
16 ist das Maximum, 12 ist das Minimum.
Spannweite: 16 – 12 = 4

Bei der Auswertung interessiert man sich oft für **Mittelwerte** der vorliegenden Daten.

HINWEIS
Wenn es eine gerade Anzahl von Werten gibt, liegen zwei Werte in der Mitte. Der Zentralwert ist dann das arithmetische Mittel aus diesen beiden Werten.

Der **Durchschnitt** wird auch **arithmetisches Mittel** (kurz ∅ oder $\bar{x}$) genannt. Es wird berechnet, indem man alle einzelnen Daten addiert und dann durch die Anzahl der Daten teilt.

BEISPIEL 2

Wie viele Bücher hast du in den letzten 12 Monaten etwa gelesen?

Urliste: 12; 3; 25; 8; 2; 10; 38; 4; 0; 2; 5

arithmetisches Mittel:

$$\frac{12 + 3 + 25 + 8 + 2 + 10 + 38 + 4 + 0 + 2 + 5}{11} \approx 9{,}91$$

BEISPIEL
geordnete Urliste:
3; 5; ***9****;* ***11****; 15; 21*
Zentralwert:
$\frac{9+11}{2} = 10$

Als **Zentralwert** (Median, kurz $\tilde{x}$) wird der Wert in der Reihe bestimmt, der in der Mitte aller der Größe nach geordneten Werte liegt.

geordnete Urliste:
0; 2; 2; 3; 4; **5**; 8; 10; 12; 25; 38
Zentralwert: 5

Der **Modalwert** ist der Wert, der am häufigsten auftritt.

Modalwert: 2

Üben und Anwenden

1 Die Polizei kontrolliert an drei verschiedenen Schulen die Verkehrssicherheit von Fahrrädern.
Ergänze die Tabelle in deinem Heft und vergleiche die Ergebnisse.

Schule	St. Georg	Gem. GS	Lieb-frauen
Räder mit Mängeln	24	15	12
Untersuchte Räder	100	50	60
relative Häufigkeit			

2 Vergleiche jeweils beide relativen Häufigkeiten.
a) 5 Gewinne auf 20 Lose – 7 Gewinne auf 25 Lose
b) 4 Körbe von 8 Würfen – 6 Körbe von 15 Würfen
c) 9 von 30 Schülern – 16 von 50 Schülern
d) 12 von 15 Stimmen – 15 von 20 Stimmen

3 Klaus und Jörn sind Torhüter. Klaus hat drei der letzten zehn Elfmeter gehalten, Jörn zwei von acht Elfmetern.
a) Gib die relativen Häufigkeiten der von Klaus und Jörn gehaltenen Elfmeter an.
b) Für welchen Torwart sollte sich der Trainer beim Elfmeterschießen entscheiden?

4 Eine Zeitschrift befragt ihre Leser über die Zuverlässigkeit gebraucht gekaufter Autos.

Autofabrikat	BMW	Daimler Benz	Fiat	Renault
Zahl der Autos, die mit einer Panne liegen blieben	55	28	30	51
Gesamtzahl der untersuchten Autos	275	280	120	170

Nach einer TÜV-Befragung über gekaufte gebrauchte Autos

Berechne für jede Firma die relative Häufigkeit, mit der die Autos eine Panne hatten. Welches Fabrikat ist am zuverlässigsten?

5 Finde zu den gegebenen Beispielen jeweils andere Angaben, die die gleiche relative Häufigkeit besitzen.
a) 16 Lose von 64 gewinnen.
b) Es sind unter 125 Menschen 3 Rothaarige.
c) 5 von 120 Schrauben sind defekt.
d) 7 von 25 Bäumen sind krank.

6 Untersuche verschiedene Texte.
a) Untersuche einen kurzen deutschsprachigen Text mit mindestens 30 Wörtern. Zähle zunächst alle Buchstaben insgesamt. Erstelle eine Häufigkeitstabelle für die Buchstaben E, N, R, A und Y.
b) Bestimme die relative Häufigkeit, mit der jeder Buchstabe E, N, R, A und Y im Text vorkommt.
c) Präsentiere und vergleiche dein Ergebnis.
d) Untersuche nun die relative Häufigkeit der Buchstaben E, N, R, A und Y in einem kurzen englischsprachigen Text mit mindestens 30 Wörtern.
e) Sucht im Internet nach Angaben über relative Häufigkeiten für Buchstaben in der deutschen sowie der englischen Sprache und vergleicht die Resultate mit euren Ergebnissen.

7 Die Polizei kontrolliert häufig die Geschwindigkeit der Kraftfahrzeuge in der Nähe von Schulen und Kindergärten. Folgende Daten hat die Polizei bei der Fahrzeugkontrolle bisher gesammelt.

Straße	Gesamtzahl der kontrollierten Fahrzeuge	Zahl der Fahrzeuge mit überhöhter Geschwindigkeit
Boxgraben	550	11
Lindenstr.	800	20
Kiefernweg	600	30
Tulpenweg	900	54
Jahnstr.	520	26
Südring	1300	39
Berliner W.	500	35

In welchen vier Straßen sollte die Polizei ihre Geschwindigkeitskontrollen verstärkt durchführen?

8 Würfle 20-mal und notiere die Anzahl der geworfenen „Sechsen“. Dein Partner würfelt 25 Mal und notiert ebenfalls die Anzahl der geworfenen „Sechsen“.

a) Berechnet die relative Häufigkeit, mit der jeder von euch eine „Sechs“ geworfen hat. Vergleicht eure Ergebnisse.

b) Ändert nun die Anzahl der Würfe auf 12 und 15. Vergleicht erneut eure Ergebnisse. Was fällt euch auf?

c) Bei welcher Anzahl von Würfen ist die Angabe der relativen Häufigkeit besonders einfach, wann ist die Angabe schwerer?

9 Auf der Fahrt in den Urlaub haben Sina und Eileen Langeweile. Daher zählen sie Autos. Eileen hat 8 blaue, 10 schwarze, 8 weiße und 6 rote Autos gezählt. Sina hat 5 Mercedes, 8 VWs, 6 Renaults, 3 Fiats und 2 BMWs gezählt.
Überprüfe die folgenden Behauptungen:

a) Auf der Autobahn sind mehr blaue Autos als VWs unterwegs.

b) Die relative Häufigkeit für einen Fiat ist größer als für ein rotes Auto.

10 Die Zusammensetzung von Nahrungsmitteln wird in Eiweiß, Fett und Kohlenhydraten angegeben.

	Eiweiß in g	Fett in g	Kohlenhydrate in g	Energie in kcal
125 g Butter	1,25	100	1,25	955
200 g Bananen	2	–	36	162
60 g Chips	3	24	28	318
100 g Würstchen	15	26	–	296
20 g Schnittkäse	5	6	1	79
250 g Brötchen	23	5	125	657

a) Welches der Lebensmittel beinhaltet relativ am meisten (am wenigsten) Eiweiß, Fett und Kohlenhydrate?

b) Sortiere die Nahrungsmittel nach ihrem relativen Energiegehalt und erstelle dazu ein Diagramm.

ZUR INFORMATION
***1 Kilokalorie** (1 kcal) ist jene Energiemenge, die nötig ist, um ein Liter Wasser um ein Grad zu erwärmen. Kalorie stammt vom lateinischen „calor“ und bedeutet Wärme. Offiziell wird die physikalische Größe ‚Energie‘ in Deutschland in **Joule** (J) angegeben. 1 Joule entspricht dabei ca. 0,24 kcal.*

11 Erstelle jeweils eine Strichliste mit Häufigkeitstabelle.
Bestimme Durchschnitt und Median und vergleiche die beiden Werte.

a) Das Alter von Neuntklässlern
14; 15; 14; 13; 15; 15; 16; 15; 14; 15; 14; 14; 13; 15; 16; 15; 15; 14; 15

b) Anzahl der Geschwister von befragten Schülerinnen und Schülern
3; 2; 0; 2; 4; 1; 1; 0; 2; 1; 1; 2; 1; 0; 0; 1; 0; 2; 4; 1; 0; 1; 3; 2; 1; 1; 0; 1; 4; 1; 0, 3

c) Schuhgrößen von Lehrkräften
38; 44; 42; 40; 39; 44; 42; 39; 45; 38; 42; 40; 45; 38; 38; 39; 41; 39; 45; 40; 41; 41

d) Anzahl der Haustiere in befragten Familien
1; 0; 0; 2; 1; 0; 1; 0; 0; 2; 1; 3; 0; 1; 1; 2

12 Gib zu jeder Datenreihe Maximum, Mininum, Spannweite, das arithmetische Mittel, den Zentralwert und – falls möglich – den Modalwert an.

a) 4; 8; 9; 9; 12; 14; 14; 15; 29; 31; 32; 35

b) 12; 26; 29; 51; 52; 79; 86

c) 17; 8; 45; 29; 48; 20; 48; 28; 34; 35; 14

d) 1,43; 1,03; 1,43; 2,29; 3,71; 2,29; 2,29

e) 0,8; 2,09; 4,5; 1,38; 2,46; 1,99; 5,12

13 Für Marmelade wurden in verschiedenen Läden folgende Preise verlangt:
1,39 €;
1,45 €;
1,95 €;
0,99 €;
1,09 €;
1,49 €
Ermittle Durchschnitt und Spannweite und Zentralwert.

14 Im Internet kann man viele Daten recherchieren, bei denen das Minimum und das Maximum eine entscheidende Rolle spielen.

a) Durchsuche das Internet nach Themen, zu denen Minimum und Maximum angegeben oder ersichtlich sind.

b) Präsentiere in der Klasse die gefundenen Themen.

Methode: In Klassen einteilen

Die Klasse 8 a hat eine Umfrage zur Körpergröße durchgeführt. Die Auswertung gestaltet sich schwierig, da viele verschiedene Zahlen auftreten. Deshalb ist es günstig, mehrere Zahlen zu **Klassen** zusammenzufassen.

Für die Anzahl der zu bildenden Klassen gibt es keine feste Regel. Man muss überlegen, welche Klasseneinteilung für die Auswertung sinnvoll ist.
Eine Zahl darf nur zu einer Klasse gehören.

Die Klasse 8 a hat sich für die folgende Einteilung entschieden und eine Strichliste mit Häufigkeitstabelle angelegt.

Größe	Strichliste	Häufigkeit
140-149	||	2
150-159	||||	4
160-169	卌 卌 |	11
170-179	卌 ||	7
180-189	|||	3

15 Erklärt mit eigenen Worten, warum es bei manchen Daten günstig ist, diese in Klassen zusammenzufassen.
Worauf muss man bei der Einteilung in Klassen achten?

16 Fertige nach euren Ergebnissen eine Strichliste und Häufigkeitstabelle an für die Zeit, die ihr für den Schulweg benötigt.
Überlege dir vorher, wie du die einzelnen Werte sinnvoll zusammenfassen kannst.

17 Timo hat eine Strichliste mit Häufigkeitstabelle zu den Körpergrößen angefertigt.
Sie ist fehlerhaft.

Größe	Strichliste	Häufigkeit
164 – 169	卌 |	6
150 – 164	卌 卌 卌	15
170 – 177	卌 |	6
140 – 150	|||	3
139	|	1

a) Erkläre und begründe, warum die Tabelle fehlerhaft angelegt ist.
b) Worauf musst du beim Erstellen von Häufigkeitstabellen achten?

18 Carla behauptet, dass der Notenspiegel einer Klassenarbeit genau wie eine Häufigkeitstabelle sei.
Hat sie mit ihrer Meinung Recht?

19 In der Randspalte befinden sich Daten zur täglichen Arbeitszeit für Hausaufgaben und Lernen für die Schule.
a) Berechne das arithmetische Mittel.
b) Ermittle den Zentralwert.
c) Unterscheide das arithmetische Mittel und den Zentralwert voneinander.
Welcher Wert ist bei dieser Datenreihe aussagekräftiger und warum?

HINWEIS
Daten zu Aufgabe 19:
Milena 30 min
Özge 40 min
Steffen 60 min
Sabrina 35 min
Selim 60 min
Markus 50 min
Hanno 75 min
Tina 150 min
Karo 30 min
Nick 40 min
Erik 30 min

20 Hier siehst du zwei Zeitungsüberschriften:

Arme Ärzte
Klinikärzte verdienen durchschnittlich nur 1 978 € im Monat.

Arzt müsste man sein!
Das durchschnittliche Jahresgehalt eines Klinikarztes liegt bei fast 40 000 €.

a) Vergleiche die beiden Angaben.
b) Wie konnte der Unterschied zwischen den Artikeln zustande kommen, wenn beide Journalisten auf die gleiche Datenquelle zurückgegriffen haben?
c) Gib eine Datenreihe mit mindestens fünf Einkommensangaben an, die die Journalisten genutzt haben könnten.
Erkläre, wie du vorgegangen bist.

21 Entwickle einen eigenen Fragebogen zu einem Thema, das dich interessiert.
a) Entwirf den Fragebogen und führe damit eine Befragung durch.
b) Werte den Fragebogen aus, indem du eine Urliste anlegst.
c) Bestimme – soweit dies möglich ist – Minimum, Maximum, Spannweite und einen Mittelwert.
d) Stelle die Daten in einem Säulendiagramm dar.
e) Stelle die gesamten Ergebnisse deiner Klasse vor.

22 Zwei Datenreihen werden verglichen. Hat immer diejenige Datenreihe, die das größere arithmetische Mittel hat, auch den größeren Zentralwert?
Gib, falls möglich, ein Gegenbeispiel an.

23 Betrachte die Karikatur.

a) Beschreibe die Situation, die in der Karikatur dargestellt wurde, und erkläre die Problematik.
b) Ist die Karikatur noch sinnvoll, wenn die Basketballmannschaft aus drei großen und drei kleinen Spielern besteht?
c) In welchen Fällen ist die Angabe des Zentralwertes problematisch?
Hast du eine Idee, wie das Problem gelöst werden könnte?

138-1
ZUM WEITERARBEITEN
Eine fast unerschöpfliche Fundgrube möglicher Höchst- und Tiefstwerte ist das „Guinness-Buch der Rekorde". Unter dem Webcode findest du hilfreiche Links. Suche interessante Beispiele heraus. Du kannst sie auch in der Klasse vorstellen.

24 Finde eine Datenreihe aus fünf Daten, bei denen zwischen Zentralwert und arithmetischem Mittel eine möglichst große Differenz ist. Wie gehst du dazu vor?

25 Mandy notiert ihr Alter, das ihrer Schwester und das ihrer Eltern. Sie sagt: „Im Durchschnitt sind wir 29,75 Jahre alt."
a) Wie alt könnten die einzelnen Familienmitglieder sein?
b) Hat eine solche Durchschnittsangabe Sinn? Diskutiert in der Klasse.

26 Gib jeweils eine zu den Angaben passende Datenreihe an.
Gibt es mehrere Möglichkeiten?

	Anzahl der Daten	Zentralwert	Modalwert	arithmetisches Mittel
a)	5	18	–	18,6
b)	9	7	4	–
c)	5	19	–	25,2
d)	7	36		–
e)	10	63	–	
f)	10	47	22	–

27 Holger hat für die Schülerzeitung eine Umfrage zum Thema „Taschengeld" gemacht. Seine Unterlagen hat er leider verloren, aber zum Glück hat Holger ein gutes Gedächtnis. Er kann sich noch an folgende Einzelheiten erinnern:
- zehn Personen hat er befragt
- alle Befragten erhielten unterschiedlich hohe monatliche Taschengeldbeträge, aber immer einen „glatten" Betrag (z. B. 13 €)
- der Zentralwert lag bei 15 €
- Klaus bekam mit monatlich 25 € das höchste Taschengeld
- die Spannweite betrug 15 €

a) Berechne die minimale Taschengeldhöhe.
b) David behauptet, dass die meisten der Befragten monatlich mehr als 20 € Taschengeld bekommen. Ist das möglich?
c) Kann man die Taschengeldhöhe *aller* befragten Schülerinnen und Schüler ausrechnen? Begründe deine Antwort.

Kreisdiagramme zeichnen und auswerten

Erforschen und Entdecken

1 Daten von Umfrageergebnissen lassen sich besonders anschaulich in Kreisdiagrammen darstellen.

100 Schülerinnen und Schüler wurden befragt …

… nach ihrem Hobby:

Hobby	Stimmen
Sport	50
Computer	30
Freunde treffen	10
sonstiges	10

… nach ihrem Lieblingsfach:

Lieblingsfach	Stimmen
Sport	30
Mathe	25
Biologie	25
sonstiges	20

①

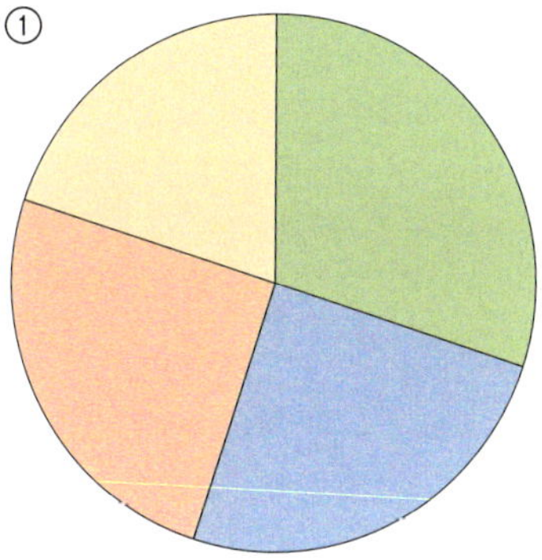

②

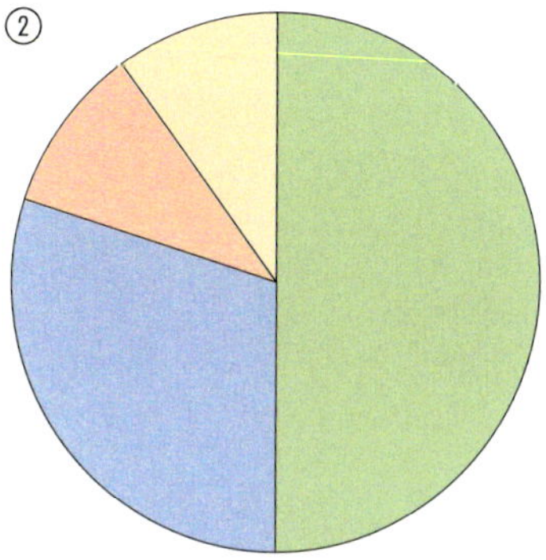

Ordne den Umfrageergebnissen das zugehörige Kreisdiagramm zu.
Übertrage die Paare mit einer Überschrift in dein Heft und beschrifte die Kreissegmente.

2 Sicherlich kennst du die Darstellung von Wahlergebnissen in Kreisdiagrammen.

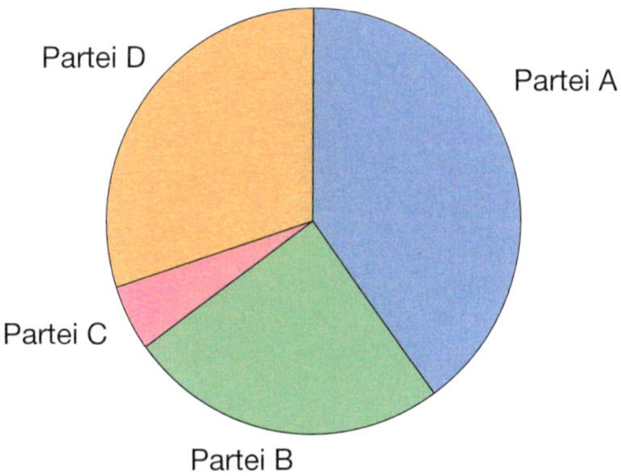

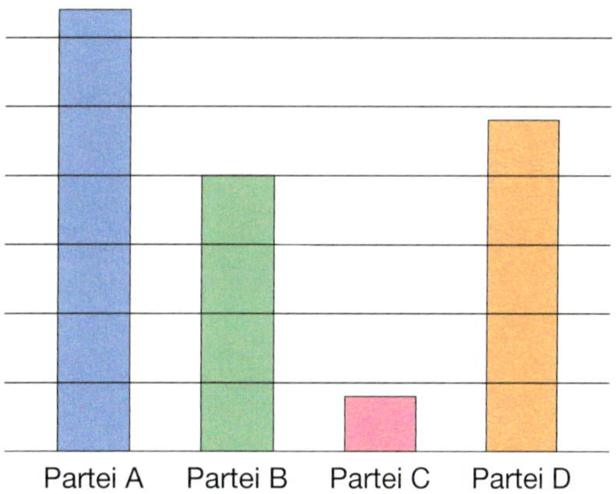

a) Betrachte das Kreisdiagramm. Welche Partei hat die Wahl gewonnen?
b) Schätze, wie groß die Stimmanteile der Parteien A, B, C und D sind.
c) Überlege und beschreibe, wie du vorgehen musst, um den Stimmanteil der Parteien genau zu bestimmen. Berechne mit deiner Methode den Stimmanteil der einzelnen Parteien. Vergleiche deine Ergebnisse mit der Schätzung aus Aufgabenteil b).
d) Das Säulendiagramm oben rechts gibt ebenfalls die Wahlergebnisse wieder. Vergleiche die beiden Diagramme. Welches Diagramm ist für die Darstellung von Wahlergebnissen geeigneter? Begründe.

ZUR INFORMATION
*Außer den **Säulen-** und **Kreisdiagrammen** gibt es noch weitere Diagrammarten.*
*In **Balkendiagrammen** z. B. werden die Daten durch waagerecht liegende Balken dargestellt:*

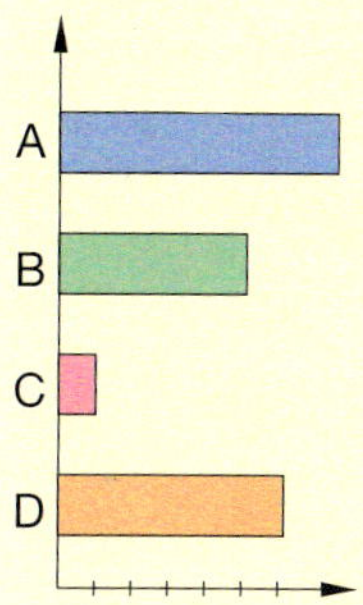

Lesen und Verstehen

Kreisdiagramme auswerten
Um Kreisdiagramme ohne Zahlenangaben auszuwerten, muss zunächst die Winkelgröße gemessen und durch 3,6 dividiert werden. So erhält man die relative Häufigkeit der Nennung (in %).

Winkelgröße —(: 3,6)→ relative Häufigkeit (in %)
relative Häufigkeit (in %) —(· 3,6)→ Winkelgröße

Kreisdiagramme zeichnen
Aus den relativen Häufigkeiten verschiedener Größen erhält man die zugehörige Winkelgröße eines Kreisdiagramms, indem man die relative Häufigkeit (in %) mit 3,6 multipliziert.

BEISPIEL 1
Winkelgröße A: 108°

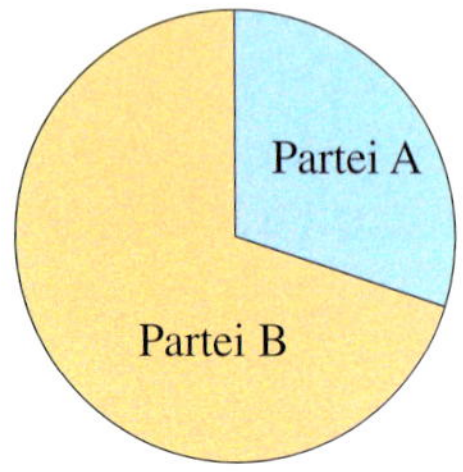

108 : 3,6 = 30
oder:
108° von 360° sind

$\frac{108}{360} = \frac{3}{10} = \frac{30}{100} = 30\,\%$

A erhielt also 30 % der Stimmen.

BEISPIEL 2
Relative Häufigkeit B: 78 %

78 · 3,6 = 280,8

B hat eine Winkelgröße von ca. 281°.

HINWEIS
Der Kreis entspricht 100 %. Er entspricht aber auch einem Winkel von 360°. Teilt man den Vollwinkel auf die 100 % auf, so entspricht 1 % einem Winkel von 3,6°.

Üben und Anwenden

140-1
BEACHTE
Unter dem Webcode gibt es eine interaktive Übung zum Bestimmen von Prozentzahlen aus Diagrammen.

1 Das Diagramm rechts zeigt, welche Haustiere besonders beliebt sind.
a) Bestimme jeweils die Anteile in der Bruchschreibweise, der Dezimalbruchschreibweise und der Prozentschreibweise.
b) Zeichne das Kreisdiagramm in dein Heft und beschrifte es in Prozentschreibweise.

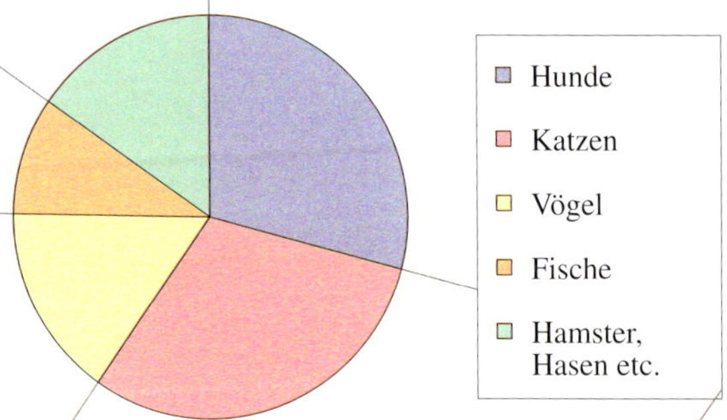

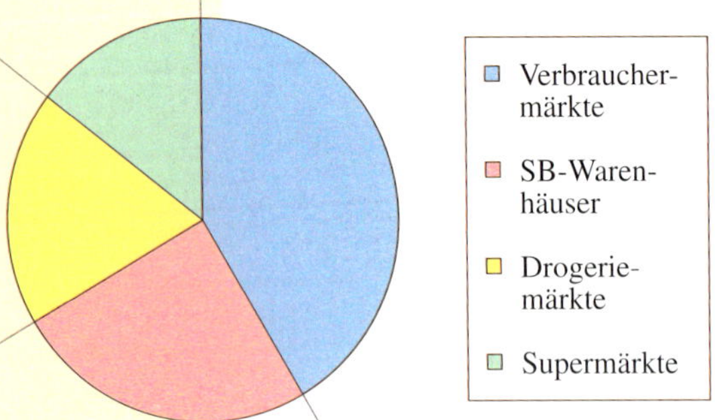

2 Zur Fütterung ihrer Haustiere besorgen die meisten Haushalte besonderes Tierfutter. Das Diagramm links zeigt an, wo das Futter eingekauft wurde. Gib jeweils die Anteile in den verschiedenen möglichen Schreibweisen an.

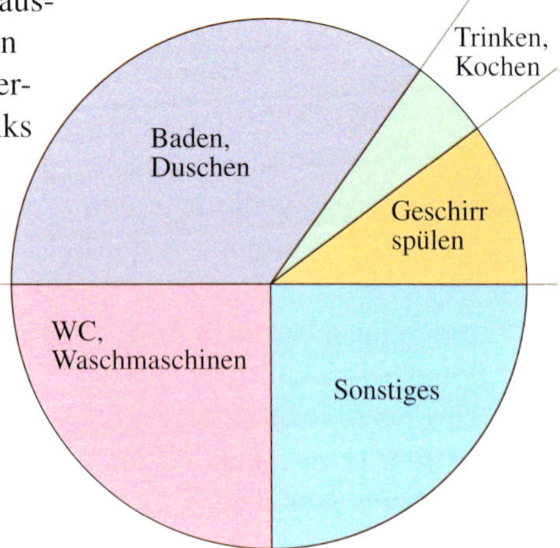

3 Für viele Tätigkeiten im Haushalt brauchen wir Wasser. Welchen Anteil am Wasserverbrauch im Haushalt haben die einzelnen Tätigkeiten rechts?

4 Berechne – falls notwendig – die Stimmanteile (in Prozent) und zeichne ein zugehöriges Kreisdiagramm.

a) Bei den Bürgermeisterwahlen in Kleinfeld entfielen 30 % der Stimmen auf Herrn Jansen und 65 % der Stimmen auf Frau Bongerts.
Die restlichen Stimmen waren Enthaltungen.

b) In Großdorf beteiligten sich 4 000 Bürgerinnen und Bürger an der Wahl. Davon wählten 600 Frau Schad und 3 000 Herrn Görtz.
400 Bürger enthielten sich der Stimme.

c) In Dörfling wählten 2 400 Bürger Herrn Lange und 3 000 Herrn Otto.
600 Bürgerinnen und Bürger enthielten sich der Stimme.

5 Nach Angaben des Bundesministeriums für Ernährung, Landwirtschaft und Verbraucherschutz besteht die deutsche Waldfläche zu
28,2 % aus Fichten,
9,6 % aus Eichen,
14,8 % aus Buchen und
23,3 % aus Kiefern.
Die restliche Waldfläche entfällt auf andere Baumarten.

a) Berechne den Anteil, der auf die restlichen Baumarten entfällt.

b) Runde alle Anteile auf die Einerstelle.

c) Zeichne ein Kreisdiagramm zu den Baumarten des deutschen Waldes.

6 Bei den Landtagswahlen in Brandenburg kam es 2004 zu folgenden Ergebnissen.
SPD: 28,6 %
CDU: 22,4 %
PDS: 32,1 %
FDP: 4,8 %
Bündnis 90/Die Grünen: 4,1 %
sonstige: 8 %

a) Stelle die Wahlergebnisse in einem Kreisdiagramm dar.

b) Stelle die Wahlergebnisse in einem Säulendiagramm dar.

c) ➡ Welches der beiden Diagramme ist aussagekräftiger?

7 In der Klasse 8 b der John-Lennon-Oberschule wurde das Alter der Schülerinnen und Schüler ermittelt:

Alter	Strichliste	absolute Häufigkeit	relative Häufigkeit
14	卌 卌 卌	15	$\frac{15}{30} = \frac{1}{2} = \frac{50}{100} = 50\,\%$
15	卌 卌 ||		
16	|||		
		gesamt: 30	

a) Übertrage die Tabelle in dein Heft und vervollständige sie.

b) Fertige nach den Ergebnissen der Umfrage ein Säulen- und ein Kreisdiagramm an.

c) ➡ Nenne Vor- und Nachteile der beiden Darstellungsformen.

d) Bestimme den Zentralwert und berechne das arithmetische Mittel.

8 In einer Schule wurden 200 Schüler nach ihrem Lieblingsessen befragt:

Lieblingsessen	Stimmen
Pizza	60
Nudeln	60
Pommes	50
sonstiges	30

a) Berechne jeweils die relative Häufigkeit.

b) Stelle die Ergebnisse in einem Säulen- und in einem Kreisdiagramm dar.

c) Welches hältst du für geeigneter? Begründe.

9 Michael Schumacher ist der erfolgreichste Formel-1-Fahrer aller Zeiten. Von 250 Rennen (Stand 2006) gewann er 91, beendete 43 Rennen als Zweiter und 18 als Dritter.

a) Stelle die Bilanz als Säulendiagramm dar.

b) Stelle die Bilanz als Kreisdiagramm dar.

c) ➡ Welches der beiden Diagramme ist aussagekräftiger?

10 ➡ Diskutiert Vor- und Nachteile sowie Einsatzmöglichkeiten von Säulen- und Kreisdiagrammen.

HINWEIS
Unter www 141-1 *kannst du Kreisdiagramme auch mit Hilfe eines* ***Tabellenkalkulationsprogrammes*** *erstellen.*

HINWEIS
Schreibe dir die Vor- und Nachteile in dein Lerntagebuch.

Methode: Diagramme mit dem Computer erstellen

Balkendiagramm

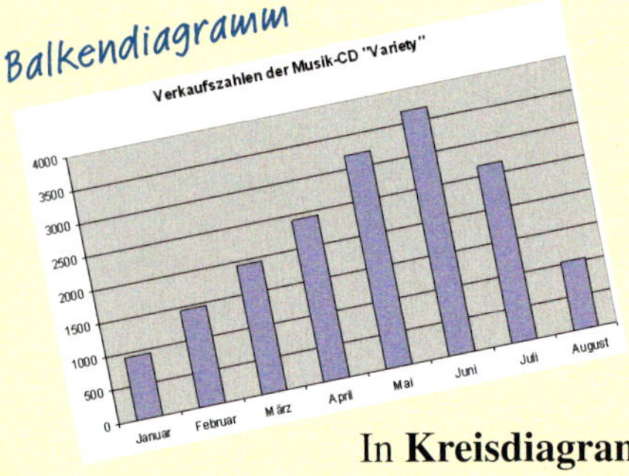

Welches Diagramm für welchen Zweck?

In Diagrammen werden Informationen bildlich dargestellt. **Säulendiagramme** sind die am häufigsten verwendeten Diagramme. Sie veranschaulichen Werte durch auf der x-Achse senkrecht stehende Rechtecke oder „Säulen“. Häufig stellt man mit ihnen zeitliche Entwicklungen dar.

In **Balkendiagrammen** werden die Daten durch waagerecht liegende Balken dargestellt. Sie eignen sich besonders zur Veranschaulichung von Rangfolgen.

In **Kreisdiagrammen** werden die Daten durch Anteile am Kreis dargestellt. Sie werden in der Regel verwendet, um Verteilungen oder Anteile darzustellen.

Liniendiagramme eignen sich besonders zur Darstellung von zeitlichen Entwicklungen mehrerer Daten zugleich.

Kreisdiagramm

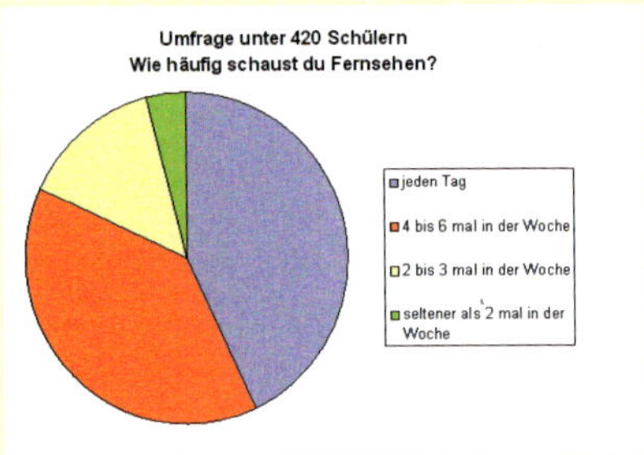

Säulendiagramm

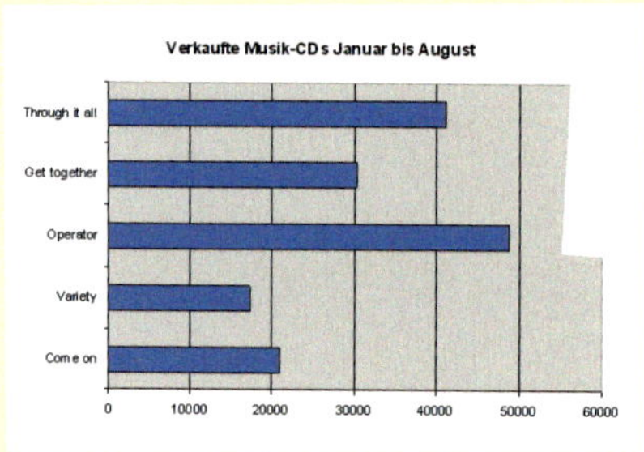

Liniendiagramm

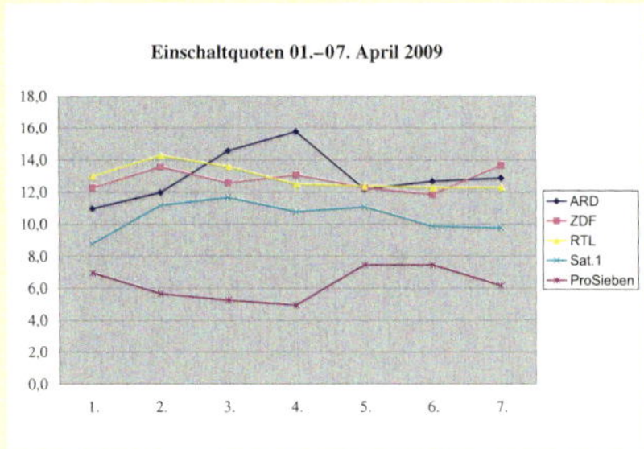

Daten eingeben

Die Daten zur Diagrammerstellung werden in eine Tabelle eingegeben. Mit der Maus können die Daten markiert werden.

Im Menü „Einfügen“ wählt man den Punkt „Diagramm“. Es öffnet sich ein Dialogfenster, in dem verschiedene Entscheidungen getroffen werden können.

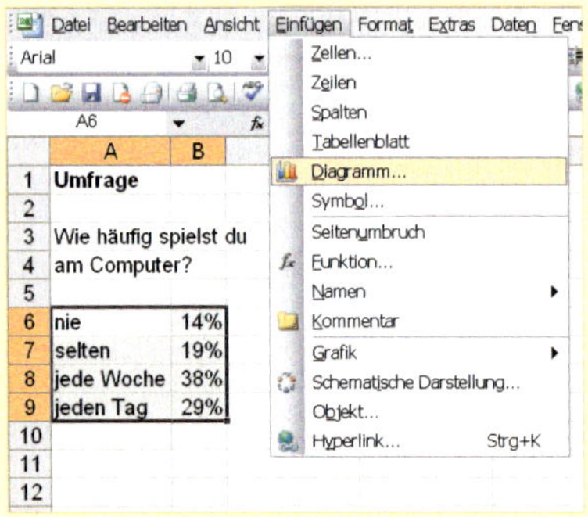

Diagramm erstellen

Als erstes wird die Art des gewünschten Diagramms gewählt. Es können nun weitere Einstellungen bearbeitet werden. Man kann zum Beispiel einen Diagrammtitel eingeben, die Anzeige von Legende und Achsenbeschriftungen bestimmen und schließlich mit einem Klick auf die Schaltfläche „Fertig stellen“ das Diagramm erzeugen lassen.

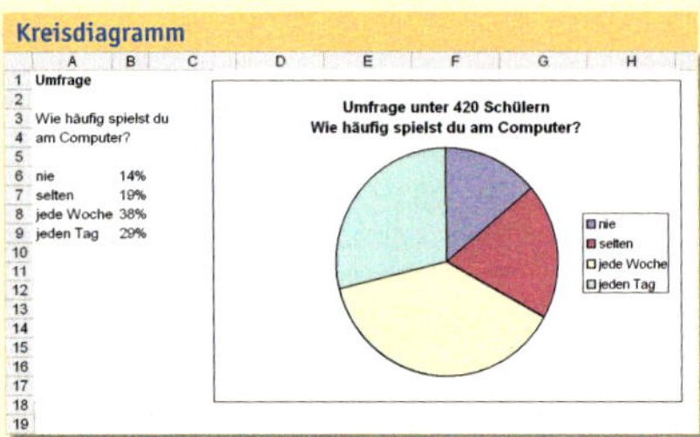

Daten kritisch betrachten

Erforschen und Entdecken

1 Betrachte die oben abgebildeten Piktogramme. Sie sollen ein und denselben Sachverhalt veranschaulichen: Carina bekommt doppelt so viel Taschengeld wie Stefan.

a) Diskutiert in eurem Kurs, welche Darstellung ihr für am geeignetesten haltet. Begründet euren Standpunkt.

b) Wie wäre das Verhältnis von Carinas zu Stefans Taschengeld bei den einzelnen Darstellungen, wenn man sie korrekt ablesen würde?

c) Nennt Gründe, warum dennoch solche Piktogramme zur Veranschaulichung gewählt werden.

d) Wer könnte ein Interesse daran haben, das Piktogramm mathematisch nicht korrekt darzustellen? Denkt euch Beispiele aus.

2 Das Säulendiagramm rechts stellt Martins Schulden dar, die er jeden Monat neu auf sich nimmt, um seine Handykosten zu decken.

a) In welcher Höhe verschuldet sich Martin in den einzelnen Monaten?

b) Ist der Verlauf für euch positiv oder negativ zu bewerten?
Diskutiert darüber im Kurs und begründet eure Meinung.

c) Wer hat ein Interesse, die Schuldensituation so darzustellen?

d) Wie würdet ihr sie darstellen?

e) Denkt euch eine eigene Geschichte aus, die man so darstellen könnte.

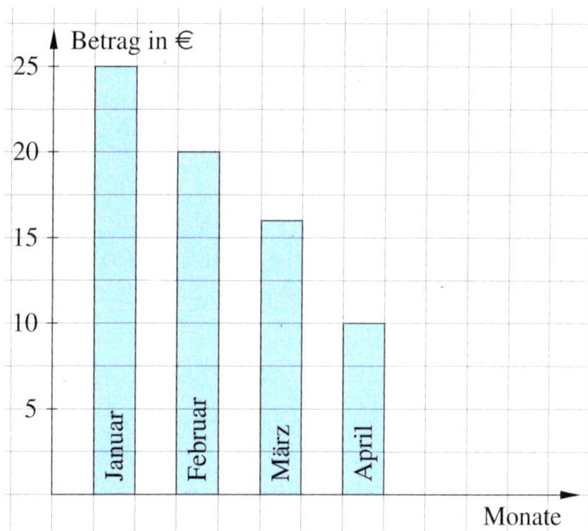

3 Führt in eurem Kurs eine Befragung durch, die folgende Möglichkeiten zum Ankreuzen bietet: Bist du glücklich/zufrieden/unglücklich?
Führt danach die gleiche Befragung noch einmal durch. Diesmal gibt es folgende Möglichkeiten zum Ankreuzen: Bist du glücklich/zufrieden/eher zufrieden/eher unzufrieden/unzufrieden/unglücklich.

a) Welche Befragung würdest du wählen, damit du möglichst viele „glückliche“ Mitschüler hättest?

b) Woran liegt das?

c) Was lässt sich mit dieser Erkenntnis generell über Befragungen aussagen?

Lesen und Verstehen

Häufig werden Daten in Diagrammen mathematisch falsch dargestellt. Oftmals ist es unbeabsichtigt und einfach nicht gut durchdacht.

Diagramme werden manchmal bewusst irreführend dargestellt, weil ein besonderes Interesse verfolgt wird.

HINWEIS
Sieh dir die Zeichnungen auf Seite 143 an.

BEISPIELE

- Stefan möchte seine Eltern von der Ungerechtigkeit überzeugen, dass er nur halb so viel Taschengeld wie Carina bekommt. Da wäre die Goldbarrendarstellung am sinnvollsten.
- Stefan möchte vor seinen Freunden als nicht so arm dastehen. Er würde die korrekte Darstellung – den Münzberg – wählen.
- Martin hat ein Interesse daran, nur seine monatlich neu entstehenden Schulden für sein Handy darzustellen. Würde er seine Verschuldung insgesamt in einem Diagramm darstellen, so würden die Säulen von links nach rechts ansteigen.

Auch bei der Fragestellung kann schon gezielt beeinflusst werden. Einerseits kann die Frage in die gewünschte Richtung gelenkt werden. Andererseits kann man die Antwortmöglichkeiten so vorgeben, dass man ein gewünschtes Ergebnis erhält.

Üben und Anwenden

EIN WITZ
Zwei Mönche diskutieren, ob man beim Beten rauchen darf. „Fragen wir doch unsere Vorgesetzten!“ „Fehlanzeige“, kommt der erste zurück. „Ich habe gefragt: ‚Darf ich beim Beten rauchen?‘“ „Und?“ „Der Abt hat nein gesagt.“ „Komisch“, sagt der zweite Mönch, „mein Abt hat ja gesagt.“ „Was hast du denn gefragt?“ „Darf ich beim Rauchen beten?“ Erfinde einen eigenen Witz nach dem gleichen Muster.

1 Untersucht die unten abgebildeten Diagramme auf ihre Fehler hin.
Welches Interesse könnte jeweils dahinter stecken?

Wohnflächenstandard von 1989 und 2007 in Brandenburg (Wohnfläche in m² pro Einwohner)

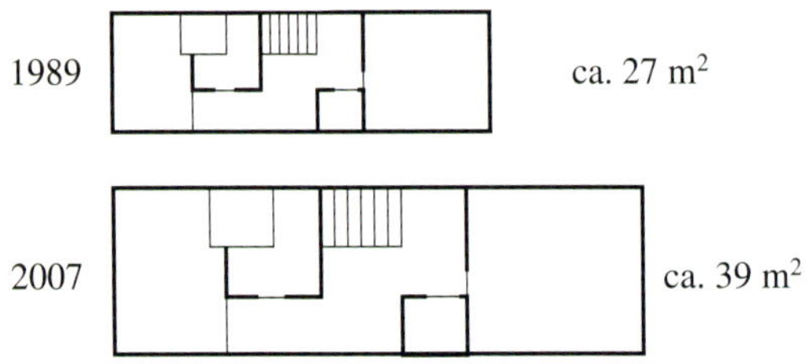

Jeder Zweite lebt allein

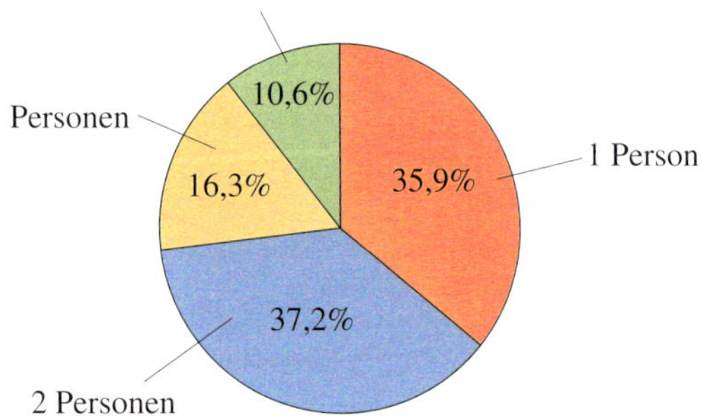

2 Konstruiert einen Sachverhalt mit ausgedachten Werten, der sich fehlerhaft darstellen lässt. Zeichnet ein korrektes und ein fehlerhaftes Diagramm dazu.

3 Führt in zwei Nachbarkursen oder zwei unterschiedlichen Klassen eine Befragung zum Thema „Schuluniformen“ durch. Der Fragebogen für den einen Kurs sollte nur die Frage: „Bist du für oder gegen Uniformen?“ enthalten. Beim Fragebogen für den anderen Kurs solltet ihr zunächst die Vorteile von Uniformen an Schulen auflisten und dann exakt die gleiche Frage wie beim ersten Fragebogen stellen.
Zu welchem Ergebnis kommt ihr? Entspricht das Ergebnis euren Erwartungen? Begründet.

Thema: Einschaltquoten

Die GfK-Fernsehforschung ermittelt Fernsehnutzungsdaten, u. a. die so genannte Einschaltquote.

1 Was versteht man unter der Einschaltquote?
Benutze bei der Beschreibung des Begriffs das mathematische Fachvokabular.

2 Im Internet werden unter anderem die Tagesmarktanteile der verschiedenen Fernsehsender des Vortages veröffentlicht.
Hier siehst du die Tagesmarktanteile für die Zuschauer ab 3 Jahren vom 07. April 2009:

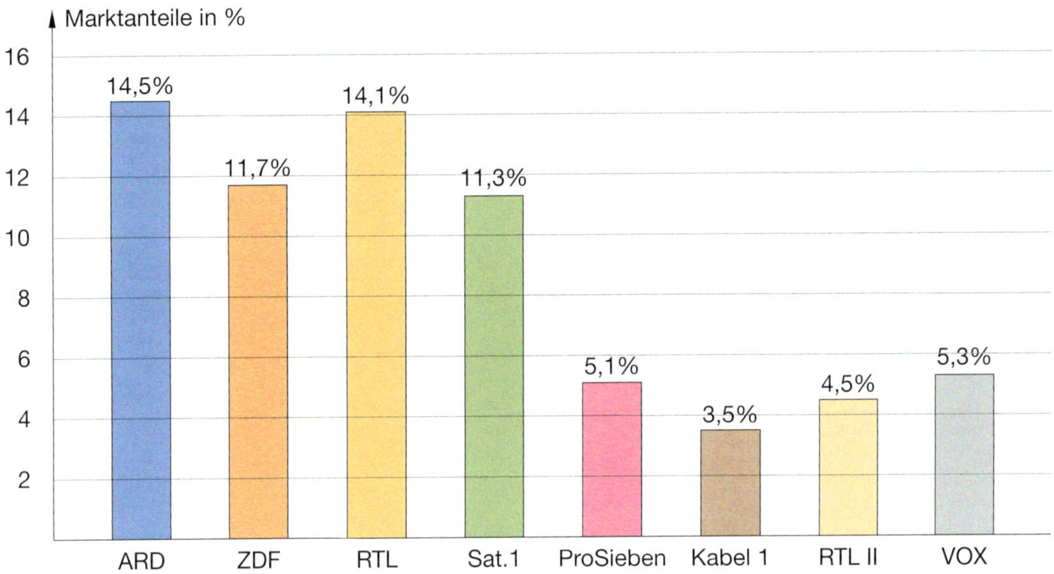

a) Ordne die Sender nach ihrem Marktanteil. Gib den Anteil auch in Bruch- und Dezimalschreibweise an.
b) Addiere die Marktanteile der angegebenen Sender. Was fällt dir auf?
c) Stelle die Marktanteile vom 04.01.2009 in einem Kreisdiagramm dar und erläutere, welche Diagrammart geeigneter ist.
d) Recherchiere, welche Daten unter dem Mediencode oben rechts in der Randspalte noch veröffentlicht werden.
Suche dir einen beliebigen Tag heraus und erstelle ein Plakat über alle Daten, die du auf dieser Internetseite zu diesem Tag findest. Präsentiere das Plakat deinen Mitschülern.

3 Die Abbildung rechts zeigt die Tagesmarktanteile für fünf Fernsehsender im Zeitraum vom 01. bis zum 07. Januar 2009.
a) Welche Fernsehsender verbergen sich hinter den einzelnen Farben?
b) Welchen Marktanteil hatte das ZDF (PRO 7) am 03. Januar (02. Januar)?
c) Ist das Verbinden der Datenpunkte (mathematisch) sinnvoll?
d) Ermittle die ungefähren Marktanteile für den 01. Januar und stelle die Ergebnisse in einem Kreisdiagramm dar.
e) Gib die Marktanteile des 04. bis 07. Januars tabellarisch an und stelle die Daten in einem gemeinsamen Säulendiagramm dar.

ZUR INFORMATION
GfK bedeutet: Growth from Knowledge.

HINWEIS
Der Webcode 145-1 *führt zu einem Link, unter dem du diese Daten finden kannst.*

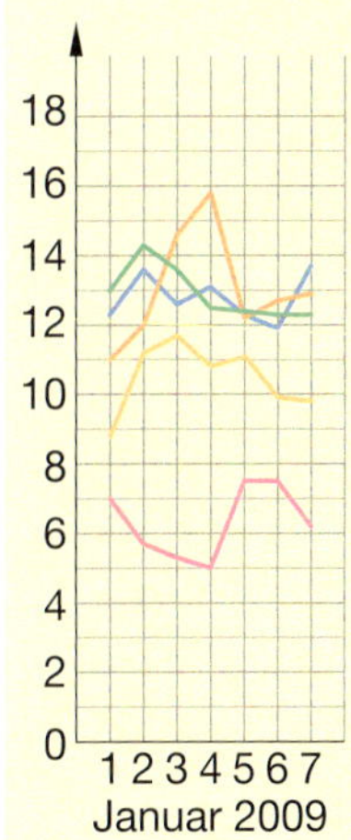

Geheimschriften entschlüsseln

Glh Zlvvhqvfkdiw yrq ghu Jhkhlpkdowxqj ghu Gdwhq khlvvw **Nubswrjudsklh**. Lkuh Dxijdeh ehvwhkw gdulq hlqhq Whaw lq hlqhq Jhkhlpwhaw cx xhehuvhwchq. Gdv Yhuvfkoxhvvhoq qhqqw pdq dxfk **Fkliiulhuhq**, gdv Hqwvfkoxhvvhoq **Ghfkliiulhuhq**.

1 Entschlüssele mithilfe der Chiffrierscheibe den Text links.

Besonders leicht lassen sich Texte mit de **Chiffrierscheibe** ver- und entschlüsseln (Eingestellt ist die Verschiebung +

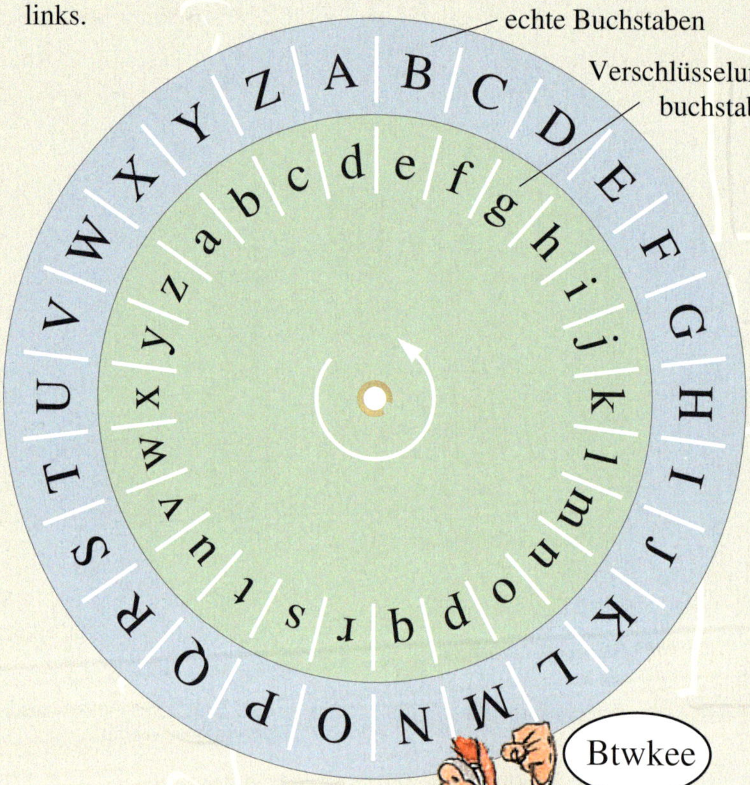

Solche Geheimschriften entstehen durch eine Verschiebung der Buchstaben des Alphabets. Diese Verschlüsselungsart nennt man auch CAESAR, da der römische Feldherr und Politiker Gaius Julius Caesar (100–44 v. Chr.) sie bereits benutzt haben soll.

2 Verschlüssele den Text: „Sollen wir uns in der Pause am Geheimplatz treffen?“ mit der eingestellten Verschiebung +3.

Kompliziertere Verschlüsselungen arbeiten oft mit einem Schlüsselwort wie z. B. „Tunfisch“. Das bedeutet, dass dieses Wort die ersten Buchstaben der Geheimschrift bildet. Die nicht im Schlüsselwort vorkommenden Buchstaben schreibt man in alphabetischer Reihenfolge dahinter. So ergibt sich folgender Codierungsschlüssel:

A	B	C	D	E	F	G	H	I	J	K	L	M	N	O	P	. . .
t	u	n	f	i	s	c	h	a	b	d	e	g	j	k	l	. . .

Deshalb darf im Schlüsselwort kein Buchstabe mehrfach vorkommen.

Fai cihiagi
Ftqijriuioqotcrjc
plaieq hirqi vko teeig aj
Nkglrqiojiqzij iaji cokppi Okeei
z. U. uiag Nkgiutjdajc. Uipkjfiop
panhioi Viopnherippierjcpgiqhkfij
viowijfij htirsac cokppi
Loagztheij.

Indem man die relative Häufigkeit von Geheimschriftzeichen in einem Text ermittelt, gelingt es zumeist schnell, die Zeichen für die am häufigsten in der deutschen Sprache vorkommenden Buchstaben zu entschlüsseln. Auf diese Weise kann man auch Geheimschriften entschlüsseln, die nicht auf einer einfachen Buchstabenverschiebung beruhen.

3 Schreibe einen Text mit mindestens zehn Worten und verschlüssele ihn mit einer Verschiebung deiner Wahl. Tausche den verschlüsselten Text mit einem Partner und versuche den Geheimcode zu knacken. Dabei hilft dir die folgende Tabelle.

Relative Häufigkeit der Buchstaben in der deutschen Sprache

e	0,181061	**u**	0,040985	**f**	0,016026
n	0,104125	**l**	0,034545	**k**	0,011264
r	0,080820	**c**	0,031506	**v**	0,008662
i	0,075155	**g**	0,031434	**p**	0,005883
s	0,063501	**m**	0,025145	**j**	0,001942
t	0,055757	**o**	0,022383	**y**	0,000207
a	0,053933	**b**	0,018824	**q**	0,000171
d	0,051684	**z**	0,016765	**x**	0,000156
h	0,051330	**w**	0,016736		

4 Übertrage den Codierungsschlüssel in dein Heft und dechiffriere den Text.

5 Schreibe einen neuen Text mit mindestens zehn Worten und verschlüssele ihn mit einer Schlüsselwort-Codierung deiner Wahl. Denke daran, dass im Schlüsselwort kein Buchstabe mehrfach vorkommen darf. Tausche den verschlüsselten Text mit einem Partner und versuche den Geheimcode zu knacken.

6 Suche Beispiele bei denen Verschlüsselungen im Alltag eine Rolle spielen und erkundige dich nach weiteren Codierungsmethoden.

Vermischte Übungen

Hauptsache weg
Beliebtestes Urlaubsland der Deutschen blieb auch 2005 Deutschland. 30 Prozent aller Reisen über fünf Tage wurden im eigenen Land unternommen. Unter den ausländischen Reisezielen rangiert Spanien mit 13,5 Prozent vor Italien mit 7,7 Prozent und der Türkei mit 6,6 Prozent. Damit übertrifft das Land am Bosporus erstmals Österreich (6,3) in der Hitliste der beliebtesten Urlaubsländer der Deutschen.
(SZ vom 08.03.06)

1 360 Schülerinnen und Schüler der Oberschule Süd beteiligten sich an einer Umfrage zum Mensa-Angebot:

sehr gut	160	schlecht	45
gut	80	weiß nicht	15
mittelmäßig	60		

a) Gib die relative Häufigkeit der Stimmen für die vorkommenden Wertungen als Bruch und in Prozentschreibweise an.
b) Zeichne zu den Werten ein Kreisdiagramm.
c) Mattis meint: „Um das Kreisdiagramm zu zeichnen, musste ich gar nicht rechnen!" Was meint Mattis damit?

2 Die Klassensprecher und die Jahrgangsstufensprecher der Oberstufe wählten den Schülersprecher.

a) Gib die relative Häufigkeit der Stimmen als Bruch und in Prozentschreibweise an.
b) Zeichne ein Kreisdiagramm.

3 Eine Grundschule hat 740 Schülerinnen und Schüler. Die Anteile der Jahrgangsstufen 1/2, 3/4 und 5/6 zeigt das Kreisdiagramm. Miss die Winkel und bestimme die jeweiligen Schülerzahlen in den verschiedenen Gruppen.

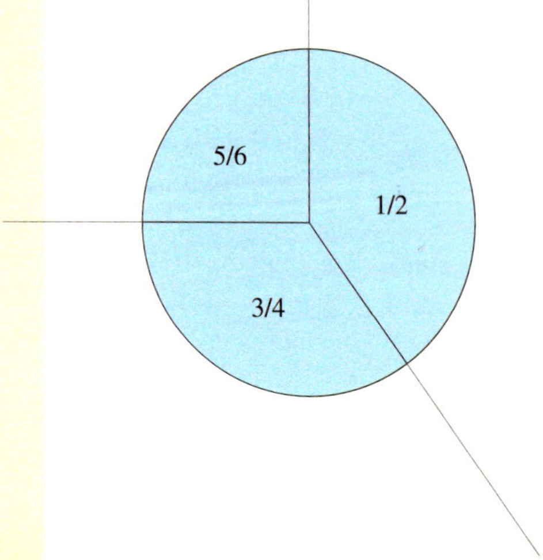

4 Die 8. Klassen haben eine Umfrage zum Thema Taschengeld durchgeführt.
Bestimme die durchschnittliche Taschengeldhöhe pro Monat aller Klassen.

Klasse	Anzahl der Schüler	durchschnittliche Taschengeldhöhe pro Monat
8a	30	26 €
8b	25	23 €
8c	26	22 €
8d	30	15 €

5 Lies den Zeitungsartikel in der Randspalte.
a) Berechne den Anteil aller genannten Reiseländer zusammen.
b) Erstelle zu dem Zeitungsbericht ein passendes Kreisdiagramm.

6 Führt in Kleingruppen eine Befragung in der Klasse oder an der Schule zu einem der folgenden Themen durch:
Freizeitverhalten, Fernsehkonsum, Politik, Urlaub, Taschengeld.
Erstellt dazu einen Fragebogen und stellt ihn der Klasse vor. Führt dann die Befragung durch.
Präsentiert die Ergebnisse auf einem Plakat.

7 Die Tabelle zeigt die Anzahl der verwandelten und verschossenen Elfmeter einiger ehemaliger Bundesligaspieler.

Spieler	verwandelt	verschossen
M. Kaltz	53	7
S. Kuntz	30	5
L. Matthäus	30	3
G. Netzer	29	6
R. Bonhof	20	1

a) Bestimme für jeden Spieler die relative Häufigkeit für ein Elfmetertor.
b) Welcher Spieler ist der erfolgreichste Elfmeterschütze in der Fußball-Bundesliga aller Zeiten?
c) Recherchiere die erfolgreichsten Elfmeterschützen der letzten Bundesligasaison. Vergleiche die relativen Häufigkeiten mit denen aus Aufgabe 7 a.

8 Eine Jugendgruppe möchte sich an einem der vier Wochenenden im Mai treffen.
- Kai: „Ich kann am ersten Maiwochenende nicht, aber an allen anderen."
- Rebecca: „Am letzten Maiwochenende habe ich keine Zeit."
- Julia: „Nur am zweiten und vierten Wochenende kann ich kommen."
- Katrin: „Ich habe an jedem Maiwochenende Zeit."
- Clemens: „Die ersten beiden Wochenenden würden mir passen."
- Janine: „Ich habe nur am zweiten und dritten Maiwochenende Zeit."

Erstelle eine Strichliste und mache einen Vorschlag, wann sich die Gruppe am besten treffen sollte.

9 Berechne jeweils das arithmetische Mittel und den Zentralwert.
Gib den Modalwert an.
a) 12; 16; 16; 21; 28; 29; 31; 35; 37; 49
b) 38; 59; 60; 60; 78; 92; 92; 102; 108; 129; 129; 129; 148; 189; 189; 219; 248
c) 2,5; 3,8; 4,25; 4,5; 4,5; 5,74; 6,9; 7,45

10 Um die voraussichtliche Körperlänge als Erwachsener zu ermitteln, bildet man das arithmetische Mittel der Körperlängen beider Eltern. Für Mädchen wird diese Größe um 6 cm vermindert, für Jungen um 6 cm erhöht.
a) Hannahs Eltern sind 1,81 m und 1,73 m groß. Wie groß wird Hannah voraussichtlich als Erwachsene sein?
b) Henriks Eltern sind 1,78 m und 1,64 m groß. Wie groß wird Henrik voraussichtlich als Erwachsener sein?
c) Die Eltern der Zwillinge Lea und Leon sind 1,68 m und 1,80 m groß. Wie groß werden Lea und Leon voraussichtlich als Erwachsene sein?
d) Ermittle die Körperlängen deiner Eltern und berechne deine voraussichtliche Körperlänge im Erwachsenenalter.
e) Hauke wird als Erwachsener voraussichtlich 1,79 m groß sein. Sein Vater misst 1,72 m. Wie groß ist seine Mutter?

11 Eine neunte Klasse misst sich im Hochsprung. Sie notieren ihre Werte in einer Urliste. Bilde jeweils für die Jungen und für die Mädchen das arithmetische Mittel und gib den Zentralwert an.

Name	Höhe
Danilo	1,38 m
Maik	1,29 m
Tobias	1,42 m
Kevin	1,53 m
Patrick	1,42 m
Marius	1,59 m
Torben	1,25 m
Henning	1,44 m
Dennis	1,36 m
Justin	1,34 m

Name	Höhe
Jaqueline	1,30 m
Greta	1,25 m
Larissa	1,41 m
Sina	1,35 m
Jasmin	1,32 m
Svenja	1,18 m
Chantal	1,45 m
Vivian	1,33 m
Jana	1,35 m
Marie	1,38 m
Emily	1,24 m

12 Betrachte die beiden Reihen. Gib ohne zu rechnen an, welche der beiden Reihen vermutlich das größere arithmetische Mittel und welche Reihe den größeren Zentralwert hat.
① 2; 5; 10; 14; 25; 39; 42; 58
② 2; 5; 9; 21; 35; 39; 42; 58

ZUM WEITERARBEITEN
Notiere die Anleitung aus Aufgabe 10 als Gleichungen – eine für Jungen und eine für Mädchen. x ist die Körpergröße als Erwachsene/r, a die Körpergröße der Mutter und b die Körpergröße des Vaters.

13 Das Diagramm zeigt die Marktanteile einiger Fernsehsender im Jahresdurchschnitt 2007.

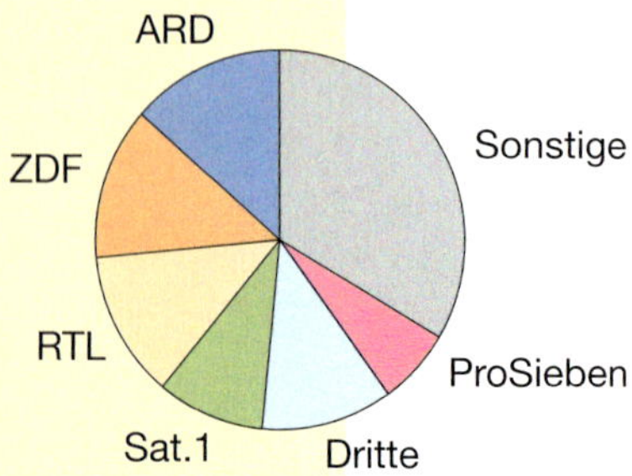

a) Berechne die Marktanteile der Fernsehsender.

b) Schätzt in Gruppen, wie viele Minuten ein „durchschnittlicher" Zuschauer 2007 vor dem Fernseher verbrachte. Wie viele Stunden sah er dann in etwa die Programme der öffentlich-rechtlichen Sender (ARD, ZDF, Dritte)? Erstellt eine Präsentation und führt sie euren Mitschülern vor. Vergleicht eure Ergebnisse.

c) Welchen Eindruck erweckt das Diagramm links über die Anteile der einzelnen Fernsehsender? Vergleiche mit den Werten aus Aufgabe 13 a. Erkläre, warum das Diagramm die Realität verfälscht wiedergibt.

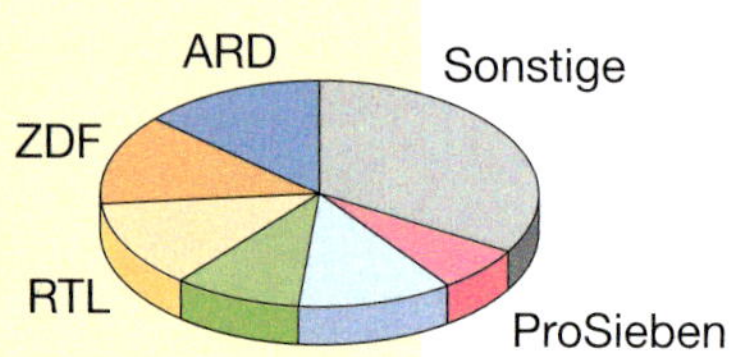

14 An einer Oberschule gibt es fünf achte Klassen:

Klasse	8 a	8 b	8 c	8 d	8 e
Schüleranzahl	30	28	29	28	30

a) Wie viele Schüler sind durchschnittlich in einer Klasse?

b) Untersuche, wie viele Schülerinnen und Schüler an deiner Schule die achte Klasse besuchen.

c) David hat herausgefunden, dass an seiner Schule durchschnittlich 28 Schülerinnen und Schüler die fünfte Klasse besuchen. Jeweils 29 Schülerinnen und Schüler besuchen die Klassen 6, 7 und 9 und jeweils 29,5 Schülerinnen und Schüler die Klassen 8 und 10.
Lässt sich mit diesen Angaben die durchschnittliche Klassengröße an Davids Schule berechnen? Berechne oder begründe.

TIPP
Erstelle eine Übersicht über alle Diagrammarten, die du kennengelernt hast.

15 Uschi Disl ist Biathletin. Beim Sprint traf sie die Scheibe 8 von 10-mal. Auf der längeren Distanz traf sie von 20 Schuss sechsmal nicht das Ziel.

a) Berechne das arithmetische Mittel für einen Treffer beim Sprint und auf der längeren Distanz.

b) Berechne das arithmetische Mittel für einen Treffer bei beiden Läufen zusammen.

16 Bei der fünften Staffel der Sendung „Deutschland sucht den Superstar" kam es beim Televoting in der Runde der letzten Fünf zu folgendem Ergebnis:

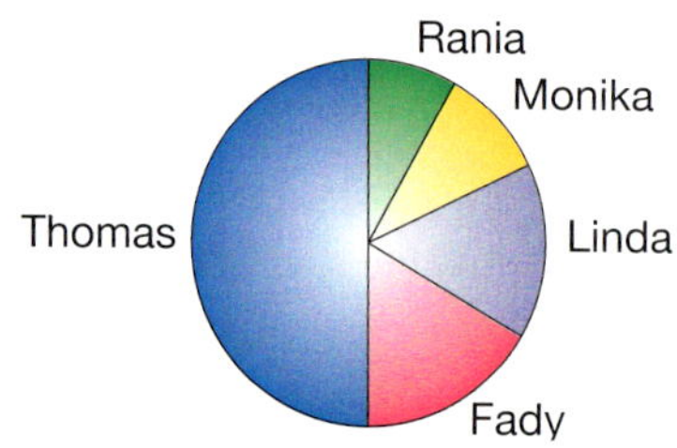

a) Bestimme die Anteile für die einzelnen Kandidaten.
Welcher Kandidat schied aus?

b) In der Runde der letzten Drei erzielten die verbliebenen Kandidaten die folgenden prozentualen Anteile:

Thomas	47 %
Fady	30 %
Linda	23 %

Zeichne ein Kreisdiagramm.

17 Gegeben sind verschiedene Anteile der Bevölkerung in der Bundesrepublik Deutschland (bezogen auf das Jahr 2007):

Männer	48,9 %
Katholiken	31,2 %
in Brandenburg	3,1 %
Kinder und Jugendliche bis 14 Jahre	13,9 %

Lassen sich diese Angaben in einem Kreisdiagramm darstellen?
Zeichne das Kreisdiagramm in dein Heft oder, wenn das nicht möglich ist, begründe warum es sich nicht darstellen lässt.

Teste dich!

a

1 Gib zu jeder Datenreihe Maximum, Minimum, Spannweite, das arithmetische Mittel, den Zentralwert und – falls möglich – den Modalwert an.

a) 12; 26; 28; 51; 52; 56; 57; 79; 82; 96

c) 740; 824; 824; 729; 283; 391; 283; 285

2 Die Tabelle zeigt die Platzierungen einiger Mannschaften in der Bundesligasaison 2007/2008 (nach allen 34 Spielen).

Platz	Verein	g	u	v
3	FC Schalke 04	18	10	6
7	Bayer Leverkusen	15	6	13
18	MSV Duisburg	8	5	21

Bestimme für jeden Verein die relative Häufigkeit, mit der

a) ein Spiel gewonnen (g) wurde,

b) ein Spiel unentschieden (n) endete,

c) ein Spiel verloren (v) ging.

3 Carlos und Miriam haben unter den Freunden in ihrer Klasse eine Umfrage durchgeführt.

Carlos fragte 12 Freunde nach ihrem Lieblingsfußballverein.

Verein	Häufigkeit	
	absolute	relative
FC Bayern München	3	
FC Energie Cottbus	5	
Hertha BSC Berlin	4	

a) Übertrage die Tabelle in dein Heft und vervollständige sie.

b) Fertige nach den Ergebnissen der Umfrage in deinem Heft ein Kreisdiagramm an und beschrifte es.

c) Beschreibe, wie du das Kreisdiagramm angefertigt hast.

4 Welche Fragestellung könnte hinter dem Diagramm stehen? Nenne zwei Möglichkeiten.

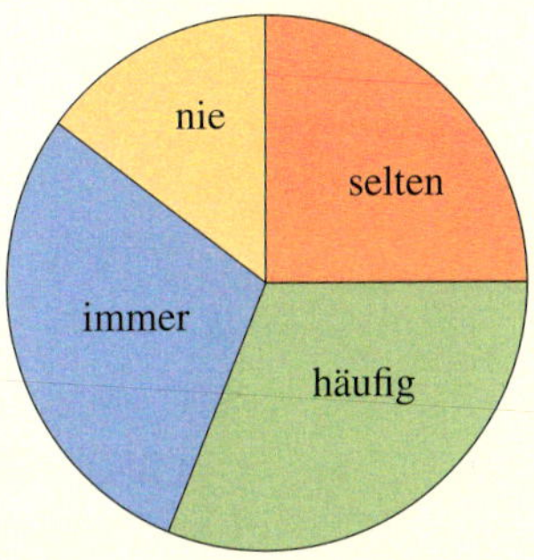

b

1

b) 86; 2 903; 5 778; 6 209; 7 357; 59 872

d) 44; 39,5; 27,2; 14,8; 39; 38,4; 16; 27,2

2

Platz	Verein	g	u	v
5	VfL Wolfsburg	15	9	10
6	VfB Stuttgart	16	4	14
14	Energie Cottbus	9	9	16

Bestimme für jeden Verein die relative Häufigkeit, mit der

a) ein Spiel gewonnen (g) wurde,

b) ein Spiel unentschieden (n) endete,

c) ein Spiel *nicht* verloren wurde.

3 Miriam fragte 15 Klassenkameradinnen, wo sie ihren Urlaub verbracht haben.

a) Bestimme jeweils die Anteile als Bruch und in Prozent.

b) Wie viele Schülerinnen haben in jedem Land Urlaub gemacht?

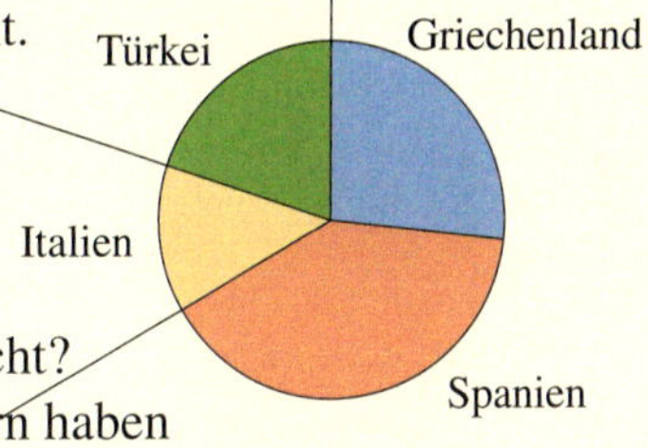

c) In den Ländern haben jeweils drei Jungen der Klasse ihren Urlaub verbracht. Wie verändert sich das Kreisdiagramm, wenn die Jungen auch noch im Diagramm berücksichtigt werden sollen?

4 In diesem Jahr bekommt Steven nur halb so viel Geld von den Großeltern zu Weihnachten. Erkläre den Fehler im abgebildeten Piktogramm.

HINWEIS

Brauchst du noch Hilfe, so findest du auf den angegebenen Seiten ein Beispiel oder eine Anregung zum Lösen der Aufgaben. Überprüfe deine Ergebnisse mit den Lösungen auf Seite 223.

Aufgabe	*Seite*
1	134
2	134
3	134
4	134/140

Zusammenfassung

→ Seite 134

Häufigkeiten und Kenngrößen

Um Ereignisse besser vergleichen und bewerten zu können, ermittelt man die **relative Häufigkeit** eines Ereignisses.

Anzahl der Mädchen pro Klasse:

	8a	8b	8c
Anzahl der Mädchen (absolute Häufigkeit)	10	11	11
Schüler insgesamt	28	25	20

relative Häufigkeit

$= \frac{\text{absolute Häufigkeit des Ereignisses}}{\text{Gesamtzahl aller Ereignisse}}$

Relative Häufigkeit der Mädchen:

Klasse 8 a: $\frac{14}{28} = \frac{1}{2} = 0{,}5 = 50\,\%$

Klasse 8 b: $\frac{11}{25} = \frac{44}{100} = 0{,}44 = 44\,\%$

Klasse 8 c: $\frac{11}{20} = \frac{55}{100} = 0{,}55 = 55\,\%$

In der Klasse 8 c sind relativ die meisten Mädchen.

Bei der Untersuchung von Daten ist die Berechnung des Durchschnitts von Bedeutung. Der Durchschnitt ist ein Mittelwert. Er wird auch als **arithmetisches Mittel** bezeichnet.

arithmetisches Mittel $= \frac{\text{Summe aller Werte}}{\text{Anzahl der Werte}}$

Tageshöchsttemperaturen

Mo	Di	Mi	Do	Fr	Sa	So
18 °C	18 °C	16 °C	18 °C	21 °C	23 °C	26 °C

arithmetisches Mittel:

$\frac{16 + 3 \cdot 18 + 21 + 23 + 26}{7} = 20$

Wochendurchschnitt: 20 °C

Auch der **Zentralwert (Median)** ist ein Mittelwert einer Datenreihe.
Es ist möglich, dass die Berechnung von arithmetischem Mittel und Median zu unterschiedlichen Ergebnissen führt.

geordnete Datenliste:

16 °C, 18 °C, 18 °C, 18 °C, 21 °C, 23 °C, 26 °C

Minimum (16 °C) Median: 18 °C Maximum (26 °C)

Spannweite: 26 °C – 16 °C = 10 °C

Der **Modalwert** ist der Wert, der am häufigsten auftritt.

Modalwert: 18 °C

→ Seite 140

Kreisdiagramme zeichnen

Daten lassen sich besonders anschaulich in Kreisdiagrammen darstellen.

Um Kreisdiagramme auszuwerten, muss der Winkel gemessen und durch 3,6 geteilt wer-den. So erhält man die relative Häufigkeit der Nennung (in %).

Wahlergebnisse

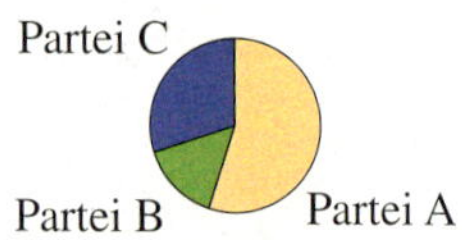

Winkelgröße Partei A: 198°

198 : 3,6 = 55

Stimmanteil A: 55 %

Um Kreisdiagramme zu zeichnen, müssen die Winkelgrößen berechnet werden. Hierzu wird der Anteil mit 3,6 multipliziert. Das Ergebnis ist die Winkelgröße in Grad.

Partei	Stimmen
A	1 100
B	300
C	600
insg.	2 000

Stimmanteil Partei B:

$\frac{300}{2\,000} = 15\,\%$

$15 \cdot 3{,}6 = 54$

Winkelgröße Partei B: 54°

Angewandte Zinsrechnung

In Frankfurt am Main sind die wichtigsten Finanzunternehmen angesiedelt. Jede große Bank hat ein Bürohaus. Diese Hochhäuser prägen das Stadtbild. Auch die europäische Zentralbank hat ihren Sitz in Frankfurt.

$\frac{x+y}{2}$

Noch fit?

NACHGEDACHT
Zu welchem der vier Körper gehört das Netz?

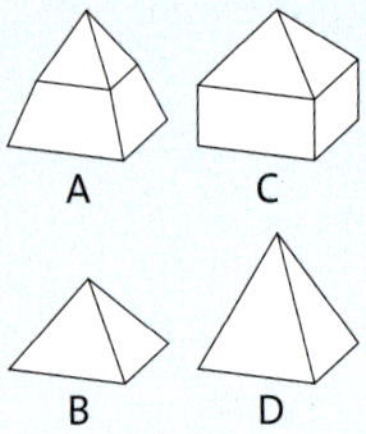

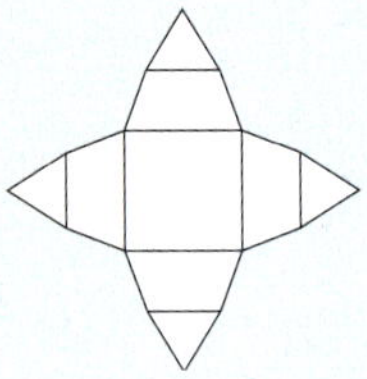

1 Ergänze die Tabelle.

	a)	b)	c)	d)	e)
Tage (d)			$\frac{1}{12}$		
Stunden (h)		96			
Minuten (min)	1 440				3 960
Sekunden (s)				3 600	

2 Zeichne für jede Teilaufgabe ein Quadrat mit der Seitenlänge $a = 5$ cm auf Karopapier. Färbe jeden Flächenanteil mit einer anderen Farbe.
a) 1 %, 10 %, 20 %, 25 % b) $33\frac{1}{3}$ %, 50 % c) 75 %, 100 %

3 Schreibe als Prozentzahl.
a) $\frac{7}{10}$ b) $\frac{6}{15}$ c) $\frac{25}{100}$ d) $\frac{18}{36}$ e) $\frac{20}{80}$ f) $\frac{55}{250}$

4 Auf welche Schule bezieht sich die Angabe? Gib jeweils an, welche Angabe dem Grundwert (G), dem Prozentwert (W) und dem Prozentsatz (p %) entspricht.
a) 120 Jugendliche, das sind 20 % der Schülerinnen und Schüler, haben Nebenjobs.
b) 40 Schüler kommen mit dem Bus zur Schule, das sind 10 %.
c) 350 Mädchen, das sind 50 % der Schülerschaft, betätigen sich sportlich.

Schule	Schülerinnen und Schüler
Hertz	800
Einstein	600
Fontane	700
Edison	400

ZUM WEITERARBEITEN
Denke dir mindestens zu einer Spalte in Aufgabe 5 eine passende Textaufgabe aus.

5 Notiere die Aufgabe und berechne.

	a)	b)	c)	d)	e)	f)
Prozentwert		720 ℓ	16 €		48 kg	0,24
Grundwert	2400 m		20 €	2500 km	120 kg	
Prozentsatz	2 %	40 %		40 %		50 %

6 Gib jeweils an, ob du Grundwert, Prozentwert oder Prozentsatz berechnest. Berechne.
a) Ein PC-Spiel kostet 25 €. Es wird um 30 % reduziert. Wie viel kostet es jetzt?
b) Im Jahr 2005 wurden in Deutschland 3 342 100 neu zugelassene Kfz gemeldet. Damit liegt der Anteil an Neufahrzeugen bei 6,13 %. Wie hoch war der Kfz-Bestand 2005?
c) Im Jahr 1950 lebten in Mexiko-City 3,1 Mio. Menschen. Bis zum Jahr 2005 stieg die Einwohnerzahl um 5,6 Mio. Menschen. Um wie viel % ist die Einwohnerzahl gestiegen?

ZUM KNOBELN
Die 27 verhält sich zur 3 wie die 63 zur …?

7 Manuel kauft eine Sondermünze für 5 €. Nach einem Jahr verkauft er sie für 12 € an einen Sammler. Wie hoch war sein Gewinn in Prozent?

154-1
BEACHTE
Unter dem Webcode gibt es eine interaktive Übung zum Zuordnen von Prozentwerten zu Brüchen und Dezimalbrüchen.

KURZ UND KNAPP

1. Denke dir einen Preis für Schuhe und rechne: Ein Geschäft erhöht den Preis für Schuhe um 5 %. Nach drei Monaten wird dieser Preis um 5 % gesenkt. Ist das der alte Preis?
2. „Die Prozentrechnung ist ein Sonderfall der Bruchrechnung und eine Anwendung des Dreisatzes.“ Stimmt das? Begründe deine Meinung.
3. Erkläre die Begriffe Prozentsatz, Prozentwert und Grundwert.

Begriffe der Zinsrechnung

Erforschen und Entdecken

1 Erinnere dich: In der Prozentrechnung sind die Begriffe Prozentwert (W), Grundwert (G) und Prozentsatz ($p\,\%$) wichtig.

a) Wenn 20 % aller 34 000 Einwohner von Neuruppin Kinder sind, so sind dies 6 800. Gib den Prozentwert, den Grundwert und den Prozentsatz an.

b) Im Finanzwesen werden statt Prozentwert, Grundwert und Prozentsatz die Begriffe Zinsen, Kapital und Zinssatz verwendet. Wenn Tom 2 500 € auf einem Sparbuch zu 0,5 % anlegt, erhält er nach einem Jahr 12,50 € dazu. Ordne die Begriffe zu.

2 Diskutiert in der Klasse eure Erfahrungen mit Banken.
Anregungen: Warum bekommt man Zinsen? Wann und warum muss man Zinsen zahlen? Warum sind Zinsen unterschiedlich hoch? Wie verdienen Banken ihr Geld?

3 Um Kunden zu werben, locken Banken und Kreditgeber oft mit Anzeigen in der Zeitung.

Anzeige

Attraktive Zinsen bei der **Sparbank**
Legen Sie Ihr Gespartes nicht unter die Federn Ihres Kissens!
Legen Sie es lieber ganz leicht, aber fest, für ein Jahr an.
Nur bei uns, exklusiv für SIE bieten wir 3 % Zinsen.
Rufen Sie an: 0123/43443

Anzeige

Sie brauchen GELD –
und das sofort?
WIR
sind für Sie da –
einfach anrufen,
Kredithöhe angeben
→ Sofortkredite bis **50 000 €**
(Aktueller Zinssatz bei uns nur 18 %)

ELSTER & HAI Tel.: 0123/9876

BEACHTE
Der Zinssatz wird grundsätzlich pro Jahr angegeben. Manchmal steht zusätzlich p.a. hinter dem Zinssatz, das bedeutet per anno und ist lateinisch für jährlich.

a) Klärt untereinander die Begriffe und Angaben, die unverständlich sind.

b) Vergleicht die Angebote, findet also Gemeinsamkeiten und Unterschiede. Worin unterscheiden sich diese Angebote grundsätzlich?

4 Kai soll folgende Aufgabe berechnen:

Wie viel Zinsen sind für einen Kredit von 600 € zu zahlen, der mit 8 % verzinst wird?

Er erinnert sich an den Dreisatz und die Formel, die er in der Prozentrechnung gelernt hat. Kann er hier diese Methoden verwenden? Wie könnte er vorgehen?

5 Finja und Felix berechnen 3 % von 50 000 €.

a) Erkläre ihre Vorgehensweisen. Wo sind die Unterschiede?

b) Überlege dir eine passende Aufgabe zu ihren Rechnungen.

Finja rechnet:

Anteil	Betrag in €
100 %	50 000 €
1 %	500 €
3 %	1 500 €

(: 100 von 100 % zu 1 % und von 50 000 € zu 500 €; · 3 von 1 % zu 3 % und von 500 € zu 1 500 €)

Felix rechnet:

Zinsen (Z) = Kapital (K) · Zinssatz ($p\,\%$)

$Z = K \cdot \frac{p}{100}$

$Z = 50\,000\,€ \cdot \frac{3}{100}$

$Z = 1\,500\,€$

BEACHTE
$p\,\% = \frac{p}{100}$

$\frac{x+y}{2}$

Lesen und Verstehen

156-1

HINWEIS

Die Formel $Z = K \cdot \frac{p}{100}$ leitet sich aus dem Dreisatz ab.
Ersetzt man im Beispiel die einzelnen Zahlenwerte durch Variablen, so kann man erkennen, wie die Werte mit Hilfe einer Formel berechnet werden können.

Anteil	*Anzahl*
100 %	*K*
↓ : 100	*↓ : 100*
1 %	$\frac{K}{100}$
↓ · p	*↓ · p*
p %	$\frac{K}{100} \cdot p = Z$

Leonie hat vor einem Jahr 420 € zu 2 % angelegt. Die Zinsen betragen 8,40 €.
Die Zinsrechnung ist eine Anwendung der Prozentrechnung bezogen auf den Geldverkehr und unterscheidet sich von dieser durch die Einführung der Zeit als neuen Wert.
Die bekannten Begriffe bekommen einen neuen Namen.

Begriffe der Prozentrechnung	Prozentsatz $p\,\%$	Grundwert G	Prozentwert W	
Begriffe der Zinsrechnung	Zinssatz $p\,\%$	Kapital K (Guthaben, Kredit)	Zinsen Z	Zeit t (Laufzeit, Ausleihzeit)
BEISPIEL	2 % von	420 €	sind 8,40 €	Laufzeit: ein Jahr

Zur Berechnung von Zinsen, Kapital und Zinssatz für ein Jahr geht man genauso vor wie in der Prozentrechnung zur Berechnung von Prozentwert, Grundwert und Prozentsatz.

Um die **Jahreszinsen** (Zinsen für ein Jahr) zu berechnen, kann man den Dreisatz nutzen oder die Zinsformel.

$$Z = K \cdot \frac{p}{100}$$

BEISPIEL 1

Berechnung der Zinsen von Leonie (s.oben)

	Anteil	Betrag	
: 100 ↓	100 %	420 €	↓ : 100
· 2 ↓	1 %	4,20 €	↓ · 2
	2 %	8,40 €	

$Z = 420\,€ \cdot \frac{2}{100}$

$Z = 8{,}40\,€$ Die Zinsen betragen 8,40 €.

BEACHTE

Die Formel $Z = K \cdot \frac{p}{100}$ kann so umgestellt werden, dass K oder p einzeln stehen.

$Z = K \cdot \frac{p}{100} \quad | \cdot 100$

$Z \cdot 100 = K \cdot p \quad | : p$

$\frac{Z}{p} \cdot 100 = K$

$Z = K \cdot \frac{p}{100} \quad | : K$

$\frac{Z}{K} = \frac{p}{100} = p\,\%$

$p\,\% = \frac{Z}{K}$

Sind die Jahreszinsen und der Zinssatz bekannt, kann das **Kapital** mit dem Dreisatz oder mit Hilfe der umgestellten Zinsformel berechnet werden.

$$K = \frac{Z}{p} \cdot 100$$

BEISPIEL 2

Der Zinssatz beträgt 8,5 %, das entspricht 340 € Zinsen. Wie hoch ist das Kapital?

	Anteil	Betrag	
: 8,5 ↓	8,5 %	340 €	↓ : 8,5
· 100 ↓	1 %	40 €	↓ · 100
	100 %	4 000 €	

$K = \frac{340\,€}{8{,}5} \cdot 100$

$K = 4\,000\,€$ Das Kapital beträgt 4 000 €.

Sind Kapital und Jahreszinsen bekannt, kann der **Zinssatz** mit dem Dreisatz oder mit Hilfe der umgestellten Zinsformel berechnet werden.

$$\frac{p}{100} = \frac{Z}{K} \quad \text{oder} \quad p\,\% = \frac{Z}{K}$$

Der Zinssatz wird für ein Jahr angegeben.

BEISPIEL 3

8 000 € erbringen nach einem Jahr 200 € Zinsen. Wie hoch ist der Zinssatz?

	Betrag	Anteil	
: 80 ↓	8 000 €	100 %	↓ : 80
· 2 ↓	100 €	1,25 %	↓ · 2
	200 €	2,5 %	

$p\,\% = \frac{200\,€}{8\,000\,€}$

$p\,\% = 0{,}025 = 2{,}5\,\%$ Der Zinssatz beträgt 2,5 %.

Üben und Anwenden

1 Ordne jeweils die Begriffe Zinssatz, Zinsen und Kapital zu.
a) 50 € von 2 000 € sind 2,5 %.
b) 4 % sind 112 € von 2 800 €.
c) 2 % von 600 € sind 12 €.
d) Von 36 € sind 3 % 1,80 €.
e) 110 % von 45 € sind 49,50 €.
f) 180 € sind 150 % von 120 €.

2 Berechne im Kopf die Jahreszinsen (Zinsen für ein Jahr) für das Kapital bei einem Zinssatz von 5 %.
a) 1 000 € b) 2 500 € c) 4 200 €
d) 6 500 € e) 8 420 € f) 3 860 €

3 Berechne die Jahreszinsen im Kopf und entscheide, ob es sich um Guthaben- oder Kreditzinsen handelt (siehe Randspalte).
a) 10 % von 600 € b) 5 % von 600 €
c) 2 % von 600 € d) 7 % von 1 500 €
e) 1 % von 535 € f) 1,5 % von 7 000 €
g) 7,5 % von 20 € h) 2,5 % von 10 000 €
i) 4,5 % von 3 000 € j) 1,25 % von 5 600 €
k) 9 % von 9 000 € l) 12 % von 12 000 €

4 ➡ Warum kann man in der Zinsrechnung die gleichen Verfahren anwenden wie in der Prozentrechnung?
Erkläre in eigenen Worten und vergleicht zu zweit.

5 Berechne die Jahreszinsen mit dem Dreisatz und trage das neue Kapital ein.

	Zinssatz p %	Kapital K (alt)	Jahreszinsen Z	Kapital (neu)
a)	0,5 %	5 000 €	25 €	
b)	1,25 %	4 200 €		
c)	5,7 %	1 830 €		
d)	4,5 %	3 950 €		
e)	8,1 %	4 200 €		
f)	7 %	4 350 €		
g)	9,87 %	1 500 €		
h)	0,9 %	2 220 €		
i)	1,2 %	3 480 €		
j)	9,5 %	8 630 €		
k)	1,25 %	4 740 €		

6 Lea erhält auf ihrem Sparbuch 0,75 % Zinsen im Jahr. Sie hat 1 230 € Guthaben auf ihrem Sparbuch. Berechne die Jahreszinsen und das neue Kapital.

7 Jonas hat in seinem Sparschwein 84 €.
Er bringt das Geld zur Bank. Nach einem Jahr erhält er 1,5 % Zinsen.
Wie viel € sind das?

8 Berechne den Zinssatz.

	Kapital K	Jahreszinsen Z	Zinssatz p %
a)	750 €	60 €	
b)	1 250 €	75 €	
c)	3 000 €	150 €	
d)	7 450 €	1 341 €	
e)	21 000 €	2 079 €	
f)	35 600 €	2 848 €	
g)	200 000 €	18 000 €	

9 Für ein Kapital von 1 250 € erhält Max nach einem Jahr 43,75 € Zinsen.
Wie hoch ist der Zinssatz?

10 Frau Griese nimmt einen Kredit über 25 000 € auf. Nach einem Jahr muss sie 2 875 € Zinsen zahlen.
Wie hoch war der Zinssatz?

11 Nach einem heftigen Sturm muss Familie Berns das Dach reparieren lassen. Sie nehmen für ein Jahr einen Kredit über 6 000 € auf und zahlen nach einem Jahr 6 420 € zurück.
Zu welchem Zinssatz hatte Familie Berns den Kredit erhalten?

HINWEIS
Man unterscheidet im Bankwesen zwischen Guthabenzinsen und Kreditzinsen. Guthabenzinsen zahlt die Bank aus, wenn Kapital bei ihr angelegt wird. Kreditzinsen zahlt man an die Bank, wenn man von ihr Geld leiht. Da Kreditzinsen in der Regel deutlich höher liegen als Guthabenzinsen, machen die Banken mit dem Verleihen von Geld Gewinn.
Guthabenzinsen *liegen zurzeit zwischen 0,5 % p. a. und 3,5 % p. a.*
Kreditzinsen *liegen etwa zwischen 4,5 % p. a. und 12 % p. a.*

WWW 157-1
BEACHTE
Unter diesem Webcode befinden sich interaktive Übungen zum Zuordnen von Jahreszinsen.

WUSSTEST DU SCHON?
Alfred Nobel (1833–1896) war ein schwedischer Chemiker und Erfinder. Unter anderem erfand er das Dynamit und wurde dadurch sehr reich. Im Testament verfügte er, dass mit seinem Vermögen eine Stiftung gegründet werden sollte. Die Zinsen aus seinem Vermögen sollten als Preise (Nobelpreise) vergeben werden.

HINWEIS
Anhaltspunkte für deine Fragen zu Aufgabe 15:
Eine Eigentumswohnung kostet etwa ab 100 000 €, ein Haus ungefähr 300 000 €.
Ein Auto kostet von 10 000 € (Kleinwagen) bis 220 000 € (Sportwagen).
Eine Kreuzfahrt (8 Tage) kostet etwa 2 000 € pro Person, für eine Weltreise (6 Monate) zahlt man ungefähr 50 000 €.

158-1

BEACHTE
Unter dem Webcode befindet sich eine interaktive Übung zu Kapital, Zinsen und Zinssatz.

12 Seit 1901 erfolgt jährlich am 10. Dezember in Schweden die Nobelpreisverleihung. Alfred Nobel hat ein Vermögen hinterlassen, aus dessen Zinsen die Nobelpreise finanziert werden.
Seit 2001 beträgt das Preisgeld ca. 1,1 Mio. Euro. Von welchem Vermögen kann man ausgehen, wenn der Zinssatz 7,5 % beträgt?

13 Berechne jeweils das Kapital.

	Jahreszinsen Z	Zinssatz p %	Kapital K
a)	360 €	12 %	
b)	40,50 €	9 %	
c)	3,32 €	4 %	
d)	9,75 €	7,5 %	
e)	106,95 €	23 %	
f)	9,79 €	11 %	
g)	18,45 €	2,25 %	
h)	9,66 €	2,3 %	

14 Wie hoch ist das Kapital?
a) Philipp erhält bei einem Zinssatz von 2 % 80 € Zinsen.
b) Lena werden bei einem Zinssatz von 2,75 % Zinsen in Höhe von 56,70 € gutgeschrieben.
c) Anja bekommt 15 € Zinsen im Jahr. Ihr Geld ist zu einem Zinssatz von 1,5 % angelegt.

15 Ein Glückspilz aus Nordrhein-Westfalen gewann 2006 die mit 37 688 291,80 € höchste Gewinnsumme beim Lotto.
Er legte 90 % seines Lottogewinns bei seiner Bank bei einer Verzinsung von 3,75 % an.
Formuliere Fragen zur Aufgabe, die du dann in Partnerarbeit berechnest und löst.

16 Ordne Kapital, Zinsen und Zinssatz passend einander zu.

95 € | 10,45 € | 125 € | 48 €
11 % | 2,25 % | 6,25 € | 5 %
6,16 € | 88 € | 7 % | 1,08 €

17 Anlageformen einer Bank:

> **Information für unsere Kundinnen und Kunden**
> Zinssätze für Guthabenzinsen beim
> – Girokonto 0,5 %
> – Tagesgeldkonto 3 %
> – Festgeldkonten für 1 Jahr 3,4 %,
> Mindesteinlage 5 000 €

a) Berechne für ein Kapital von 7 000 € (1 200 €; 5 500 €) die Zinsen, die man jeweils nach einem Jahr erhält.
b) Welche Vor- und Nachteile haben die einzelnen Anlageformen?

18 Frau Sturm möchte nach Ablauf eines Jahres 2 150 € Zinsen erhalten.
Die Bank bietet einen Zinssatz von 4,3 %.
Wie viel muss Frau Sturm einzahlen?

19 Die Familie Cunsolo plant einen Garagenbau und beabsichtigt, deshalb einen Kredit aufzunehmen. Die jährlichen Zinsen sollen höchstens 550 € betragen.
Berechne mit einem Taschenrechner mindestens drei Kombinationen aus Kredithöhe und Zinssatz.

20 Ergänze die Tabelle.

	Zinssatz p %	Kapital K (alt)	Jahreszinsen Z	Kapital (neu)
a)	2,5 %	2 150 €		
b)		3 300 €	198 €	
c)	4 %		296,40 €	
d)		1 850 €		1 887 €
e)		2 340 €		2 562,30 €

21 In der Zeitung werden Kredite angeboten.
a) Ist der Zinssatz immer gleich?
b) Sollte man die Angebote annehmen?

KLEINKREDITE- besonders günstig
Sofortige Auszahlung, Rückzahlung nach einem Jahr mit kleinem Aufpreis

für **500 €**	**62,50 €**	Jahreszinsen
für **1000 €**	**150,00 €**	Jahreszinsen
für **1500 €**	**850,00 €**	Jahreszinsen

Tageszinsen und Zinseszinsen berechnen

Erforschen und Entdecken

HINWEIS
Erklären heißt: geordnet und zusammenhängend darstellen, warum Sachverhalte so und nicht anders beschaffen sind.

1 Arbeitet zu zweit.
a) Erkundigt euch nach aktuellen Zinssätzen für Geldanlageformen und Kredite.
b) Erklärt gemeinsam, warum Zinsen für Geldanlagen niedriger sind als Zinsen für Kredite.
c) Die Zeit spielt in der Zinsrechung eine wichtige Rolle. Zinssätze beziehen sich immer auf ein Jahr. Doch wie könnte man Zinsen bei längeren oder kürzeren Zeiträumen, einigen Jahren oder nur ein paar Monaten, Wochen oder Tagen berechnen?
Diskutiert darüber zunächst zu zweit und dann in eurer Klasse.

2 Alicia hat zu Jahresbeginn 600 € auf ihrem Sparbuch. Der Zinssatz beträgt 0,75 %.
a) Wie viel Zinsen gibt die Bank, wenn sich Alicia ihr Geld nach einem halben Jahr auszahlen lässt?
b) Wie viel Zinsen bekommt Alicia, wenn sie sich das Geld am 1. März auszahlen lässt?
Überlege erst allein. Besprich dich dann mit einem Mitschüler oder einer Mitschülerin. Diskutiert danach in der Klasse über eure Lösungswege und Ergebnisse.

3 Martin sagt zu Paula: „Ob du nun 7 % oder 7,5 % zahlen musst – 0,5 Prozentpunkte machen bei einem Kredit fast nichts aus.“ Was meinst du dazu? Begründe mit Hilfe einer Rechnung.

4 Verdopplung von Kapital
a) Wie verändert sich ein Kapital von 100 €, wenn sich der Zinssatz von 3 % verdoppelt?
b) Wann verdoppelt sich ein Kapital von 100 € bei einem Zinssatz von 4 %?
c) In der Randspalte steht eine Faustregel zur Verdopplung des Kapitals.
Überprüfe die Faustregel für eine Geldanlage von 10 000 € zu 5 %, wenn die Zinsen zu gleichen Bedingungen mit angelegt werden. Stimmt die Faustregel?

HINWEIS
Eine Faustregel zur Verdopplung des Kapitals:
$\frac{70}{\text{Zinssatz}}$ *= Anzahl der Jahre, nach denen sich das Kapital verdoppelt.*

5 Felia möchte sparen und möglichst viele Zinsen bekommen. Sie informiert sich bei einer Bank und erhält eine Werbebroschüre, die das Anwachsen des Kapitals zeigt.
Wie steigen die Zinsen von Jahr zu Jahr? Was stellst du fest?

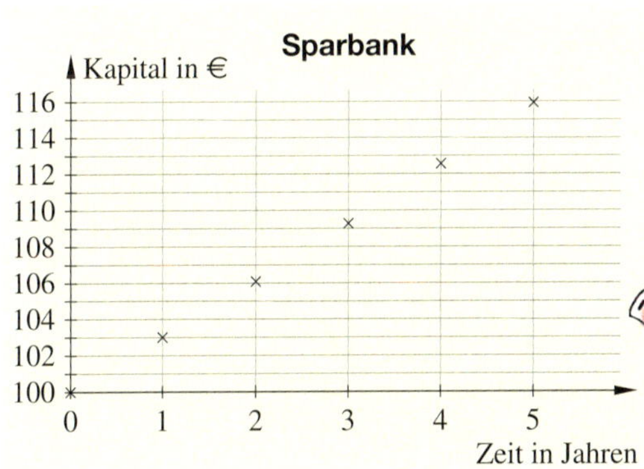

Lesen und Verstehen

HINWEIS
Die deutsche kaufmännische Zinsmethode ergibt nach heutigem EU-Recht Näherungswerte. Sie wird zum Beispiel angewendet bei Sparkonten, Festgeldkonten, Ratenkrediten, langfristigen Darlehen.

Volljährige können ein **Girokonto** überziehen, also mehr abheben, als Guthaben vorhanden ist. Die Banken bieten dann für das Überziehen den so genannten **Dispositionskredit** an. Dafür werden hohe Zinsen fällig. Diese Zinsen werden taggenau berechnet.

Um eine taggenaue Verzinsung zu berechnen, gibt es unterschiedliche Methoden. Hier wird die deutsche kaufmännische Zinsmethode verwendet.

Tom hat sein Konto vom 06.04. bis zum 29.10. mit 1 400 € überzogen. Die Bank verlangt für den Dispositionskredit einen Zinssatz von 13 %. Wie viele Zinsen muss er zahlen?

Beim Berechnen der Zinstage zählt der Auszahlungstag mit, der Einzahlungstag jedoch nicht.

BEISPIEL 1

Tom überzog sein Konto am 06.04. (Tag zählt nicht mit) und glich es am 29.10. (Tag zählt mit) wieder aus.

April	06.04. bis 30.04.	30 Tage – 6 Tage	24 Tage
fünf Monate	01.05. bis 30.09.	5 · 30 Tage	150 Tage
Oktober	01.10. bis 29.10.	29 Tage	29 Tage
		Insgesamt:	t = 203 Tage

HINWEIS
t steht für das englische Wort „time" und bedeutet „Zeit". d steht für „day" (englisch: Tag). m steht für „month" (englisch: Monat).

Der Zeitfaktor *t* in der Zinsrechnung
Ein Jahr wird mit 12 Monaten zu 30 Tagen, also mit 360 Tagen gerechnet.
Ein Tag entspricht dem Zeitfaktor $t = \frac{1}{360}$, d Tage entsprechen $t = \frac{d}{360}$.
Ein Monat entspricht $t = \frac{30}{360} = \frac{1}{12}$, m Monate entsprechen $t = \frac{m}{12}$.

Die Zinsen für Teile eines Jahres kann man berechnen, indem man das Kapital mit dem Zinssatz multipliziert und mit dem Bruchteil eines Jahres multipliziert.
$Z = K \cdot p\,\% \cdot t$

BEISPIEL 2

Zinsen (Z) = Kapital (K) · Zinssatz ($p\,\%$) · Zeitfaktor (t)

$Z = 1\,400\,€ \cdot 13\,\% \cdot \frac{203}{360}$

$Z = 1\,400\,€ \cdot \frac{13}{100} \cdot \frac{203}{360}$

$Z = 102{,}63\,€$

Tom muss 102,63 € Zinsen zahlen.

Werden Zinsen am Jahresende zum jeweiligen Kapital hinzugefügt und im folgenden Jahr mit verzinst, so spricht man von **Zinseszinsen**.

BEISPIEL 3

Petra legt 1 500 € für 2 Jahre in einem Sparbrief zu 3,7 % an.
1. Jahr: $Z = 1\,500\,€ \cdot \frac{3{,}7}{100} = 55{,}50\,€$
Kapital nach einem Jahr: 1 500 € + 55,50 € = 1 555,50 €
2. Jahr: $Z = 1\,555{,}50\,€ \cdot \frac{3{,}7}{100} = 57{,}55\,€$
Kapital nach zwei Jahren: 1 555,50 € + 57,55 € = 1 613,05 €

Das Kapital nach n Jahren lässt sich mit der Formel $K_n = K \cdot (1 + \frac{p}{100})^n$ berechnen.

BEISPIEL 5

Für 5 Jahre legt Ralf 4 500 € zu einem Zinssatz von 7 % an.
$K_5 = 4\,500\,€ \cdot (1 + 7/100)^5 = 6\,311{,}48\,€$
Sein Kapital beträgt nach fünf Jahren 6 311,48 €.

$\frac{x+y}{2}$

Üben und Anwenden

1 Schreibe als Bruchteil eines Jahres.
a) 30 Tage b) 60 Tage c) 90 Tage
d) 180 Tage e) 16 Tage f) 45 Tage
g) 54 Tage h) 5 Monate i) 7 Monate

2 Berechne die Zinstage für die folgenden Zeiträume.
a) 01.06.–30.09. b) 01.01.–18.04.
c) 05.05.–13.09. d) 11.07.–24.10.

3 Berechne die Zinsen aus der Geldanlage.
a) 300 € zu 1,5 % für 90 Tage
b) 450 € zu 2,2 % für 60 Tage
c) 220 € zu 2,8 % für 200 Tage
d) 235 € zu 1,5 % für 150 Tage
e) 175 € zu 1,25 % vom 02.11. bis 16.12.

4 Zahlt man bei einer Bank oder Sparkasse Geld für eine vereinbarte Zeit ein, so spricht man von Festgeld. Berechne die Zinsen.
a) 25 000 € für 8 Monate zu 2,2 %
b) 50 000 € für 6 Monate zu 2,7 %
c) 90 000 € für 10 Monate zu 3,1 %
d) Warum wird für Festgeld in der Regel ein höherer Zinssatz gewährt als für normale Sparkonten?

5 Lars überzieht sein Girokonto für 37 Tage um 239 €. Die Bank gibt ihm einen Dispositionskredit. Der Zinssatz ist mit 12,5 % recht hoch.
Wie viele Zinsen muss Lars zahlen?

6 Berechne die Zinsen für einen Dispositionskredit.
a) 4 723 € zu 10,25 % für 40 Tage
b) 8 500 € zu 11,1 % für 120 Tage
c) 3 780 € zu 12,25 % für 50 Tage
d) 8 200 € zu 11,0 % für 200 Tage
e) 4 520 € zu 8 % für 50 Tage
f) 10 000 € zu 13 % für 130 Tage
g) 12 400 € zu 12,7 % für 80 Tage

7 Eric leiht sich von seinem Freund 10 €, die er einen Monat später mit 0,50 € Zinsen zurückzahlt.
Welchem Zinssatz entspricht das?

8 „Ich stifte die Zinsen meines Vermögens, das zu einem Zinssatz von 3,75 % angelegt ist, dem Tierheim am Ort.
Das Kapital bleibt unangetastet. Es werden nur die Zinsen ausbezahlt. Das Tierheim erhält somit pro Tag einen Zuschuss von 50 €."

9 Bestimme die Zeit in Tagen.

	a)	b)	c)	d)
Kapital in €	8 526	12 320	16 540	10 020
Zinsen in €	28,42	45,43	405,23	521,04
Zinssatz	3,75 %	2,95 %	12,25 %	7,8 %

10 Ein Profisportler will von den Zinsen seines Vermögens leben. Er legt 200 000 € zu 8 % an. Wie viel Zinsen kann er sich jeden Monat auszahlen lassen?

11 Berechne die Zinsen für die Kredite.
a) 4 500 € zu 9,3 % vom 20.12. bis 07.02.
b) 8 300 € zu 11,5 % vom 24.03. bis 03.07.
c) 7 000 € zu 9,73 % vom 05.07. bis 25.12.

12 Vergleiche die Angebote.

Kredit	A	B
Höhe	7 000 €	7 000 €
Zinssatz	9,5 %	9 %
Rückzahlung nach	10 Monaten	9 Monaten
Bearbeitungsgebühr	30 €	45 €

13 Frau Quasten hat Geld aus einer Lebensversicherung für 7 Monate bei einem Zinssatz von 3,4 % festgelegt.
Welchen Betrag hat sie angelegt, wenn sie am Ende 892,50 € Zinsen erhält?

HINWEIS
Nutze beim Lösen der Aufgaben die deutsche kaufmännische Zinsmethode.

ERINNERE DICH
Der Zinssatz wird in der Regel auf das Jahr bezogen angegeben.

HINWEIS
Der Eintrag in das Lerntagebuch zu Aufgabe 14 könnte beispielsweise so anfangen:

Zinseszinsen
Wenn Geld angelegt wird, entstehen Zinsen. Wenn diese Zinsen …

BEISPIEL
500 € werden bei einem Zinssatz von 2,5 % für zwei Jahre angelegt …

14 Erkläre in eigenen Worten, wie Zinseszinsen entstehen. Schreibe die Erklärung in dein Lerntagebuch.

15 Berechne jeweils das Kapital nach zwei Jahren. Runde auf ganze Cent.

	a)	b)	c)	d)
Kapital K	190 €	320 €	570 €	60 €
Zinssatz $p\,\%$	1,5 %	2,2 %	3,1 %	
Zinsen für das 1. Jahr				1,50 €
Kapital zu Beginn des 2. Jahres	192,85 €			
Zinsen für das 2. Jahr				
Kapital nach 2 Jahren				

16 Berechne die Gesamtkosten für jeden Kredit bei einer Laufzeit von einem Jahr. Welches Angebot ist am günstigsten?

Angebot A
Sofortkredit 20 000 € zu günstigem Zinssatz von nur 12,5 %

Angebot B
Geld-Sofort-Super-Kredit für Sie: 20 000 €
einmalige Zahlung: 500 €
monatliche Zinsen: 380 €

Angebot C
Barkredit sofort: 20 000 €
Sie zahlen 300 € Zinsen p. Monat und 4 % einmalig vom Barkredit.

Angebot D
Sofortgeld: 20 000 €
Zinssatz: 12 %; einmalige Bearbeitungsgebühr von 120 €

17 Wie hoch ist der Zinssatz?

KAPITALMARKT
TOP-ANGEBOT
FÜR IHREN URLAUB
BARGELD – sofort
z.B. 1500 € in 12 kleinen Raten Zinsen nur 20 € pro Monat
Blitz – Finanz ☎ 0291 / 987231

ZUM WEITERARBEITEN
Entwirf selbst solch ein Werbeinserat wie in Aufgabe 17.

18 Petra legt 2 500 € fest an bei einem Zinssatz von 3,7 %. Die anfallenden Jahreszinsen werden mitverzinst.
Auf welches Kapital ist ihr Vermögen nach sechs Jahren angewachsen?

19 Berechne das Kapital nach den angegebenen Jahren mithilfe der Formel.
a) $K = 250\,€$, $p\,\% = 4{,}5$, $t = 8$ Jahre
b) $K = 1\,750\,€$, $p\,\% = 3$, $t = 5$ Jahre
c) $K = 5\,000\,€$, $p\,\% = 6$, $t = 10$ Jahre

20 Die Eltern von Annika legen zu ihrer Geburt 1 000 € an. Das Geld wird mit einem Zinssatz von 8 % verzinst und ihr an ihrem 18. Geburtstag überreicht. Auf wie viel Geld kann sich Annika freuen?

21 Erstelle zu den Werten ein Diagramm, das den Kunden einen größeren Vermögensanstieg vortäuscht.
Nutze ein Tabellenkalkulationsprogramm.

Jahr	0	2	4	6	8
Kapital	100,00	121,00	146,00	177,15	214,35
Jahr	10	12	14	16	
Kapital	259,35	313,85	379,75	459,50	

22 Betrachte das folgende Tabellenblatt.

	A	B	C	D	E
1					
2					
3	Berechnung der Zinsen			Berechnung des Kapitals	
4	Kapital	180,00 €		Zinsen	0,60 €
5	Zinssatz (in %)	4		Zinssatz (in %)	4
6	Laufzeit (in Tagen)	30		Laufzeit (in Tagen)	30
7	Zinsen	0,60 €		Kapital	180,00 €
8					
9	Berechnung des Zinssatzes			Berechnung der Laufzeit	
10	Kapital	180,00 €		Kapital	180,00 €
11	Zinsen	0,60 €		Zinssatz (in %)	4
12	Laufzeit (in Tagen)	30		Zinsen	0,60 €
13	Zinssatz (in %)	4		Laufzeit (in Tagen)	30

a) In Zelle **B7** steht die Formel **=B4*B5/100*B6/360**.
Erkläre, was sie bedeutet.
b) Stelle Formeln für die Zellen **B13**, **E7** und **E13** auf, die du mit „=“ einleitest.
c) Lege ein solches Tabellenblatt an.

23 Wann haben 20 000 € verdoppelt, die zu 9 % (zu 10,5 %) angelegt wurden?

Raten berechnen mit der Tabellenkalkulation

Erforschen und Entdecken

1 Ida schließt mit der Bank einen neuen Sparvertrag ab.
Sie zahlt 10 Jahre lang jeweils zu Beginn eines jeden Jahres 240 € ein.
Das nennt man Ratensparen. Das Geld wird mit einem Zinssatz von 3 % verzinst.
Der Kundenberater der Bank zeigt ihr die Tabelle.

	A	B	C	D
1	**Ida**	**Kapital**	**Zinssatz**	
2		**240 €**	**3%**	
3				
4	**Datum**	**Kapital am Jahresanfang**	**Jahreszinsen**	**Kapital am Jahresende**
5	01.01.2007	240,00 €	7,20 €	247,20 €
6	01.01.2008	487,20 €	14,62 €	501,82 €
7	01.01.2009	741,82 €	22,25 €	764,07 €
8	01.01.2010	1.004,07 €	30,12 €	1.034,19 €
9	01.01.2011	1.274,19 €	38,23 €	1.312,42 €
10	01.01.2012	1.552,42 €	46,57 €	1.598,99 €
11				
12				

a) Beschreibe, welcher Zusammenhang in der Tabelle dargestellt ist.
b) Welche Zelleninhalte verändern sich, wenn man die Eingabe in Zelle **B2** ändert? Warum?
c) In welchem Feld steht die Formel **=B6*C2**? Erkläre diese Formel.
d) Finde heraus, wie man die Werte in der Tabelle errechnet hat.
Überprüfe deine Vermutung, zum Beispiel durch Nachrechnen der Zeilen 5 bis 7.
e) Die Tabelle zeigt das Kapital und die Zinsen für die nächsten sechs Jahre. Wie kann man daraus das Kapital nach 10 Jahren berechnen? Erkläre mögliche Lösungswege bei der Berechnung im Heft und bei der Berechnung mit einer Tabellenkalkulation.

2 Im Kaufhaus kostet ein MP3-Player 119 €, eine Stereoanlage 189 € und eine Spielkonsole 249 €. Entscheide dich für einen Gegenstand und die Anzahl der Monatsraten.
a) Was bedeuten die Laufzeiten für den Preis?
Vergleicht zu zweit eure Ergebnisse.
b) Wie kann man die Aufgabe mit einer Tabellenkalkulation lösen?

FINANZKAUF

Zahlen Sie in 3, 6 oder 12 bequemen Monatsraten.

Jahreszins nur 8,99 %

3 Herr Ott hat für ein neues Auto einen Kredit über 25 000 € aufnehmen müssen.
Er hat einen Tilgungsplan erstellt.

	A	B	C	D	E	F	G
1	Tilgungsplan						
2							
3	**Darlehen**	**25.000,00 €**	**Zinssatz**	**6%**	**Raten (jährlich)**	**5.000,00 €**	
4							
5							
6	**Jahr**	**Restschuld**	**Zinsen**	**Restschuld + Zinsen**	**Tilgungsrate**	**Restschuld nach Tilgung**	
7	1	25.000 €	1.500 €	26.500 €	5.000 €	21.500 €	
8	2	21.500 €	1.290 €	22.790 €	5.000 €	17.790 €	
9	3	17.790 €	1.067 €	18.857 €	5.000 €	13.857 €	
10							

HINWEIS
Es gibt verschiedene Kreditformen, zum Beispiel Leasing (Mietkauf) und Hypothekenkredit (man setzt den Wert eines Grundstücks als Sicherheit ein).

a) Welche Restschuld hat Herr Ott nach Ablauf von zwei Jahren?
b) Ist der Tilgungsplan sinnvoll aufgebaut? Wie würdest du einen Tilgungsplan aufbauen?
c) Beschreibe, wie der Zelleninhalt **F7**, **F8**, **F9**, … zustande kommt.
d) Nach wie vielen Raten ist er schuldenfrei? Stelle für Herrn Ott einen Tilgungsplan auf.

Lesen und Verstehen

Manchmal möchte man sich etwas kaufen, das man nicht sofort bezahlen kann.
Für solche Fälle kann man zukunftsorientiert mit **Ratensparplänen** sein Vermögen aufbauen.
Man zahlt regelmäßig Geld ein, das dann zum festen Zinssatz verzinst wird.
Bei regelmäßigem Einkommen kann man sich aber auch von einer Bank den gewünschten Betrag leihen und die Schulden in festen Raten abtragen (tilgen). Dies ist ein **Ratenkredit**.
Mit einem Tabellenkalkulationsprogramm kann man die Raten übersichtlich berechnen.

Familie Gerber möchte ein neues Auto für 29 000 € kaufen. Dazu hat sie 4 000 € mit einem Ratensparplan gespart. Für das restliche Geld nimmt sie einen Ratenkredit auf.

BEACHTE
Mit der letzten Rate muss natürlich nur noch die tatsächliche Restschuld beglichen werden.

BEISPIEL 1
Familie Gerber hat vier Jahre lang je 900 € gespart. Die Zinsen werden jeweils addiert und mit angelegt.

	A	B	C	D
1	Ratensparplan		Kapital (jährlich)	Zinssatz
2			900 €	3,1%
3	Datum	Kapital am Jahresanfang	Jahreszinsen	Kapital am Jahresende
4	01.01.05	1.000,00 €	31,00 €	1.031,00 €
5	01.01.06	1.931,00 €	59,86 €	1.990,86 €
6	01.01.07	2.890,86 €	89,62 €	2.980,48 €
7	01.01.08	3.880,48 €	120,29 €	4.000,77 €

Bei **Ratensparplänen** wird regelmäßig Geld eingezahlt. Das Kapital am Jahresanfang ist die Summe aus dem Kapital des Vorjahres und der Rate.

Für die verbleibenden 25 000 € nimmt Familie Gerber einen Kredit auf.

ERINNERE DICH
*Relative Adressierung: **B5***
*Absolute Zeilenadressierung: **B$5***
*Absolute Spaltenadressierung: **$B5***
*Absolute Zellenadressierung: **B5***

BEISPIEL 2
Die Bank berechnet einen Zinssatz von 6 %. Der Kredit soll in festen jährlichen Raten von 6 000 € zurückbezahlt werden. Wann ist der Kredit getilgt?

	A	B	C	D	E	F
1	Tilgungsplan		Darlehen	Zinssatz	Raten (jährlich)	
2			25.000 €	6%	6.000 €	
3						
4	Jahr	Restschuld	Zinsen	Restschuld + Zinsen	Tilgungsrate	Restschuld nach
5	1	25.000,00 €	1.500,00 €	26.500,00 €	6.000 €	20.500,00 €
6	2	20.500,00 €	1.230,00 €	21.730,00 €	6.000 €	15.730,00 €
7	3	15.730,00 €	943,80 €	16.673,80 €	6.000 €	10.673,80 €
8	4	10.673,80 €	640,43 €	11.314,23 €	6.000 €	5.314,23 €
9	5	5.314,23 €	318,85 €	5.633,08 €	6.000 €	-366,92 €
10						

Im **Tilgungsplan** wird festgehalten, wie ein Kredit in Raten abgezahlt werden kann.
Restschuld und Zinsen werden addiert und ergeben zusammen die zu tilgende Summe.
Von der zu tilgenden Summe wird die Tilgungsrate abgezogen.
Die Differenz aus zu tilgender Summe und Tilgungsrate ergibt die neue Restschuld.

Üben und Anwenden

1 Das Tabellenblatt zeigt einen Tilgungsplan für einen Kredit über 9000 €.

	A	B	C	D	E	F	G
1	Tilgungsplan						
2							
3	Darlehen	9.000,00 €	Zinssatz	6%	Raten (jährlich	1.000,00 €	
4							
5							
6	Jahr	Restschuld	Zinsen	Restschuld + Zinsen	Tilgungsrate	Restschuld nach Tilgung	
7	1	9000	540	9540	1000	8540	
8	2	8540	512	9052	1000	8052	
9	3	8052	483	8536	1000	7536	
10	4	7536	452	7988	1000	6988	
11	5	6988	419	7407	1000	6407	

a) Wie hoch ist die jährliche Rate? Zu welchem Zinssatz wird der Kredit verzinst?
b) Welche Restschuld ist nach fünf Jahren noch zu tilgen?
c) Warum steht in Feld **C7** die Formel **=B7*D3**?
d) Welche Formel sollte in Feld **F7** stehen?

BEACHTE
*Eine **Rate** ist ein monatlich fester Betrag zum Einzahlen oder zum Abbezahlen eines Kredits.*
***Zinsen** sind der Betrag, den die Bank für die Bereitstellung des Kredits erhält.*
***Tilgung** ist der Vorgang, der die Schulden abträgt.*

2 Folgendes Tabellenblatt zeigt einen Ratensparplan.

	A	B	C	D
1		Kapital (jährlich)	Zinssatz	
2		500 €	3%	
3				
4	Jahr	Kapital am Jahresanfang	Jahreszinsen	Kapital am Jahresende
5	1	500,00 €	15,00 €	515,00 €
6	2	1.015,00 €	30,45 €	1.045,45 €
7	3	1.545,45 €	46,36 €	1.591,81 €
8	4	2.091,81 €	62,75 €	2.154,57 €
9	5	2.654,57 €	79,64 €	2.734,20 €
10	6	3.234,20 €	97,03 €	3.331,23 €

a) In der Zelle **D5** steht die Formel **=B5+C5**. Was bedeutet das?
b) Warum ist es sinnvoll, in Zelle **B5** einen Bezug zu Zelle **B2** zu schaffen?
c) In der Zelle **C5** steht die Formel **B5*C2**. Erkläre, was das **$**-Zeichen bewirkt.
d) Welche Formeln sollten in den Zellen **D6**, **C6** und **B6** stehen?

3 Sascha möchte sich neue Möbel für sein Zimmer für 1250 € kaufen und über eine Laufzeit von 8 Jahren mit jährlichen Raten von 250 € und einem Zinssatz von 9,5 % abbezahlen. Entwirf ein Tabellenblatt so, dass der geliehene Geldbetrag in jährlichen Raten getilgt wird. Beurteile, ob Sascha sinnvoll mit seinem Geld umgeht.

4 Beschreibe, was auf diesem Tabellenblatt dargestellt ist. Finde in Zeitungen oder im Internet ähnliche Angebote.

	A	B	C	D
1	Wachsender Zinssatz			
2				
3	Kapital	25.000,00 €		
4				
5				
6	Jahr	Zinssatz	Kontostand (Saldo)	Zinsen
7	0	3,50%	25.000,00 €	875,00 €
8	1	4,00%	25.875,00 €	1.035,00 €
9	2	4,50%	26.910,00 €	1.210,95 €
10	3	5,00%	28.120,95 €	1.406,05 €
11	4	5,50%	29.527,00 €	1.623,98 €
12	5	6,00%	31.150,98 €	1.869,06 €
13	6	6,50%	33.020,04 €	2.146,30 €
14	7	Abschluss	35.166,34 €	
15				
16			Zinssumme	10.166,34 €
17				

a) Erkläre, wie man die Zahlen in den Zellen der Tabelle errechnet hat.
b) Erstelle das Tabellenblatt selbst.
c) Entwirf ein passendes Werbeinserat für eine Zeitung. Erstelle dafür Diagramme.

5 Julia legt für 6 Jahre 375 € an. Im ersten Jahr bekommt sie 2 % Zinsen, im zweiten Jahr 3 %, im dritten Jahr 4 % usw.
Wie hoch ist ihr Endkapital? Um wie viel % ist ihr Anfangskapital angewachsen?

6 Berechne das Kapital der Ratensparpläne. Nutze ein Tabellenblatt.

	Jährliche Einzahlung	Zinssatz	Laufzeit
a)	200 €	2,3 %	5 Jahre
b)	500 €	1,8 %	3 Jahre
c)	1 000 €	3,25 %	10 Jahre
d)	1 200 €	4,5 %	18 Jahre

7 Bernds Mutter hört Silvester mit dem Rauchen auf und spart das Geld für die Zigaretten (5 € am Tag). Am Ende des Jahres legt sie das Geld mit 2,75 % an.
Wie viel Geld hat sie nach 10 Jahren gespart?

8 Lisa hat zur Konfirmation 1 500 € geschenkt bekommen. Sie möchte das Geld drei Jahre lang gewinnbringend anlegen, um ihren Führerschein damit zu finanzieren.

<table>
<tr><th></th><th>Sparbuch</th><th>Sparbrief</th><th>Wachstumssparen</th><th>Stadtbank</th></tr>
<tr><td>1. Jahr</td><td rowspan="3">jährlich 2,3 % Zinsen</td><td rowspan="3">4,7 % Zinsen jährlich bei drei Jahren Laufzeit</td><td>3 %</td><td>5 %</td></tr>
<tr><td>2. Jahr</td><td>4,5 %</td><td>4,5 %</td></tr>
<tr><td>3. Jahr</td><td>5 %</td><td>3 %</td></tr>
</table>

Nutze ein Tabellenkalkulationsprogramm, um die beste Geldanlage zu ermitteln.

Methode: Modellieren

Modellieren heißt, einen Zusammenhang aus der realen Welt in mathematische Sprache zu übertragen. Dabei geht man in vier Schritten vor.

① **Mathematisieren**
Die Informationen aus einer Situation werden in einen mathematischen Zusammenhang gebracht, zum Beispiel als Term, Gleichung oder Zeichnung.
② **Lösen**
Der mathematische Zusammenhang wird bearbeitet, zum Beispiel wird ausgerechnet oder gemessen.
③ **Interpretieren**
Die Ergebnisse werden auf die Situation bezogen.
④ **Überprüfen und Bewerten**
Es wird überprüft, ob die Ergebnisse in der Situation sinnvoll sind und ob das Problem vollständig gelöst ist.

Im Schaubild sind die vier Schritte und ihr Bezug untereinander übersichtlich dargestellt.

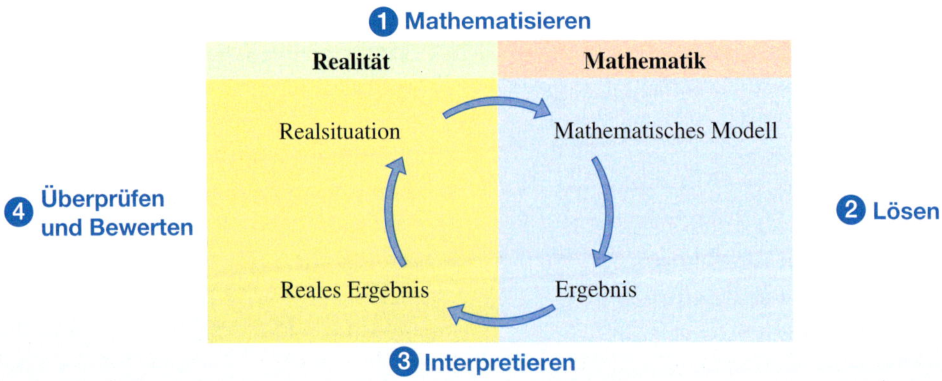

$\frac{x+y}{2}$

Thema: Promille

Das Wort Promille tritt häufig im Zusammenhang mit Alkohol im Straßenverkehr auf. Dabei wird die Bezeichnung Promille (‰) nur benutzt, wenn die Anteile kleiner sind als 1 %. Promille sind Anteile mit dem Nenner 1 000.

Es gilt: $1‰ = \frac{1}{1000} = 0{,}001 = 0{,}1\,\%$

1 ‰ Blutalkohol bedeutet: in 1 ℓ = 1 000 ml Blut befinden sich 1 ml Alkohol.

HINWEIS
Promille kommt von „pro mille" (lat.) und bedeutet „von tausend".

Auswirkungen des Blutalkoholgehalts auf den Körper

< 0,2 ‰	enthemmende Wirkung mit Steigerung der Redseligkeit
0,5 ‰	deutliches Nachlassen der Reaktionsfähigkeit, Risikobereitschaft
0,8 ‰	deutlich eingeschränkte Reaktionsfähigkeit
1,0 ‰	Beeinträchtigung von Konzentration und Koordination, Sprachstörungen
1,5 ‰	Selbstgespräch, Stottern und Schwanken, starke Betrunkenheit
2,0 ‰	Erbrechen, hilfloser Zustand, unkontrolliertes Torkeln, schwerer Rausch
ab 2,5 ‰	Störung von Atmung und Blutkreislauf, Bewusstsein setzt aus, Lebensgefahr
über 4 ‰	meist tödlich

Im Straßenverkehr ab 0,3 ‰
Führerscheinentzug bei Fahrunsicherheit bzw. Unfall;
*ab **0,5 ‰** Geldbuße und Fahrverbot;*
***ab 1,1 ‰** Geld- oder Freiheitsstrafe, Entziehung der Fahrerlaubnis*

Berechnung des Blutalkohols in Promille

Die Menge des Blutalkohols ist abhängig vom Körpergewicht und vom Geschlecht. Zudem verteilt sich der Alkohol nicht nur auf das Blut, sondern auf das Wasser im gesamten Körper. Daher benötigt man die Rechenschritte 1 bis 3, um den Blutalkohol in Promille zu ermitteln.

1. Berechnung des Wassergehalts im Körper
   Er beträgt bei Männern 70 % des Körpergewichts, bei Frauen 60 % des Körpergewichts.
   Marina wiegt 50 kg. Sie hat nur 30 kg = 30 000 g Wasser im Körper (60 % von 50 kg).
2. Umrechnung des eingenommenen Alkohols in Gramm
   Mit der Prozentrechnung wird der Alkoholgehalt des Getränks in ml bestimmt. Diese Zahl multipliziert man mit 0,8 und erhält den Alkoholgehalt in g.
   200 ml Wein enthalten 12 % Alkohol, das sind 24 ml, also 19,2 g ($24 \cdot 0{,}8 = 19{,}2$).
3. Berechnung des Blutalkohols in Promille
   Blutalkohol von Marina: $\frac{\text{Alkoholgehalt des Getränks in g}}{\text{Wassergehalt des Körpers in g}}\ \frac{19{,}2}{30\,000} = \frac{192}{300\,000} = 0{,}000\,64 = 0{,}64\,‰$

Berechne den Blutalkohol in Promille

1 Herr Mandel wiegt 70 kg und hat 20 ml Schnaps (40 %) getrunken.
a) Gib seinen Blutalkoholgehalt an.
b) Welche Auswirkungen können bei ihm auftreten? Darf er noch Autofahren?

2 Frau Ticker (60 kg) hat 1 ℓ Bier getrunken.
a) Wie viel Promille hat sie im Blut?
b) Welche Auswirkungen wird das Bier auf den Körper haben?

3 ➡ Erfinde eigene Aufgaben zum Thema Blutalkohol und Promille und löse sie.

Berechne den Blutalkohol in ml

4 Die Blutmenge im Körper entspricht ca. 8 % des Körpergewichts.
Wie viel Liter Blut hat ein Mensch mit 75 kg (50 kg, 43 kg)?

5 Eine Autofahrerin wiegt 62,5 kg.
Bei ihr wurden 0,6 ‰ festgestellt.
Wie viel ml Alkohol hat sie im Blut?

6 Herr Maus wiegt 85 kg. Ihm wurde sein Führerschein entzogen.
Wie viel Promille und wie viel ml Alkohol hatte er mindestens im Blut?

BEACHTE
Alkoholgehalt verschiedener Getränke:

Bier	*5 %*
Sekt	*11 %*
Wein	*12 %*
Schnaps	*40 %*

Achtung Schuldenfalle!

Matthias richtet sein Zimmer neu ein. Er sucht sich passende Möbel aus.
Aber wie und wann soll er die Möbel bezahlen?

Ratenzahlung im Möbelhaus?
Das Möbelhaus bietet an:

Kredit über…	Monatsraten 1 ½ Jahre Laufzeit	2 Jahre Laufzeit	3 Jahre Laufzeit
1 000 €	61,90 €	47,44 €	33,02 €
1 500 €	91,69 €	70,27 €	48,90 €
2 000 €	121,47 €	93,10 €	64,79 €
2 500 €	150,26 €	115,94 €	80,68 €

Günstige 8,95 % p. a.
Inklusive Bearbeitungsgebühr von 39 €.

Kreditanzeige aus der Zeitung?
Sofortgeld
schnell und sicher
2 000 €
!!Keine Bearbeitungsgebühr!!
Zinssatz nur 8,5 %
Laufzeit 1 Jahr

Kredit von der Bank?
Angebot:
Kredit über 2 000 € zu einem Zinssatz von 8 %
einmalige Bearbeitungsgebühr: 25 €, Rückzahlung nach einem Jahr

Überziehung des Girokontos?
Matthias hat einen Dispositionskredit bis 1 200 € mit einem Zinssatz von 13 % p. a. Für die Summe, mit der er den Kredit überzieht, zahlt er 18 % p. a.

1 Wähle für Matthias' Zimmer Möbel aus und vergleiche die Angebote zur Finanzierung. Wie viel Geld zahlt man jeweils nach einem Jahr zurück?

2 Matthias sagt: „Wieso Ratenkredit? Ich überziehe einfach ab und an mein Konto, dafür ist der Dispokredit doch da!" Erkundige dich, wann man einen Dispositionskredit in Anspruch nehmen kann. Kann man ein Girokonto ohne Dispomöglichkeit überziehen?

3 Manchmal sperrt die Bank den Dispokredit und rät dem Kunden zur Umschuldung auf einen Ratenkredit. Es wird ein Darlehenskonto eingerichtet.
Warum rät die Bank zur Umschuldung? Worin liegt der Vorteil?

Projekt: Kredite und ihre Tilgung

Erkundung: Bildet Kleingruppen und besucht nach Absprache mit eurer Lehrerin oder eurem Lehrer und telefonischer Absprache mit den Banken und Sparkassen jeweils eine Geschäftsstelle.
Lasst euch dort zu Krediten und Tilgungsmöglichkeiten beraten.
Überlegt euch vorher die Voraussetzungen für den Kredit und ein Ziel.
Überlegt auch, welche Fragen im Gespräch geklärt werden sollen.

Voraussetzungen: Auszubildende oder Auszubildender im ____. Lehrjahr, monatliches Gehalt: ______€

Ziel: Ich möchte für eine neue Einrichtung/ein Mofa/________ einen Kredit in Höhe von _____€ aufnehmen und ihn im Laufe von ___ Monaten abbezahlen.

Beratungsinhalte: Anzahl der Raten, Höhe der Raten, Rückzahlungssumme (Kredit, Zinsen und Bearbeitungsgebühr), Höhe des effektiven (tatsächlichen) Jahreszinses, Aufstellen eines Tilgungsplans, Bedeutung und Sinn der SCHUFA-Prüfung

BEISPIEL
Julia und Mandy sind in einer Bankfiliale und lassen sich beraten. Sie haben sich vorher überlegt, dass Julia als Friseurazubi im 2. Lehrjahr ist und monatlich 246 € bekommt. Sie möchte sich einen Computer kaufen. Dafür braucht sie einen Kredit über 1 000 €. Der Bankberater bietet einen Kredit zu 9,36 % mit einer Laufzeit von 12 Monaten an.

Aufgaben

1. Führt in Kleingruppen eine Erkundung in Banken und Sparkassen eurer Umgebung durch.
   a) Wertet eure Ergebnisse in den Kleingruppen aus.
   b) Stellt eure Erfahrungen und Ergebnisse in der Klasse dar.
   c) Sortiert die Angebote und erstellt eine Rangfolge.
2. Nennt Bedingungen dafür, einen Kredit zu erhalten.
3. Ist das Angebot an Julia aus dem Beispiel für den Kredit fair? Erstellt einen Tilgungsplan.
4. Anne hat ihr Girokonto mit 1 000 € überzogen. Der Zinssatz für den Dispositionskredit beträgt 12 %. Wie entwickeln sich über mehrere Jahre ihre Schulden, wenn kein Geld mehr auf das Konto eingezahlt wird und sie sich nicht mehr darum kümmert?
   a) Berechne und schreibe deine Ergebnisse übersichtlich auf. Zeichne ein Diagramm. Legt in der Klasse fest, ob ihr dazu ein Tabellenkalkulationsprogramm verwendet.
   b) Wann haben sich die Schulden verdoppelt?
5. Schufa steht für „Schutzgemeinschaft für allgemeine Kreditsicherung".
   Recherchiert: Wie kommt es zu einem positiven oder negativen Eintrag bei der Schufa? Welche Folgen hat ein Eintrag?

Vermischte Übungen

NACHGEDACHT
Eine Energiesparlampe mit 11 Watt kostet 7,50 € und hält 8 000 Stunden. Sie ist genauso hell wie eine normale Glühbirne mit 60 Watt, die 50 ct kostet und 1000 Stunden hält. Eine kWh Strom kostet 20 ct. Wie viel spart man (in € und in %) während der Lebensdauer einer Energiesparlampe gegenüber einer normalen Lampe? Wie könnt ihr dafür argumentieren, dass in der Schule und zu Hause Energiesparlampen verwendet werden?

1 Berechne die Erhöhung in Prozent.

> **Lkw-Maut steigt auf 13,5 Cent**
> Berlin. Das Verkehrsministerium gab bekannt, dass die Lkw-Maut von 12,4 Cent auf 13,5 Cent je Kilometer erhöht wird.

2 Werbeanzeigen

a) Rechne nach. Was stimmt hier nicht?
b) Formuliere einen Brief.
c) Finde in Zeitungsbeilagen ähnliche Angebote, überprüfe durch Rechnen und erstelle eine Collage.

3 Herr Fest legt für ein Jahr 2 500 € zu einem Zinssatz von 3,5 % an. Wie hoch ist sein Guthaben am Ende des Jahres?

4 Berechne jeweils die Zinsen für ein Jahr.

	Kapital	Zinssatz
a)	110 €	3 %
b)	1 000 €	4,25 %
c)	174 €	1,9 %
d)	37,50 €	2 %
e)	620 €	2,5 %
f)	2 500 €	4,5 %
g)	3 250 €	5,2 %
h)	4 316 €	1,7 %

5 Berechne das Kapital im Kopf.
a) 2 % sind 40 €
b) 25 % sind 8 €
c) 10 % sind 120 €
d) 80 % sind 48 €
e) 3 % sind 9 €
f) 45 % sind 270 €

6 Was fällt dir auf? Formuliere Sätze zu den Aufgaben.

a)

p	2 %	4 %	6 %	8 %	10 %
K	5 000 €	5 000 €	5 000 €	5 000 €	5 000 €
Z					

b)

p	3 %	3 %	3 %	3 %	3 %
K	100 €	500 €	1 000 €	2 000 €	5 000 €
Z					

7 Berechne jeweils die jährlichen Zinsen im Kopf.
a) Kapital 100 €, Zinssatz 5 %
b) Kapital 200 €, Zinssatz 5 %
c) Kapital 500 €, Zinssatz 3 %
d) Kapital 200 €, Zinssatz 2 %
e) Kapital 200 €, Zinssatz 4 %
f) Kapital 250 €, Zinssatz 5 %
g) Kapital 110 €, Zinssatz 2 %
h) Kapital 321 €, Zinssatz 10 %

8 Vervollständige.
a) Bleibt der Zinssatz gleich, so sind bei doppeltem Kapital die Zinsen ___ so hoch und bei zehnfachem Kapital die Zinsen ___ so hoch.
b) Bleibt das Kapital gleich, so sind bei doppeltem Zinssatz die Zinsen ___ so hoch und bei fünffachem Zinssatz die Zinsen ___ so hoch.

9 Berechne die Anzahl der Zinstage für diesen Zeitabschnitt.
a) 01.02. bis 01.05.
b) 10.02. bis 09.05.
c) 16.05. bis 14.08.
d) 02.11. bis 16.12.
e) 07.02. bis 24.03.
f) 28.09. bis 20.12.

10 Oliver zahlt 10 € auf ein Sparbuch ein, das mit 2 % verzinst wird.
Wie viel Zinsen bekommt er
a) für ein Jahr,
b) für ein halbes Jahr,
c) für einen Monat,
d) für 8 Monate und 13 Tage,
e) für 10 Monate und 20 Tage?

170-1
BEACHTE
Unter dem Webcode befindet sich eine interaktive Übung zum Zuordnen von Jahreszinsen.

11 Berechne die Zinsen für den Zeitraum.

	Kapital	Tage	Zinssatz
a)	785 €	37	2,2 %
b)	619 €	84	1,9 %
c)	926 €	244	4,3 %
d)	1 035 €	315	4,5 %

12 Ein Gewinn von 18 500 € wird 4 Monate lang auf einem Konto angelegt, das mit 3,9 % verzinst wird. Welchen Geldbetrag bekommt man nach dieser Zeit ausgezahlt?

13 Berechne die Zinsen für den Zeitraum.
a) 837 € zu 1,85 % vom 01. 10. bis 03. 12.
b) 1 328 € zu 3,9 % vom 28. 09. bis 30. 10.
c) 1 450 € zu 5,5 % vom 18. 05. bis 03. 10.
d) 613 € zu 3,75 % vom 05. 07. bis 05. 08.

14 Berechne die fehlenden Angaben.
Die Anlagedauer beträgt jeweils ein Jahr.

	Kapital	Zinssatz	Zinsen
a)	412 €	4,5 %	
b)	840 €		29,40 €
c)	5 500 €	12,5 %	
d)		3,4 %	30,60 €
e)	3 000 €		399 €
f)	712 €	4,25 %	
g)		11 %	385 €

15 Ein Darlehen von 15 000 € soll nach einem Jahr einschließlich Zinsen zurückgezahlt werden. Die Bank fordert 16 650 €.
a) Wie viel € Zinsen müssen für das Darlehen gezahlt werden?
b) Welchen Jahreszins berechnete die Bank?

16 Wie hoch ist der Zinssatz?
a) Für ein Guthaben von 1 890 € werden 94,50 € Jahreszinsen ausgezahlt.
b) Für ein Guthaben von 1 258 € werden nach einem Jahr 81,77 € gutgeschrieben.

17 Frau Grün kauft ein Haus für 295 000 €. Sie vermietet es für 11 800 € im Jahr. Das sind ihre Zinsen für das eingesetzte Kapital. Wie hoch ist ihr Zinssatz?

18 Erstelle mit einem Tabellenkalkulationsprogramm ein Tabellenblatt zur Berechnung der Tageszinsen in einem angegebenen Zeitraum (hier: 6. 3. – 29. 7.). Nutze die Starthilfe.

D13 fx =SUMME(D10:D12)

	A	B	C	D	E	F	G
1	**Berechnung von Tageszinsen**						
2							
3			**Kapital**	**Zinssatz**			
4			**2.500 €**	**2,75%**			
5							
6			**Tag**	**Monat**		**Tag**	**Monat**
7		**für die Zeit von**	7	2	bis	28	6
8							
9		**Anzahl der Tage**		**Zinsen**			
10	1. Monat	23		4,39 €			
11	volle Monate	90		17,19 €			
12	letzter Monat	28		5,35 €			
13	insgesamt:	141	**Gesamtzinsen:**	26,93 €			
14			**Gesamtzinsen Kontrolle:**	26,93 €			
15							

a) Wie heißt die Formel zur Berechnung der Tageszinsen, wenn Laufzeit, Kapital und Zinssatz gegeben sind?
b) Gib je ein Beispiel für eine relative und eine absolute Adressierung an.
c) Gib die Formeln in den Zellen **B10**, **B12** und **B13** an.
d) Erkläre den Eintrag in Zelle **B11**: **=(G7–D7–1)*30**
e) Entwickle eine Formel zur Kontrolle der Zinsen für die Zelle **D14**.

171-1

HINWEIS
Unter diesem Webcode befindet sich das Tabellenblatt zu Aufgabe 18.

19 Berechne. Kontrolliere deine Ergebnisse gegebenenfalls mit dem Tabellenblatt aus Aufgabe 18 (siehe Randspalte).

	Kapital	Zinssatz	Laufzeit	Zinsen	Jahreszinsen
a)	3 000 €	11,5 %	4 Monate		
b)	500 €	2,5 %	180 Tage		
c)	1 000 €			25 €	75 €
d)	400 €	2,5 %		3,50 €	
e)	13 000 €	3,5 %	144 Tage		

20 Frau Ohnesorg hat als Kapitalanlage Wertpapiere im Wert von 4 250 € gekauft. Am Jahresende erhält sie 318,75 € Zinsen. Wie viel Geld erhält sie, wenn sie das Kapital mit Zinsen für ein weiteres Jahr zu den gleichen Bedingungen anlegt?

21 Marvin verleiht 10 €. Er verlangt täglich 1 ct Zinsen. Berechne den jährlichen Zinssatz.

BEACHTE
Laut Statistik der Deutschen Bundesbank liegen derzeit noch immer rund 107 Milliarden Euro auf normalen Sparbüchern mit einer Verzinsung von meist unter einem Prozent pro Jahr.

22 „Die deutschen Sparer verschenken Jahr für Jahr Milliarden Euro an Zinserträgen.“ Darauf weist Klaus Müller, Vorstand der Verbraucherzentrale Nordrhein-Westfalen, aus Anlass des Weltspartags (30. 10.) hin. Was meint Herr Müller? Recherchiere und äußere dich zu dieser Aussage.

23 Dagobert leiht Donald 3 € für 10 Tage. Er verlangt dafür 20 ct Zinsen.

© Walt Disney Deutschland

a) Welchen Betrag müsste Donald zahlen, wenn er seine Schulden erst nach 5 Monaten oder einem Jahr zurückzahlt?
b) Donald könnte die 3 € auch bei seiner Bank leihen. Sie bietet ihm einen Kredit mit dem Zinssatz 13 % an. Sollte er lieber dieses Angebot annehmen?

24 Herr Bahr muss eine Rechnung über 650 € innerhalb von 30 Tagen zahlen. Bei Zahlung innerhalb von 8 Tagen erhält er 2 % Skonto.
a) Welcher Betrag wird gespart, wenn Herr Bahr am 8. Tag die Rechnung begleicht?
b) Lohnt es sich für Herrn Bahr, wenn er am 8. Tag die Rechnung begleicht, dabei aber sein Konto um diesen Betrag überzieht? Der Zinssatz beträgt 12,5 %. Begründe.

25 Alexa leiht Lars zu Beginn des Jahres 800 €, damit er sich einen Computer kaufen kann. Nach drei Jahren möchte Alexa das Geld zurück haben. Sie einigen sich auf einen Zinssatz von 7 % im Jahr. Wie viel Geld erhält Alexa insgesamt von Lars?

26 Vervollständige die Tabelle im Heft bei einem Zinssatz von 1,85 %.

Datum	Tage	Guthaben	Zinsen
01.01.	90	256 €	
01.04.		631 €	
20.06.		791 €	
01.12.	30	41 €	
31.12.	Zinsen für das Jahr gesamt		

27 Frau Wiese muss 380 € einen Monat lang leihen. Sie kann entweder einen Kredit aufnehmen oder ihr Konto überziehen. Bei dem Kredit muss sie 10 € Bearbeitungsgebühr und 410 € zurückzahlen, für das Überziehen wird ein Zinssatz von 12,5 % im Monat erhoben. Wofür sollte sie sich entscheiden? Begründe.

28 Bundesschatzbriefe bieten jährlich ansteigende Zinssätze (siehe links).
a) Berechne, auf welchen Betrag ein Bundesschatzbrief für 1 000 € nach 7 Jahren anwächst (Zinsen werden mit angelegt).
b) Berechne mit dem Taschenrechner das Kapital nach 7 Jahren bei einem Startkapital von 2 000 € (3 000 €, 6 500 €), wenn die Zinsen jeweils mit angelegt werden.

Teste dich!

a | b

1 Berechne jeweils die fehlende Größe bei der Geldanlage für ein Jahr.

	a)	b)	c)	d)	e)	f)	g)
Kapital *K*	12 500 €	7 500 €		15 000 €		280 €	18 500 €
Zinsen *Z*			800 €	150 €	120 €	28,28 €	
Zinssatz *p* %	6 %	3,6 %	8 %		1,2 %		3,75 %

2 Ergänze die Tabelle mit Hilfe des Taschenrechners.

	Kapital	Zinssatz	Zinsen	Anlage-dauer
a)	325 €	3,5 %		1 Jahr
b)	728 €	7,9 %		6 Monate
c)	1 080 €	2,3 %		18 Tage
d)	2 400 €	10 %		2 Jahre
e)	28 590 €		3 373,62 €	6 Monate
f)	13 040 €		156,48 €	6 Monate
g)	14 560 €	7,2 %		3 Monate
h)		2,75 %	68,75 €	3 Monate

	Kapital	Zinssatz	Zinsen	Anlage-dauer
a)	482 €	8,9 %		1 Jahr
b)	4 940 €		271,70 €	1 Jahr
c)		3,5 %	29,40 €	1 Jahr
d)	3 420 €	3 %		2 Jahre
e)		9,8 %	122,99 €	6 Monate
f)	49 445 €	4,9 %		3 Monate
g)	3 840 €	3 %		100 Tage
h)		5 %	45 €	135 Tage

3 Herr Würz legt 2 000 € für ein Jahr zu einem Zinssatz von 3 % an. Wie viel Geld hat er mit Zinsen am Ende des Jahres?

4 Marie überzieht ihr Konto um 80 € vier Monate lang bei einem Zinssatz von 10,2 %.
Wie viel Zinsen muss sie dafür bezahlen?

5 Herr Gräfe zahlt 2 000 € auf ein Konto, das mit 2,5 % verzinst wird. Welches Kapital hat er nach 2 Jahren, wenn die Zinsen mit verzinst werden?

3 Frau Wolff hat nach einem Jahr 3 260,25 € erhalten. Wie viel Geld hatte sie dafür zu einem Zinssatz von 3,5 % angelegt?

4 Frau Schrader begleicht eine Rechnung über 420 € erst 108 Tage nach der Fälligkeit. Dafür werden 10,5 % Verzugszinsen gefordert. Wie viel muss sie bezahlen?

5 Herr Hesse zahlt 2 400 € in seinen Bausparvertrag ein. Welches Kapital hat er nach 3 Jahren bei einem gleich bleibenden Zinssatz von 3,5 %? Die Zinsen werden mit verzinst.

6 Erstelle mit einem Tabellenkalkulationsprogramm einen Tilgungsplan für einen Kredit über 17 000 € zu einem Zinssatz von 8,9 %. Die jährlichen Raten betragen 3 000 €.
a) Nach wie vielen Jahren ist der Kredit abbezahlt?
b) Nach wie vielen Jahren ist der Kredit bei jährlichen Raten von 2 500 € abbezahlt?
c) Erstelle ein Säulendiagramm, in dem man die Kredithöhe jedes Jahres ablesen kann.

7 Frau Heinzel muss ihr Hausdach neu decken lassen. Sie hat ein Kreditangebot zu einem Zinssatz von 9 %. Sie kann nach einem Jahr inklusive Zinsen höchstens 21 800 € zurückzahlen. Wie hoch darf die Kreditsumme höchstens werden?
Löse die Aufgabe nach den vier Schritten der Modellierung.

HINWEIS
Brauchst du noch Hilfe, so findest du auf den angegebenen Seiten ein Beispiel oder eine Anregung zum Lösen der Aufgaben. Überprüfe deine Ergebnisse mit den Lösungen auf Seite 224.

Aufgabe	Seite
1	156
2	156
3	156
4	160
5	160
6	164
7	166

Zusammenfassung

→ Seite 156

Begriffe der Zinsrechnung

Um die **Jahreszinsen** zu berechnen, kann man den Dreisatz nutzen oder die Zinsformel.

$Z = K \cdot \frac{p}{100}$

85 € werden mit 12 % verzinst. Wie hoch sind die Zinsen?

	Anteil	Anzahl	
: 100	100 %	85 €	: 100
· 12	1 %	0,85 €	· 12
	12 %	10,20 €	

$Z = 85 \cdot \frac{12}{100} = 10{,}2$

Die Zinsen betragen 10,20 €.

Um das **Kapital** zu berechnen, kann man den Dreisatz nutzen oder die umgestellte Zinsformel.

$K = Z \cdot \frac{100}{p}$

32 % Zinsen sind 80 €. Wie hoch ist das Kapital?

	Anteil	Anzahl	
: 32	32 %	80 €	: 32
· 100	1 %	2,50 €	· 100
	100 %	250 €	

$K = 80 \cdot \frac{100}{32} = 250$

Das Kapital beträgt 250 €.

Um den **Zinssatz** zu berechnen, kann man den Dreisatz nutzen oder die umgestellte Zinsformel.

$\frac{p}{100} = \frac{Z}{K}$ oder $p\,\% = \frac{Z}{K}$

125 € Kapital ergeben 6 € Zinsen. Wie hoch ist der Zinssatz?

	Anzahl	Anteil	
: 125	125 €	100 %	: 125
· 6	1 €	0,8 %	· 6
	6 €	4,8 %	

$p\,\% = \frac{6}{125} = 0{,}048 = 4{,}8\,\%$

Der Zinssatz beträgt 4,8 %.

→ Seite 160

Tageszinsen und Zinseszinsen berechnen

Die **Zinsen für Teile eines Jahres** kann man berechnen, indem man das Kapital mit dem Zinssatz multipliziert und mit dem Bruchteil eines Jahres multipliziert.

$Z = K \cdot p\,\% \cdot t$

1 400 € werden für 5 Monate zu 2,2 % angelegt. Wie hoch sind die Zinsen?
$Z = 1\,400\,€ \cdot 2{,}2\,\% \cdot \frac{5}{12}$
$= 7{,}70\,€$

Zinseszinsen entstehen, wenn Zinsen angelegt werden und wieder Zinsen erbringen.

1 400 € werden zu 2,2 % angelegt.
Wie hoch sind die Zinsen nach 2 Jahren?
Nach 1 Jahr: $Z = 1\,400\,€ \cdot \frac{2{,}2}{100} = 30{,}80\,€$
Nach 2 Jahren: $Z = 1\,430{,}80\,€ \cdot \frac{2{,}2}{100} = 31{,}48\,€$

Um das Kapital nach *n* Jahren zu berechnen, kann man die Formel $K_n = K \cdot (1 + \frac{p}{100})^n$ nutzen.

500 € werden zu 2,2 % angelegt. Wie hoch ist das Kapital nach 5 Jahren?
$K_5 = 500\,€ \cdot (1 + \frac{2{,}2}{100})^5 = 557{,}47\,€$

→ Seite 164

Tilgungspläne mit Tabellenkalkulation

Im **Tilgungsplan** wird festgehalten, wie ein Kredit in Raten abgezahlt werden kann.
Bei **Ratensparplänen** wird regelmäßig Geld eingezahlt. Das Kapital am Jahresanfang ist die Summe aus dem Kapital des Vorjahres und der Rate.

Pyramiden

Schon die alten Ägypter verfügten über beachtliche mathematische Kenntnisse. Ohne diese wären so gewaltige Bauwerke wie die Pyramiden von Gizeh nicht möglich gewesen.

Die größte dieser Pyramiden ließ der Pharao Cheops (2638 bis 2613 v. Chr.) als Grabstätte für sich selbst errichten. Diese Pyramide wurde aus etwa 2 300 000 Steinquadern gebaut, von denen jeder rund 2,5 Tonnen wog. Die Grundfläche hat eine Kantenlänge von fast 230 m, die Höhe der Pyramide betrug ursprünglich 146,60 m.

Noch fit?

1 Gib in der in Klammern stehenden Einheit an.

a) 5 cm (mm) b) 3 000 m (km) c) 50 cm (dm) d) 67 mm (cm)
e) 7 cm^2 (mm^2) f) 800 m^2 (dm^2) g) 5 dm^2 (m^2) h) 67 mm^2 (cm^2)
i) 40 cm^3 (mm^3) j) 9 500 m^3 (dm^3) k) 3,5 ℓ (cm^3) l) 67 mm^3 (cm^3)
m) 10 kg (g) n) 6 500 kg (t) o) 32 000 mg (g) p) 0,4 kg (mg)

2 Zeichne das Schrägbild und das Netz eines Quaders mit den Kantenlängen $a = 5$ cm, $b = 4$ cm und $c = 8$ cm.

a) Berechne sein Volumen und seinen Oberflächeninhalt.
b) Wie viel wiegt der Quader, wenn 1 cm^3 seiner Masse 1,3 g wiegt?
c) Berechne die Länge der Raumdiagonalen.

ERINNERE DICH
Für das Volumen V eines Prismas gilt:
$V = A_G \cdot h$
Für den Oberflächeninhalt A_O eines Prismas gilt:
$A_O = A_M + 2\,A_G$

3 Zeichne ein Schrägbild und ein Netz eines 5 cm hohen Prismas, dessen Grundfläche ein rechtwinkliges Dreieck mit $a = 3$ cm, $b = 4$ cm und $c = 5$ cm ist. Berechne das Volumen, den Mantel und die Oberfläche des Prismas.

4 Eine zylinderförmige Tasse mit Durchmesser $d = 8$ cm und Höhe $h = 8$ cm wird zu drei Vierteln mit Tee gefüllt. Bestimme die Teemenge, die sich in der Tasse befindet.

5 Entnimm aus den Zeichnungen die benötigten Größen und berechne den Umfang u und den Flächeninhalt A.

a)
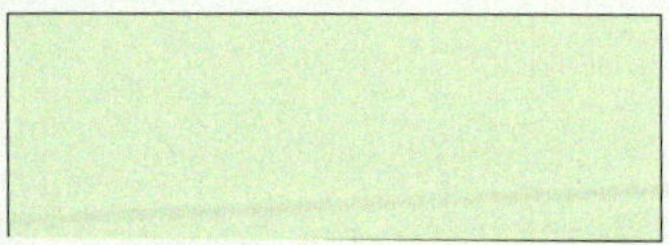

b)
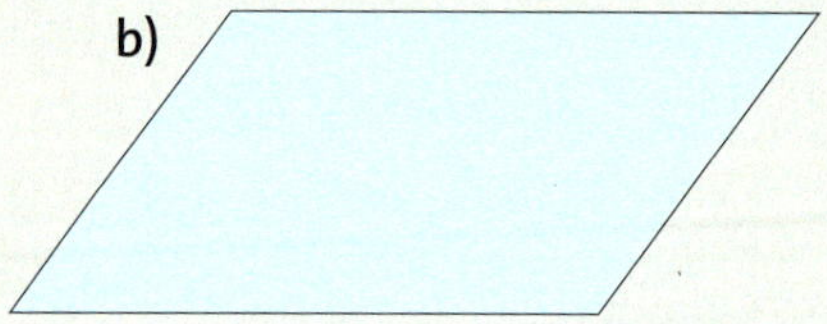

c)
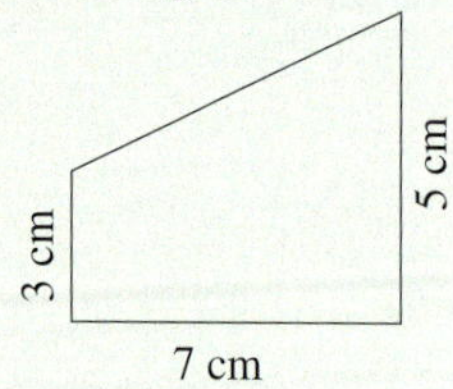

6 Ein Schwimmbecken ist 50 m lang und 21 m breit. Im 10 m langen Nichtschwimmerbereich ist es 1,5 m tief. Dann beginnt der Schwimmerbereich und die Wassertiefe nimmt gleichmäßig zu. An der tiefsten Stelle ist es 3,60 m tief.
Wie viel Liter Wasser wurden in das Schwimmbecken gepumpt?

7 Welche Netze gehören zum abgebildeten Würfel?

Kurz und knapp

1. Nenne den Unterschied zwischen dem Mantel und der Oberfläche eines Prismas.
2. Beschreibe den Zusammenhang zwischen Durchmesser und Radius mit Hilfe eines Terms.
3. Ein Eimer hat ein Volumen von 10 ℓ, ein anderer ein Volumen von 1 000 cm^3. Welcher Eimer ist größer?
4. Bei welchen Körpern gilt die Formel „Volumen = Grundfläche mal Höhe“?
5. Nenne Gegenstände in deiner Umgebung, die die Form eines Prismas besitzen.
6. Wie lautet der Satz des Pythagoras?

Pyramiden erkennen und zeichnen

Erforschen und Entdecken

1 Betrachte die folgenden Körper.

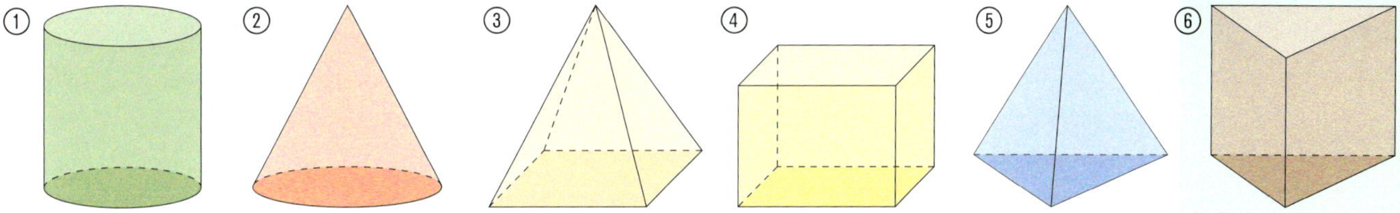

a) Welche Körper kennst du bereits? Nenne ihre Eigenschaften.
b) Fasse die Körper in Gruppen mit gleichen Eigenschaften zusammen. Findest du mehrere Einteilungsmöglichkeiten? Vergleiche deine Lösung mit der deiner Klassenkameraden.
c) Finde in deiner Umwelt Objekte, die die Form dieser Körper besitzen.

2 Welcher Körper passt nicht in die Reihe? Begründe diese Auswahl.

a)

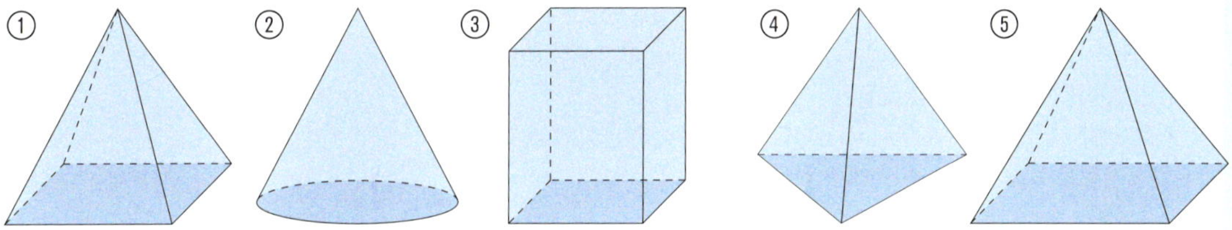

b)

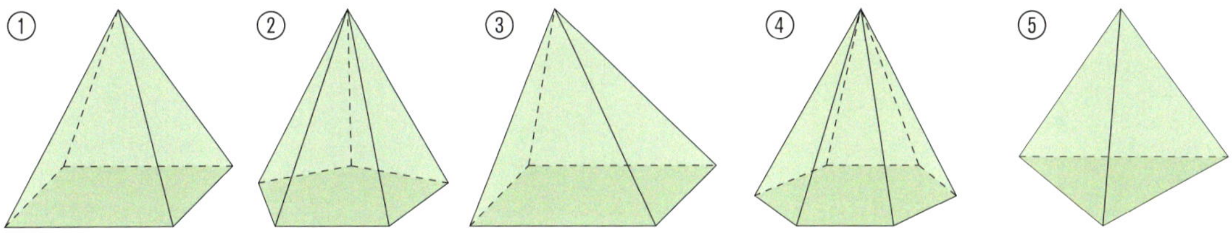

3 Sophie zeichnet das maßstäbliche Schrägbild eines 3 cm hohen pyramidenförmigen Daches mit quadratischer Grundfläche. Die Seitenlänge in ihrer Zeichnung beträgt $a = 4\,\text{cm}$.

a) Betrachte die folgenden Bilder und erläutere die Arbeitsschritte.

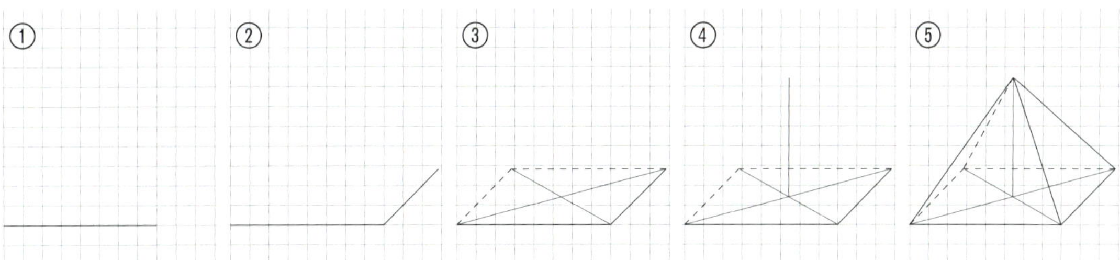

b) Zeichne das Schrägbild der quadratischen Pyramide in dein Heft.
c) Gib den Maßstab deiner Zeichnung aus Teilaufgabe b) an.
d) Zeichne das Schrägbild einer 4 cm hohen Pyramide mit rechteckiger Grundfläche ($a = 3\,\text{cm}$; $b = 5\,\text{cm}$) in dein Lerntagebuch oder dein Arbeitsheft.
Erläutere die einzelnen Arbeitsschritte, sodass es ein fehlender Mitschüler versteht.

Lesen und Verstehen

Wenn von Pyramiden die Rede ist, denkt man häufig an die großen Königspyramiden in Ägypten, deren Grundflächen Quadrate sind. Es gibt auch Pyramiden mit anderen Grundflächen.

Eine **Pyramide** ist ein Körper mit einem n-Eck als Grundfläche und n Dreiecken als Seitenflächen, die einen gemeinsamen Eckpunkt (die Spitze) haben.

Besteht die Grundfläche aus einem regelmäßigen Vieleck, spricht man von einer **regelmäßigen Pyramide**. Eine Pyramide mit quadratischer Grundfläche heißt **quadratische Pyramide**. Verläuft die Höhe von der Spitze zum Mittelpunkt der Grundfläche, heißt die Pyramide **gerade**.

HINWEIS
Eine ausführliche Abfolge der Schritte beim Zeichnen findest du auf Seite 177 Nr. 3.

Schrägbilder von geraden Pyramiden zeichnen

Beachte: Nicht sichtbare Linien werden gestrichelt eingezeichnet.

1. Zeichne die Grundfläche.
   Dabei verkürzen sich die in die Tiefe verlaufenden Kanten bei einem Winkel von $\alpha = 45°$ um die Hälfte.
2. Zeichne – beim Mittelpunkt der Grundfläche beginnend – die Höhe ein.
3. Verbinde die Spitze mit den Eckpunkten der Grundfläche.

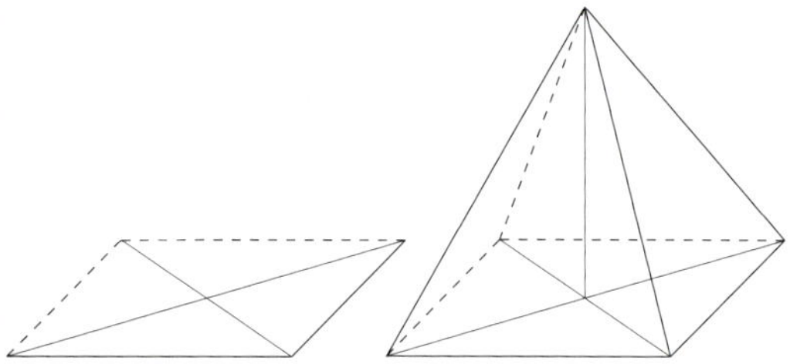

Üben und Anwenden

1 Welche der folgenden Körper sind Pyramiden?

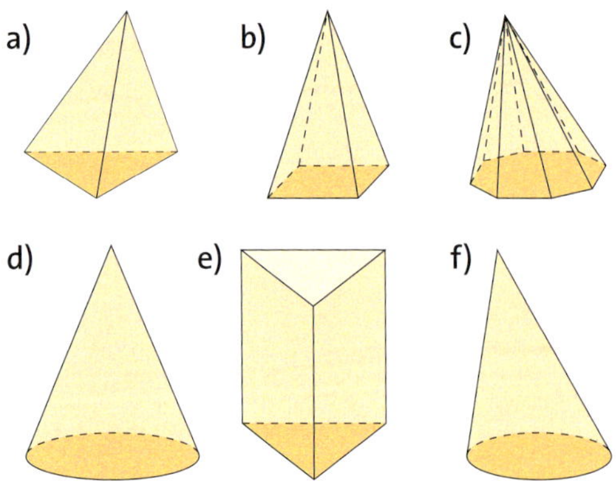

2 Nenne Gegenstände oder Gebäude, die die Form einer Pyramide besitzen.

3 Zeichne das Schrägbild eines Würfels mit Kantenlänge $a = 4\,\text{cm}$, dem eine Pyramide mit der Höhe $h = 3\,\text{cm}$ aufgesetzt wird.

4 Die „Ernährungspyramide" gibt an, welche Lebensmittel viel bzw. wenig gegessen werden sollten.

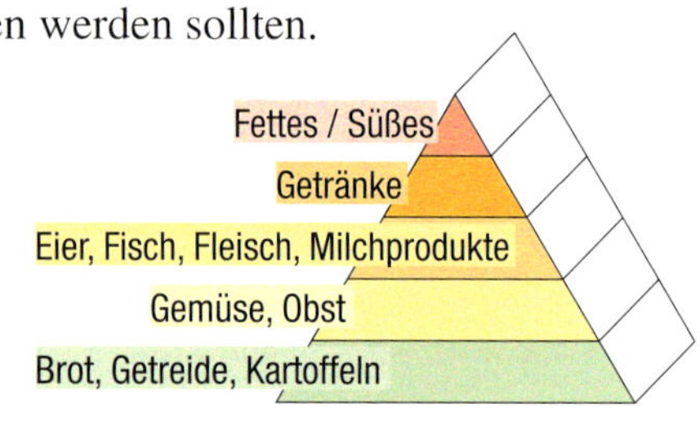

a) Stellt die Abbildung eine Pyramide im mathematischen Sinn dar? Begründe.
b) Zeichne eine echte Ernährungspyramide.

Mantel und Oberfläche einer Pyramide

Erforschen und Entdecken

1 Handelt es sich bei den folgenden Abbildungen um Netze von Pyramiden? Erkläre genau, wie du vorgehst, um die Frage zu beantworten.

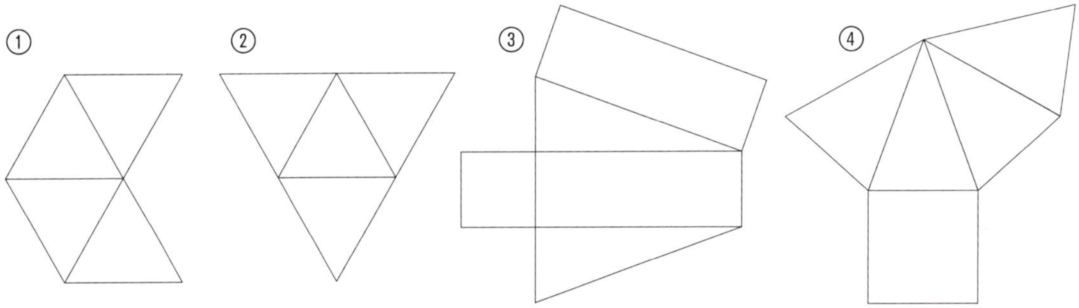

2 Du siehst rechts das Netz einer quadratischen Pyramide.

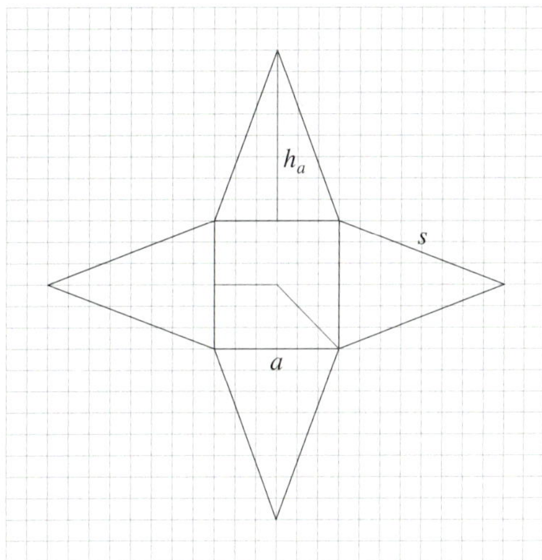

a) Übertrage das Netz auf ein kariertes Blatt Papier.
b) Begründe, warum es sich um das Netz einer geraden Pyramide handeln muss.
c) Markiere in dem Netz alle Seitenkanten s mit grüner Farbe, alle Seitenhöhen h_a mit blauer Farbe und alle Grundkanten a mit roter Farbe.
d) Bestimme die Länge der Seiten a, h_a und s durch Messung oder durch geeignete Rechnung.
e) Berechne den gesamten Flächeninhalt des Netzes.

3 Übertrage das Netz aus Aufgabe 2 auf ein kariertes Blatt Papier und schneide es aus. Zeichne in das Netz die grau markierten Strecken ein.
a) Zeichne ein Dreieck mit $b = 1{,}5\,\text{cm}$; $c = 3{,}7\,\text{cm}$ und $\alpha = 90°$ sowie ein Dreieck mit $b = 2{,}1\,\text{cm}$, $c = 3{,}7\,\text{cm}$ und $\alpha = 90°$. Schneide die Dreiecke aus und klebe sie als Stützdreiecke auf die markierten Strecken.

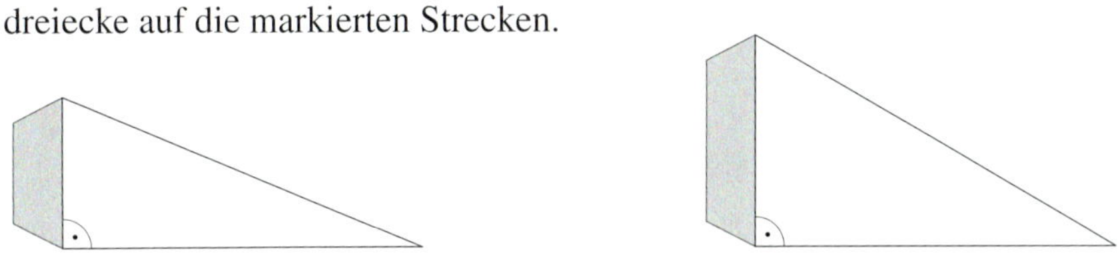

b) Markiere in den Stützdreiecken alle Seitenkanten s mit grüner Farbe, alle Seitenhöhen h_a mit blauer Farbe und alle Körperhöhen h mit brauner Farbe.
c) Klebe das Netz mit den klappbaren Stützdreiecken in dein Heft. Fixiere nur die Grundfläche. Falze die Kanten, sodass sich das Netz zu einer Pyramide aufrichten lässt.
d) Gib mit Hilfe der Stützdreiecke Beziehungen zwischen Seitenkante s, Körperhöhe h, Grundkante a und Seitenhöhe h_a an, die auf den Satz des Pythagoras zurückzuführen sind. Schreibe die Beziehungen neben das Netz im Heft.

Lesen und Verstehen

Der Louvre ist eines der bedeutendsten Gebäude von Paris. Er war ursprünglich ein königliches Schloss. Heute beherbergt er das größte Museum der Welt. Bei der Neugestaltung des Louvre wurde der Haupteingang in den Innenhof, den *Cour Napoleon*, verlegt und durch eine Glaspyramide überdacht. Die Pyramide ist 22 m hoch. Die Grundkante der geraden, quadratischen Pyramide ist 35 m lang.

BEACHTE
$\frac{a}{2}$ stellt die halbe Länge der Grundseite dar. $\frac{d}{2}$ ist die halbe Länge der Diagonalen der Grundfläche.

In einer geraden Pyramide bezeichnet die **Höhe h** die Strecke von der Spitze der Pyramide zum Mittelpunkt der Grundfläche, die **Seitenhöhe h_a** die Strecke von der Spitze zum Mittelpunkt der Grundseite a und die **Seitenkante s** die Strecke von der Spitze zur Ecke der Grundfläche.

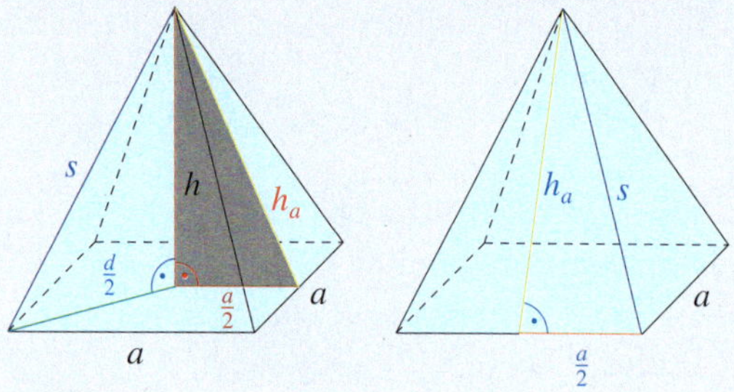

ZUR ERINNERUNG
Satz des Pythagoras: $a^2 + b^2 = c^2$

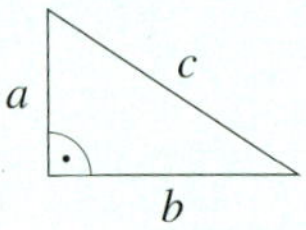

Da h, h_a, a und s die Seitenkanten von rechtwinkligen Dreiecken sind, kann man diese mit Hilfe des Satzes des Pythagoras berechnen:

$h_a^2 = h^2 + (\frac{a}{2})^2$ $s^2 = (\frac{a}{2})^2 + h_a^2$ $s^2 = h^2 + (\frac{d}{2})^2$

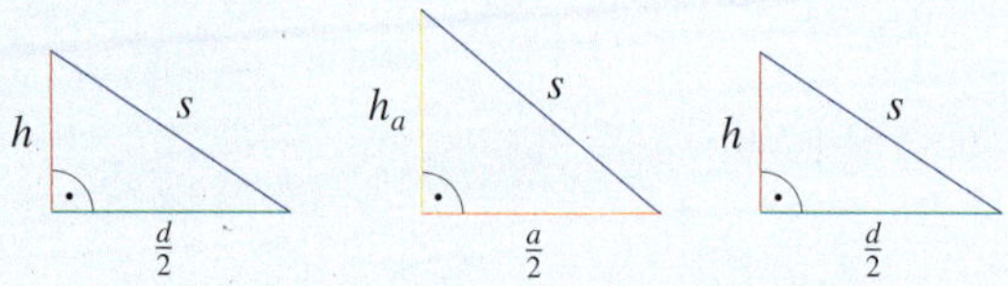

BEISPIEL 1

Wie hoch ist die Seitenhöhe h_a der Glaspyramide des Louvre?

$h_a^2 = h^2 + (\frac{a}{2})^2 = (22\,\text{m})^2 + (\frac{35\,\text{m}}{2})^2$

$= 790{,}25\,\text{m}^2$

$h_a \approx 28{,}1\,\text{m}$

Die Seitenhöhe h_a der Glaspyramide des Louvre beträgt 28,1 m.

Die dreieckigen Seitenflächen einer Pyramide bilden ihre **Mantelfläche A_M**. Nimmt man die Grundfläche A_G zur Mantelfläche A_M hinzu, ergibt sich die **Oberfläche A_O** der Pyramide.

Für Pyramiden mit quadratischer Grundfläche gilt:

$A_M = 4 \cdot (\frac{1}{2} \cdot a \cdot h_a) = 2 \cdot a \cdot h_a$

$A_O = 4 \cdot (\frac{1}{2} \cdot a \cdot h_a) + a^2 = 2 \cdot a \cdot h_a + a^2$

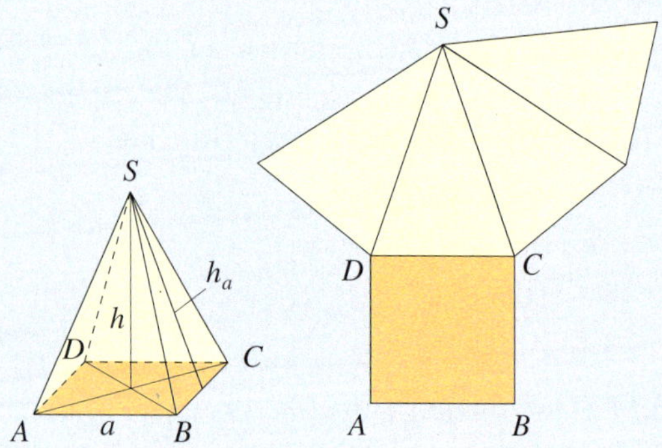

BEISPIEL 2

Die vier dreieckigen Seitenflächen der Pyramide des Louvre sind verglast.
Wie viel Glas wurde verbaut?

$A_M = 4 \cdot (\frac{1}{2} \cdot 35\,\text{m} \cdot 28{,}1\,\text{m}) = 1\,967\,\text{m}^2$ Die Größe der Glasfläche beträgt 1 967 m².

Üben und Anwenden

1 Beim abgebildeten Netz einer quadratischen Pyramide sind die Grundkanten 3 cm und die Seitenkanten 4 cm lang.

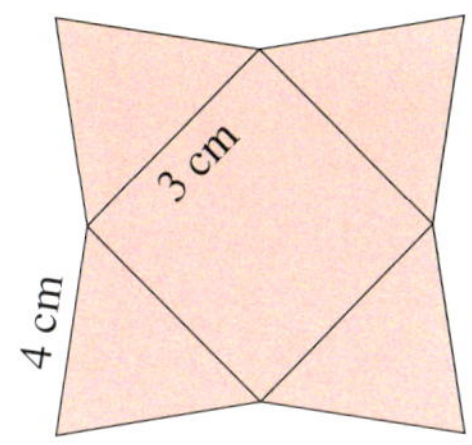

a) Übertrage das Netz in dein Heft und markiere mit verschiedenen Farben alle Strecken gleicher Länge. Zeichne auch die Seitenhöhen ein.
b) Berechne die Länge der Seitenhöhe h_a.
c) Schätze, wie hoch die Pyramide ist. Schneide die Abwicklung gegebenenfalls aus und falte sie zur Pyramide.
d) Berechne die Körperhöhe h.

2 Dargestellt ist die Abwicklung einer regelmäßigen sechsseitigen Pyramide.

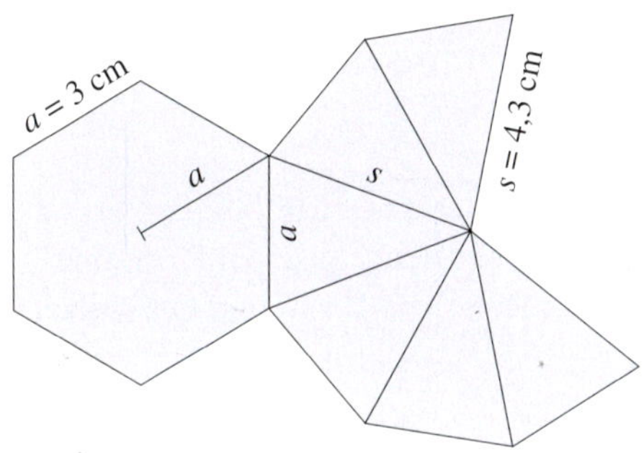

a) Berechne die Seitenhöhe h_a.
b) Berechne die Körperhöhe h.

3 Dargestellt ist die Abwicklung einer regelmäßigen geraden dreiseitigen Pyramide.

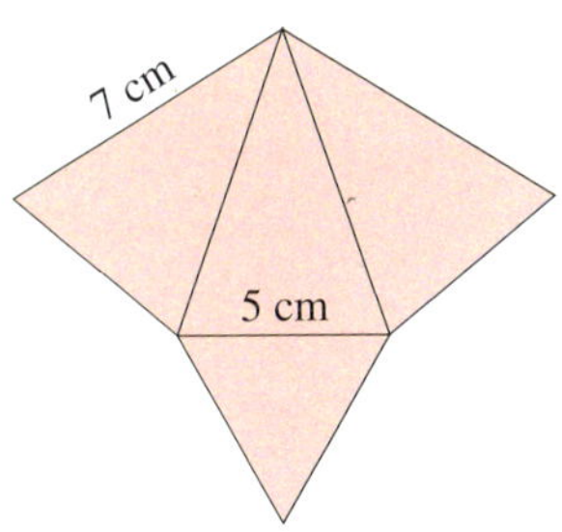

a) Welches Dreieck ist die Grundfläche der Pyramide?
b) Berechne die Seitenhöhe h_a.
c) Berechne die Körperhöhe h.

4 Berechne die fehlenden Längen der geraden quadratischen Pyramide. Gib die Ergebnisse auf Millimeter gerundet an (Maße in cm).

	a	s	h_a	h
a)	12,0		18,0	
b)	9,6		14,5	
c)			21,0	14,0
d)			12,3	9,8
e)		24,0	18,0	
f)		31,3	24,9	
g)	8,0	10,0		
h)	7,5	12,8		
i)		16,0	11,5	

5 Überprüfe die folgenden Aussagen. In einer quadratischen Pyramide gilt immer …

a) $s > h_a$ b) $h > h_a$ c) $a > h_a$
d) $h < s$ e) $h < a$ f) $a < s$

6 Berechne den Mantel- und den Oberflächeninhalt einer geraden quadratischen Pyramide. Zeichne dazu jeweils ein Netz und trage die bekannten Seiten ein.

a) $a = 5\,cm$; $h_a = 7\,cm$
b) $a = 3{,}9\,cm$; $h_a = 10{,}2\,cm$
c) $a = 3\,cm$; $s = 6{,}3\,cm$
d) $a = 4{,}7\,m$; $s = 6{,}3\,m$
e) $a = 8\,mm$; $h_a = 12\,mm$
f) $a = 7{,}6\,m$; $h_a = 14{,}3\,m$
g) $a = 4\,dm$; $s = 46\,m$

7 Der Oberflächeninhalt einer quadratischen Pyramide mit der Grundseite $a = 3\,cm$ beträgt $33\,cm^2$. Ricarda soll die Höhe der Pyramide bestimmen. Sie rechnet:

$2 \cdot a \cdot h_a + a^2 = A_O$
$2 \cdot 3\,cm \cdot h_a + (3\,cm)^2 = 33\,cm^2$
$6\,cm \cdot h_a + 9\,cm^2 = 33\,cm^2$
$6\,cm \cdot h_a = 24\,cm^2$
$h_a = 4\,cm$

$\left(\frac{a}{2}\right)^2 + h^2 = h_a^2$
$(1{,}5\,cm)^2 + h^2 = (4\,cm)^2$
$2{,}25\,cm^2 + h^2 = 16\,cm^2$
$h^2 = 13{,}75\,cm^2$
$h = 3{,}7\,cm$

Übertrage die Rechnung in dein Heft. Erkläre jeden Rechenschritt, indem du zum Beispiel die Äquivalenzumformungen ergänzt.

ZUM WEITERARBEITEN
Zeichne zu der folgenden quadratischen Pyramide drei Netze.

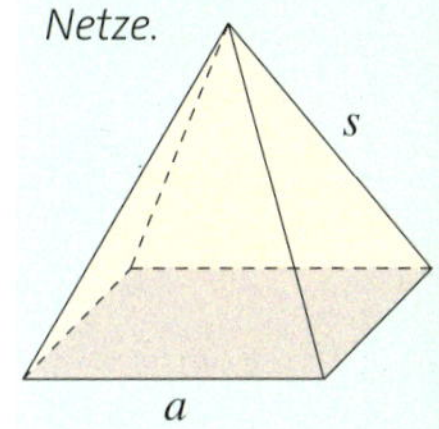

8 Berechne die fehlenden Werte einer quadratischen Pyramide (Längen in m).

	a	h	s	h_a	A_M	A_O
a)	8		10			
b)		14		21		
c)			24	18		
d)	12			20		
e)		9		15		
f)	5,5		7,5			
g)		12,5		17,5		

9 Im Hof des Louvre sind neben der großen Glaspyramide des Haupteingangs weitere drei kleinere Glaspyramiden aufgebaut worden. Diese sind 4,93 m hoch. Ihre quadratischen Grundflächen haben jeweils eine Seitenlänge von 9,02 m.

a) Wie groß ist die Glashülle einer Pyramide?

b) Die Glashülle der großen Pyramide ist ca. 1 967 m² groß und wiegt ca. 86 t. Die kleinen Pyramiden bestehen aus dem gleichen Glas. Wie schwer ist die Glashülle einer kleinen Pyramide?

10 Berechne von einer quadratischen Pyramide den Mantelflächeninhalt und den Oberflächeninhalt.

a) $a = 18\,\text{cm}$; $h = 22\,\text{cm}$

b) $s = 19\,\text{cm}$; $h = 17\,\text{cm}$

c) $s = 20\,\text{cm}$; $h_a = 16\,\text{cm}$

d) $a = 15\,\text{cm}$; $h_a = 14\,\text{cm}$

e) $s = 7{,}4\,\text{cm}$; $a = 2\,\text{cm}$

f) $d = 12\,\text{cm}$; $h = 8\,\text{cm}$

g) $d = 15\,\text{cm}$; $h_a = 7\,\text{cm}$

h) $s = 8\,\text{cm}$; $d = 4\,\text{cm}$

11 Berechne den Inhalt der Mantelfläche und der Oberfläche einer Pyramide, deren Seitenkante 10 cm lang ist. Die Grundfläche ist ein

a) Quadrat mit $a = 4{,}6\,\text{cm}$.

b) Rechteck: 5,3 cm lang und 2,9 cm breit.

c) regelmäßiges Sechseck mit $a = 2{,}5\,\text{cm}$.

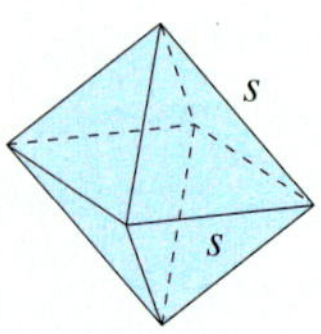

12 Dieser Oktaeder wird von acht kongruenten gleichseitigen Dreiecken begrenzt. Berechne den Oberflächeninhalt, wenn die Seitenkante $s = 6\,\text{cm}$ beträgt.

13 Berechne den Oberflächeninhalt eines Tetraeders mit einer Kantenlänge von 79 mm.

14 Anton möchte seinem Vater zum Geburtstag diesen Briefbeschwerer aus Glas schenken.

Die Mantelfläche der Pyramide besteht aus vier gleichseitigen Dreiecken mit einer Kantenlänge von 12 cm.

a) Bestimme den Inhalt der Mantel- und der Oberflächen des Briefbeschwerers.

b) Anton besitzt noch ein quadratisches Stück Geschenkpapier mit der Seitenlänge 20 cm. Formuliere eine passende Frage und beantworte sie.

15 Der Aufsatz eines Luftbefeuchters hat die Form einer quadratischen Pyramide mit der Grundseite $a = 10\,\text{cm}$ und der Höhe $h = 12\,\text{cm}$.

Wie viel Pappe wird mindestens benötigt, um den Luftbefeuchter zu verpacken?

16 Irina fand in einer Formelsammlung folgende Formel zur Berechnung der Oberfläche einer quadratischen Pyramide:
$A_O = a \cdot (2\,h_a + a)$.
Sie kann nicht glauben, dass diese Formel richtig ist, da sie in der Schule eine andere Formel kennengelernt hat. Erkläre Irina, warum auch diese Formel richtig ist.

Volumen von Pyramiden

Erforschen und Entdecken

1 Murad hat gelesen, dass die Pyramiden in Mexiko aus Quadern gefertigt wurden. Er möchte sie nachbauen und hat sich von seinem Opa Holzwürfel zuschneiden lassen, die er – wie auf den Fotos abgebildet – zu Pyramiden zusammenstellt.

a) Handelt es sich bei den von Murad gebauten Objekten tatsächlich um Pyramiden? Begründe.

b) Aus wie vielen Würfeln besteht die kleinste von Murad gebaute Pyramide?

c) Wie viele Würfel kommen zum Bau der dann folgenden Pyramidenstufe hinzu?
Aus wie vielen Würfeln besteht sie insgesamt?
Gib an, wie viele Würfel Murad benötigen würde, wenn er einen Quader mit gleich großer Grundfläche und Höhe wie bei der Pyramide gebaut hätte.

d) Übertrage die folgende Tabelle in dein Heft und vervollständige sie.

Anzahl Schichten	Anzahl Würfel Pyramide W_P	Anzahl Würfel Quader W_Q	$W_P : W_Q$
2	5	8	5 : 8 = 0,625
3			
4		64	
5			0,44
6			

e) Aus wie vielen Würfeln besteht die Pyramide mit 7 (8, 9, 10) Schichten? Wie viele Würfel benötigt man für den Bau eines Quaders mit gleich großer Grundfläche und Höhe? Berechne den Quotienten $W_P : W_Q$. Was fällt dir auf?

2 Für den folgenden Versuch benötigt ihr zwei befüllbare Körper:
- eine Pyramide
- einen Quader oder ein Prisma mit gleicher Grundfläche und Höhe wie die Pyramide

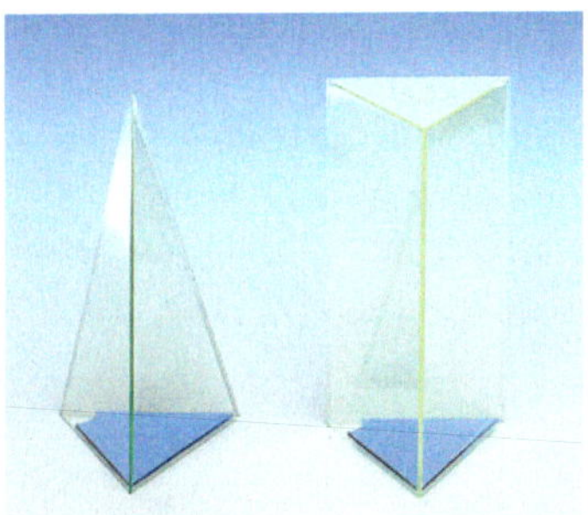

Versuchsdurchführung:
Füllt die Pyramide mit einer Flüssigkeit.
Schüttet die Flüssigkeit anschließend aus der Pyramide in das Gefäß mit gleicher Grundfläche und Höhe.
Wiederholt den Vorgang.

a) Wie oft muss der Vorgang wiederholt werden, bis das Prisma vollständig gefüllt ist?

b) Was bedeutet das für das Volumen einer Pyramide? Stellt eine Formel auf.

Lesen und Verstehen

Die Hawara-Pyramide hatte eine quadratische Grundfläche mit einer Seitenlänge von 105 m. Sie war 58 m hoch. Mittlerweile ist sie stark verwittert, da die ursprüngliche Kalksteinverkleidung in der Antike für andere Bauten verwendet wurde.

HINWEIS
Dreimal kann die Flüssigkeit aus einer Pyramide in ein Prisma mit der gleichen Grundfläche A_G und der gleichen Höhe h gefüllt werden.

Das **Volumen *V* einer Pyramide** wird bestimmt, indem der Flächeninhalt der Grundfläche A_G mit der Höhe h der Pyramide und dem Faktor $\frac{1}{3}$ multipliziert wird:

$V = \frac{1}{3} \cdot A_G \cdot h$

Für Pyramiden mit quadratischer Grundfläche gilt: $V = \frac{1}{3} \cdot a^2 \cdot h$

BEISPIEL 1
Wie groß war das Volumen der Hawara-Pyramide?
$A_G = 105\,\text{m} \cdot 105\,\text{m} = 11\,025\,\text{m}^2$
$V = \frac{1}{3} \cdot A_G \cdot h$
$V = \frac{1}{3} \cdot 11\,025\,\text{m}^2 \cdot 58\,\text{m} = 213\,150\,\text{m}^3$

Die Hawara-Pyramide hatte ein Volumen von $213\,150\,\text{m}^3$.

Üben und Anwenden

1 Berechne das Volumen der quadratischen Pyramide.
Gib das Ergebnis auf zwei Nachkommastellen gerundet an.
a) $a = 7\,\text{cm}$; $h = 11\,\text{cm}$
b) $a = 6{,}3\,\text{cm}$; $h = 10{,}7\,\text{cm}$
c) $a = 14{,}3\,\text{dm}$; $h = 21{,}7\,\text{dm}$
d) $a = 82{,}4\,\text{cm}$; $h = 110{,}8\,\text{cm}$
e) $a = 121{,}6\,\text{cm}$; $h = 135{,}4\,\text{cm}$
f) $a = 3{,}5\,\text{m}$; $h = 7{,}35\,\text{m}$
g) $a = 23{,}5\,\text{cm}$; $h = 42\,\text{cm}$

2 Berechne von der quadratischen Pyramide die fehlenden Größen und das Volumen.
Runde auf eine Nachkommastelle.

	a	s	h_a	h
a)	5 cm			7,5 cm
b)	5,6 cm		7 cm	
c)			12 m	8 m
d)			17,9 mm	8,7 mm
e)	3 cm	6,3 cm		
f)	4,7 cm	7,9 cm		
g)		18 cm	16 cm	
h)		65,8 m	57,3 m	

3 Wie hoch ist die quadratische Pyramide?
a) $V = 100\,\text{m}^3$; $a = 2\,\text{m}$
b) $V = 892{,}8\,\text{cm}^3$; $a = 9{,}3\,\text{cm}$
c) $V = 36\,\text{cm}^3$; $a = 2{,}4\,\text{cm}$
d) $V = 270\,000\,\text{cm}^3$; $a = 7{,}1\,\text{dm}$
e) $V = 101{,}25\,\text{m}^3$; $a = 4{,}5\,\text{m}$
f) $V = 500\,\text{dm}^3$; $a = 10\,\text{dm}$
g) $V = 35\,\text{m}^3$; $a = 2{,}5\,\text{m}$

4 Die Grundfläche einer quadratischen Pyramide hat einen Umfang von 13,8 m.
Sie ist 2,1 m hoch.
Wie groß ist ihr Volumen?

5 Eine Pyramide hat eine rechteckige Grundfläche mit den Längen a und b.
Berechne jeweils den fehlenden Wert.

	a	b	h	V
a)	7 cm	9 cm	12 cm	
b)	5,8 mm	9,3 mm	16 mm	
c)	8 m	12 m		456 m³
d)	12,3 cm	24,6 cm		1 400 cm³
e)		10 m	10 m	500 m³
f)	24 m		635 dm	965,2 m³

6 Berechne aus dem Netz der quadratischen Pyramide ihr Volumen.

a) 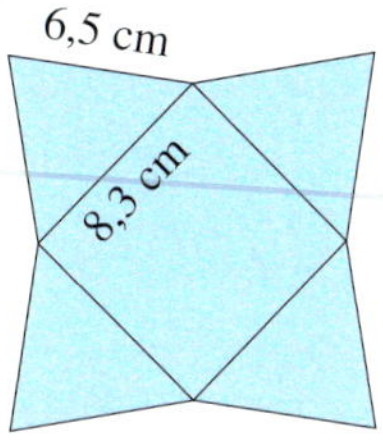

b) 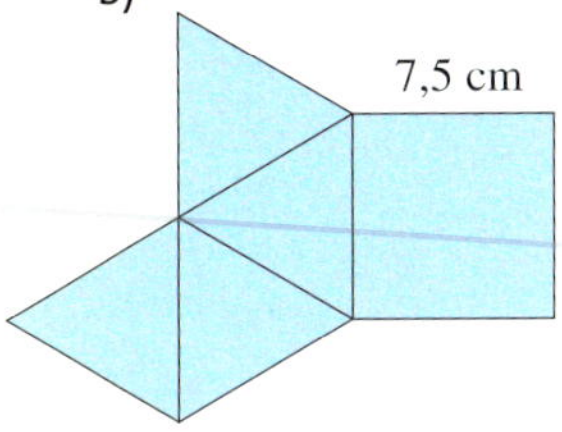

7 Beweise mit Hilfe der folgenden Abbildung, dass für Pyramiden mit quadratischer Grundfläche gilt:
$V = \frac{1}{3} \cdot a^2 \cdot h$.

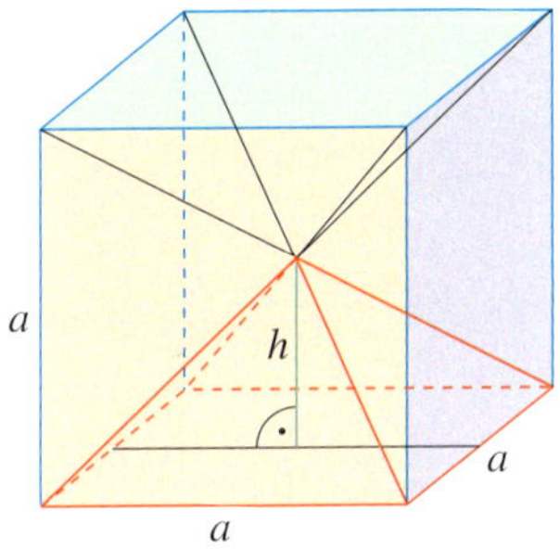

8 Ein Würfel hat eine Kantenlänge von 10 cm. Aus dem Würfel soll eine quadratische Pyramide mit möglichst großem Volumen herausgearbeitet werden.
a) Welches Volumen hat die Pyramide?
b) Vergleiche das Volumen des Würfels mit dem der Pyramide.

9 Ein Quader hat die Kantenlängen $a = 3\,\text{cm}$, $b = 4\,\text{cm}$ und $c = 5\,\text{cm}$. Aus dem Quader soll eine Pyramide mit rechteckiger Grundfläche so herausgearbeitet werden, dass das Volumen möglichst groß wird.
a) Als Grundfläche kommen drei Rechtecke in Frage. Welche Größe besitzen diese Rechtecke?
b) Spielt die Auswahl der Grundfläche bei der Bestimmung des Volumens eine Rolle? Begründe.
c) Zeichne ein Schrägbild des Quaders und in diesen Quader das Schrägbild einer Pyramide mit maximalem Volumen.

10 Angenommen, die ursprüngliche Kalksteinverkleidung der Hawara-Pyramide (siehe S. 178) war 50 cm dick.
Wie viel Material stand zum Bau anderer Projekte zur Verfügung?

11 Eine quadratische Pyramide soll gemauert werden. Die Grundkante soll 2,4 m betragen, die Höhe 1,5 m.
a) Wie viel m^3 Mauerwerk enthält der Bau?
b) Wie viele Mauersteine und wie viel m^3 Mörtel werden mindestens benötigt, wenn man für einen Kubikmeter Mauerwerk mit 380 Steinen und 300 ℓ Mörtel rechnet?

12 Eine Pyramide mit quadratischer Grundfläche hat ein Volumen von 1 ℓ.
a) Wie lang könnten die Seite des Quadrats und die Höhe der Pyramide sein? Findest du mehrere Beispiele?
b) Berechne den Oberflächeninhalt der gefundenen Pyramiden.
c) Tragt die Ergebnisse im Klassenverband zusammen und vergleicht die Oberflächeninhalte. Welche Pyramide hat den kleinsten Oberflächeninhalt?

13 Ein Trinkpäckchen hat die Form eines **Tetraeders**, einer dreiseitigen Pyramide, die von vier kongruenten gleichseitigen Dreiecken begrenzt ist. Eine Seitenkante ist 13,7 cm lang.

a) Berechne das Volumen.
b) Vergleiche das Volumen mit der Inhaltsangabe.

14 Ergänze die bisher in diesem Kapitel erlernten Formeln zu Pyramiden in deiner dynamischen Formelsammlung.

Die Pyramiden von Gizeh

In der vierten Dynastie des alten ägyptischen Reiches (ca. 2600 bis 2475 v. Chr.) ließen seine Herrscher, die Pharaonen, Pyramiden als Grabstätten errichten.

Die dreieckigen Seitenflächen der Pyramiden, die zu einer zentralen Spitze zusammenlaufen, veranschaulichen die Strahlen der Sonne, die auf den Pharao niederscheinen.

Cheops-Pyramide

Die Cheops-Pyramide ist die früheste und größte der drei Pyramiden von Gizeh und die höchste Pyramide der Welt. Diese Pyramide wird auch Große Pyramide genannt. Sie zählt zu den Sieben Weltwundern der Antike.
Der Name stammt von „Cheops" ab, der griechischen Bezeichnung für den ägyptischen Pharao Chufu (ca. 2620 – 2580 v. Chr.).

Die ursprüngliche Höhe der Cheops-Pyramide betrug 280 Königsellen (1 Königselle ≈ 52,3 cm).
Die Seiten der quadratischen Grundfläche waren 440 Königsellen lang.
Heute ist die Pyramide etwa 138,50 m hoch und hat eine Seitenlänge von ca. 225 m.

1 Zeichne ein maßstäbliches Schrägbild der Cheopspyramide (sowohl heutige als auch ursprüngliche Größe ineinander; Maßstab z. B. 1 : 2000).

2 Bestimme das Volumen der ursprünglichen und der heutigen Cheopspyramide. Wie viel Gestein ist seit dem Bau vor ca. 4600 Jahren verwittert (absolute und prozentuale Werte)?

3 Ein Lexikon gibt das ursprüngliche Gesamtvolumen der Pyramide nach Abzug der Hohlräume mit 2,5 Mio. m^3 an. Ist das möglich? Wie groß sind dann die Hohlräume?

„Ich schätze, dass man mit den Steinen der Cheops-Pyramide eine 3 m hohe und 30 cm breite Mauer um ganz Frankreich errichten kann.“

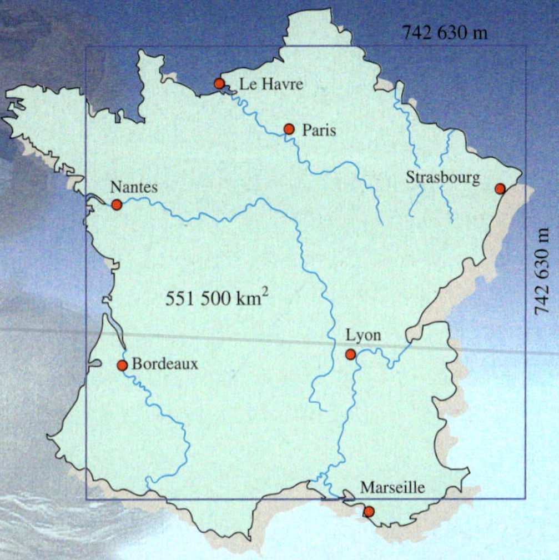

Diese Schätzung stammt von Napoleon Bonaparte, der die Pyramiden am 27. September 1798 auf seinem Ägyptenfeldzug besichtigte.

4 Überprüfe, ob die Aussage von Napoleon richtig sein kann.

Chafren-Pyramide und Mykerinos-Pyramide

Zu den drei Pyramiden von Gizeh zählen neben der Cheops-Pyramide auch die Chafren-Pyramide und die Mykerinos-Pyramide.

Pyramide des Chafre (auch Chafren-Pyramide genannt)	
Höhe	ursprünglich 143,5 m
Bodenfläche	Quadrat mit 210 m Seitenlänge
Gewicht	ca. 5,18 Mio. t
Erbauer	Pharao Chafre, auch Chephren genannt (ca. 2570 – 2530 v. Chr.), Sohn des Chufu

Pyramide des Menkaure (auch Mykerinos-Pyramide genannt)	
Höhe	ursprünglich 62,18 m
Bodenfläche	Quadrat mit 108,5 m Seitenlänge
Gewicht	0,57 Mio. t
Erbauer	Pharao Menkaure, auch Mykerinos genannt (ca. 2530 – 2510 v. Chr.), Enkel des Chufu

5 Fertige von den drei Pyramiden von Gizeh Modelle im Maßstab 1 : 2 500 an.

6 Berechne das Volumen der Chafren-Pyramide und der Mykerinos-Pyramide.

7 Vergleiche die Masse der beiden Pyramiden und überprüfe, ob die Pyramiden aus dem gleichen Gestein gebaut wurden.

8 Erfinde eigene Aufgaben rund um das Thema „Pyramiden“. Löse sie und tausche die Aufgaben mit deinen Mitschülern aus.

Vermischte Übungen

1 Zeichne eine 5 cm hohe Pyramide mit quadratischer Grundfläche und der Seitenlänge $a = 4$ cm im Schrägbild.

2 Auf eine Seitenfläche eines Würfels mit der Kantenlänge $a = 4$ cm wurde eine gerade Pyramide mit gleicher quadratischer Grundfläche und der Höhe 3 cm aufgesetzt.
Zeichne ein Schrägbild dieses Körpers.

3 Gegeben sind folgende Körper:
① quadratische Pyramide mit Grundseite $a = 2$ cm und Höhe $h = 2$ cm,
② Würfel mit Kantenlänge $a = 1$ cm.
a) Vergleiche das Volumen der Körper.
b) Vergleiche ihren Oberflächeninhalt.

4 Eine Sandsteinpyramide hat eine quadratische Grundfläche mit einer Seitenlänge von 1,9 m. Die Pyramide ist 2,7 m hoch.
a) Berechne das Volumen der Pyramide.
b) Wie schwer ist die Pyramide, wenn 1 dm^3 Sandstein 2,6 kg wiegt?

5 Aus einem quaderförmigen Sandsteinblock wird eine Pyramide gehauen.
a) Welches Volumen hat die Pyramide?

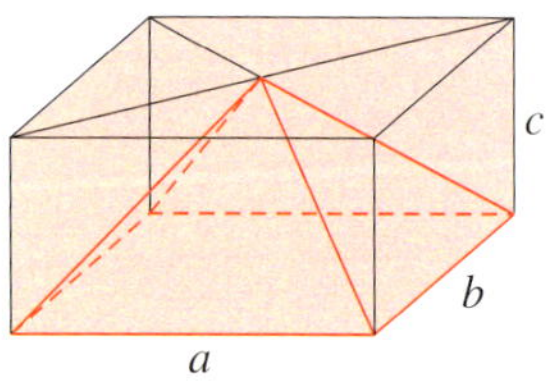

$a = 2{,}8$ cm
$b = 1{,}9$ cm
$c = 2{,}9$ cm

b) Wie viel wiegt die Pyramide, wenn 1 dm^3 Sandstein 2,6 kg wiegt?
c) Wie viel kg Sandsteinabfall entstehen bei der Herstellung der Pyramide?

6 Berechne das Volumen des zusammengesetzten Körpers (Maße in cm).

a)

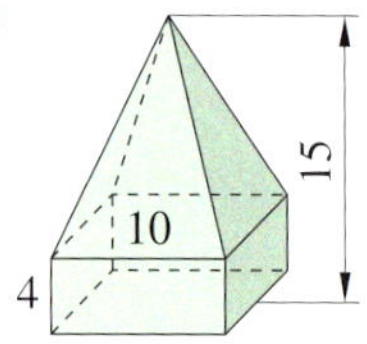

b)

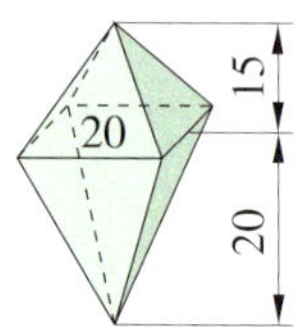

7 Von dem Würfel mit $a = 8{,}25$ dm wird eine Pyramide abgeschnitten (siehe Zeichnung).

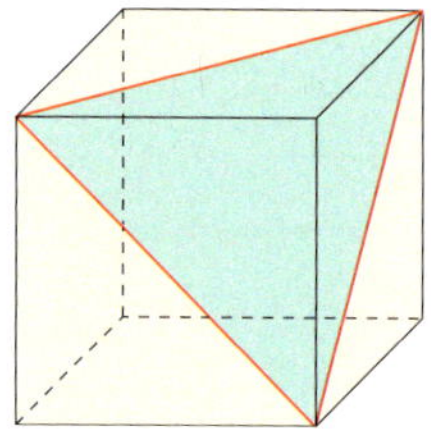

a) Berechne das Volumen der Pyramide.
b) Berechne das Volumen des Restkörpers.

8 Betrachte den Körper.
a) Aus welchen Grundkörpern besteht er?
b) Berechne das Volumen des zusammengesetzten Körpers.
c) Berechne den Oberflächeninhalt des zusammengesetzten Körpers.

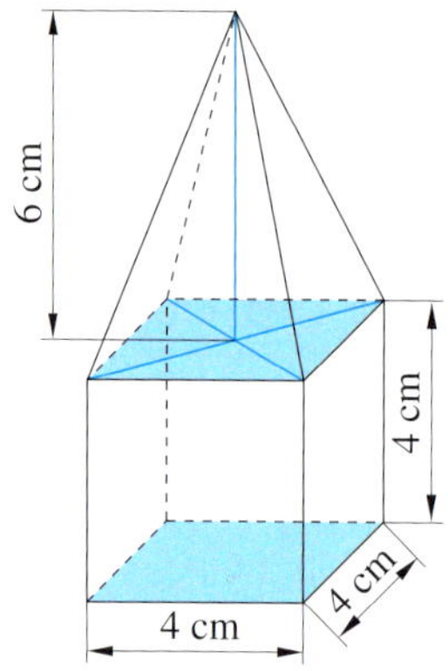

9 Gruppenarbeit: Das Wahrzeichen von Karlsruhe steht auf dem Marktplatz der Stadt. Es ist die rote Sandsteinpyramide, das Grabmal des Stadtgründers, dem Markgrafen Karl Wilhelm von Baden-Durlach.

a) Welches Volumen und welchen Mantelflächeninhalt hat die Pyramide ungefähr?
b) Wie schwer ist das Grabmal?
Recherchiere dazu im Internet die Dichte von Sandstein.

Teste dich!

a

1 Berechne die fehlenden Größen von a, h, h_a, s und V der quadratischen Pyramide.
Runde auf eine Nachkommastelle.

a) $a = 2\,\text{cm}$, $h_a = 5\,\text{cm}$
b) $h = 20\,\text{dm}$, $h_a = 25\,\text{dm}$
c) $a = 4\,\text{cm}$, $s = 9\,\text{cm}$
d) $h = 8{,}2\,\text{cm}$, $h_a = 14{,}9\,\text{cm}$
e) $h_a = 11\,\text{dm}$, $s = 14\,\text{dm}$
f) $a = 3{,}5\,\text{m}$, $s = 7{,}2\,\text{m}$

2 Berechne das Volumen der Pyramide.
Runde auf eine Nachkommastelle.

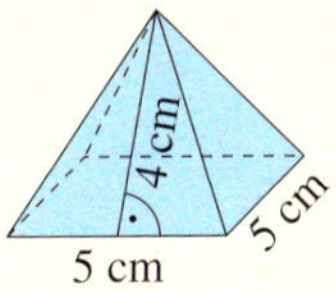

3 Zeichne das Schrägbild eines Quaders mit $a = b = 3\,\text{cm}$ und $h = 5\,\text{cm}$. Auf dem Quader steht eine auf der Grundfläche stehende Pyramide mit gleicher Seitenlänge und gleicher Höhe.

4 Einem Würfel mit einer Kantenlänge von 6 cm wird ein 5 cm hohes pyramidenförmiges Dach aufgesetzt.
Berechne das Volumen des entstandenen Körpers.

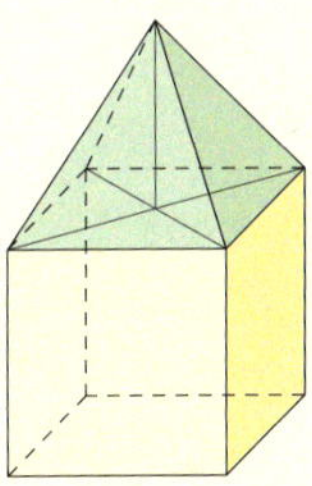

b

1 Berechne die fehlenden Größen von a, b, h, h_a, h_b, A_M, A_O, und V der rechteckigen Pyramide.
Runde auf eine Nachkommastelle.

a) $a = 5\,\text{cm}$, $b = 3\,\text{cm}$, $h = 7\,\text{cm}$
b) $h = 10\,\text{cm}$, $h_a = 13\,\text{cm}$, $h_b = 11\,\text{cm}$
c) $a = 2{,}5\,\text{m}$, $b = 4\,\text{m}$, $V = 30\,\text{m}^3$
d) $b = 3\,\text{dm}$, $h = 3\,\text{dm}$, $V = 15\,\text{dm}^3$
e) $a = 30\,\text{cm}$, $h_b = 37\,\text{cm}$, $V = 2704\,\text{cm}^3$
f) $a = 7{,}5\,\text{m}$, $b = 11{,}3\,\text{m}$, $h = 5\,\text{m}$

2 Berechne den Oberflächeninhalt und das Volumen der quadratischen Pyramide.

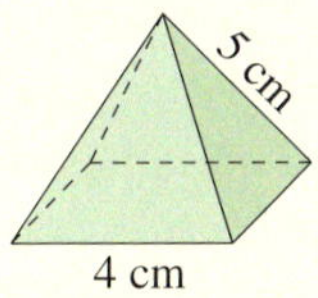

3 Zeichne eine auf der Grundfläche stehende quadratische Pyramide mit $a = 3\,\text{cm}$ und $h = 5\,\text{cm}$, auf deren Spitze eine auf der Spitze stehende quadratische Pyramide mit $a = 2\,\text{cm}$ und $h = 3\,\text{cm}$ balanciert.

4 Einem Quader mit den Seitenlängen $l = 6\,\text{cm}$, $b = 4\,\text{cm}$ und $h = 3\,\text{cm}$ wird ein 4,5 cm hohes pyramidenförmiges Dach aufgesetzt.

a) Berechne das Volumen des entstandenen Körpers.
b) Berechne den Mantelflächeninhalt der Pyramide.

5 Zeichne die Schrägbilder von Pyramiden mit folgenden Angaben:

a) • quadratische Gundfläche mit der Seitenänge 6 cm
• Höhe 3 cm

b) • rechteckige Gundfläche mit den Seitenängen 3 cm und 5 cm
• Höhe 4 cm

HINWEIS
Brauchst du noch Hilfe, so findest du auf den angegebenen Seiten ein Beispiel oder eine Anregung zum Lösen der Aufgaben. Überprüfe deine Ergebnisse mit den Lösungen auf Seite 225.

Aufgabe	Seite
1	180, 184
2	180, 184
3	178
4	180, 184
5	178

Zusammenfassung

→ Seite 178

Pyramiden erkennen und zeichnen

Eine **Pyramide** ist ein Körper mit einem n-Eck als Grundfläche und n Dreiecken als Seitenflächen, die einen gemeinsamen Eckpunkt (die Spitze) haben.

Pyramiden werden nach ihrer Grundfläche benannt. Pyramiden mit quadratischer Grundfläche heißen **quadratische Pyramiden**.

Verläuft die Höhe von der Spitze zum Mittelpunkt der Grundfläche, heißt die Pyramide **gerade**.

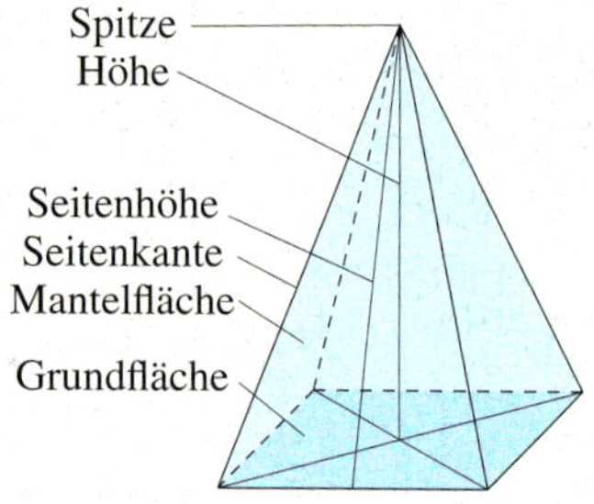

Quadratische Pyramide

→ Seite 180

Mantel- und Oberflächenberechnung bei einer Pyramide

Die dreieckigen Seitenflächen einer Pyramide bilden ihre **Mantelfläche A_M**.

Nimmt man die Grundfläche A_G zur Mantelfläche A_M hinzu, ergibt sich die **Oberfläche A_O der Pyramide**. Für Pyramiden mit quadratischer Grundfläche gilt:
$A_O = 2 \cdot a \cdot h_a + a^2$

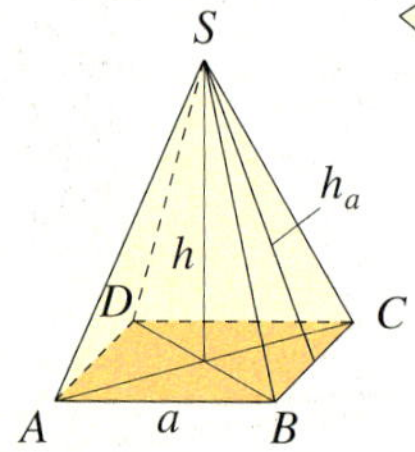

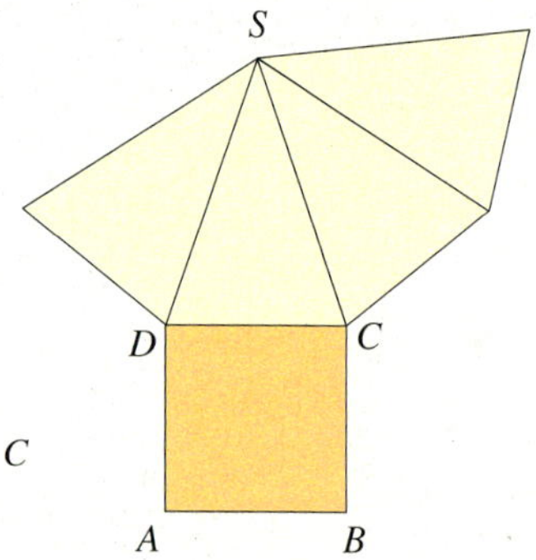

→ Seiten 184

Volumen von Pyramiden

Das **Volumen V einer Pyramide** bestimmt man, indem man den Flächeninhalt der Grundfläche A_G mit der Höhe h der Pyramide und dem Faktor $\frac{1}{3}$ multipliziert.
Es gilt also: $V = \frac{1}{3} \cdot G \cdot h$

Berechne das Volumen einer quadratischen Pyramide mit $a = 10\,\text{cm}$ und $h = 5\,\text{cm}$.
$V_{\text{Pyramide}} = \frac{1}{3} \cdot (10\,\text{cm})^2 \cdot 5\,\text{cm} \approx 166{,}67\,\text{cm}^3$

Schrägbilder von geraden Pyramiden zeichnen
Beachte: Nicht sichtbare Linien werden gestrichelt eingezeichnet.
1. Zeichne die Grundfläche. Dabei verkürzen sich die in die Tiefe verlaufenden Kanten bei einem Winkel von $\alpha = 45°$ um die Hälfte.
2. Zeichne – beim Mittelpunkt der Grundfläche beginnend – die Höhe ein.
3. Verbinde die Spitze mit den Eckpunkten der Grundfläche.

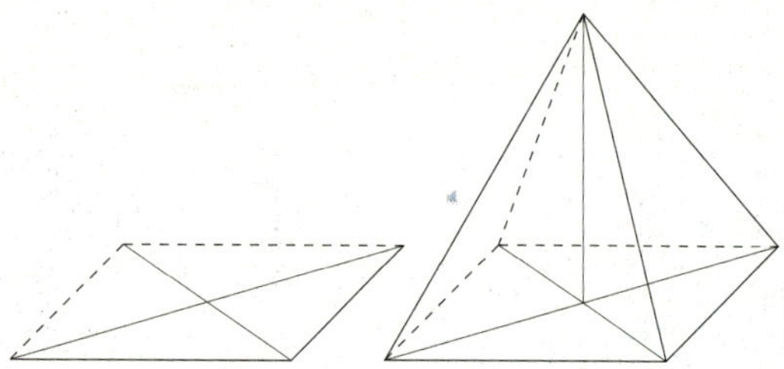

Anwendungen

Technisches Zeichnen

Wahre Größe und Gestalt

Der Goldene Schnitt

Technisches Zeichnen

ZUR INFORMATION
Frühe technische Zeichnungen gehen auf den Erfinder Leonard da Vinci zurück. Bereits im 15. Jahrhundert fertigte er zahlreiche Zeichnungen an, z. B. die eines Fluggerätes:

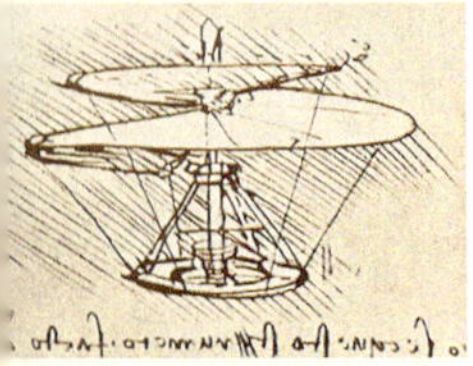

Dieses Modell war nicht flugfähig, funktionierte aber im Prinzip ähnlich wie ein moderner Hubschrauber.

HINWEIS
CAD bedeutet Computer-Aided-Design (Computer unterstütztes Konstruieren).

In vielen Berufssparten spielen genaue Planzeichnungen eine große Rolle. Diese Zeichnungen werden genutzt, um die Informationen darzustellen, die für die Herstellung einer Maschine, eines Werkstücks, eines Elektrogerätes oder eines Bauwerks nötig sind. Man fasst solche Zeichnungen unter dem Oberbegriff „Technische Zeichnungen“ zusammen. Dabei gelten genaue Regeln, damit Missverständnisse oder Ungenauigkeiten ausgeschlossen werden können. Die nötigen Kenntnisse und Fähigkeiten zur Erstellung der Zeichnungen können in der dreieinhalbjährigen Berufsausbildung zum technischen Zeichner erworben werden.
Eine Branche, in der technische Zeichnungen zum Alltagsgeschäft gehören, ist das Baugewerbe. Alle Informationen, die eine Baufirma vom ersten Spatenstich bis zur Fertigstellung eines Gebäudes benötigt, können Bauplänen entnommen werden, die ein Architekturbüro erstellt hat.

Technisches Zeichnen damals und heute

Während technische Zeichnungen früher von Hand am Zeichenbrett entstanden (Bild links), wird heute oftmals auf den Computer zurückgegriffen. Dabei werden so genannte CAD-Programme benutzt (Bild rechts).

Zeichenbrett

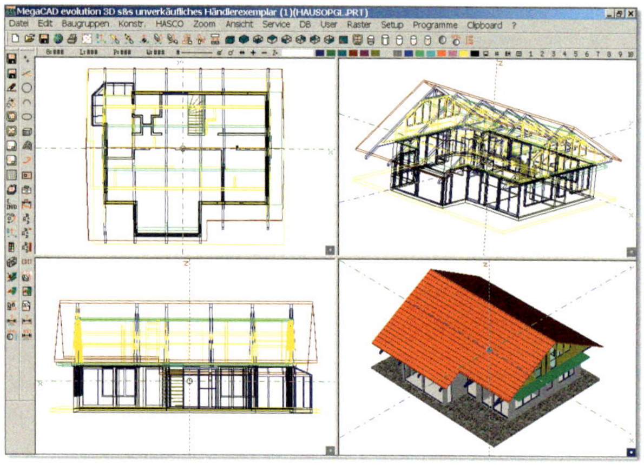

CAD-Programm

Rechts ist eine Schnittzeichnung eines Einfamilienhauses abgebildet. Welche Informationen kannst du der Zeichnung entnehmen?

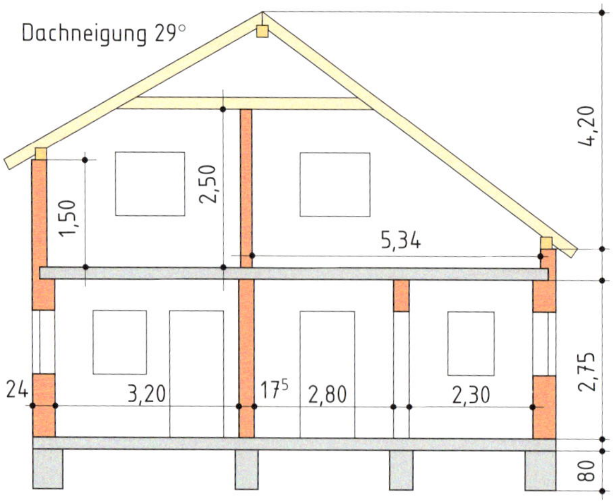

Regeln und Normen

Technischen Zeichnungen liegen zahlreiche Festlegungen zu Grunde. So können passgenaue Werkstücke entstehen und Bauvorhaben exakt nach Planung durchgeführt werden.

Verschiedene Ansichten
Das Zeichnen verschiedener Ansichten ist eine Möglichkeit, räumliche Objekte in einer Zeichnung wiederzugeben. Dabei wird das Objekt aus einer bestimmten Blickrichtung dargestellt. Es gibt sechs verschiedene Ansichten:

- Vorderansicht
- Seitenansicht von rechts
- Seitenansicht von links
- Draufsicht
- Rückansicht
- Untersicht

193-1
ZUM WEITERARBEITEN
Unter dem Webcode kannst du prüfen, ob du Ansichten richtig erkennst.

①
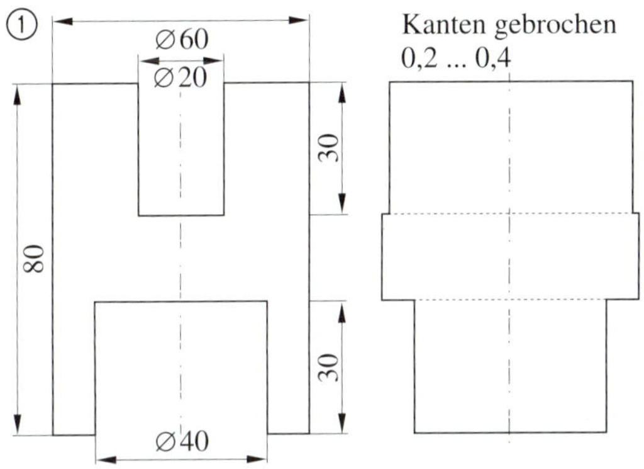

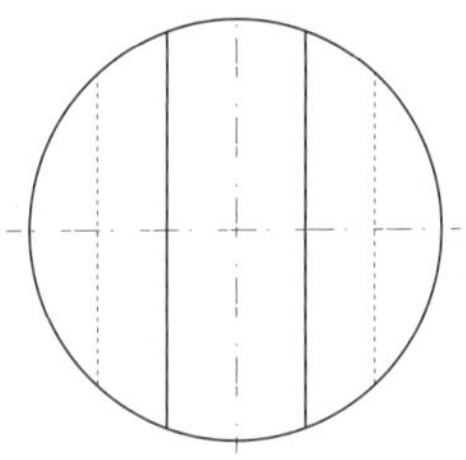

②
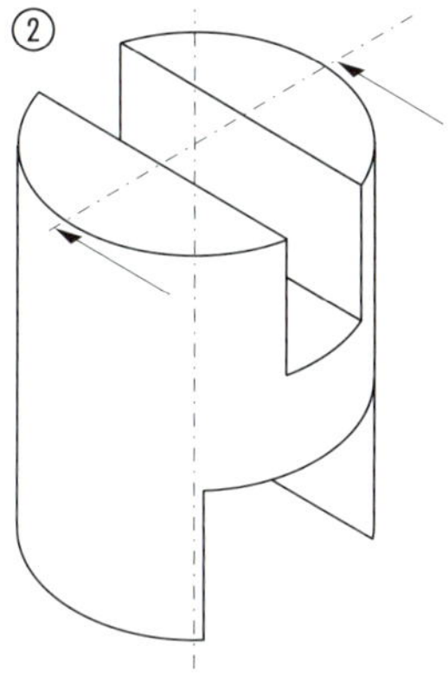

In technischen Zeichnungen werden in der Regel nur drei der sechs Ansichten (Vorder- und Seitenansicht, Draufsicht) verwendet. Werden die drei Ansichten in einer Zeichnung zusammen dargestellt, nennt man das Dreitafelprojektion ①. Die Regeln für die Ansichten werden in der Norm DIN 6 festgelegt.
② zeigt ein Schrägbild des Objekts.

Auch für Stärke und Art der Linie gibt es Regeln.
Diese finden sich in der Norm DIN ISO 128. Hier ein Auszug:

Linienart	Verwendung
breite Linie	sichtbare Kante, Umrisse
schmale Linie	Schraffur, Maßlinien
Strichlinie	verdeckte Kante, Umrisse
Strich-Punkt-Linie	Symmetrieachsen

HINWEIS
Für Festlegungen im technischen Bereich ist das Deutsche Institut für Normen – kurz DIN zuständig. Eine Norm, mit der du täglich in Berührung kommst, ist die Norm DIN 476, in der Papierformate festgelegt werden, z. B. das Format DIN A4.

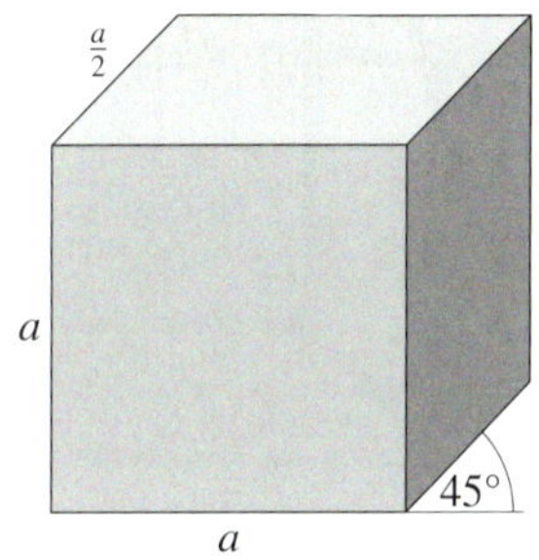

Die richtige Perspektive
Neben Ansichten sind häufig Perspektiven (Schrägbilder) Teil technischer Zeichnungen.
Dabei ist die Kavaliersperspektive (oberes Bild des Würfels) eine gebräuchliche Variante, bei der Breite und Höhe des Objektes erhalten bleiben: Die Tiefe wird halbiert unter einem 45°-Winkel nach hinten gezeichnet.
Eine weitere Möglichkeit ist die isometrische Darstellung (unteres Bild). Dabei bleiben alle Maße des Originals erhalten, die Tiefe wird unter einem 30°-Winkel nach hinten abgetragen. Die Vorderansicht verläuft auch unter 30°.

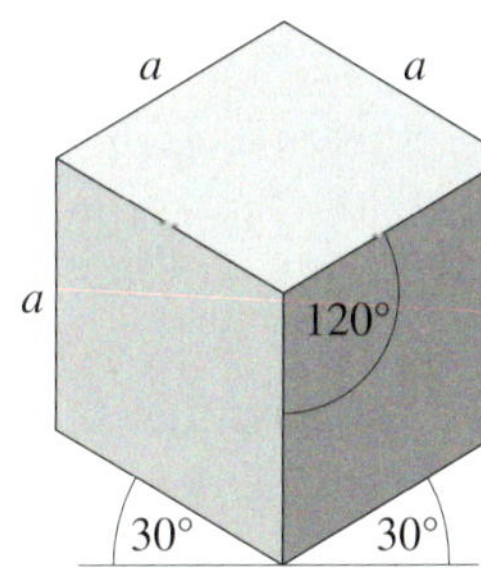

Aufgaben

1 Zeichne die Vorder-, Seitenansicht und Draufsicht der gegebenen Körper in der Tabelle. Erweitere die Tabelle um weitere Körper. Zeichne zu jedem Körper ein passendes Netz.

Körper	Vorderansicht	Seitenansicht	Draufsicht
Quader			
Pyramide (3-seitige Grundfläche)			
…			

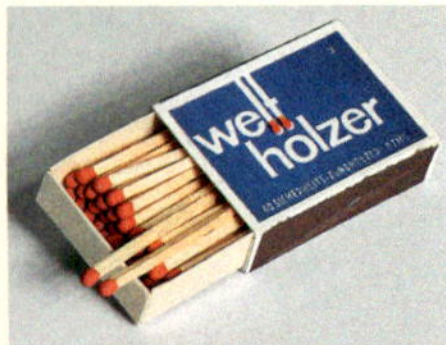

2 Zeichne Schrägbilder einer Streichholzschachtel.
Verwende die Kavaliersperspektive und die isometrische Darstellung, die auf der vorigen Seite gezeigt wurden.

3 Das Computerspiel Tetris gibt es auch in einer dreidimensionalen Variante.
Wie beim Original geht es darum, herunterfallende Steine möglichst lückenlos anzuordnen. Der Unterschied besteht darin, dass hier ein Raum zu füllen ist und nicht nur eine Fläche.

2D-Variante

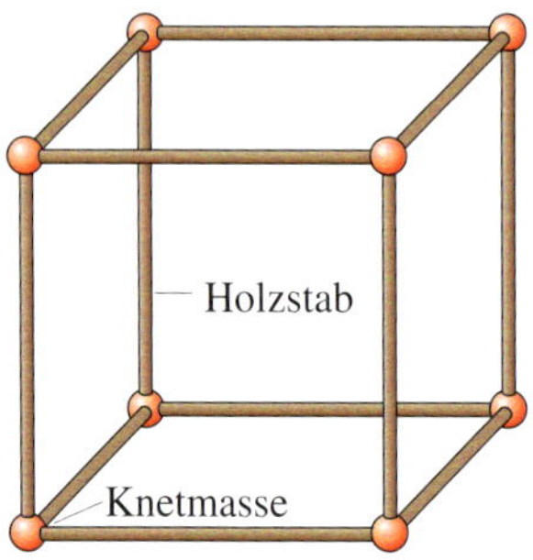

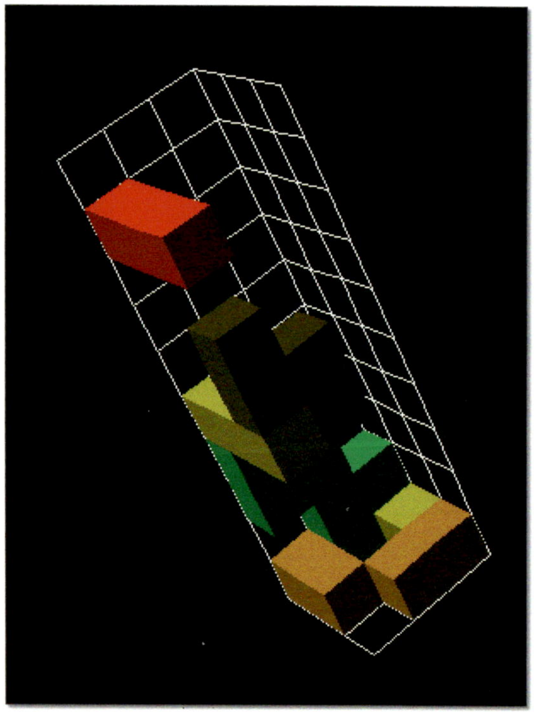
3D-Variante

a) Entscheide dich für einen der sieben Tetrissteine des 2D-Tetris. Skizziere diese Form als einen 3D-Tetrisstein. Stelle dann diese Form als 3D-Gitter-Modell her. Für die Kanten kann man Draht oder Strohhalme nehmen, die an den Ecken mit Knetgummi zusammengefügt werden.
b) Zeichne anschließend eine Dreitafelprojektion deines Modells.
c) Sucht nach einer möglichst lückenlosen Anordnung aller in der Klasse hergestellten Spielsteine. Welche inhaltlichen Verabredungen solltet ihr untereinander treffen?

4 Zwei Werkstücke wurden jeweils aus einem Zylinder hergestellt. Ihre Schnittflächen sind rechts abgebildet. Berechne ihr Volumen für eine Höhe von 50 cm (Maße in cm).

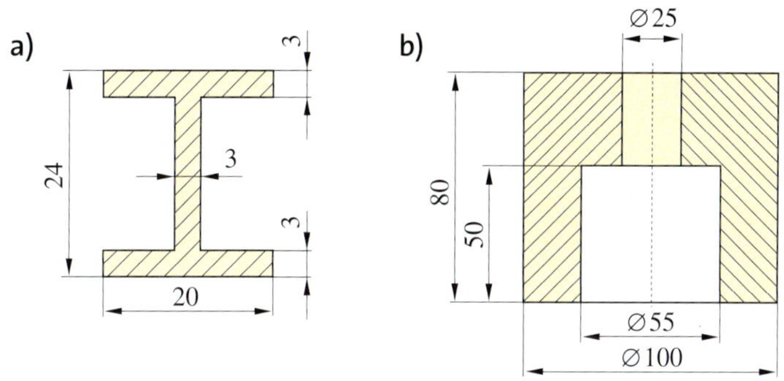

5 Vermesst in Gruppen einen Trakt eurer Schule und zeichnet eine maßstabsgetreue Grundrissskizze auf ein Plakat.

6 Ansichten-Trio

Dieses Spiel funktioniert im Prinzip wie ein normales Memory-Spiel. Im Unterschied dazu sollen allerdings keine Paare gesucht werden, sondern Trios. Dabei besteht ein komplettes Trio aus den drei Hauptansichten eines Körpers. Drucke die Vorlage auf farbigem Papier aus, schneide die einzelnen Karten aus und laminiere diese.
Um das Spiel zu erweitern, kannst du außerdem weitere Karten zeichnen. Dafür gibt es einige Blankokarten auf der Vorlage.

195-1
ZUM WEITERARBEITEN
Unter dem Webcode findet ihr eine Vorlage für ein Memoryspiel, bei dem ihr eure Kenntnisse zu Ansichten spielerisch vertiefen könnt.

Projekte

1. Elbbrücke

Die Briefmarke zeigt die Loschwitzer Brücke in Dresden, die auch unter dem Namen „Blaues Wunder" bekannt ist. Die Stahlkonstruktion wurde im Jahr 1893 fertig gestellt und ging als technische Sensation in die Geschichte ein.
Ihre Gesamtlänge beträgt 260 m, die Spannweite zwischen den beiden Stützpfeilern 141,5 m.
Seit einigen Jahren ist eine neue Elbbrücke zur Entlastung des Blauen Wunders in Planung.
Wie könnte diese Brücke aussehen?
Plant in Gruppen eure eigene Version. Dokumentiert eure Planung durch möglichst genaue Zeichnungen, die ihr anschließend vor der Klasse präsentiert.

195-2
HINWEIS
Unter dem genannten Link könnt ihr eine Linkliste finden, die auf interessante Webseiten zum Thema Brücken führt. Z. B. kann man sich dort über verschiedene Brückenformen informieren.

2. Einzelteilsammlung

Besorgt euch ein geeignetes Gerät, z. B. aus dem Elektroschrott. Zerlegt es in seine Einzelteile und zeichnet diese.

Wahre Größe und Gestalt

Projektionsfehler

Werden räumliche Objekte auf einer Ebene dargestellt wie auf einem Bild, unterlaufen in der Regel Ungenauigkeiten und Verfälschungen. Wenn man allerdings aus einer Darstellung genaue Informationen über das Objekt erhalten möchte, z. B. über die exakte Größe oder Gestalt des Objekts, stellen sie ein Problem dar.

Aufgaben

1 Wie die Bilder zeigen, können derartige Verfälschungen interessante Effekte haben. Beschreibe die Art der Verfälschung.

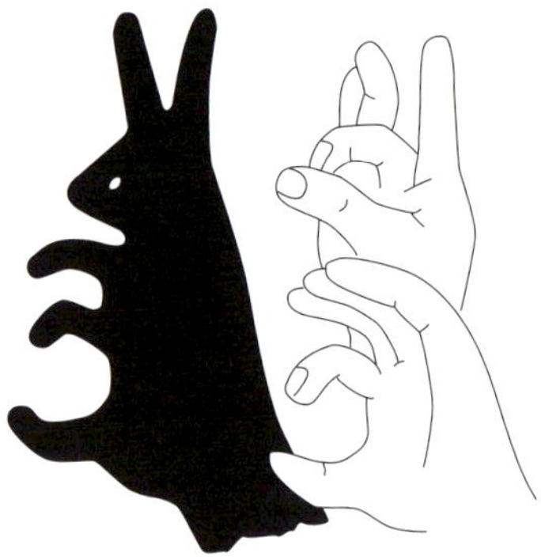

2 Experiment
Bei der Zweitafelprojektion wird ein Objekt auf zwei Zeichenebenen projiziert. So entstehen die Vorderansicht und die Draufsicht eines Objektes.
Dies kannst du mit Schattenbildern darstellen. Halte einen Gegenstand, z. B. eine Zange, über dem Boden oder einem Tisch vor die Wand. Beleuchte den Gegenstand senkrecht zur Wand mit einer Lichtquelle. Der Schatten an der Wand ist der Aufriss des Gegenstandes. Beleuchte den Gegenstand senkrecht von oben und du erhältst die Umrisse des Grundrisses.
Experimentiere mit der Lage von Gegenstand und Lichtquelle und beobachte, wie sich seine Projektionen verändern. Unter welchen Umständen kann man aus der Projektion die wahre Größe und Gestalt des Gegenstandes ablesen?

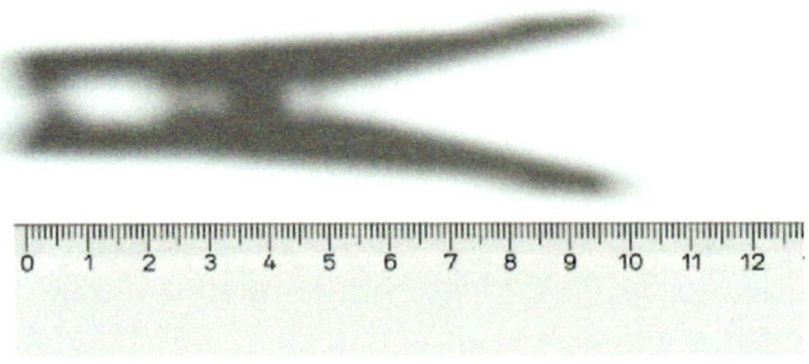

Wahre Längen ermitteln

BEISPIEL

Die Abbildungen zeigen ein Schrägbild und ein Zweitafelbild einer Pyramide.
Welche Strecken und Flächen der Pyramide erscheinen im Zweitafelbild in wahrer Länge bzw. Gestalt?

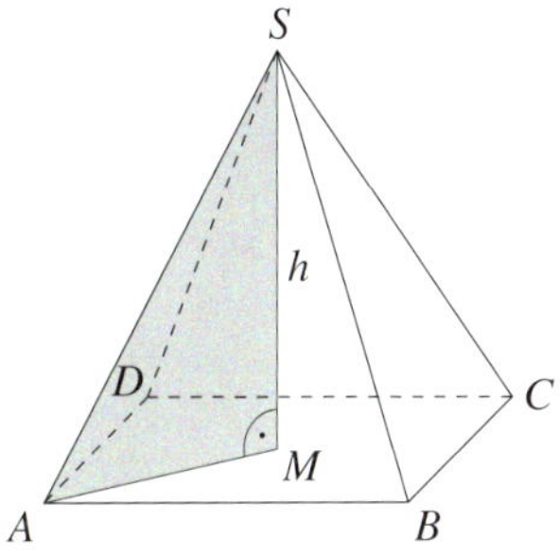

Schrägbild

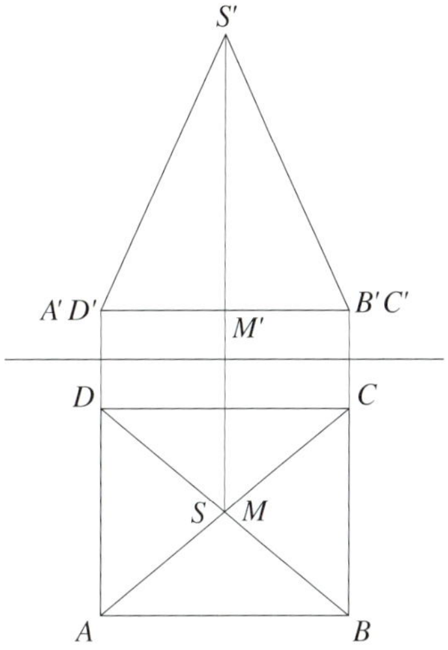

Zweitafelbild

Die wahre Länge einer Kante der Pyramide, z. B. der Strecke $\overline{AS}$, lässt sich im Zweitafelbild nicht ablesen.
Man kann sie aber durch geometrische Konstruktion ermitteln.

Dabei stellt man sich vor, man würde das Dreieck AMS (siehe Schrägbild) um die Seite $\overline{AM}$ auf die Grundrissebene klappen. Dazu zeichnet man auf der Grundrissebene senkrecht zu $\overline{AM'}$ einen Schenkel mit der Länge h im Punkt M' ein. Dieser Schenkel repräsentiert die ursprüngliche Höhe der Pyramide. Die Hypotenuse des rechtwinkligen Dreiecks, das auf diese Weise entsteht, hat die wahre Länge von $\overline{AS}$.

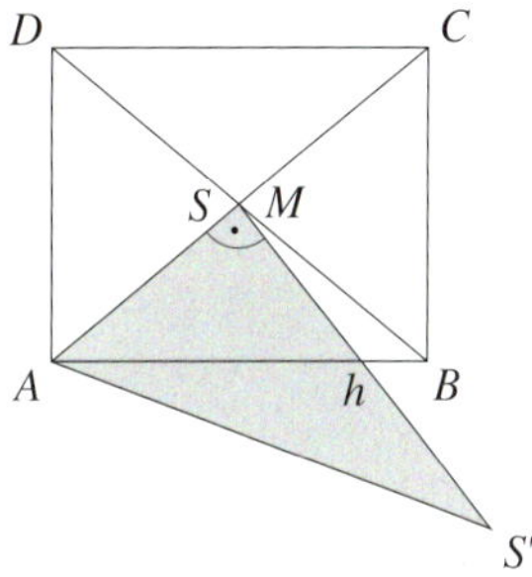

ZUM WEITERARBEITEN
Zeichne zwei verschiedene Netze der links abgebildeten Pyramide.

Aufgaben

3 Zeichne das Zweitafelbild einer Pyramide mit den Maßen $a = 4\,\text{cm}$, $b = 3\,\text{cm}$, $h = 5\,\text{cm}$. Bestimme zeichnerisch die wahre Länge ihrer Kanten. Überprüfe deine Zeichnung, indem du die Länge der Strecke $\overline{AS}$ rechnerisch ermittelst.

4 Eine Frachtkiste ist 1,20 m breit, 90 cm hoch und 90 cm tief.
a) Zeichne ein Zweitafelbild der Kiste in einem geeigneten Maßstab.
b) Wie lang darf eine Stange maximal sein, sodass sie gerade noch in die Kiste passt?

5 An einer Kirche sollen zwei Blitzableiter angebracht werden. Im Schrägbild sind sie als rote Linien markiert.
Die Blitzableiter sollen je 25 cm über dem Dach überstehen und 1 m tief in den Boden geführt werden.
Ermittle die Länge der Blitzableiter zeichnerisch.

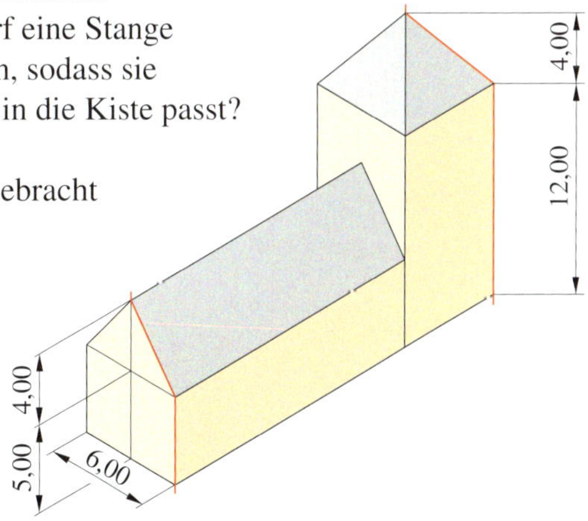

Der Goldene Schnitt

Der Goldene Schnitt gibt ein Verhältnis an, in dem eine bestimmte Strecke geteilt wird.
Alle Strecken, die nach dem Goldenen Schnitt geteilt sind, sind zueinander ähnlich.
Dieses Verhältnis taucht in ganz unterschiedlichen Bereichen auf: in der Malerei und Architektur, aber auch in der Natur, zum Beispiel am menschlichen Körper oder an Blütenblättern.

Was ist der Goldene Schnitt für ein Verhältnis?

Wenn eine Strecke c so geteilt wird, dass sich der kleinere Streckenabschnitt a zum größeren Streckenabschnitt b so verhält wie der größere Streckenabschnitt b zur ganzen Strecke c, kurz: $a : b = b : c$ (lies: a zu b wie b zu c), dann sagt man, die Strecke $\overline{AB}$ sei nach dem Goldenen Schnitt geteilt.

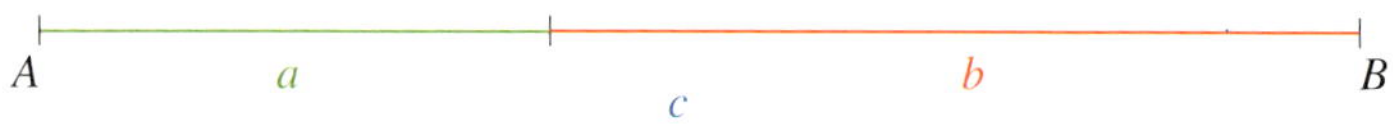

Dieses Verhältnis beträgt ungefähr 1 zu 1,618.
Es wird oft als besonders ausgewogen, harmonisch und schön empfunden.

1 Miss die Längen der eingezeichneten Strecken an der Sonnenblume.
Gib ihr Verhältnis als Dezimalzahl an.
Ist das Verhältnis ungefähr im Goldenen Schnitt?

2 Näherungsweise kann man sagen, dass das Streckenverhältnis im Goldenen Schnitt wie 3 : 5; 5 : 8; 13 : 21 oder 31 : 50 ist.

a) Gib das jeweilige Zahlenverhältnis als Dezimalzahl an.

b) Finde weitere Verhältnisse.

3 In der nebenstehenden Abbildung wird gezeigt, wie man mit Hilfe von zwei Kreisen eine Strecke a im Goldenen Schnitt teilen kann.

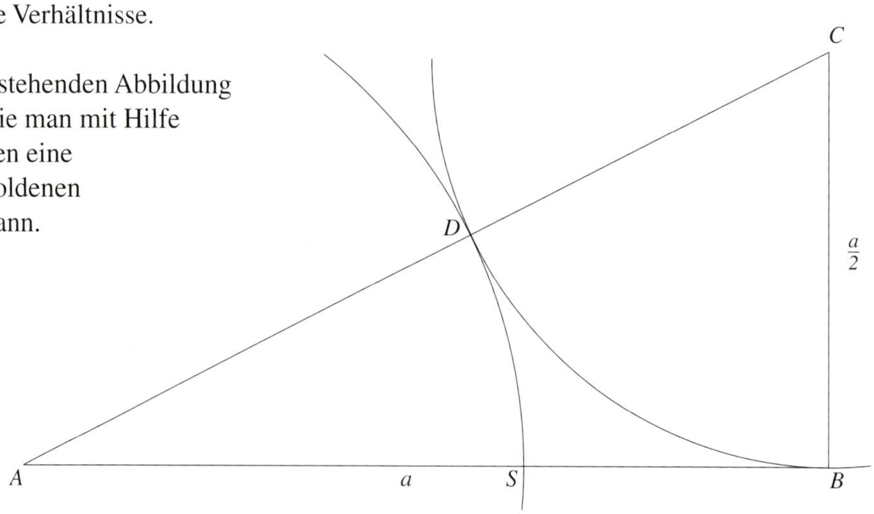

a) Beschreibe die dargestellte Vorgehensweise.

b) Teile diese Strecken im Goldenen Schnitt:
$\overline{AB} = 1{,}25\,\text{cm}$; $\overline{CD} = 2{,}5\,\text{cm}$; $\overline{EF} = 5\,\text{cm}$; $\overline{GH} = 7\,\text{cm}$; $\overline{IJ} = 10\,\text{cm}$.

Wendet man den Goldenen Schnitt auf die Seitenverhältnisse von Rechtecken und Dreiecken an, ergeben sich so genannte goldene Rechtecke und goldene Dreiecke.

4 Im goldenen Rechteck entspricht das Verhältnis von Breite zu Länge genau dem Goldenen Schnitt.

a) Erkläre die Konstruktion des goldenen Rechtecks mit Hilfe der Zeichnung.

b) Zeichne eine Strecke von 5 cm Länge. Ergänze die Strecke mit Hilfe eines Zirkels zu einem goldenen Rechteck.

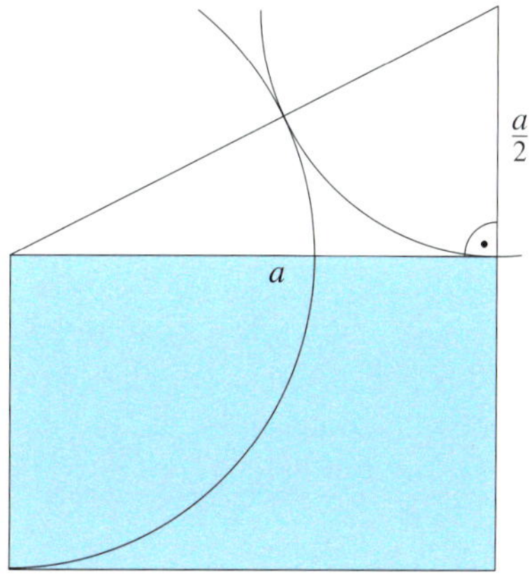

5 Zeichne mit Hilfe der Konstruktionsanleitung rechts ein goldenes Rechteck. Teile jetzt an einer Seite ein möglichst großes Quadrat von dem Rechteck ab.
Ein Rechteck bleibt übrig. Was fällt dir an den Seitenverhältnissen in diesem Rechteck auf?
Diskutiert zu zweit darüber und stellt eure Ergebnisse der Klasse vor.

Der goldene Schnitt in der Malerei

6 Der Kupferstich „Adam und Eva“ wurde von dem deutschen Maler Albrecht Dürer im Jahr 1504 entworfen.
Arbeitet in kleinen Gruppen. Beantwortet folgende Fragen und stellt eure Entdeckungen auf einem Plakat zusammen.

a) Die meisten Menschen sehen beim Betrachten des Bildes zuerst auf die beiden Feigenblätter. Die wichtigste Stelle des Bildes ist allerdings durch den Goldenen Schnitt festgelegt. Welche Stelle ist gemeint?

b) Recherchiert die Geschichte, die auf dem Bild dargestellt ist. Warum wird der Blick des Betrachters mit Hilfe des Goldenen Schnitts auf genau diese Stelle geführt?

c) Ist bei den Proportionen der Körper der Goldene Schnitt beachtet worden? Untersucht verschiedene Verhältnisse.

Der Goldene Schnitt in der Fotografie

Gerade in der Fotografie wird der Goldene Schnitt häufig als Grundlage zur Komposition eines Bildmotivs verwendet. Grob über den Daumen gepeilt und für den fotografischen Bedarf ausreichend genau entspricht der Goldenen Schnitt dem Verhältnis 1 : 2.

7 Lege Transparentpapier über das Foto und zeichne auf $\frac{1}{3}$ der Breite und der Höhe Linien.

a) Überprüfe in Bezug auf Länge und Breite, ob der Hund im Goldenen Schnitt ist.
b) Suche aus Zeitschriften weitere Fotos, die den Goldenen Schnitt berücksichtigen.
c) Fotografiere selbst ein einfaches Motiv, zum Beispiel Blumen auf einer Fensterbank, und bemühe dich, in Bezug auf die Platzierung des Motivs auf den Goldenen Schnitt zu achten.

200-1

8 Finde mit Hilfe der Linkliste (siehe Webcode in der Randspalte) weitere Fotografien und Bilder, zum Beispiel von dem Fotografen Henri Cartier-Bresson, und untersuche sie auf Einhaltung des Goldenen Schnitts.

Der Goldene Schnitt in der Natur

Im regelmäßigen Fünfeck mit gleichen Seitenlängen und Innenwinkeln tritt der Goldene Schnitt wiederholt auf, zum Beispiel wird jede Diagonale des Fünfecks durch eine andere im Goldenen Schnitt geteilt.
Das Fünfeck ist die Grundlage vieler Formen in der Natur. So ist beispielsweise bei vielen Blüten die Anzahl von fünf Blättern typisch, ein Seestern hat fünf Arme und ein Apfel hat fünf Kammern im Kerngehäuse.

Akelei

Heckenrose

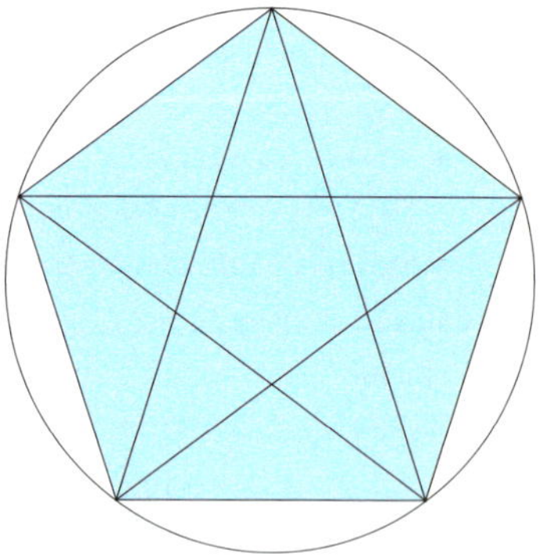

9 Finde im Fünfeck und im eingezeichneten Stern, den man auch Pentagramm nennt, weitere Seitenverhältnisse im Goldenen Schnitt.

10 Arbeitet in Kleingruppen. Findet Bilder zum Goldenen Schnitt in der Natur und gestaltet eine Collage, in der ihr den Goldenen Schnitt erklärt und in die Bilder einzeichnet.

Anhang

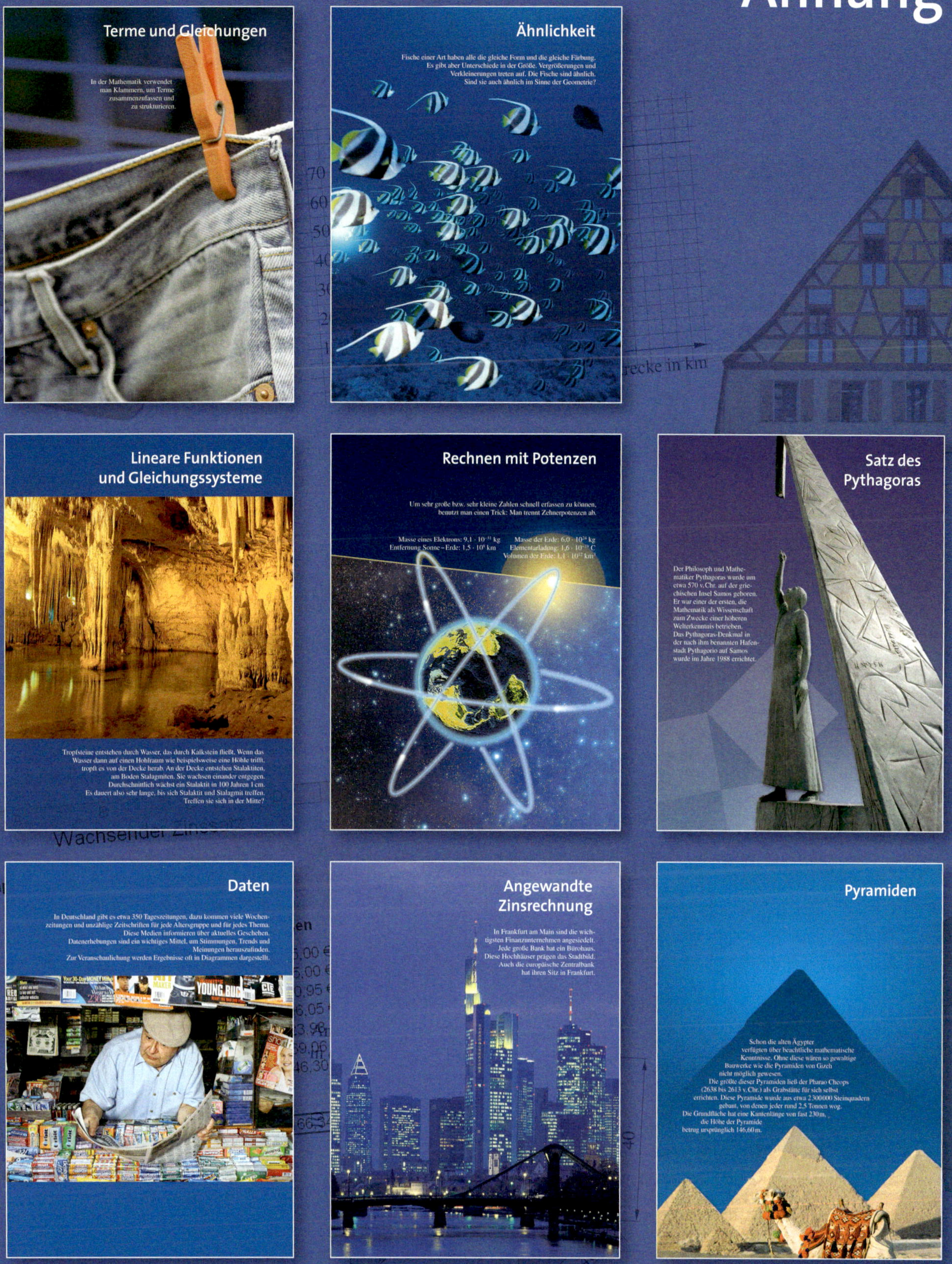
Terme und Gleichungen
Ähnlichkeit
Lineare Funktionen und Gleichungssysteme
Rechnen mit Potenzen
Satz des Pythagoras
Daten
Angewandte Zinsrechnung
Pyramiden

Training

Terme und Gleichungen

1 Fasse die Terme zusammen.
a) $3x + 10x - 7x$
b) $16a + 8a - 5a - 9a$
c) $4z - 15z + 17z - z + 38z - 8z$
d) $14a - 6b + 15a - 28b - 7a - b$
e) $7{,}2x + 1{,}5y - 3{,}7x - 2{,}3x - 5{,}7y$

202-1
BEACHTE
Unter dem Webcode gibt es eine interaktive Übung zu Zahlen, die Gleichungen erfüllen.

2 Vereinfache die Produkte.
a) $13a \cdot 5$
b) $5x \cdot (-2x)$
c) $4a \cdot 3b \cdot 5c$
d) $0{,}5xy \cdot 4y$
e) $-4a \cdot (-3b^2) \cdot 2ab$
f) $\frac{1}{2}xy \cdot \frac{1}{3}x^2 \cdot 2xy$

3 Löse die Klammern auf und fasse die Terme zusammen, wenn es möglich ist.
a) $a + (b + a) - (a + b)$
b) $7x - (3 + 4x) - (8x - 11)$
c) $5{,}6r + (2{,}8s - 2{,}8r) + 1{,}6r - 2{,}5s$
d) $b - (5{,}2c - 0{,}4b) + (1{,}8b - 0{,}6c)$
e) $23a - (34b + 19a - 24b) - a$
f) $(17p - 8) + (-33 + 14p) - (28p - 19)$

4 Multipliziere die Terme aus.
a) $5(a + b)$
b) $4a(2b - 1)$
c) $b(3 - c)$
d) $5m(-6 + 2n)$
e) $-4(x + y)$
f) $-3x(x - 2y)$
g) $4(a - b + c)$
h) $2(x - y - z)$

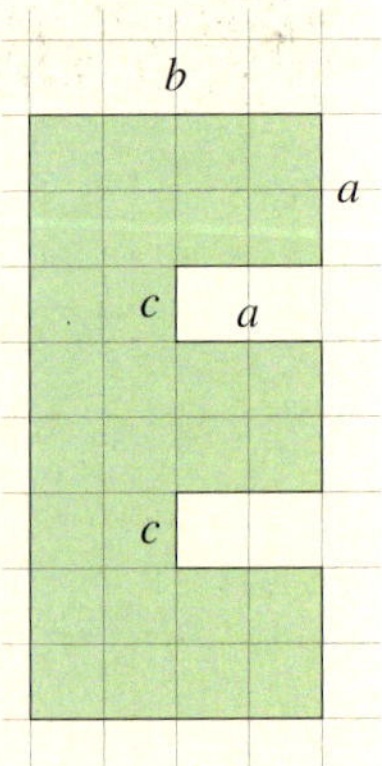

5 Gib jeweils zwei verschiedene Terme für den Flächeninhalt und den Umfang der Figur in der Randspalte an und zeige durch Umformungen, dass sie gleichwertig sind.

6 Wandle in Produkte um.
a) $4a + 4b$
b) $5x - 5y$
c) $6x - 12y$
d) $4a + 8b$
e) $6ax + 12ay$
f) $15bc - 25bd$
g) $30x^2 - 24x$
h) $56a^2 + 32a$

7 Löse die Gleichungen.
a) $5x + 17 = 3x + 11$
b) $9x - 43 = 25 - 8x$
c) $17z + 25 = 90 - 9z$
d) $43 - 7a = 9a - 13$
e) $11 - 0{,}2y = 35 - 1{,}4y$
f) $2{,}1x + 18{,}4 = 5{,}7x - 3{,}2$

8 Klammere jeweils einen möglichst großen Faktor aus.
a) $4a + 8b + 6c$
b) $12a - 18b - 27c$
c) $15xy + 9xz - 3$
d) $12a^2bc - 20ab^2c + 4abc$

9 Löse die Klammern auf und bestimme die Lösung der Gleichung.
a) $48 - (9x - 36) = 3x$
b) $5x + 20 = 7x - (3x - 23)$
c) $7x - 35 = 4x + (2x - 28)$
d) $7x = 59 - (13x - 21)$
e) $5 - 5x - (10 - 6x) = 5$

10 Ein gleichschenkliges Dreieck hat 125 cm Umfang. Die Basis ist halb so lang wie ein Schenkel. Wie lang sind Schenkel und Basis?

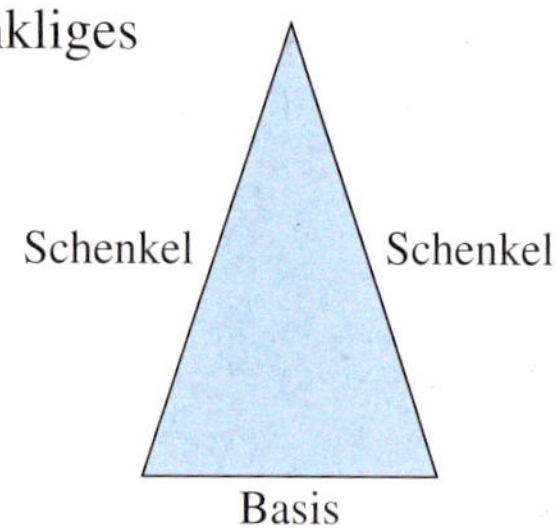

11 Löse die Gleichungen.
a) $5(x - 8) + 3(4 - x) = 14$
b) $x - 2(x - 5) = 3x - (8 - x)$
c) $12(x + 4) + 2(3 + 16x) = 142$
d) $29 - (x + 3) + 2(5 + x) = 37$
e) $(x - 5)7 - 5(x + 1) = 0$
f) $\frac{1}{2}(x + 2) + \frac{1}{2}(x - 8) = 7$

12 Der Grundriss eines Gebäudes ist rechteckig mit 176 m Umfang. Die Längsseite ist 3-mal so lang wie die kürzere Seite. Wie lang und wie breit ist das Gebäude?

13 In einem Dreieck ist der Winkel β um 42° größer als der Winkel α. Der Winkel γ ist 4-mal so groß wie α.
a) Wie groß ist der Winkel α?
b) Wie groß sind die Winkel β und γ?

14 Multipliziere und fasse zusammen.
a) $(y + 4)(y + 3)$
b) $(3x - 1)(4x - 2)$
c) $(a + 2)(4 - a)$
d) $(3a + 2)(2a - 3)$
e) $(m - 3)(m + 5)$
f) $(4t - s)(5s - t)$

Ähnlichkeit

1 Vergrößere bzw. verkleinere das jeweilige Rechteck.

a) $a = 3{,}4\,\text{cm}$; $b = 2{,}8\,\text{cm}$; $k = 2$
b) $a = 6{,}4\,\text{cm}$; $b = 4{,}8\,\text{cm}$; $k = \frac{1}{4}$
c) $a = 2{,}7\,\text{cm}$; $b = 3{,}8\,\text{cm}$; $k = 1{,}5$

2 Berechne die Länge der Strecke x (in cm).

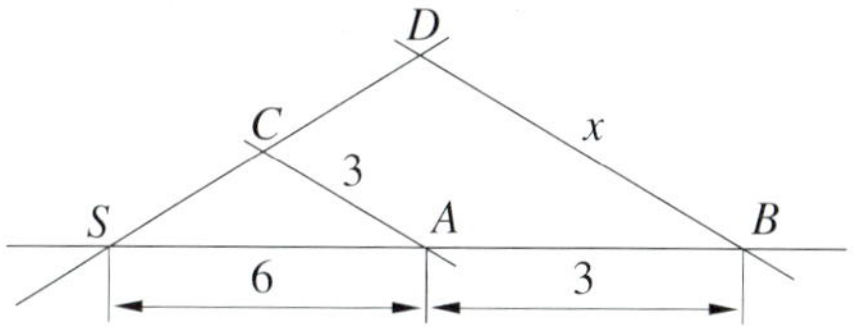

3 Ein Gebäude wird aus einer Entfernung von 37 m angepeilt. Die Armlänge beträgt 80 cm, die Augenhöhe 1,50 m und die Länge des Peilstabs 40 cm.
Wie hoch ist das Gebäude?

4 Die Höhe des Berliner Fernsehturms beträgt 368,03 m.

a) Aus welcher Entfernung müsste der Turm angepeilt werden, wenn die gleichen Maße für den Menschen und den Peilstab gelten wie in Aufgabe 3?
b) Wie weit müsste man entfernt stehen, um die Aussichtsplattform anzupeilen, die sich in 207,53 m Höhe befindet?
c) Die Armlänge beträgt nun 70 cm und der Peilstab ist 50 cm lang und die Augenhöhe liegt bei 1,40 m. Müsste man näher herantreten oder weiter weg gehen, um die Turmspitze oder die Plattform anzupeilen? Begründe.
d) Wie lang müsste der Peilstab sein, um den Fernsehturm aus exakt 200 m Entfernung mit einer Augenhöhe von 1,70 m und 85 cm Armlänge anzupeilen?

5 Modelleisenbahnen werden häufig in der Baugröße H0, das entspricht einem Maßstab von 1 : 87, gebaut.
Wie lang wäre der längste Zug der Welt (siehe Randspalte) im Modell?

6 Gegeben ist die folgende Figur. Das kleine Quadrat hat einen Flächeninhalt von $4\,\text{cm}^2$. Welchen Flächeninhalt hat das rechte Quadrat, wenn $\overline{ZA} = 4\,\text{cm}$ und $\overline{ZB} = 8{,}5\,\text{cm}$ ist?

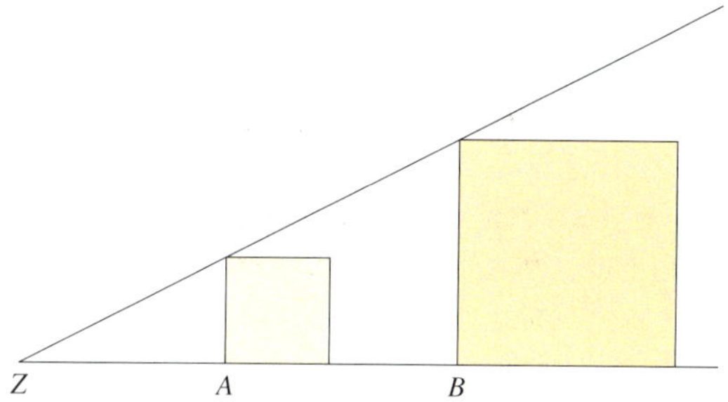

7 Das erste Seitenfenster vom Südportal des Regensburger Doms ist ein Beispiel für eine gotische Fensterform und für eine zentrische Streckung.

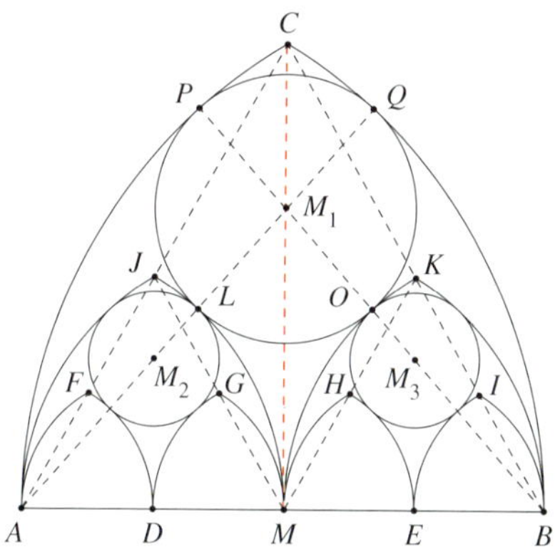

a) Erkläre mit Hilfe der zweiten Abbildung, wo die Streckzentren liegen und welche Punkte auf welche abgebildet werden.
b) Versuche ein solches Fenster zu konstruieren. Untersuche dafür die Dreiecke ABC, AMJ und MBK und überlege, welche Radien man für die Bögen benötigt.
c) Suche im Lexikon oder in deiner Stadt nach weiteren gotischen Fenstern. Sind dort ebenfalls Konstruktionen mit Hilfe der zentrischen Streckung erkennbar?

HINWEIS
Der längste und schwerste Zug der Welt war ein Güterzug der australischen BHP Iron Ore Gesellschaft, der am 21. Juni 2001 eine Strecke von 275 km zwischen den Newman-Yandl-Minen und Port Hedland in Western Australia zurücklegte. Der Zug bestand aus 8 Diesellokomotiven und 682 Waggons. Er war 7,353 km lang.

Lineare Funktionen und Gleichungssysteme

ZUM KNOBELN
Gleiche Buchstaben bedeuten gleiche Zahlen. Findest du heraus, welche Zahl für welchen Buchstaben steht? Kleine Starthilfe: E = 4, M = 3.

```
    M E E R
+ S O N N E
  M U S I K
```

1 Der Tank eines Autos ist mit 60 Litern Benzin gefüllt. Bei einer Autobahnfahrt werden durchschnittlich 7 ℓ pro 100 km verbraucht.

a) Gib die Funktionsgleichung der Funktion *Strecke in km* → *Tankinhalt in ℓ* an.

b) Wie viele Liter Benzin befinden sich nach 325 km Fahrt noch im Tank?

c) Sollte man eine Autobahnfahrt von 820 km wagen, wenn keine Möglichkeit besteht unterwegs nachzutanken?

2 Gegeben ist die lineare Gleichung $4x + 2y = 36$.

a) Überprüfe, ob die Wertepaare Lösungen der linearen Gleichung sind.
$P(6|6)$; $Q(-4|25)$; $R(4{,}5|9)$; $S(-2{,}5|20)$

b) Ergänze jeweils den fehlenden Wert, sodass das Wertepaar eine Lösung der linearen Gleichung ist.
$A(-2|\square)$; $B(\square|4)$; $C(\square|12)$; $D(3{,}5|\square)$

c) Zeichne eine Gerade, auf der alle Lösungen der Gleichung liegen.

d) Gib eine Situation an, die zu der Gleichung passt.

3 Gib jeweils die Funktionsgleichung an.

a) f hat die Steigung $m = -0{,}25$ und schneidet die y-Achse bei $B(0|3)$.

b) g hat die Steigung $-\frac{1}{2}$ und geht durch den Punkt $P(-3|1)$.

c) h geht durch die Punkte $P(5|-5)$ und $Q(-4|13)$.

d) i schneidet die y-Achse bei $B(0|3)$ und ist parallel zur Geraden k mit $k(x) = -2x - 1$.

e) Zeichne die Graphen in ein Koordinatensystem ein und gib die Nullstellen der Funktionen an.

4 Herr Wenzel verkauft Handys der Marken Konia für 98 € und Toramolo für 105 €. Nachdem er insgesamt 65 Handys verkauft hat, befinden sich 6 629 € in der Kasse.
Wie viele Handys der beiden Marken hat er verkauft?

5 Löse die Gleichungssysteme grafisch und gibt die Koordinaten des Schnittpunkts an.

a) I $y = 2x - 1{,}5$; II $y = -\frac{1}{2}x + 1$

b) I $y = -\frac{1}{4}x + 1$; II $y = \frac{1}{2}x - 2$

c) I $y = \frac{2}{3}x - 4$; II $2y = -3x + 5$

d) I $y = \frac{3}{2}x - 2$; II $y = \frac{1}{4}x - 1$

6 Löse das Gleichungssystem rechnerisch mit einem geeigneten Verfahren.

a) I $13y - 9x = 7$; II $13y - 11x = -3$

b) I $y - 2x = -3$; II $y = 3x - 9$

c) I $4x + y = 31$; II $2x - y = 11$

d) I $5x + 7y = 50$; II $9x + 14y = 90$

e) I $4x + 4y = 2$; II $x = 1 - y$

f) I $2x + 6y = 12$; II $4x = 24 - 12y$

7 Bei Vereinsfesten werden häufig Wertmarken verkauft.

a) Harun kauft Wertmarken zu 0,80 € und zu 1,20 €. Er bezahlt für 20 Wertmarken 19,20 €.
Welche Wertmarken hat er gekauft?

b) Volkan kauft 10 blaue und 15 rote Wertmarken für 32,50 €. Die roten Wertmarken sind 0,50 € teurer als die blauen Marken. Was kostet eine rote Marke?

8 Thomas hat für seinen Führerschein nur 24 Fahrstunden gebraucht. Sein Freund Lukas brauchte 30 Fahrstunden. Zusammen mit der Anmeldegebühr musste Thomas 929 € und Lukas 1 115 € zahlen.

a) Wie teuer war eine Fahrstunde und wie hoch war die Anmeldegebühr?

b) In einer anderen Fahrschule beträgt die Anmeldegebühr 250 € und der Preis für eine Fahrstunde 29 €. Ab welcher Anzahl von Fahrstunden wäre diese Fahrschule günstiger?

9 Die Summe dreier Zahlen beträgt 71. Das 5-fache der ersten Zahl ist gleich dem 6-fachen der zweiten Zahl. Die dritte Zahl ist um 9 kleiner als die zweite.
Wie heißen die drei Zahlen?

Rechnen mit Potenzen

1 Schreibe die Potenz als Produkt und berechne den Potenzwert.

a) 3^5 b) 10^6 c) $0{,}1^4$ d) $1{,}2^3$
e) $(\frac{1}{2})^5$ f) $(\frac{2}{3})^4$ g) $5 \cdot (\frac{1}{2})^2$ h) $4{,}5^3$
i) $0{,}16^2$ j) $0{,}02^4$ k) $0{,}001^3$ l) $\frac{1}{2} \cdot (\frac{2}{5})^3$

2 Berechne den Potenzwert.
Überlege zuerst, ob er positiv oder negativ ist.

a) $(-\frac{1}{3})^4$ b) $(-2)^6$ c) $-0{,}5^3$
d) $(-\frac{1}{4})^5$ e) $(-3)^3$ f) $-0{,}2^4$

3 Schreibe als Potenz mit negativem Exponenten.

a) $\frac{1}{81}$ b) $\frac{1}{16}$ c) $\frac{1}{49}$
d) $\frac{1}{64}$ e) $\frac{1}{121}$ f) $\frac{1}{169}$

4 Stelle die folgenden Zahlen mit Zehnerpotenzen dar.

a) 0,005 b) 0,005 7
c) 0,000 9 d) 0,000 062
e) 0,000 000 209 f) 0,000 000 008 5

5 Schreibe als Dezimalzahl.

a) $(\frac{1}{10})^2$ b) 10^{-4}
c) $5 \cdot 10^3$ d) $2{,}4 \cdot 10^5$
e) $6{,}1 \cdot 10^{-3}$ f) $9{,}4 \cdot 10^{-4}$
g) $1{,}6 \cdot 10^4$ h) $2{,}5104 \cdot 10^7$
i) $1{,}55 \cdot 10^4$ j) $4{,}02 \cdot 10^{-2}$
k) $2{,}87 \cdot 10^{-3}$ l) $3{,}41 \cdot 10^8$
m) $6{,}2 \cdot 10^{-6}$ n) $5{,}075 \cdot 10^7$
o) $9{,}0004 \cdot 10^9$ p) $2{,}34015 \cdot 10^{-12}$

6 Schreibe in wissenschaftlicher Schreibweise mit Zehnerpotenzen.

a) 6 308 000
b) 95 200 000
c) 5 047 000 000
d) 28 630 000 000
e) 351 000 000 000
f) 7 033 000 000 000

7 Stelle als Dezimalzahlen dar.

a) Fläche Deutschlands: $3{,}6 \cdot 10^5\,\text{km}^2$
b) Erdoberfläche: $5{,}1 \cdot 10^8\,\text{km}^2$
c) Volumen der Erde: $1{,}1 \cdot 10^{12}\,\text{km}^3$
d) Zellen im menschlichen Körper: $7 \cdot 10^{13}$
e) Nervenzellen im Gehirn: 10^{11}

8 Gib das Alter der Versteinerung in wissenschaftlicher Schreibweise an.

9 Finde in der Liste alle Quadratzahlen.
Es sind 12 Stück.
2; 4; 36; 68; 121; 49; 175; 77; 9; 900; 1; 10; 81; 98; 54; 400; 2 500; 1 000; 169; 13; 289.

10 Ergänze die Tabellen im Heft.

a)

x^2	64		81		400
x		11		15	

b)

x^2	125		729	64	
x		8			13

c)

x^3	8		512	5	343
x^2		36		144	
x					

11 Zwischen welchen beiden natürlichen Zahlen liegt die Quadratwurzel?

a) $\sqrt{250}$
b) $\sqrt{1\,000}$
c) $\sqrt{305}$

12 Ein Rechteck soll in ein flächengleiches Quadrat umgewandelt werden.
Welche Seitenlänge hat das Quadrat?

a) $a = 24\,\text{m};\ b = 6\,\text{m}$
b) $A = 90{,}25\,\text{m}^2;\ b = 50\,\text{cm}$
c) $a = 700\,\text{cm};\ b = 28\,\text{m}$
d) $a = 0{,}27\,\text{m};\ A = 8\,100\,\text{cm}^2$
e) $a = 30{,}25\,\text{cm};\ b = 1{,}6\,\text{dm}$

13 Welche Kubikzahl liegt am nächsten an der gegebenen Zahl?

a) 250 b) 80
c) 1 100 d) 500
e) 1 800 f) 4 000

14 Ein Wohnzimmer von 5,5 m Länge und 4,8 m Breite wird mit quadratischen Fliesen ausgelegt, die eine Kantenlänge von 30 cm (25 cm) haben.

a) Wie viele Fliesen sind nötig?
b) Begründe, warum die berechnete Anzahl eine Mindestzahl angibt.

Versteinerung eines Farnes aus einem Steinkohlenwald (350 mm hoch). Alter: 350 Mio. Jahre

Satz des Pythagoras

①

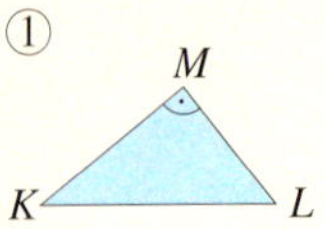

②

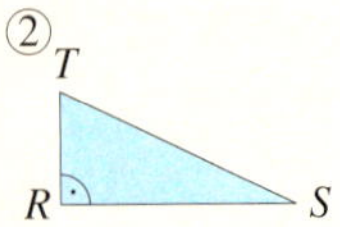

③

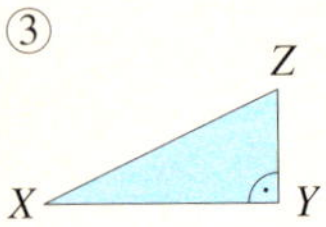

1 Jedes der abgebildeten Dreiecke ist rechtwinklig.

a) Welche Seite ist jeweils die Hypotenuse?

b) Schreibe für jedes Dreieck die Gleichung auf, die sich nach dem Satz des Pythagoras ergibt.

2 Vervollständige die folgende Tabelle.

	Kathete *a*	Kathete *b*	Hypotenuse *c*
a)	8 cm	6 cm	
b)	15 cm		17 cm
c)		19 cm	21 cm
d)	7 mm	24 mm	
e)	17 m		19 m
f)		2,5 cm	36 cm
g)		12,8 cm	1,6 dm
h)	216 mm		3,6 dm

3 Für ein Rechteck der Länge a, Breite b und Diagonalenlänge d sind jeweils nur zwei Größen gegeben.
Berechne die fehlende Größe.

a) $a = 11\,\text{cm}$; $b = 8\,\text{cm}$

b) $a = 4{,}5\,\text{cm}$; $b = 7\,\text{cm}$

c) $a = 3{,}5\,\text{cm}$; $d = 6{,}3\,\text{cm}$

d) $b = 5{,}2\,\text{cm}$; $d = 9{,}9\,\text{cm}$

4 Kann ein rechtwinkliges Dreieck folgende Seitenlängen haben?

a) $a = 6\,\text{cm}$, $b = 10\,\text{cm}$, $c = 8\,\text{cm}$

b) $a = 13\,\text{cm}$, $b = 5\,\text{cm}$, $c = 12\,\text{cm}$

c) $a = 8\,\text{cm}$, $b = 12\,\text{cm}$, $c = 16\,\text{cm}$

d) $a = 2\,\text{cm}$, $b = 3\,\text{cm}$, $c = 4\,\text{cm}$

5 Kannst du auf einem DIN-A4-Papier (21 cm × 29,7 cm) eine Strecke von 40 cm zeichnen? Bis zu welcher Länge könntest du die Strecke zeichnen?

6 Ergänze mit Hilfe der Zeichnung.

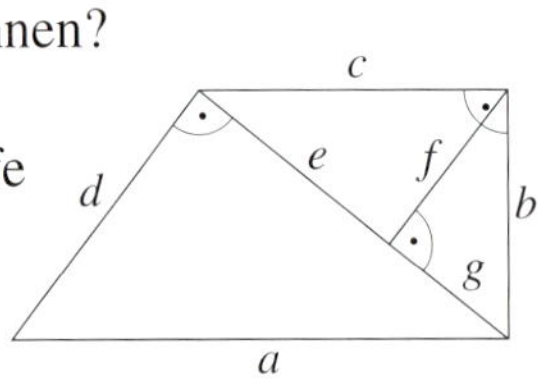

a) $c^2 = f^2 + \square$

b) $f^2 + \square = b^2$

c) $b^2 = (e + g)^2 - \square$

d) $a^2 = d^2 + \square$

e) $e = \sqrt{\square - f^2}$

f) $d = \sqrt{a^2 - \square}$

7 Betrachte die folgende Figur.

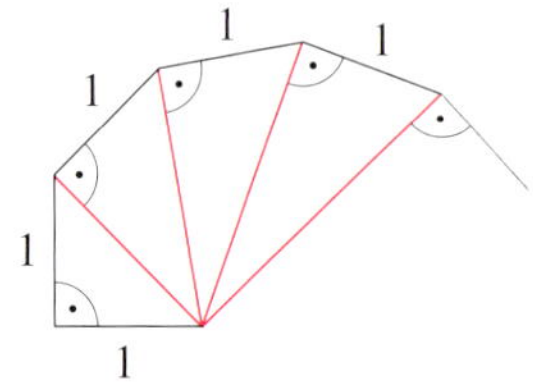

a) Gib die Längen der roten Strecken (Maße in cm) ungerundet an.

b) Begründe den Namen „Wurzelschnecke“.

c) Zeichne die „Schnecke“, bis sich die Dreiecke fast überschneiden. Wie lang ist die letzte Hypotenuse? Vergleiche den gemessenen und den berechneten Wert.

8 Felix möchte eine Lautsprecherbox in der Form einer quadratischen Pyramide bauen. Die Seitenlänge der Grundfläche soll 50 cm und die Höhe der fertigen Pyramide 110 cm betragen. Welche Länge müssen die Schenkel der Dreiecke dann erhalten?

9 Wie weit kann der Kapitän eines Ozeanriesen über das Meer schauen, wenn sich die Kommandobrücke in 35 m Höhe über dem Wasserspiegel befindet? (Erdradius: 6 371 km)

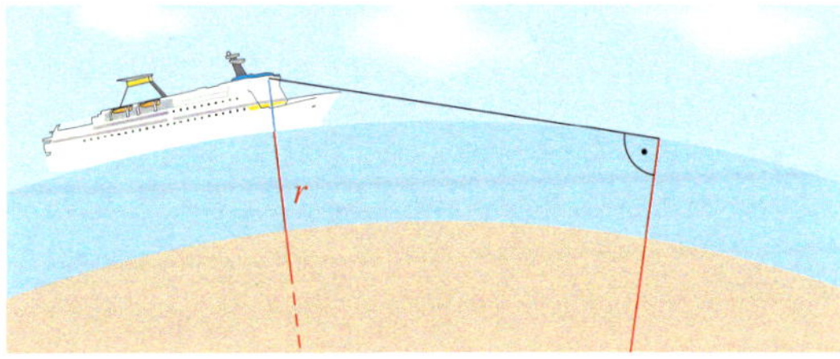

10 Ein halbkreisförmiger Tunnel wird gebaut. Das Verkehrsschild zur Höhenbegrenzung des halbkreisförmigen Tunnels fehlt jedoch noch. Welche Höhenbegrenzung muss auf das Schild für die Fahrzeuge geschrieben werden?

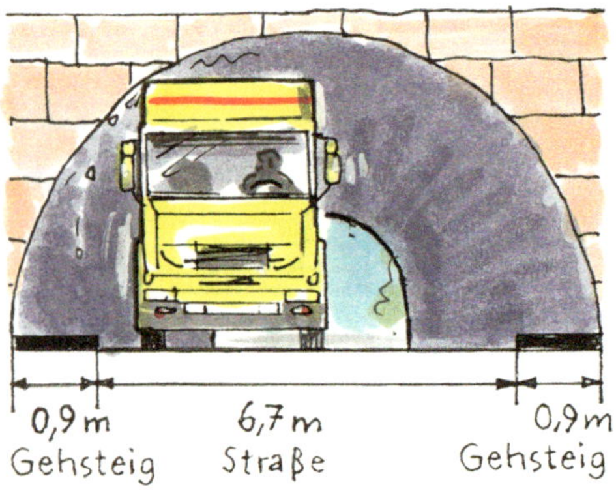

Daten

1 Bei einer Klassenarbeit erhielten die Schülerinnen und Schüler folgende Noten:
3, 2, 3, 2, 5, 4, 3, 5, 4, 2, 2, 1, 5, 3, 4, 2, 2, 3, 5, 4, 3, 4, 2, 3, 1, 2, 3, 5, 4, 2.
a) Fertige eine Häufigkeitstabelle an.
b) Stelle die Ergebnisse der Klassenarbeit in einem Säulendiagramm dar.
c) Berechne das arithmetische Mittel und gib den Modalwert an.
d) Jette sagt: „Mehr als die Hälfte meiner Mitschüler haben eine schlechtere Note erhalten als ich.“ Welche Noten kann Jette bekommen haben?

2 Jascha hat den Zensurenspiegel der letzten Klassenarbeit nicht vollständig abgeschrieben.

1	2	3	4	5	6
5	8			2	0

Er kann sich daran erinnern, dass der Klassendurchschnitt genau bei 2,6 lag und dass 25 Schüler die Arbeit mitgeschrieben haben. Finde heraus, wie viele Schüler eine 3 bzw. eine 4 geschrieben haben.

3 Während eines Frühlingstages wurde alle vier Stunden die Lufttemperatur gemessen und notiert: 4 °C, 6 °C, 8 °C, 12 °C, 11 °C, 7 °C.
a) Berechne die Durchschnittstemperatur.
b) Bestimme den Zentralwert.

4 Bestimme die relativen Häufigkeiten und vergleiche.
a) 4 Treffer bei 5 Elfmetern – 9 Treffer bei 10 Elfmetern.
b) 3 Fehler bei 50 Aufgaben – 4 Fehler bei 80 Aufgaben.
c) 18 von 30 Stimmen – 27 von 50 Stimmen.

5 Nach einer repräsentativen Untersuchung aus dem Jahre 2003 sehen drei Viertel der Deutschen Thomas Gottschalk gerne im Fernsehen. Für Günther Jauch stimmten 9 von 10 Zuschauern, für Oliver Geißen 60 % der Deutschen. Bestimme für jeden Moderator den Anteil in Prozent- und Bruchschreibweise und stelle eine Beliebtheitsskala auf.

6 Die „Pizzeria Roma“ hat ihre Gäste zu deren Lieblingspizza befragt (siehe Kreisdiagramm). Bestimme jeweils die Anteile in Bruch- und Prozentschreibweise.

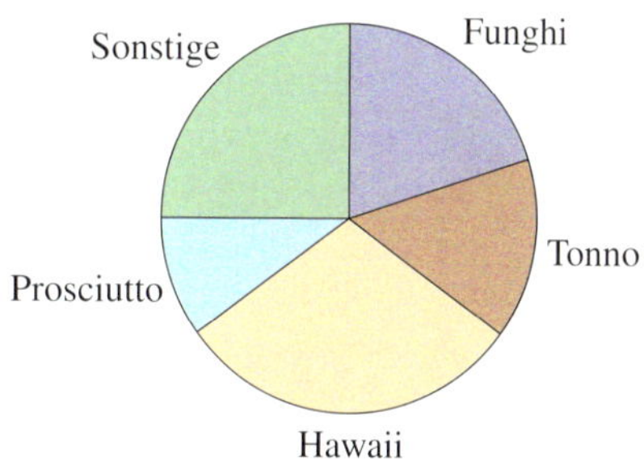

207-1
BEACHTE
Unter dem Webcode gibt es eine interaktive Übung zum Bestimmen von Prozentzahlen aus Diagrammen.

7 Auch die „Pizzeria Luisa“ befragt ihre Kunden nach deren Lieblingsgericht:

Lieblingsgericht	Anzahl Gäste
Pizza Bolognese	6
Pizza Salami	8
Lasagne	12
Tortellini a la Casa	9
sonstiges	15

a) Stelle das Ergebnis der Umfrage in einem Kreisdiagramm dar.
b) Berechne die relativen Häufigkeiten. Gib sie als Bruch, als Dezimalbruch und in Prozentschreibweise an.

Angewandte Zinsrechnung

208-1
BEACHTE
Unter dem Webcode findest du interaktive Übungen zum Zuordnen von Jahreszinsen.

208-2
BEACHTE
Unter dem Webcode gibt es interaktive Übungen zu Kapital, Zinsen und Zinssatz.

1 Berechne die Jahreszinsen.
a) 1 520 € zu 2 %
b) 3 800 € zu 4 %
c) 17 € zu 5 %
d) 1 640€ zu 3,5 %
e) 1 830 € zu 2,75 %
f) 2 572 € zu 3,75 %
g) 18 500 € zu 9,8 %
h) 20 800 € zu 7,7 %

2 Ergänze die fehlenden Werte.

	Kapital	Zinsen	Zinssatz
a)	180 €		4,5 %
b)	400 €	9,20 €	
c)	250 €		4,1 %
d)		54 €	2 %
e)	1 280 €		1,25 %
f)		48,65 €	1,75 %
g)		135 €	2,25 %
h)	2 500 €	77,50 €	

3 Anna hat zu Beginn eines Jahres 200 € auf ihrem Konto. Sie erhält 2,5 % Zinsen im Jahr. Berechne die Zinsen, die Anna nach einem Jahr erhält.

4 Berechne die Zinsen für den angegebenen Zeitraum. (Beachte: 1 Jahr = 360 Tage)
a) 750 € zu 6 % in 120 Tagen
b) 276 € zu 4 % in 330 Tagen
c) 3 680 € zu 4,5 % in 270 Tagen
d) 168 € zu 5,25 % in 300 Tagen
e) 2 400 € zu 6 % in 75 Tagen

	A	B	C
1	Sparplan mit einmaliger Einzahlung		
2			
3	Lena	Startkapital	Zinssatz
4		300,00 €	0,04
5			
6	Jahr	Kapital in €	Zinsen
7	1	300,00 €	12,00 €
8	2	312,00 €	12,48 €
9	3	324,48 €	12,98 €
10	4	337,46 €	13,50 €
11	5	350,96 €	14,04 €
12	6	365,00 €	14,60 €
13	7	379,60 €	15,18 €
14	8	394,78 €	15,79 €
15	9	410,57 €	16,42 €
16	10	426,99 €	17,08 €
17	11	444,07 €	17,76 €
18	12	461,84 €	18,47 €

5 Lena erhält 300 € zum 14. Geburtstag. Sie überlegt, das Geld für den Führerschein zu sparen. Eine Bank berechnet folgenden Sparplan.
a) Nach wie vielen Jahren sind die 300 € um mehr als 50 % angewachsen?
b) Um wie viel Prozent sind die 300 € nach 2 Jahren, nach 5 Jahren bzw. 10 Jahren angewachsen?
c) Warum gibt es im 2. Jahr 0,48 € Zinsen mehr als im 1. Jahr?

6 Herr Fillinger braucht für die Fahrten zu seiner Arbeitsstätte ein neues Auto. Er hat einiges Geld gespart, es fehlen ihm aber noch 6 000 €. Für das fehlende Kapital vermittelt ihm der Autohändler einen Kredit. Für den Kredit sind jährlich 6,5 % Zinsen zu zahlen. Berechne die Zinsen, die Herr Fillinger nach einem Jahr zahlen muss.

7 Frau Strab gibt eine Kleinanzeige auf. Die Tabelle zeigt die Kosten. Mit welchem Mehrwertsteuersatz wird gerechnet?

Summe (Netto)	2,10 €
Mehrwertsteuer	0,40 €
Summe (Brutto)	2,50 €

8 Frau Degen hat in Aktien investiert. Diese Aktien werden in einem so genannten Depot verwaltet. Der Wert ihres Depots betrug zu Beginn des Jahres 10 840 €. Am Ende des Jahres ist dessen Wert um 8,35 % gestiegen. Wie hoch ist der Wert ihres Depots jetzt?

9 Vergleiche die Kosten für einen Kredit über 5 000 € mit einem Jahr Laufzeit.
Angebot 1:
9 % Zinsen, 60 € Bearbeitungsgebühr.
Angebot 2:
9,5 % Zinsen, keine Bearbeitungsgebühr.
Angebot 3:
8,5 % Zinsen, 2 % Bearbeitungsgebühr.
Angebot 4:
425 € Zinsen, 50 € Bearbeitungsgebühr.

10 Für die Modernisierung einer Heizung werden 7 500 € als Darlehen benötigt. Für dieses Darlehen verlangt die Bank 8,25 % Zinsen pro Jahr. Die Zinsen sind vierteljährlich zu zahlen. Wie viel Euro sind vierteljährlich für das Darlehen aufzubringen?

11 Julia überzieht ihr Konto um 850 € vom 8. Februar bis 14. März. Wie viel Überziehungszinsen muss Julia zahlen, wenn die Bank 10,5 % im Jahr berechnet?

Pyramiden

1 Berechne die fehlenden Strecken. Runde die Ergebnisse auf Millimeter.

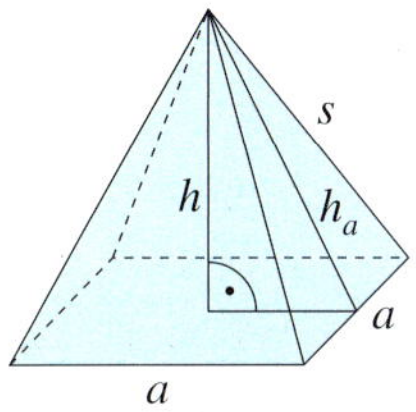

	a	s	h	h_a
a)	6 cm	12 cm		
b)			10,2 cm	12,9 cm
c)		11,4 cm		9,9 cm
d)	15 cm			28 cm

2 Berechne das Volumen der geraden Pyramide aus den Angaben zur Grundfläche und der gegebenen Körperhöhe.

a) Die Grundfläche ist ein Quadrat mit $a = 4{,}3\,\text{m}$. Die Körperhöhe ist $h = 2{,}5\,\text{m}$.

b) Die Grundfläche ist ein Rechteck mit $a = 1{,}9\,\text{dm}$ und $b = 18\,\text{cm}$. Die Körperhöhe ist $h = 2{,}2\,\text{dm}$.

c) Die Grundfläche ist ein rechtwinkliges Dreieck mit $\alpha = 90°$, $c = 10\,\text{cm}$, $b = 8\,\text{cm}$. Die Körperhöhe ist $h = 12\,\text{cm}$.

3 Berechne den Mantel- und den Oberflächeninhalt einer quadratischen Pyramide mit Grundkante a, Seitenkante s, Körperhöhe h und Seitenhöhe h_a.

a) $a = 8{,}9\,\text{cm}$; $h_a = 15{,}2\,\text{cm}$

b) $a = 14{,}4\,\text{m}$; $s = 16{,}8\,\text{m}$

c) $h = 12\,\text{cm}$; $h_a = 19\,\text{cm}$

d) $h_a = 8\,\text{cm}$; $s = 12{,}81\,\text{cm}$

4 Eine gerade Pyramide hat eine rechteckige Grundfläche. Berechne die fehlende Größe.

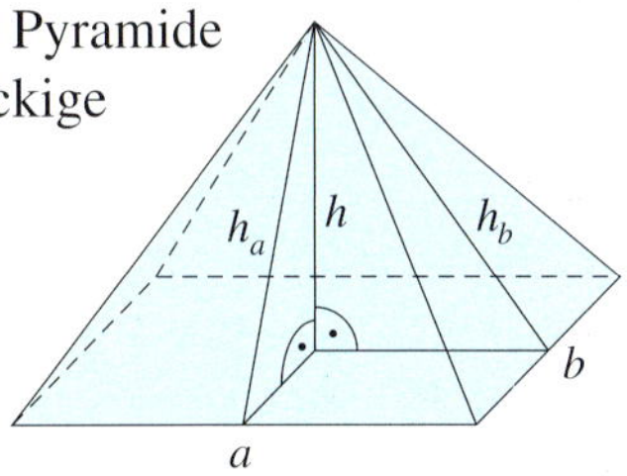

	a	b	h	V
a)	58 mm	93 mm	26 mm	
b)	125 cm	244 cm		140 000 cm³
c)		12 m	12 m	600 m³
d)	138 dm		167 dm	625 824 dm³

5 Berechne neben den jeweils fehlenden Werten einer quadratischen Pyramide auch deren Mantel- und Oberflächeninhalt A_M und A_O sowie das Volumen V.

a) $a = 8\,\text{cm}$; $s = 10\,\text{m}$

b) $h = 14\,\text{m}$; $h_a = 21\,\text{m}$

c) $s = 24\,\text{m}$; $h_a = 18\,\text{m}$

d) $a = 12\,\text{m}$; $h_a = 20\,\text{m}$

6 Eine quadratische Pyramide ist 15 cm hoch. Ihre Grundkante ist 12 cm lang.

a) Berechne die Mantelfläche der Pyramide.

b) Schneidet man diese Pyramide in halber Höhe parallel zur Grundfläche durch, entsteht eine kleine quadratische Pyramide und ein Pyramidenstumpf.
Berechne die Mantelfläche der kleinen Pyramide.

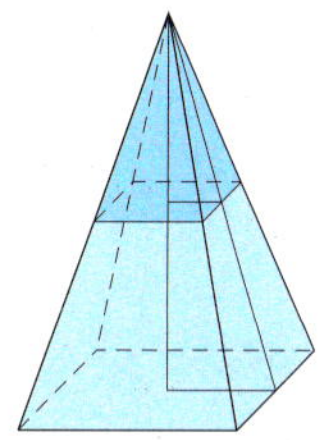

7 Ein Turmdach ist pyramidenförmig mit quadratischer Grundfläche. Das Dach soll mit Kupferplatten neu gedeckt werden. Die Grundkanten des Dachs sind 4,8 m lang. Die Höhe jedes Seitendreiecks beträgt 3,6 m.
Wie viel Quadratmeter Kupferblech sind erforderlich, wenn mit 4 % Verschnitt gerechnet wird?

8 Eine quadratische Pyramide hat die Grundkantenlänge $a = 20\,\text{cm}$ und die Höhe $h = 30\,\text{cm}$.

a) Durch einen Schnitt parallel zur Grundfläche in einer Höhe von 18 cm wird diese Pyramide geteilt.
Berechne das Volumen der abgetrennten Pyramide.

b) Es soll die Pyramide durch einen Schnitt parallel zur Grundfläche so geteilt werden, dass die Höhe halbiert wird.
Bestimme durch eine Rechnung, ob beide Körper auch das gleiche Volumen besitzen.

Vorbereitung für die Vergleichsarbeit

HINWEIS
Bei der Vergleichsarbeit stehen die Aufgaben in einem Heft, in das auch die Lösungen eingetragen werden.
Bitte schreibe aber beim Lösen der Übungsaufgaben nicht ins Schulbuch.

Was sind Vergleichsarbeiten?
In Brandenburg gibt es zentrale Vergleichsarbeiten in den Fächern Mathematik sowie – bisher auf freiwilliger Basis – in Deutsch, Englisch bzw. Französisch. Alle Klassen bearbeiten die gleichen Aufgaben, die sich auf alle bisher behandelten Themenbereiche beziehen können.
In Mathematik steht neben den inhaltlichen Bereichen (Zahl, Messen, Raum und Form, Funktionaler Zusammenhang, Daten und Zufall) ein besonderer Schwerpunkt der so genannten „prozessbezogenen Kompetenzen" im Mittelpunkt der Vergleichsarbeit. Das kann zum Beispiel das Modellieren, das Problemlösen, das Argumentieren oder die Nutzung von Werkzeugen sein.

Wozu gibt es Vergleichsarbeiten?
Durch die Vergleichsarbeiten kann man feststellen, welche Lernergebnisse in einer Lerngruppe erreicht wurden und wie eine Lerngruppe im Vergleich zu anderen Lerngruppen der Schule oder anderen vergleichbaren Schulen abgeschnitten hat. Die Mathematiklehrkräfte können in der Auswertung erkennen, in welchen Bereichen ihre Klassen noch Förderung benötigen.
Die Vergleichsarbeiten bereiten auch auf die zentrale Prüfung in Klasse 10 vor, da sie vergleichbare Aufgabentypen und gleiche Prüfungsbedingungen bieten.

Wie kann man sich auf Vergleichsarbeiten vorbereiten?
Auf den folgenden Seiten gibt es Aufgabentypen, die ähnlich auch in der Vergleichsarbeit vorkommen. In der Tabelle unten kann man ablesen, welchen Schwerpunkten die Aufgaben zuzuordnen sind. Die Aufgaben sollten zur Vorbereitung auf die Lernstandserhebungen selbstständig bearbeitet werden.

Zuordnung der Übungsaufgaben zu inhaltlichen und prozessbezogenen Kompetenzen

Prozessbezogene Kompetenzen / Inhaltliche Kompetenzen	Modellieren	Problemlösen	Argumentieren, Kommunizieren	Werkzeuge
Zahl	8	1	2	14, 30
Messen	7	6	18	21
Funktionaler Zusammenhang	4, 13, 15, 19, 20	5, 9, 22	3, 28	19
Geometrie	12, 25	6, 10, 23, 26, 29	16, 18, 23	6, 17, 18, 21, 29
Daten und Zufall	7	11, 31	24	27

1 Mit Zahlen jonglieren

In den folgenden Aufgaben sollst du die Ziffern 3, 4, 5 und 6 jeweils genau einmal in ein Kästchen einsetzen, sodass die angegebenen Bedingungen erfüllt sind.

a) Das Produkt der Zahlen soll möglichst groß sein: □□ · □□

b) Das Produkt der Zahlen soll möglichst klein sein: □□ · □□

c) Der Wert des Terms □ · (□ + □ · □) soll möglichst groß sein.

2 Runden

Im Jahr 2008 gab es in Deutschland rund 8 796 000 Schülerinnen und Schüler.

a) Wie viele Schüler gab es 2008 höchstens, wenn auf Tausender gerundet wurde?

b) Lea sagt: „In einer Zeitung stand, dass es 8 795 460 Schülerinnen und Schüler gab." Was meinst du dazu?

c) Runde die Zahl 1 748 auf Hunderter.

d) Barbara schrieb beim Runden von 2 545 auf Hunderter: $2545 \approx 2550 \approx 2600$. Erläutere und bewerte ihren Lösungsweg.

3 Verlängerte Strecke

Eine Strecke wird zunächst um 30 % verlängert und anschließend wieder um 30 % gekürzt. Erhält man am Ende wieder die Länge der ursprünglichen Strecke? Begründe deine Antwort.

4 Zeitung lesen

In einer Zeitung steht: 20 % aller Brandenburger waren noch nie in Berlin.
Was bedeutet das? Notiere die Nummern der richtigen Aussagen in deinem Heft.

① Jeder zwanzigste Brandenburger war noch nie in Berlin.

② 20 Brandenburger waren noch nie in Berlin.

③ Von 5 befragten Brandenburgern war durchschnittlich einer noch nie in Berlin.

④ Von 20 befragten Brandenburgern war durchschnittlich eine Person noch nie in Berlin.

⑤ Jeder fünfte Brandenburger war noch nie in Berlin.

5 Preisvorteil

250 g Kartoffelchips kosten 1,80 €.
Nun plant der Hersteller eine neue Werbestrategie. Er hat zwei Ideen.

Strategie 1: Die Packungen erhalten 10 % mehr Inhalt bei gleichem Preis.

Strategie 2: Der Preis der Chips wird bei gleichem Packungsinhalt um 10 % reduziert.

Welche Strategie verspricht mehr Gewinn?

6 Dreiecke

Betrachte das abgebildete Dreieck

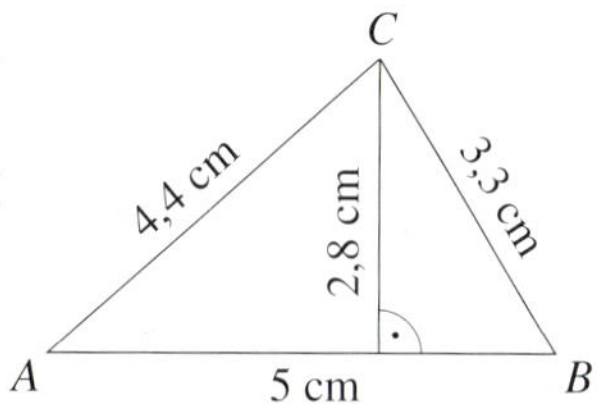

a) Gib den Flächeninhalt des abgebildeten Dreiecks an.

b) Gib den Umfang des abgebildeten Dreiecks an.

c) Zeichne ein Dreieck ABC mit der Seitenlänge $c = 4\,\text{cm}$ und den Winkeln $\alpha = 25°$ und $\beta = 67°$.

d) Ein anderes Dreieck hat einen Flächeninhalt von $60\,\text{cm}^2$.
Gib zwei mögliche Maße für die Länge von Grundseite und zugehöriger Höhe an.

e) Erkläre den Unterschied zwischen gleichseitigen und gleichschenkligen Dreiecken.

7 Berufstätigkeit bei Frauen

Bei einer Umfrage wurde festgestellt, dass von 17,3 Millionen berufstätigen Frauen 11,7 Millionen ihre Berufstätigkeit zwischenzeitlich unterbrochen oder sogar aufgegeben hatten.
Folgende Gründe wurden dafür angegeben:
37,7 % wegen Heirat
27,3 % wegen Schwangerschaft
5,2 % wegen Kinderbetreuung
4,7 % aus gesundheitlichen Gründen
2,3 % wegen Arbeitslosigkeit
2,1 % wegen Weiterbildung
19,7 % aus anderen Gründen

a) Wie viele Frauen haben aus den angegebenen Gründen ihren Beruf aufgegeben?

b) Stelle die Ergebnisse der Umfrage in einem Kreisdiagramm dar.

BEACHTE
Der Taschenrechner darf bei allen Übungsaufgaben und auch während der Vergleichsarbeiten verwendet werden.

HINWEIS
Bei den Vergleichsarbeiten wird ein Heft mit den Aufgaben ausgeteilt, in dem man bei Aufgaben wie Nr. 4 die richtigen Antworten ankreuzen kann.

ZUM WEITERARBEITEN

In Aufgabe 9 könnte sich nach der Rückkehr von Marie nach Deutschland der Wechselkurs geändert haben. Der Kurs beträgt nun 1 € = 1,39 CAD. Wie viel Euro gibt es nun für 175 CAD? Ist die Wechselkursänderung für Marie günstig oder ungünstig? Erkläre.

8 Ein Viertel von x

Wie kann „ein Viertel der Zahl x" geschrieben werden? Übertrage alle passenden Möglichkeiten in dein Heft.

① $x - 4$	② $\frac{1}{4} \cdot x$	③ $x - 0{,}75x$
④ $x : \frac{1}{4}$	⑤ $x : 4$	⑥ 25 % von x
⑦ $x - \frac{1}{4}$	⑧ $\frac{1}{2}x : 2$	⑨ $\frac{1}{8}x \cdot 2$

9 Wechselkurse

Marie reist nach Kanada. Vor dem Abflug tauscht sie Geld. Der Wechselkurs ist 1 € = 1,42 kanadische Dollar (CAD).

a) Wie viel CAD erhält sie für 650 €?

b) Wie viel € erhält sie nach der Reise für ihre übrig gebliebenen 175 CAD?

10 Fußballstadion

Ein Fußballfeld für Länderspiele ist 105 m lang und 68 m breit. Beim Endspiel der WM 2006 waren 73 000 Zuschauer im Stadion. Hätten alle Menschen bequem nebeneinander auf dem Rasen stehen können? Begründe deine Antwort.

11 Bundesjugendspiele

Bei den Bundesjugendspielen erreichten die Mädchen der Klassen 9 a und 9 b folgende Punktzahlen:

9 a: 1 014, 902, 1 204, 782, 1 154, 850, 1 052, 635, 1 084, 853

9 b: 1 104, 964, 1 002, 580, 1 152, 1 278, 920, 815, 1 095

a) Bestimme für beide Klassen die durchschnittliche Punktzahl.

b) Bestimme jeweils den Median (Zentralwert) für die beiden Klassen.

12 Parallelogramm

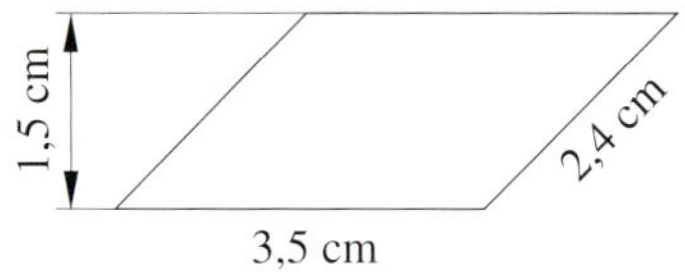

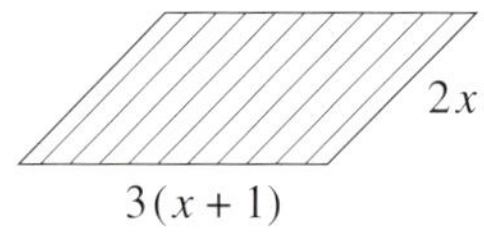

a) Berechne den Flächeninhalt des oberen Parallelogramms und gib seinen Umfang an.

b) Gib einen Term an, mit dem man den Umfang des unteren (schraffierten) Parallelogramms bestimmen kann. Vereinfache den Term so weit wie möglich.

13 Strom

Ein Elektrizitätswerk verlangt für die Stromlieferung einen Grundbetrag von 48 € pro Jahr und 0,16 € für jede verbrauchte Kilowattstunde (kWh).

a) Herr Brett verbrauchte im letzten Jahr 2 250 kWh. Wie hoch war seine Stromrechnung?

b) Familie Sonnenberger musste für Strom 360 € zahlen. Wie viele kWh hat sie verbraucht?

c) Welcher der drei Graphen veranschaulicht den Zusammenhang zwischen verbrauchten Kilowattstunden und Preis?

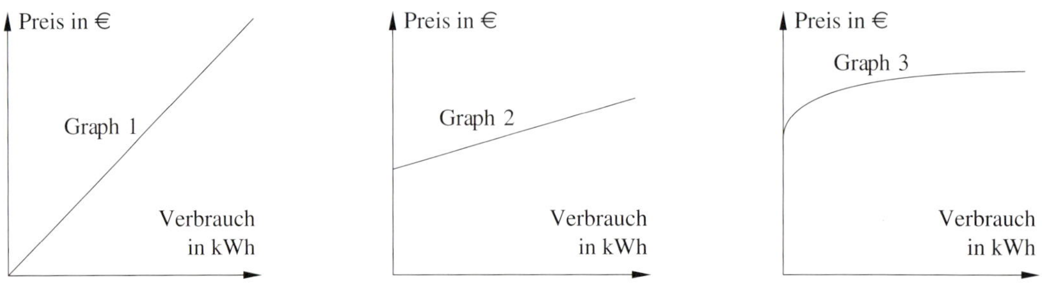

14 Handyrechnung

Carina hat mit einem Tabellenkalkulationsprogramm errechnet, welche Handykosten in diesem Monat auf sie zukommen. Ihr Tabellenblatt ist in Spalten (A; B; C; …) und Zeilen (1; 2; 3; …) aufgeteilt. Die Felder heißen Zellen, z. B. **A4** oder **B5**. Die Zahlenwerte der Zellen können durch mathematische Formeln miteinander verknüpft werden.

	A	B	C	D	E
1		Preis pro Einheit in €	Anzahl	Gesamtpreis in €	
2	Grundgebühr	-	-	1,95	
3	Verbindungen ins Festnetz	0,29	25	7,25	
4	Verbindungen netzintern	0,29	40	=B4*C4	
5	Verbindungen in andere Mobilfunknetze	0,39	20	7,80	
6	SMS	0,19	35	6,65	
7	MMS	0,39	5		
8			Gesamt: brutto	37,20	
9		darin	19 % MwSt.	7,07	
10			Gesamt: netto	30,13	
11					

a) In Zelle **D4** steht die Formel **=B4*C4**. Welcher Zahlenwert ergibt sich in der Zelle?
b) In Zelle **D7** fehlt eine Formel. Wie lautet die entsprechende Formel?
c) Notiere eine Formel zur Berechnung des Gesamtbruttobetrags in Zelle **D8**.
d) Mit welcher der Formeln kann die Mehrwertsteuer (MwSt.) in Zelle **D9** berechnet werden? Übertrage die passende Formel in dein Heft.
① **=D8*(19/119)** ② **=(D8/100)*19** ③ **=(D2+D3+D4+D5+D6+D7)*0,19**

15 Taxi

Die Städte und Gemeinden legen jeweils ihre Taxitarife fest.

Taxitarif A-Stadt	
Grundgebühr	2,30 €
Tarif 1 (pro km) werktags von 6–22 Uhr	1,30 €
Tarif 2 (in km) werktags von 22–6 Uhr Sonn- und Feiertags	1,40 €

Taxitarif B-Stadt	Tag (6–22 Uhr)	Nacht (22–6 Uhr) Sonn- und Feiertage
Grundgebühr	2,20 €	2,20 €
Preise je km		
– bis 5 km	1,45 €	1,55 €
– jeder weitere km	1,30 €	1,40 €

Ⓐ
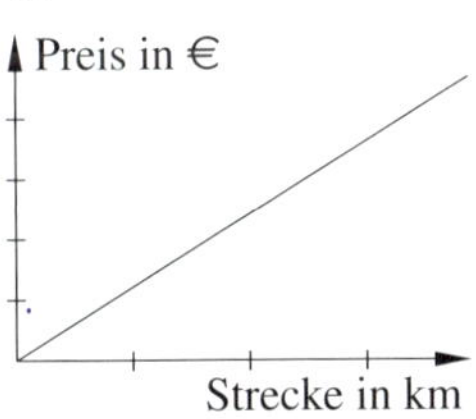

Ⓑ
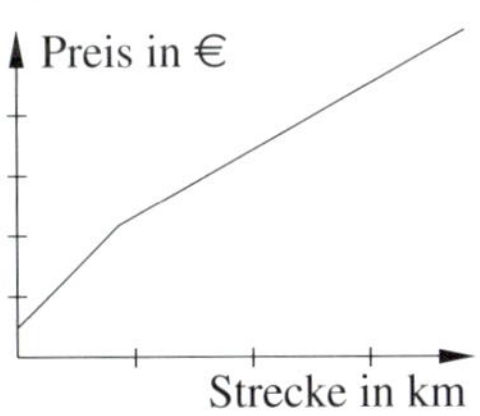

Ⓒ
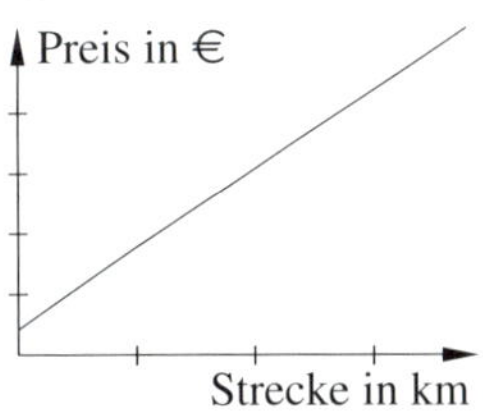

Ⓓ
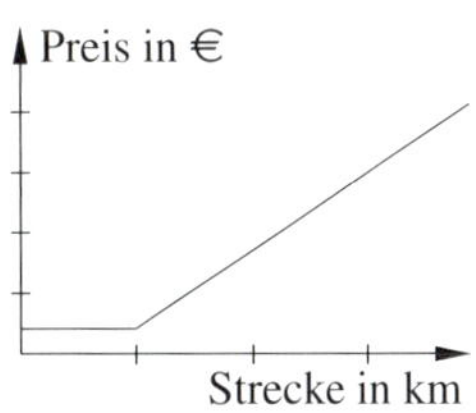

a) Wie viel Euro kostet eine 12 km lange Taxifahrt am Montagnachmittag in A-Stadt?
b) Herr Pecht hat nur noch 20 €. Wie weit kann er in A-Stadt mit einem Taxi am Wochenende fahren?
c) Vergleiche die Kosten für eine Taxifahrt von 8 km in A-Stadt und in B-Stadt an einem Mittwochvormittag.
d) Welche der Graphen passen zu den Werktagstarifen (6–22 Uhr) in A-Stadt und in B-Stadt?
e) Beschreibe die Tarife, die zu den nicht bei d) ausgewählten Graphen gehören.
f) Warum kosten wohl die Fahrten nachts mehr als die Fahrten tagsüber? Die erbrachte Leistung ist doch die gleiche.

16 Aussagen über Dreiecke und Vierecke

Entscheide, ob die Aussagen wahr oder falsch sind. Begründe deine Entscheidung.

a) Es gibt ein Dreieck mit zwei stumpfen Innenwinkeln.
b) Alle vier Innenwinkel in einem Trapez können spitze Winkel sein.
c) Wenn ein Viereck ein Quadrat ist, dann ist es auch ein Parallelogramm.
d) Ein Quadrat besitzt genau 4 Symmetrieachsen.
e) Jede Raute ist ein Quadrat.
f) Wenn ein Dreieck gleichseitig ist, dann hat es genau drei Symmetrieachsen.
g) Jeder Drachen ist eine Raute (Rhombus).

17 Zeichne ein Herz

Die Zeichnungen zeigen dir, wie du ein Herz mit Zirkel und Geodreieck zeichnen kannst. Beachte: M_1 und M_2 sind die Mittelpunkte der Strecken $\overline{AD}$ bzw. $\overline{CD}$.

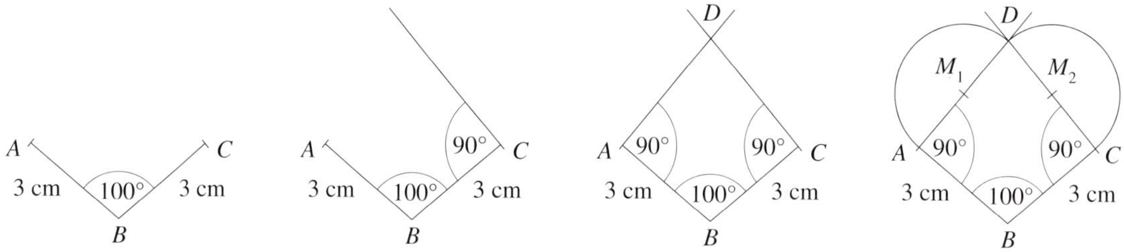

a) Konstruiere das Herz wie gezeigt.
b) Wie groß ist der Winkel $\delta = \sphericalangle ADC$?
c) Nenne mindestens drei Eigenschaften des Vierecks $ABCD$.
d) Welche Form hat das Viereck $ABCD$, wenn $\beta = 90°$ ist? Begründe.
e) Wie groß darf der Winkel β maximal sein, damit die Konstruktion durchführbar ist?

18 Dreiecke

Mit einer dynamischen Geometriesoftware wurde ein Dreieck A_1BC gezeichnet. Anschließend wurde der Punkt A_1 durch den Zugmodus auf der Geraden g bewegt und die neu entstandenen Dreiecke ergänzt. Die Punkte B und C bleiben unbewegt. $g \parallel \overline{BC}$

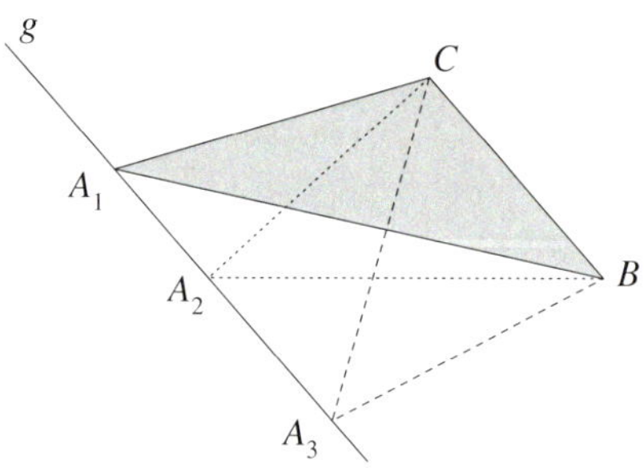

a) Überprüfe die folgenden Aussagen. Gib an, ob sie wahr oder falsch sind.
① A_1BC ist ein spitzwinkliges Dreieck.
② A_2BC ist ein rechtwinkliges Dreieck.
③ A_3BC ist ein spitzwinkliges Dreieck.
④ A_1A_3B ist ein stumpfwinkliges Dreieck.
⑤ A_2BC ist ein gleichschenkliges Dreieck.
b) Übertrage die Figur in dein Heft und zeichne einen weiteren Punkt A_4 auf der Geraden ein, sodass bei Verbinden mit B und C ein stumpfwinkliges Dreieck entsteht.
c) Zeichne einen Punkt A_5 auf der Geraden ein, sodass bei Verbinden mit B und C ein rechtwinkliges Dreieck entsteht.
d) Linda behauptet: „Alle eingezeichneten Dreiecke haben den gleichen Flächeninhalt." Überprüfe, ob sie Recht hat und begründe deinen Standpunkt.
e) Beschreibe, wie man einen Punkt X auf der Geraden g findet, sodass das Dreieck XBC gleichschenklig ist. Wie viele Dreiecke dieser Art gibt es?

19 Wanderung

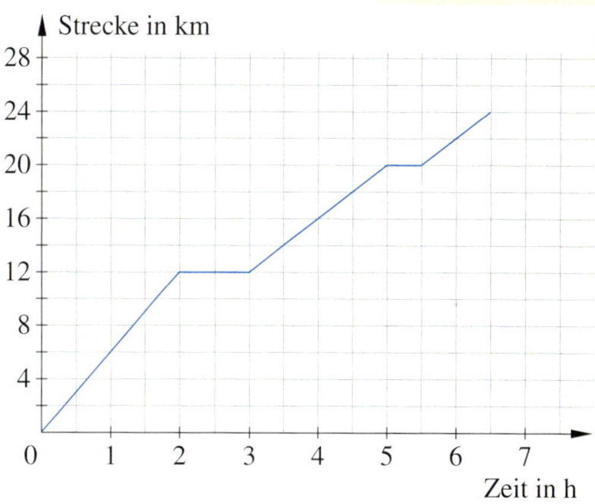

Das Diagramm beschreibt den Verlauf einer Wanderung von Herrn Wiechert.

a) Wie lange dauerte die erste Pause?
b) Wie viele Stunden ist er insgesamt gelaufen?
c) Wie viele Kilometer ist Herr Wiechert gewandert?
d) Mit welcher Geschwindigkeit wanderte Herr Wiechert in den ersten beiden Stunden?
e) Zeichne das Diagramm mit dem Verlauf der Wanderung von Herrn Wiechert ab und ergänze den Verlauf der Wanderung von Frau Schmidt. Frau Schmidt wanderte eine halbe Stunde später los als Herr Wiechert. In den ersten $2\frac{1}{2}$ Stunden legte sie 10 km zurück. Danach legte sie eine halbstündige Pause ein. Nach der Pause wanderte sie mit einer Geschwindigkeit von 5 km pro Stunde weiter.
f) Wann erreicht Frau Schmidt das Ziel, wenn sie um 9:30 Uhr aufgebrochen ist?
g) Herr Wiechert brach um 9.00 Uhr auf.
Wann begegnen sich Herr Wiechert und Frau Schmidt?

20 Ausverkauf

a) Ein Sweatshirt kostet 49 €. Der Preis wird um 35 % gesenkt. Wie viel Euro kostet das Sweatshirt danach?
b) Der Preis einer Jacke wird im Ausverkauf um 20 % gesenkt. Man spart dadurch 24 €. Was kostete die Jacke vorher?
c) Eine Jeans kostet im Ausverkauf 42 €. Zuvor waren es 60 €. Um wie viel Prozent wurde der Preis reduziert?
d) Ein Händler senkt seine Preise am 1. Februar um 20 %. Am 15. Februar erhöht er die Preise um 20 %.
Dana kauft am 20. Februar eine Jacke. Ihre Mutter meint: „Du hättest die Jacke im Januar preiswerter bekommen können.“
Hat die Mutter Recht? Begründe.

21 Figuren im Koordinatensystem

Zeichne die Punkte $A(-1\,|\,1)$, $B(2\,|\,-1)$, $C(3\,|\,1)$, $D(1{,}5\,|\,5)$ und $E(0\,|\,1)$ in ein Koordinatensystem, in dem 1 Längeneinheit 1 cm lang ist. Verbinde die Punkte in alphabetischer Reihenfolge und den Punkt E mit dem Punkt A.

a) Miss die Innenwinkel der Figur.
b) Berechne den Flächeninhalt der Figur.
c) Berechne den Umfang der Figur.
d) Gib zwei Eigenschaften des Dreiecks CDE an.

22 Spaghetti Bolognese

Gib an, wie viel von jeder Zutat benötigt wird, wenn das Essen für sieben Personen zubereitet werden soll.

Spaghetti Bolognese
(für 4 Personen)

Zutaten:
500 g Spaghetti
300 g Hackfleisch
¼ Liter Wasser
400 g pürierte Tomaten
2 Zwiebeln
Salz, Pfeffer, Kräuter

23 Krummlinige Figur

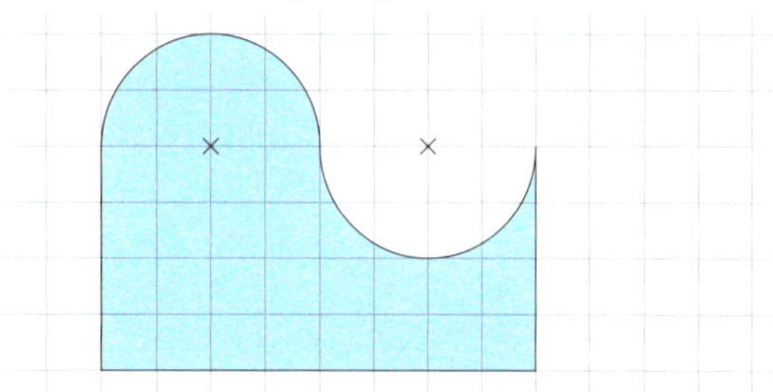

a) Bestimme den Flächeninhalt der abgebildeten Figur. Erläutere deine Vorgehensweise. (2 Kästchenlängen = 1 cm)
b) Schätze den Umfang der Figur in Zentimetern. Beschreibe deine Strategie.

24 Basketball

Der Trainer einer Basketballmannschaft hat notiert, wie häufig seine Spieler während der letzten zehn Spiele auf den Korb geworfen und wie oft sie ihn getroffen haben.

Spieler	Anzahl der Würfe	Anzahl der Treffer
Marcel	48	30
Timo	5	2
Eike	50	12
Jens	64	24
Kim	20	4
Simon	45	25
Florian	16	2

a) Berechne für jeden Spieler den Anteil der Treffer an allen Würfeln.

b) Welcher Spieler besitzt die höchste Treffsicherheit?

c) Begründe, warum man über die Treffsicherheit von Timo keine zuverlässigen Aussagen machen kann.

25 Betonlieferung

Ein Mischwerk wird mit der Lieferung von Beton für die Bodenplatten von 14 Häusern beauftragt. Jede quaderförmige Betonbodenplatte ist 12 m lang, 7,50 m breit und 30 cm hoch. Der Beton soll mit acht Spezialfahrzeugen, von denen jedes 5 m^3 Beton transportieren kann, erfolgen.

a) Wie viel Kubikmeter Beton wird für eine Betonplatte benötigt?

b) Wie oft fährt jedes Fahrzeug, bis der gesamte Beton transportiert ist?

c) Zwei der Spezialfahrzeuge fallen wegen eines Motorschadens aus, als noch 300 m^3 Beton zu transportieren sind.
Wie oft fährt jedes der verbliebenen Spezialfahrzeuge insgesamt?

26 Schokoladenverpackung

Eine Schokoladenverpackung hat die Form eines Prismas, dessen Grundfläche ein gleichseitiges Dreieck ist.

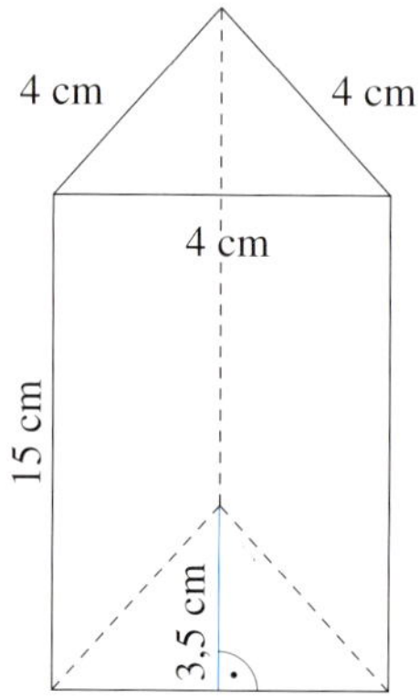

a) Wie viel Karton benötigt man, um die abgebildete Verpackung herzustellen, wenn die Klebekanten nicht berücksichtigt werden?

b) Welche Seitenlängen muss ein Rechteck mindestens haben, damit man das Körpernetz des Prismas daraus herstellen kann?

c) Wie viel Prozent des Kartons ist Verschnitt, wenn eine Verpackung aus einem 264 cm^2 großen Rechteck gefertigt wird?

d) Berechne das Volumen einer Verpackung.

e) Wie verändert sich das Volumen, wenn man die Grundfläche beibehält und die Höhe der Verpackung verdoppelt?

27 Lieblingsballsportarten

Schülerinnen und Schüler der 8. Klassen wurden nach ihrer Lieblingsballsportart gefragt. Die Ergebnisse stehen in der Tabelle. Erstelle ein Säulendiagramm, das die Umfrageergebnisse veranschaulicht.

Lieblingsballsportart	Fußball	Basketball	Volleyball	Handball
absolute Häufigkeit	40	36	20	24

28 Geschwindigkeit

Wenn Frau Thomas auf der Autobahn von Krefeld nach München mit einer Durchschnittsgeschwindigkeit von $120\,\frac{km}{h}$ und ohne Pause fährt, beträgt ihre Fahrzeit $5\frac{1}{2}$ h.

a) Wie lange dauert die Fahrt von Krefeld nach München mit einer Durchschnittsgeschwindigkeit von $90\,\frac{km}{h}$?

b) Kann sie die Strecke Krefeld – München auch in 4 h zurücklegen?
Begründe.

29 Grundstücke

Die Zeichnung zeigt zwei Grundstücke.

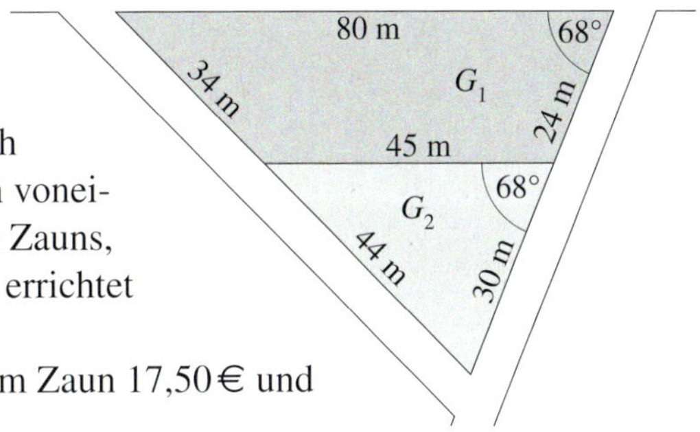

a) Die Grundstücke G_1 und G_2 sollen durch einen Zaun von der Straße getrennt werden. Zusätzlich werden die Grundstücke auch durch einen Zaun voneinander getrennt. Berechne die Gesamtlänge des Zauns, wenn auf jedem Grundstück ein 3 m breites Tor errichtet werden soll.

b) Berechne die Gesamtkosten des Zauns, wenn 1 m Zaun 17,50 € und ein Tor 527,95 € kosten.

c) Fertige eine Zeichnung im Maßstab 1 : 1 000 an.

d) Ist das Grundstück G_1 trapezförmig? Begründe deine Antwort mathematisch.

e) Berechne den Flächeninhalt der Grundstücke G_1 und G_2. Ermittle die benötigten zusätzlichen Maße aus deiner Zeichnung.

30 Gartenmöbel

Familie Neumann plant, für ihre Terrasse neue Möbel zu kaufen. Herr Neumann berechnet mit Hilfe einer Tabellenkalkulation die Ausgaben.

Angebot

Bei Kauf unserer Gartenmöbel gewähren wir 3 % Rabatt bei Barzahlung

2,5 % Aufschlag bei Ratenzahlung (12 Monate Laufzeit)

	A	B	C	D
1		**Anzahl**	**Preis pro Stück**	**Gesamtpreis**
2	**Stapelstühle**	4	39,90 €	159,60 €
3	**Hochlehnerstühle**	2	59,90 €	119,80 €
4	**Liegestühle**	2	70,90 €	141,80 €
5	**Tisch**	1	129,50 €	129,50 €
6	**Sonnenschirm**	1	75,80 €	75,80 €
7	**Summe**			
8				
9	**Barzahlung**	Rabatt	3%	18,80 €
10		Rechnungsbetrag		
11				
12	**Ratenzahlung**	Aufschlag	2,50%	15,66 €
13		Rechnungsbetrag		
14		Monatliche Rate		
15				
16	**Unterschied Barzahlung zu Ratenzahlung:**			
17				

a) Gib die Zahlenwerte für die Zellen **D7**, **D10**, **D13**, **D14** und **D16** an.

b) Mit welcher Formel wird der Gesamtpreis in Zelle **D2** berechnet?

c) Gib eine Formel für die Berechnung der Summe in Zelle **D7** an.

d) Bestätige durch eine Rechnung, dass der Rabatt bei Barzahlung 18,80 € beträgt.

e) Gib eine Formel für die Berechnung des Preisaufschlags in Zelle **D12** an.

f) Beschreibe, was mit den folgenden Formeln berechnet wird:

① =D13/12 ② =D12+D7 ③ =D7-C9*D7 ④ =B2*C2+B3*C3

TIPP

Du solltest beim Kauf von Gartenmöbeln aus Holz darauf achten, dass sie nicht aus Raubbau, das heißt aus abgeholztem Urwald, entstehen. Mit dem FSC-Siegel wird Holz aus nachwachsendem Bestand markiert.

31 Spenden

Sarah und Patrick haben Spenden für ein Hilfsprojekt gesammelt. Die Tabelle zeigt, welche Spenden an den einzelnen Tagen erfolgten.

	Mo	Di	Mi	Do	Fr	Sa	So
Sarah	25 €	30 €	17 €	26 €	34 €	15 €	21 €
Patrick	31 €	24 €	10 €	21 €	29 €	41 €	?

a) Berechne das arithmetische Mittel und den Median von Sarahs Spendensammlung.

b) Wie viel € hätte Sarah am Freitag sammeln müssen, damit der Mittelwert und der Median übereinstimmen?

c) Patrick hat durchschnittlich 27 € pro Tag gesammelt. Wie viel sammelte er am Sonntag?

Terme und Gleichungen

a

1

a) $19x + 2y$

a) $24a^2b$

2

a) $3x - y + 2$
b) $x - 8y - 5z + 3$
c) $ab - b$
d) $-28x - 35y + 7z$

3

a) $10(x - 3y)$
b) $z(a - b)$
c) $7(a + 2b + 5c)$

4

a) $22x + 2$
b) $-2a + 12b + 130$
c) $6x - xy - 24y$

5

a) $A = (a + b) \cdot 2a;$
$A = 2a^2 + 2ab$
b) $u = 2(a + b) + 4a;$
$u = 6a + 2b$

6

a) $x = 2$ b) $x = 2$ c) $x = 3$
d) $x = 4$ e) $x = 2$ f) $x = 4$

7

Es gilt: $s = v \cdot t$ und $t = \frac{s}{v}$
a) 5 250 m b) 2,5 s c) 3 600 m
d) 5 s

b

1

c) $12a^2 - 3a^2$

d) $-8{,}4a + 16{,}2x$

2

a) $26{,}2x + 0{,}9y$
b) $8x + 2$
c) $10x + 12y$
d) $-7{,}5ab - 10ac + 12{,}5ad$

3

a) $4x(3y - 7)$
b) $b(2a - 7x)$
c) $3b(7ax - 2y + 5z)$

4

a) $7a + 5ab - 24b$
b) $-59cd - 88ce$
c) $-xy$

5

Anzahl der Personen im Personenwagen:
$x + 3x + 3x + 70 = 280;\quad x = 30$
Im Speisewagen befinden sich 30 Personen, in der 1. Klasse 90 und in der 2. Klasse 160 Personen.

6

a) $x = -4$ b) $a = 1{,}8$ c) $z = 6$
d) $x = 0$ e) $x = 3$ f) $a = 4$

7

a) $A_G = 12{,}6\,\text{cm}^2$
b) $A_G = 42\,\text{dm}^2$
c) $h = 4{,}8\,\text{m}$

Ähnlichkeit

a

1

a) Zwei Figuren heißen zueinander ähnlich, wenn sie durch maßstäbliches Vergrößern oder Verkleinern auseinander hervorgehen.

b) Zwei Dreiecke sind zueinander ähnlich, wenn sie in der Größe von zwei Winkeln übereinstimmen.

2

a) Die neuen Maße sind: $a = 4\,\text{cm}$, $b = 6\,\text{cm}$
Der Maßstab ist 2 : 1.

b) Die neuen Maße sind: $a = 1{,}4\,\text{cm}$, $b = 1\,\text{cm}$
Der Maßstab ist 1 : 3.

3

$\frac{x}{3{,}8} = \frac{5{,}4}{8{,}1}$

$x = 2{,}533\,\text{cm}$

4

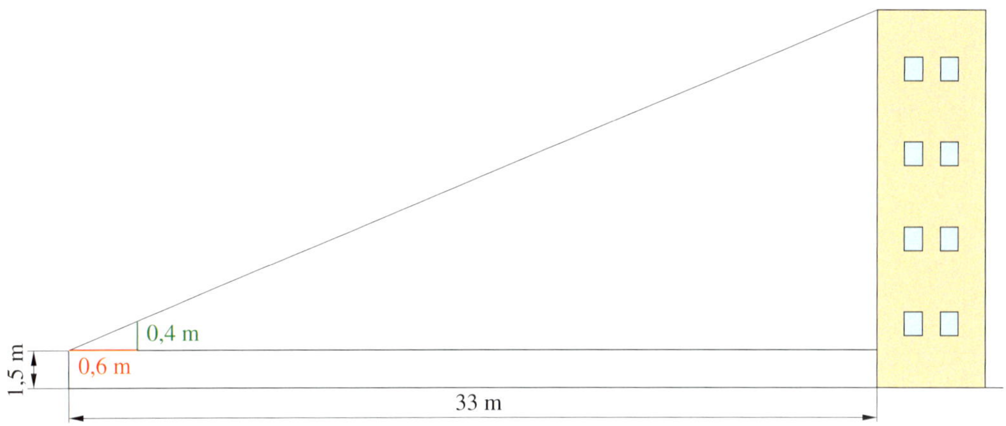

$\frac{0{,}4}{0{,}6} = \frac{(x - 1{,}5)}{33}$

$x = 23{,}5\,\text{m}$

5

a) $b = 1{,}42\,\text{m}$, $c = 0{,}71\,\text{m}$

b) b ist 41,8 % von h,
c ist 20,9 % von h.

c) Der Balken ist etwa 7,96 m lang.

b

2

a) Die neuen Maße sind: $a = 6\,\text{cm}$, $b = 4{,}5\,\text{cm}$
Der Maßstab ist 3 : 2.

b) Die neuen Maße sind: $a = 2{,}4\,\text{cm}$, $b = 1{,}6\,\text{cm}$
Der Maßstab ist 1 : 4.

3

$\frac{4{,}3}{2{,}5} = \frac{(4{,}3 + x)}{7{,}6}$

$x = 8{,}772\,\text{cm}$

5

a) $\frac{168}{161} = \frac{x}{96}$

$x = 100{,}17\,\text{m}$

b) $3 \cdot 100{,}17 = 300{,}52\,\text{m}$

Lineare Funktionen und Gleichungssysteme

a | b

1

	−3	−2	−1	0	1	2	3
a) $f(x) = 5x - 7$	−22	−17	−12	−7	−2	3	8
b) $f(x) = 3x + 2{,}2$	−6,8	−3,8	−0,8	2,2	5,2	8,2	11,2
c) $f(x) = -x - 1$	2	1	0	−1	−2	−3	−4
d) $f(x) = 1{,}5x + 1{,}5$	−3	−1,5	0	1,5	3	4,5	6
e) $f(x) = -2x + 4$	10	8	6	4	2	0	−2
f) $f(x) = -3 + 2x$	−9	−7	−5	−3	−1	1	3

Individuelle Zeichnungen.
Die Nullstellen sind: a) $x = 1{,}4$ b) $x = -0{,}73$ c) $x = -1$ d) $x = -1$ e) $x = 2$ f) $x = 1{,}5$

2

a) $f(x) = 0{,}11x + 9{,}99$
b) Björn bezahlt $f(60) = 0{,}11 \cdot 60 + 9{,}99 = 16{,}59$ Euro für diesen Monat.

3

Individuelle Zeichnung.
$f(x) = 3x - 1$

4

a) $x = -3$ b) $x = 5$ c) $x = \frac{3}{4}$ d) $x = -\frac{1}{2}$

5

a) $x = 4$ b) $x = \frac{2}{3}$
c) $x = 1\frac{1}{4}$ d) $x = -2\frac{2}{3}$

3 (b)

Individuelle Zeichnung.
$f(x) = \frac{1}{2}x - 2$

4 (b)

a) $x = 17{,}5$ b) $x = 2$ c) $x = -6\frac{2}{5}$ d) $x = \frac{5}{2}$

5 (b)

a) $x = \frac{2}{5}$ b) $x = -1\frac{1}{6}$
c) $x = \frac{3}{8}$ d) $x = -1\frac{2}{5}$

6

a) $m = 0{,}5$; $n = 1$
b) $f(x) = 0{,}5x + 1$
c) Der Schnittpunkt liegt bei $(-2\,|\,0)$, da $f(-2) = 0{,}5 \cdot (-2) + 1 = 0$ ist.
d) Der Punkt $A\ (7\,|\,4)$ liegt nicht auf dem Graphen.

7

x ist der Eintrittspreis für einen Lehrer, y der für einen Schüler.
I $x + 26y = 128$; II $2x + 25y = 134{,}5$
$y = 4{,}5$; $x = 11$
Der Eintrittspreis für einen Schüler beträgt 4,50 €, der für einen Lehrer 11 €.

7 (b)

I $f(x) = 0{,}5x$; II $f(x) = 0{,}15x + 3{,}5$
Schnittpunkt bei $(10\,|\,5)$; bei der zehnten Buchung sind die Kosten gleich. Ab der elften Buchung lohnt sich also das Konto mit Grundpreis.

Rechnen mit Potenzen

a

1
a) 243
b) x^7
c) -64
d) a^4

2
a) 8
b) 1 024
c) 25
d) 1
e) 0,0001
f) 0,5

3
a) 20 000
b) 35 000 000
c) 0,000 005
d) 0,000 012

4
a) $5 \cdot 10^6$
b) $8 \cdot 10^3$
c) $2{,}8 \cdot 10^{-3}$

5
a) $9{,}46 \cdot 10^{12}$ km
b) $4{,}73 \cdot 10^{13}$ km entsprechen 5 Lichtjahren.

b

1
a) $\frac{1}{128}$
b) $243\,x^5$
c) $-\frac{32}{3\,125}$
d) $0{,}001\,a^4$

2
a) 0,000 000 000 001
b) $-279\,936$
c) 0,015 625
d) $\frac{27}{64}$
e) 6 561
f) 32

3
a) $-1\,350\,000\,000$
b) 87 010 000 000
c) 0,000 000 015 802
d) $-0{,}000\,000\,027\,9$

4
a) $7 \cdot 10^{11}$
b) $4{,}000\,000\,000\,5 \cdot 10^{14}$
c) $1{,}025 \cdot 10^{-5}$

5
Es dauert ca. 7 142 857 Stunden, bis der Tropfstein 1 m lang ist.

6
a)

Zahl	4	**64**	81	144	**1,44**	400	**0,25**	441	7,84	**20,25**
Quadratwurzel	**2**	8	**9**	**12**	1,2	**20**	0,5	**21**	**2,8**	4,5

b)

Zahl	1	**64**	27	8	**216**	1 000	**512**	1,331	1 728	**13,824**
Kubikwurzel	**1**	4	**3**	**2**	6	**10**	8	**1,1**	**12**	2,4

7 (a)
a) Es werden 1 020 Steine benötigt.

7 (b)
a) Es werden 25 500 Steine benötigt

Satz des Pythagoras

a

1
a) $c \approx 18{,}36\,\text{cm}$, $u \approx 43{,}36\,\text{cm}$, $A \approx 71{,}97\,\text{cm}^2$
b) $a \approx 10{,}78\,\text{cm}$, $u \approx 25{,}08\,\text{cm}$, $A \approx 22{,}05\,\text{cm}^2$
c) $b \approx 7{,}38\,\text{cm}$, $u \approx 17{,}18\,\text{cm}$, $A \approx 10{,}37\,\text{cm}^2$
d) $c \approx 3\,\text{m}$, $u \approx 12\,\text{m}$, $A \approx 6\,\text{m}^2$

2
a) rechtwinklig, da $2{,}4^2 + 3{,}2^2 = 4^2$
c) rechtwinklig, da $2{,}5^2 + 6^2 = 6{,}5^2$

3
Die Diagonale e hat die Länge $\sqrt{65} \approx 8{,}06$.

4
Die Seile wurden in $\sqrt{75^2 - 15^2}\ m \approx 73{,}48\,\text{m}$ Höhe befestigt.

5
Das Seil ist $\sqrt{80^2 + 18^2}\ m = 82\,\text{m}$ lang.

6
Der Graben ist $\sqrt{4{,}85^2 - 2{,}575^2}\ m \approx 4{,}11\,\text{m}$ tief.

7
a) Die Flächendiagonale e ist $\sqrt{2a^2} \approx 12{,}73\,\text{cm}$ lang.
b) Die Raumdiagonale d ist $\sqrt{e^2 + a^2} \approx 15{,}59\,\text{cm}$ lang.

b

2
b) rechtwinklig, da $2^2 + 4{,}8^2 = 5{,}2^2$
c) rechtwinklig, da $7{,}5^2 + 4^2 = 8{,}5^2$

3
Die Seitenlänge beträgt $a = \sqrt{\frac{450}{2}} = 15$.
Der Flächeninhalt ist $a^2 = 225$.

4
Miriam kann $\sqrt{(r + 0{,}0127)^2 - r^2} \approx 12{,}72\,\text{km}$ weit sehen.

5
Das Seil ist $104{,}9\,\text{m}$ lang.

6
Das Bruchstück ist etwa $2{,}79\,\text{m}$ lang, also ist die Bruchstelle in Höhe von etwa $1{,}71\,\text{m}$.

7
a) Die Kante a ist etwa $12{,}99\,\text{cm}$ lang.
b) Da $e = \sqrt{2a^2}$ und $d^2 = e^2 + a^2$, gilt auch $d^2 = 3a^2$ und somit $d = a\sqrt{3}$.

Daten

a

1

	Mittelwert	Zentralwert	Modalwert	Maximum	Minimum	Spannweite
a)	53,9	54	–	96	12	84
b)	13700,8333	5993,5	–	59872	86	59788
c)	544,875	560	283, 824	824	283	541
d)	30,7625	32,8	27,2	44	14,8	29,2

2

a) FC Schalke 04: 0,53;
Bayer Leverkusen: 0,44;
MSV Duisburg: 0,24

b) FC Schalke 04: 0,29;
Bayer Leverkusen: 0,18;
MSV Duisburg: 0,15

b) FC Schalke 04: 0,18;
Bayer Leverkusen: 0,38;
MSV Duisburg: 0,62

3

a)

Verein	Häufigkeit	
	absolute	relative
FC Bayern München	3	0,25
FC Energie Cottbus	5	0,42
Hertha BSC Berlin	4	$0,\overline{3}$

4

Individuell verschieden
Beispiele: – Hilfst du zu Hause bei der Hausarbeit?
– Treibst du Sport?

b

2

a) VfL Wolfsburg 0,44;
VfB Stuttgart: 0,47;
Energie Cottbus: 0,26

b) VfL Wolfsburg 0,26;
VfB Stuttgart: 0,12;
Energie Cottbus: 0,26

c) VfL Wolfsburg 0,71;
VfB Stuttgart: 0,59;
Energie Cottbus: 0,53

3

a) Griechenland: ca. 27 % = $\frac{27}{100}$;
Spanien: 40 % = $\frac{2}{5}$;
Italien: ca. 13 % = $\frac{13}{100}$; Türkei: 20 % = $\frac{1}{5}$

b) Griechenland: 4; Spanien: 6;
Italien: 2; Türkei: 3

c) Griechenland: ca. 26 % = $\frac{27}{100}$;
Spanien: ca. 33 % = $\frac{2}{5}$;
Italien: ca. 19 % = $\frac{13}{100}$;
Türkei: ca. 22 % = $\frac{1}{5}$

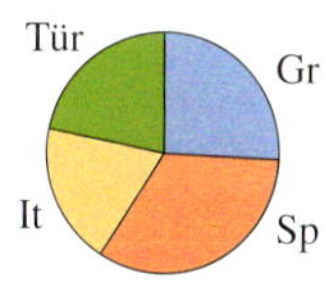

4

Der kleinere Schein ist nicht halb so groß wie der größere, sondern entspricht nur einem Viertel desselben.

Angewandte Zinsrechnung

a

1

	a)	b)	c)	d)	e)	f)	g)
Kapital K	12 500 €	7 500 €	**10 000 €**	15 000 €	**10 000 €**	280 €	18 500 €
Zinsen Z	**750 €**	**270 €**	800 €	150 €	120 €	28,28 €	**693,75 €**
Prozentsatz p	6 %	3,6 %	8 %	**1 %**	1,2 %	**10,1 %**	3,75 %

2

	Kapital	Zinssatz	Zinsen	Anlagedauer
a)	325 €	3,5 %	**11,38 €**	1 Jahr
b)	728 €	7,9 %	**28,76 €**	6 Monate
c)	1 080 €	2,3 %	**1,24 €**	18 Tage
d)	2 400 €	10 %	**504 €**	2 Jahre
e)	28 590 €	**23,6 %**	3 373,62 €	6 Monate
f)	13 040 €	**2,4 %**	156,48 €	6 Monate
g)	14 560 €	7,2 %	**262,08 €**	3 Monate
h)	**10 000 €**	2,75 %	68,75 €	3 Monate

3

Er hat am Ende des Jahres 2 060 €.

4

$Z = 2{,}72$ €

5

$Z = 101{,}25$ €, also hat er 2 101,25 €.

6

a) Nach 8 Jahren bleibt eine Restschuld von 660 €, der Kredit ist nach 9 Jahren abbezahlt.

b) Nach 11 Jahren.

c) 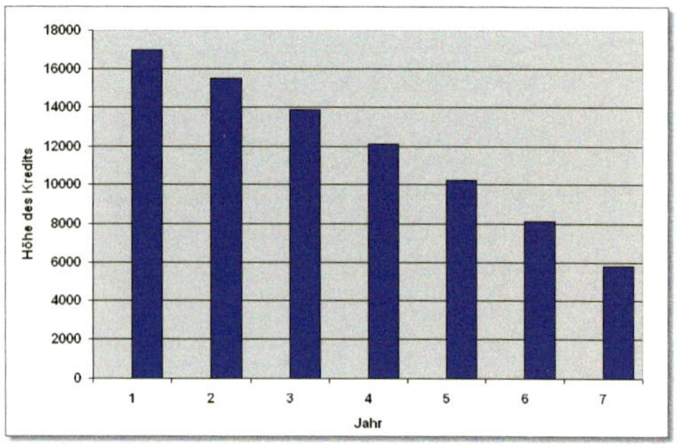

b

2

	Kapital	Zinssatz	Zinsen	Anlagedauer
a)	482 €	8,9 %	**42,90 €**	1 Jahr
b)	4 940 €	**5,5 %**	271,70 €	1 Jahr
c)	**840 €**	3,5 %	29,40 €	1 Jahr
d)	3 420 €	3 %	**208,28 €**	2 Jahre
e)	**2 510 €**	9,8 %	122,99 €	6 Monate
f)	49 445 €	4,9 %	**605,70 €**	3 Monate
g)	3 840 €	3 %	**32 €**	100 Tage
h)	**2 400 €**	5 %	45 €	135 Tage

3

Sie hatte 3 150 € angelegt.

4

$Z = 13{,}23$ €, also bezahlt sie 433,23 €.

5

$Z = 260{,}92$ €, also hat er 2 660,92 €.

7

(1) Mathematisieren: $p = 9\,\%$, $K + Z = 21\,800$ €, gesucht: K.

(2) Lösen: $K = 20\,000$

(3) Interpretieren: Frau Heinzel darf höchstens einen Kredit über 20 000 € aufnehmen.

(4) Überprüfen und bewerten: 20 000 € reichen für eine Dachdeckung aus.

Pyramiden

a

1

a) $h = 4{,}9\,\text{cm}$, $s = 5{,}1\,\text{cm}$, $V = 6{,}8\,\text{cm}^3$
b) $a = 30\,\text{dm}$, $s = 29{,}2\,\text{dm}$, $V = 6\,000\,\text{dm}^3$
c) $h = 8{,}6\,\text{cm}$, $h_a = 8{,}8\,\text{cm}$, $V = 45{,}9\,\text{cm}^3$
d) $a = 24{,}9\,\text{cm}$, $s = 19{,}4\,\text{cm}$, $V = 1\,694{,}7\,\text{cm}^3$
e) $a = 17{,}3\,\text{dm}$, $h = 6{,}8\,\text{dm}$, $V = 678{,}4\,\text{dm}^3$
f) $h = 6{,}8\,\text{m}$, $h_a = 7\,\text{m}$, $V = 27{,}8\,\text{m}^3$

2

Die Höhe ist etwa 3,1 cm lang und das Volumen beträgt etwa $26\,\text{cm}^3$.

3

Individuelle Zeichnung.

4

Das Volumen beträgt etwa $276\,\text{cm}^3$.

b

1

a) $h_a = 7{,}2\,\text{cm}$, $h_b = 6{,}5\,\text{cm}$, $A_M = 55{,}5\,\text{cm}^2$, $A_O = 70{,}5\,\text{cm}^2$, $V = 35\,\text{cm}^3$
b) $a = 9{,}2\,\text{cm}$, $b = 16{,}6\,\text{cm}$, $A_M = 302{,}2\,\text{cm}^2$, $A_O = 454{,}9\,\text{cm}^2$, $V = 509{,}1\,\text{cm}^3$
c) $h = 9\,\text{m}$, $h_a = 9{,}2\,\text{m}$, $h_b = 9{,}1\,\text{m}$, $A_M = 59{,}4\,\text{m}^2$, $A_O = 69{,}4\,\text{m}^2$
d) $a = 5\,\text{dm}$, $h_a = 3{,}4\,\text{dm}$, $h_b = 3{,}9\,\text{dm}$, $A_M = 28{,}7\,\text{dm}^2$, $A_O = 43{,}7\,\text{dm}^2$
e) $h = 33{,}8\,\text{cm}$, $b = 8\,\text{cm}$, $h_a = 34\,\text{cm}$, $A_M = 1\,316\,\text{cm}^2$, $A_O = 1\,556\,\text{cm}^2$
f) $h_a = 7{,}5\,\text{m}$, $h_b = 6{,}25\,\text{m}$, $A_M = 126{,}9\,\text{cm}^2$, $A_O = 211{,}7\,\text{m}^2$

2

Der Oberflächeninhalt beträgt etwa $52{,}7\,\text{cm}^2$, h_a ist etwa 4,6 cm lang, h ist etwa 4,1 cm lang und das Volumen beträgt etwa $21{,}9\,\text{cm}^3$.

3

Individuelle Zeichnung.

4

a) Das Volumen beträgt etwa $108\,\text{cm}^3$.
b) Die Seitenhöhe h_a ist etwa 3,6 cm lang, die Seitenhöhe h_b etwa 4,26 cm und der Mantelfächeninhalt beträgt $38{,}4\,\text{cm}^2$.

Lösungen zum Training

Seite 218 Terme und Gleichungen

1 a) $6x$ b) $10a$
c) $35z$ d) $22a - 35b$
e) $1{,}2x - 4{,}2y$

2 a) $65a$ b) $-10x^2$
c) $60abc$ d) $2xy^2$
e) $24a^2b^3$ f) $\frac{1}{3}x^4y^2$

3 a) a b) $8 - 5x$
c) $4{,}4r + 0{,}3s$ d) $3{,}2b - 5{,}8c$
e) $3a - 10b$ f) $3p - 22$

4 a) $5a + 5b$ b) $8ab - 4a$
c) $3b - bc$ d) $-30m + 10mn$
e) $-4x - 4y$ f) $-3x^2 + 6xy$
g) $4a - 4b + 4c$ h) $2x - 2y - 2z$

5 $A = (3a + 2c) \cdot b - 2ac$
$= 3ab + 2(b - a) \cdot c$
$= 3ab + 2bc - 2ac$
$u = b + a + a + c + a + a + a + c + a + a + b + 3a + 2c$
$= 2b + 10a + 4c$

6 a) $4(a + b)$ b) $5(x - y)$
c) $6(x - 2y)$ d) $4(a + 2b)$
e) $6a(x + 2y)$ f) $5b(3c - 5d)$
g) $6x(5x - 4)$ h) $8a(7a + 4)$

7 a) $x = -3$ b) $x = 4$
c) $z = 2{,}5$ d) $a = 3{,}5$
e) $y = 20$ f) $x = 6$

8 a) $2(2a + 4b + 3c)$ b) $3(4a - 6b - 9c)$
c) $3(5xy + 3xz - 1)$ d) $4abc(3a - 5b + 1)$

9 a) $x = 7$ b) $x = 3$
c) $x = 7$ d) $x = 4$
e) $x = 10$

10 Die beiden Schenkel sind jeweils 50 cm lang, die Basis ist 25 cm lang.

11 a) $x = 21$ b) $x = 3{,}6$
c) $x = 2$ d) $x = 1$
e) $x = 20$ f) $x = 10$

12 Das Gebäude ist 66 m lang und 22 m breit.

13 a) $\alpha = 23°$ b) $\beta = 65°$, $\gamma = 92°$

14 a) $y^2 + 7y + 12$ b) $12x^2 - 10x + 2$
c) $-a^2 + 2a + 8$ d) $6a^2 - 5a - 6$
e) $m^2 + 2m - 15$ f) $-5s^2 + 21st - 4t^2$

Seite 219 Ähnlichkeit

1 a) Maßstab 1 : 2

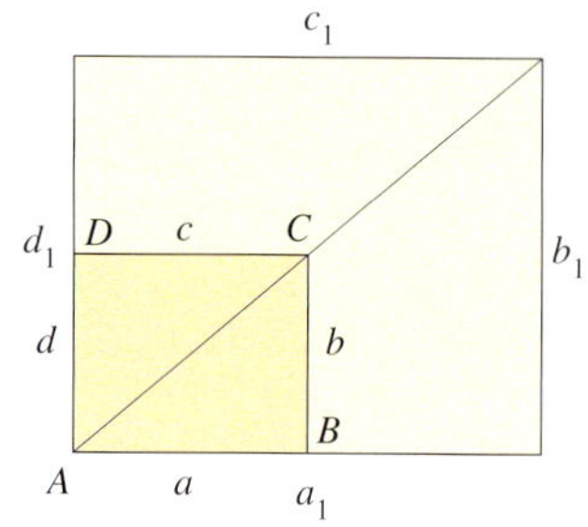

b) Maßstab 1 : 2

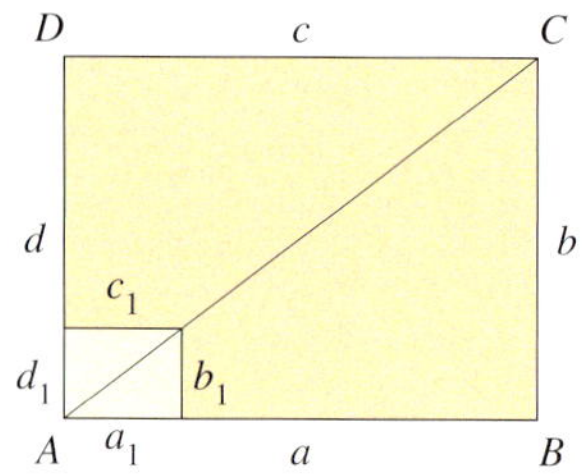

c) Maßstab 1 : 2

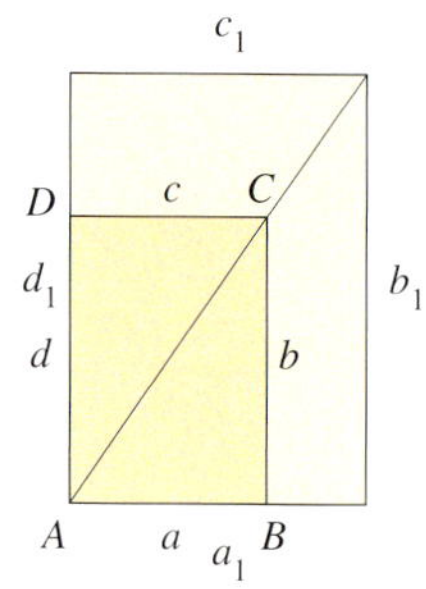

2 $\frac{x}{3} = \frac{9}{6}$, also $x = 4{,}5$

3 7 353 m : 87 ≈ 84,52 m
Der Zug wäre als HO-Modell 84,52 m lang.

4 Es gibt verschiedenen Streckzentren.

a)

Streckzentrum	Punkt → Bildpunkt
A	$N \to S_1$, C, $F \to L$, $M_2 \to M_1$, $T \to M$, $M \to B$
B	$O \to S_2$, C, $G \to K$, $M_2 \to M_1$, $N \to M$, $M \to A$
M	$T \to A$, $P \to S_1$, $N \to B$, $Q \to S_2$

b) individuell verschieden
c) individuell verschieden

5 x ist die Seitenlänge des großen Quadrates, dann gilt nach dem Strahlensatz: $\frac{x}{8{,}5} = \frac{2}{4}$, also $x = 4{,}25$.
Das Quadrat hat einen Flächeninhalt von $4{,}25^2\,\text{cm}^2 \approx 18{,}06\,\text{cm}^2$.

6 Es gilt: $\frac{x}{37} = \frac{0{,}4}{0{,}8}$, also $x = 18{,}5$; $18{,}5 + 1{,}5 = 20$
Das Gebäude hat eine Höhe von 20 m.

7 a) Es gilt: $\frac{x}{368{,}03 - 1{,}50} = \frac{0{,}8}{0{,}4}$, also $x = 733{,}06$
Die Entfernung müsste 733,06 m betragen.
b) Es gilt: $\frac{x}{207{,}53 - 1{,}50} = \frac{0{,}8}{0{,}4}$, also $x = 733{,}06$
Die Entfernung müsste 412,06 m betragen.
c) Man müsste näher herantreten. Da der Arm kürzer und der Stock länger ist, wird der Winkel zwischen Arm und Blickrichtung größer. Um die Turmspitze zu sehen, muss man dann näher herantreten.

Seite 220 Lineare Funktionen und Gleichungssysteme

1 a) $y = f(x) = 60 - 0{,}07 \cdot x$
b) $y = f(325) = 37{,}25$
Es sind noch 37,25 ℓ im Tank.
c) $y = f(820) = 2{,}6$
Man sollte das lieber nicht riskieren bei rechnerisch verbleibenden 2,6 ℓ Benzin.

2 a) P und R sind Lösungen der linearen Gleichung.
b) $A(-2|22)$, $B(7|4)$, $C(3|12)$, $D(3{,}5|11)$
c)

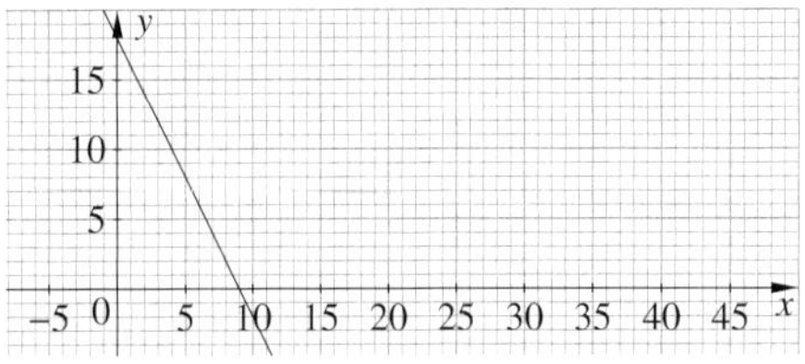

d) individuell verschieden; z. B. Auf einem Bauernhof leben Kühe und Hühner. Insgesamt sind es 36 Tiere.

3 a) $f(x) = -0{,}25x + 3$ b) $g(x) = -0{,}5x - 0{,}5$
c) $h(x) = -2x + 5$ d) $i(x) = -2x + 3$
e) $N_f(12|0)$ $N_g(-1|0)$ $N_h(2{,}5|0)$ $N_i(1{,}5|0)$

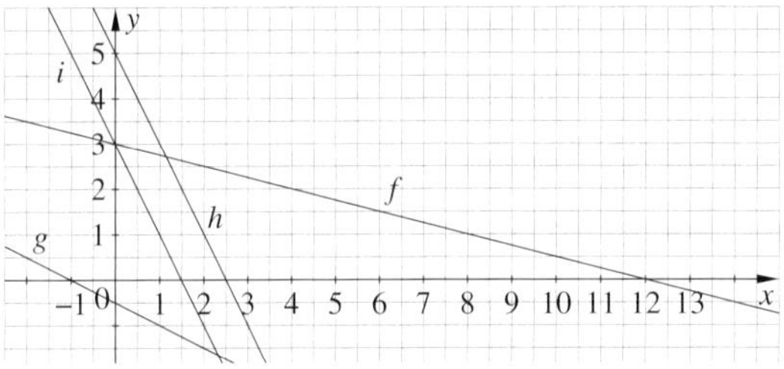

4 a) Er hat 37-mal Toramolo und 28-mal Konia verkauft.

5 a) $S(1|0{,}5)$ b) $S(4|0)$
c) $S(3|-2)$ d) $S(0{,}8|-0{,}8)$

6 a) $x = 5$ und $y = 4$ b) $x = 6$ und $y = 9$
c) $x = 7$ und $y = 3$ d) $x = 10$ und $y = 0$
e) keine Lösungen f) unendlich viele Lösungen

7 a) I $x + y = 20$, II $0{,}8x + 1{,}2y = 19{,}2$,
also $x = 12$ und $y = 8$
Er kauft 12 Marken zu 0,80 € und 8 zu 1,20 €.
b) I $10x + 15y = 32{,}5$, II $y = x + 0{,}5$
also $x = 1$ und $y = 1{,}5$
Eine rote Marke kostet 1,50 €.

8 a) I $x + 24y = 929$, II $x + 30y = 1115$
also $x = 185$ und $y = 31$
Die Anmeldegebühr betrug 185 €, eine Fahrstunde kostete 31 €.
b) $185 + 31x = 250 + 29x$, also $x = 32{,}5$
Ab 33 Fahrstunden ist diese Fahrschule günstiger.

9 I $x + y + z = 71$
II $5x = 6y$
III $z = y - 9$ Die Zahlen heißen 30, 25 und 16.

Seite 221 Rechnen mit Potenzen

1 a) $3 \cdot 3 \cdot 3 = 27$
b) $10 \cdot 10 \cdot 10 \cdot 10 \cdot 10 \cdot 10 = 1\,000\,000$
c) $0{,}1 \cdot 0{,}1 \cdot 0{,}1 \cdot 0{,}1 = 0{,}0001$
d) $1{,}2 \cdot 1{,}2 \cdot 1{,}2 = 1{,}728$
e) $\frac{1}{2} \cdot \frac{1}{2} \cdot \frac{1}{2} \cdot \frac{1}{2} \cdot \frac{1}{2} = \frac{1}{32}$
f) $\frac{2}{3} \cdot \frac{2}{3} \cdot \frac{2}{3} \cdot \frac{2}{3} = \frac{16}{81}$
g) $5 \cdot \frac{1}{2} \cdot \frac{1}{2} = \frac{5}{4}$
h) $4{,}5 \cdot 4{,}5 \cdot 4{,}5 = 91{,}125$
i) $0{,}16 \cdot 0{,}16 = 0{,}0256$
j) $0{,}02 \cdot 0{,}02 \cdot 0{,}02 \cdot 0{,}02 = 0{,}00000016$
k) $0{,}001 \cdot 0{,}001 \cdot 0{,}001 = 0{,}000000001$
l) $\frac{1}{2} \cdot \frac{2}{5} \cdot \frac{2}{5} \cdot \frac{2}{5} = \frac{4}{125}$

2 a) $(-\frac{1}{3}) \cdot (-\frac{1}{3}) \cdot (-\frac{1}{3}) \cdot (-\frac{1}{3}) = \frac{1}{81}$
b) $(-2) \cdot (-2) \cdot (-2) \cdot (-2) \cdot (-2) \cdot (-2) = 64$
c) $-0{,}5 \cdot 0{,}5 \cdot 0{,}5 = -0{,}125$
d) $(-\frac{1}{4}) \cdot (-\frac{1}{4}) \cdot (-\frac{1}{4}) \cdot (-\frac{1}{4}) \cdot (-\frac{1}{4}) = -\frac{1}{1024}$
e) $(-3) \cdot (-3) \cdot (-3) = -27$
f) $-0{,}2 \cdot 0{,}2 \cdot 0{,}2 \cdot 0{,}2 = -0{,}0016$

3 a) $\frac{1}{81} = \frac{1}{9^2} = 9^{-2}$ b) $\frac{1}{16} = \frac{1}{4^2} = 4^{-2}$ c) $\frac{1}{49} = \frac{1}{7^2} = 7^{-2}$
d) $\frac{1}{64} = \frac{1}{8^2} = 8^{-2}$ e) $\frac{1}{121} = \frac{1}{11^2} = 11^{-2}$ f) $\frac{1}{169} = \frac{1}{13^2} = 13^{-2}$

4 a) $5 \cdot 10^{-3}$ b) $5{,}7 \cdot 10^{-3}$ c) $9 \cdot 10^{-4}$
d) $6{,}2 \cdot 10^{-5}$ e) $2{,}09 \cdot 10^{-7}$ d) $8{,}5 \cdot 10^{-9}$

5 a) 0,01 b) 0,0001 c) 5000
d) 240 000 e) 0,0061 f) 0,000 94
g) 16 000 h) 25 104 000 i) 15 500
j) 0,0402 k) 0,002 87 l) 341 000 000
m) 0,000 006 2 n) 50 750 000 o) 9 000 400 000
p) 0,000 000 000 002 340 15

6 a) $6{,}308 \cdot 10^6$ b) $9{,}52 \cdot 10^7$ c) $5{,}047 \cdot 10^9$
d) $2{,}863 \cdot 10^{10}$ e) $3{,}51 \cdot 10^{11}$ d) $7{,}033 \cdot 10^{12}$

7 a) 360 000 km² b) 510 000 000 km²
c) 1 100 000 000 000 km³ d) 70 000 000 000 000
e) 100 000 000 000

8 $350\,000\,000 = 3{,}5 \cdot 10^8$

9 4; 36; 121; 49; 9; 900; 1; 81; 400; 2500; 169; 289

10 a)

x^2	64	**121**	81	**225**	400
x	**8**	11	**9**	15	**20**

b)

x^3	125	**512**	729	64	**2197**
x	**5**	8	**9**	**4**	13

c)

x^3	8	**216**	512	**1728**	343
x^2	**4**	36	**64**	144	**49**
x	**2**	**6**	**8**	**12**	**7**

11 a) $15 < \sqrt{250} < 16$ b) $31 < \sqrt{1000} < 32$
c) $17 < \sqrt{305} < 18$

12 a) 12 m b) ≈ 9,49 m c) 14 m d) 90 cm e) ≈ 6,8 cm

13 a) 216 b) 64 c) 1000 d) 512 e) 1728 e) 4096

14 a) Es sind 294 (423) Fliesen notwendig.
b) Wegen des möglichen Verschnitts.

Seite 222 Satz des Pythagoras

1 a) 1. $\overline{KL}$
2. $\overline{ST}$
3. $\overline{XZ}$

b) 1. $\overline{KL}^2 = \overline{KM}^2 + \overline{LM}^2$
2. $\overline{ST}^2 = \overline{RS}^2 + \overline{RT}^2$
3. $\overline{XZ}^2 = \overline{XY}^2 + \overline{YZ}^2$

2 a) $c = 10\,\text{cm}$ b) $b = 8\,\text{cm}$ c) $a \approx 8{,}9\,\text{cm}$
d) $c = 25\,\text{mm}$ e) $b \approx 8{,}5\,\text{m}$ f) $a \approx 35{,}9\,\text{cm}$
g) $a = 9{,}6\,\text{cm}$ h) $b = 288\,\text{mm}$

3 a) $d = \sqrt{a^2 + b^2} = \sqrt{185}\ \text{cm} \approx 13{,}6\,\text{cm}$
b) $d = \sqrt{a^2 + b^2} = \sqrt{69{,}25}\ \text{cm} \approx 8{,}32\,\text{cm}$
c) $b = \sqrt{d^2 - a^2} = \sqrt{27{,}44}\ \text{cm} \approx 5{,}24\,\text{cm}$
d) $a = \sqrt{d^2 - b^2} = \sqrt{70{,}97}\ \text{cm} \approx 8{,}42\,\text{cm}$

4 a) ja b) ja c) nein d) nein

5 Nein, nur eine Strecke von 36,37 cm.

6 a) $c^2 = f^2 + e^2$ b) $f^2 + g^2 = b^2$
c) $b^2 = (e + g)^2 - c^2$ d) $a^2 = d^2 + (e + g)^2$
e) $e = \sqrt{c^2 - f^2}$ f) $d = \sqrt{a^2 - (e + g)^2}$

7 a) $\sqrt{1^2 + 1^2} = \sqrt{2}$; $a = \sqrt{2}\,\text{cm}$
$\sqrt{(\sqrt{2})^2 + 1^2} = \sqrt{3}$; $b = \sqrt{3}\,\text{cm}$
$\sqrt{(\sqrt{3})^2 + 1^2} = \sqrt{4}$; $c = \sqrt{4}\,\text{cm}$
$\sqrt{(\sqrt{4})^2 + 1^2} = \sqrt{5}$; $d = \sqrt{5}\,\text{cm}$

b) Sie erinnert an ein Schneckenhaus und die Längen der roten Strecken sind Quadratwurzeln natürlicher Zahlen, wobei sich ihr Radikand immer um 1 erhöht.

c) Zeichenübung; $\sqrt{17}\,\text{cm} \approx 4{,}1\,\text{cm}$

8 $(\frac{d}{2})^2 = (\frac{\sqrt{50^2 + 50^2}}{2})^2 = \frac{5000}{4} = 1\,250$
$\sqrt{h^2 + (\frac{d}{2})^2} = \sqrt{110^2 + 1\,250} = \sqrt{13\,350} \approx 115{,}5$
Die Schenkel sind 115, 5 cm lang.

9 $6\,371\,\text{km} + 25\,\text{m} = 6\,371{,}025\,\text{km}$
$\sqrt{6\,371{,}025^2 - 6\,371^2} \approx 17{,}848$
Der Kapitän kann 17,848 km weit schauen.

10

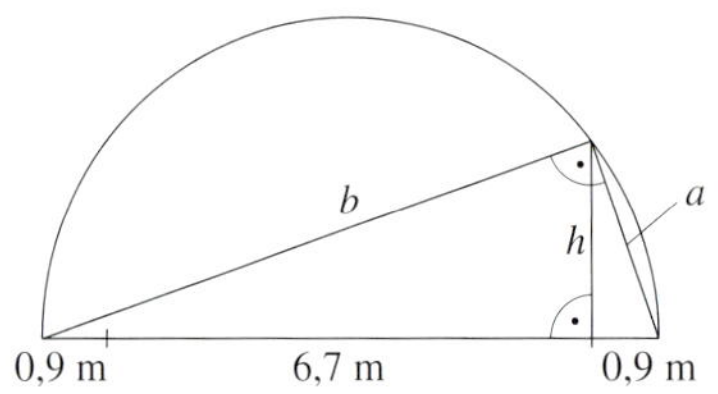

Es gelten folgende Gleichungen:
I $a^2 = h^2 + 0{,}9^2$
II $b^2 = h^2 + 7{,}6^2$
III $8{,}5^2 = a^2 + b^2$
I und II einsetzen in III ergibt:
$8{,}5^2 = h^2 + 0{,}9^2 + h^2 + 7{,}6^2$
$h^2 = \frac{8{,}5^2 - 0{,}9^2 - 7{,}6^2}{2} = \frac{13{,}68}{2} = 6{,}84$
$h \approx 2{,}62$
Auf das Höhenbegrenzungsschild muss eine Höhe von 2,60 m geschrieben werden.

Seite 223 Daten

1 a)

1	2	3	4	5	6
2	9	8	6	5	0

b)

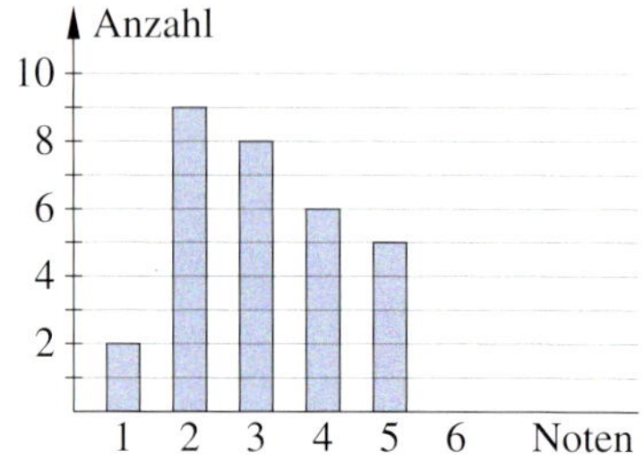

c) $2 \cdot 1 + 9 \cdot 2 + 8 \cdot 3 + 6 \cdot 4 + 5 \cdot 5 = 93$
$2 + 9 + 8 + 6 + 5 = 30$
$93 : 30 = 3{,}1$
Arithmetisches Mittel: 3,1
Modalwert: 2

d) Jette hat eine 3+ oder eine bessere Note bekommen.

2

1	2	3	4	5	6
5	8	**6**	**4**	2	0

3 a) Die Durchschnittstemperatur beträgt 8 °C.
b) Der Zentralwert beträgt 7,5 °C.

4 a) Trefferhäufigkeiten: 80 % < 90 %
b) Anteil der fehlerhaft gelösten Aufgaben: 6 % > 5 %
c) Anteil der Stimmen: 60 % > 54 %

5 1. Platz: Günther Jauch $\frac{9}{10} = 90\,\%$
2. Platz: Thomas Gottschalk $\frac{3}{4} = 75\,\%$
3. Platz: Oliver Geißen $\frac{3}{5} = 60\,\%$

6 Funghi $\frac{1}{5}$ 20 %; Tonno $\frac{3}{20}$ 15 %
Hawaii $\frac{3}{10}$ 30 %; Prosciutto $\frac{1}{10}$ 10 %
sonstige $\frac{1}{4}$ 25 %

7 a)

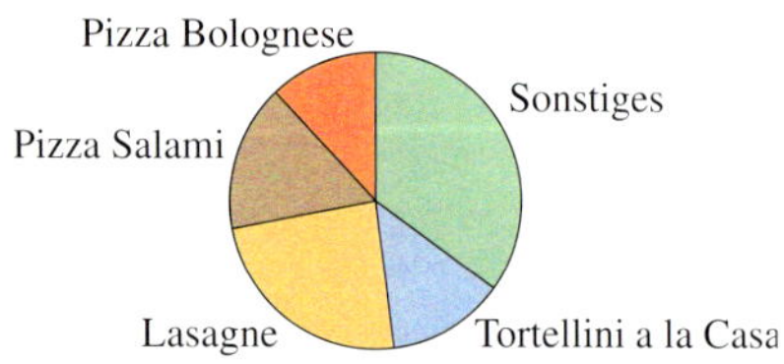

b) Pizza Bolognese: $\frac{3}{25} = 0{,}12 = 12\,\%$
Pizza Salami: $\frac{4}{25} = 0{,}16 = 16\,\%$
Lasagne: $\frac{6}{25} = 0{,}24 = 24\,\%$
Tortellini a la Casa: $\frac{9}{50} = 0{,}18 = 18\,\%$
sonstiges: $\frac{3}{10} = 0{,}3 = 30\,\%$

Seite 224 Angewandte Zinsrechnung

1 a) 30,40 €   b) 152 €
c) 0,85 €   d) 57,40 €
e) 50,33 €   f) 96,45 €
g) 1813 €   h) 1601,6 €

2 a) $Z = 8{,}1$ €   b) $p\,\% = 2{,}3\,\%$
c) $Z = 10{,}25$ €   d) $K = 2\,700$ €
e) $Z = 16$ €   f) $K = 2\,780$ €
g) $K = 6\,000$ €   h) $p\,\% = 3{,}1\,\%$

3 Nach einem Jahr erhält Anna 5 € Zinsen.

4 a) $Z = 15$ €   b) $Z = 10{,}12$ €
c) $Z = 124{,}20$ €   d) $Z = 7{,}35$ €
e) $Z = 30$ €

5 a) Nach 11 Jahren.
b) Nach 2 Jahren ist das Kapitel um 8,16 %, nach 5 Jahren um 21,67 % und nach 10 Jahren um 48,02 % angewachsen.
c) Es gibt mehr Zinsen, da die 12 € Zinsen nach dem ersten Jahr im zweiten Jahr mit verzinst werden.

6 Herr Fillinger muss nach einem Jahr 390 € Zinsen zahlen.

7 Es wird mit einem Steuersatz von 19 % gerechnet.

8 Das Depot hat jetzt einen Wert von 11 745,14 €.

9 Folgende Kosten entstehen nach einem Jahr:
① 510 €   ② 475 €   ③ 525 €   ④ 475 €
Die Kosten für die Angebote 2 und 4 sind bei 5 000 € gleich und am günstigsten. Angebot 3 ist am teuersten.

10 Nach einem Jahr fallen 618,75 € Zinsen an, vierteljährlich müssen demnach 154,69 € Zinsen gezahlt werden.

11 Julia überzieht 36 Tage und muss dafür 8,93 € Zinsen zahlen.

Seite 225 Pyramiden

1

	a	s	h	h_a
a)	6 cm	12 cm	**11,2 cm**	**11,6 cm**
b)	**15,8 cm**	**15,1 cm**	10,2 cm	12,9 cm
c)	**11,3 cm**	11,4 cm	**8,1 cm**	9,9 cm
d)	15 cm	**29,0 cm**	**27,0 cm**	28 cm

2 a) $V = 15{,}4\,\text{m}^3$
b) $V = 2\,508\,\text{cm}^3 = 2{,}508\,\text{dm}^3$
c) $V = 160\,\text{cm}^3$

3 a) $A_M = 270{,}56\,\text{cm}^2$, $A_O = 349{,}77\,\text{cm}^2$
b) $h_a = 15{,}18\,\text{m}$, $A_M = 437{,}15\,\text{m}^2$, $A_O = 644{,}51\,\text{m}^2$
c) $a = 29{,}46\,\text{cm}$, $A_M = 1\,119{,}55\,\text{cm}^2$, $A_O = 1\,987{,}55\,\text{cm}^2$
d) $a = 20\,\text{cm}$, $A_M = 512{,}4\,\text{cm}^2$, $A_O = 912{,}4\,\text{cm}^2$

4

	a	b	h	V
a)	58 mm	93 mm	26 mm	**46 748 mm³**
b)	125 cm	244 cm	**13,8 cm**	140 000 cm³
c)	**12,5 m**	12 m	12 m	600 m³
d)	138 dm	**81,5 dm**	167 dm	625 824 dm³

5 a) $h \approx 8{,}2\,\text{m}$; $h_a \approx 9{,}2\,\text{cm}$; $A_M \approx 146{,}6\,\text{m}^2$; $A_O \approx 210{,}6\,\text{m}^2$; $V \approx 174{,}9\,\text{m}^3$
b) $a \approx 31{,}3\,\text{m}$; $s \approx 26{,}2\,\text{cm}$; $A_M \approx 1\,315\,\text{m}^2$; $A_O \approx 2\,295\,\text{m}^2$; $V \approx 4\,571{,}9\,\text{m}^3$
c) $a \approx 31{,}7\,\text{m}$; $h \approx 8{,}5\,\text{cm}$; $A_M \approx 1\,143\,\text{m}^2$; $A_O \approx 2\,151\,\text{m}^2$; $V \approx 2\,847{,}2\,\text{m}^3$
d) $h \approx 19{,}1\,\text{m}$; $s \approx 20{,}9\,\text{m}$; $A_M \approx 480\,\text{m}^2$; $A_O \approx 624\,\text{m}^2$ $V \approx 916{,}8\,\text{m}^3$

6 a) $h_a \approx 16{,}2\,\text{cm}$; $M \approx 387{,}8\,\text{cm}^2$
b) $h_a \approx 8{,}1\,\text{cm}$; $M \approx 96{,}9\,\text{cm}^2$

7 a) $M = 34{,}56\,\text{m}^2$
b) Es werden $36\,\text{m}^2$ Kupferblech benötigt.

8 a) $h_1 = 12\,\text{cm}$; $a_1 = 8\,\text{cm}$ (nach Strahlensatz); $V_1 = 256\,\text{m}^3$
b) Es ist anschaulich offensichtlich, dass die Teilkörper keine gleichen Volumina haben.
$h_2 = 15\,\text{cm}$; $a_2 = 10\,\text{cm}$ (nach Strahlensatz);
$V_2 = 500\,\text{cm}^3$;
$V = 4\,000\,\text{cm}^3$; $V_{\text{Rest}} = 3\,500\,\text{cm}^3$
Der Restkörper hat sogar das 7fache Volumen der abgeschnittenen Spitze.

Stichwortverzeichnis

Bildverzeichnis

Bildverzeichnis ((Seite 248))

Titelbild Deutsche Bahn AG/Bahn im Bild
5 plainpicture
14 Jens Schacht, Düsseldorf
19 Richard Paul Lohse/VG Bild-Kunst, Bonn 2007/Johanna Lohse James, Zürich
22 ullstein bild/Imagebroker.net
25 Sabine Storm, Berlin
32 picture-alliance/dpa/Landov RFF ALSTOM SNCF
35 ullstein bild/Erwin Wodicka
40 Bildagentur-online/A. Jenny
43 Superbild, P. Capon
45 Corbis
46 Grimm's GmbH, Hochtorf
47 Cornelsen Verlagsarchiv
48 Volker Döring
49 (1–2) Volker Döring
54 Jens Schacht, Düsseldorf
57 Martina Verhoeven, Uedem
58 Cornelsen Verlagsarchiv
59 GNU/Wikipedia
60 (1-2) NASA/JPL. Gov.
63 blickwinkel/McPhoto
64 Volker Döring, Hohen Neuendorf
69 T. Feltes, Berlin
76 Corbis
79 Corbis
80 ullstein bild/Springer pics
84 Siegfried Kuttig
85 bew/mediacolors
88 Das Fotoarchiv/Stefan Honzera
99 Matthias Luedecke, Berlin
100 Superbild
101 VG Corbis;HG picture-alliance/dpa/ Hildenbrand
102 Astrofoto, Sörth
103 Jens Schacht, Düsseldorf
106 Wilhelm Kienberger, Lechbruck
109/1 Skip G. Langkafel, Berlin
109/2 Felsch, Matthias
110 Jens Schacht, Düsseldorf
113 picture-alliance/ZB/Peter Zimmermann
114 bildarchiv preußischer kulturbesitz
115/1 Angela Thoma Schmidt/MARTHA Herford/ VG Bild-Kunst, Bonn 2008
115/2 Deutsches Museum, München
115/3 akg-images; Berlin
116/1 Ines Knospe, Waterkuhl
116/2 Exploratorium Potsdam e.V./ Dr. Axel Werner
116/3 Ines Knospe, Waterkuhl
119 (1–2) Jens Schacht, Düsseldorf
120/1 Jens Schacht, Düsseldorf
120/2 Huber, Garmisch-Partenkirchen/ Mehling
123/1 Verlagsarchiv
123/2 Torsten Feltes, Berlin
124/1 Wikipedia/GNU/Captain Blood
124/2 Wikipedia/GNU/Rosario Van Tulpe
124/3 Wikipedia/GNU/Ch. Eckert 2003
125 Jens Schacht, Düsseldorf
127 Iveco Magirus AG, Ulm
128 digistock.de
131 Getty Images/Andrew Hatherington
133 Katja Fibig, Berlin
141 Bongarts (Andreas Rentz), Hamburg
153 LOOK Foto/Sabine Lubenow
161 JUNIOR
169 Visum/Thomas Langreder
175 Avenue Images/Index Stock (P. Canova)
178 Axel Seedorf/Creative Commons
180 artur/Dirk Robbers
182/1 www.vanglas.nl
182/2 Stiers GmbH
183/1–4 Udo Wennekers, Goch
184 Axel Seedorf/Creative Commons
185 Tetra Pack Deutschland GmbH
186/1 Cornelsen Verlagsarchiv
186/2 Corel Library
187 Cornelsen Verlagsarchiv
188 Patrick Merz, Mühlhausen/Kraichgau
191 Cornelsen Verlagsarchiv
192/1 Cornelsen Verlagsarchiv
192/2–3 Architekturbüro Michael Merenmies, Berlin
194 Cornelsen Verlagsarchiv/Peter Hartmann
195 BFM/Deutsche Post AG/Philaterie
196/1 Deutsche Bahn AG/Bahn im Bild/Fotothek
196/2–4 Cornelsen Verlagsarchiv
197 commons.wikimedia.org
198 NaturBild, Harald Lange
199 Cornelsen Verlagsarchiv
200/1 Cornelsen Verlagsarchiv/Sabine Storm
200/2 Horst Herzig Fotodesign, Groß-Gerau
200/3 OKAPIA, Peter Arnold

Trotz intensiver Bemühungen konnten möglicherweise nicht alle Rechteinhaber ausfindig gemacht werden. Bei begründeten Ansprüchen wenden sich Rechteinhaber bitte an den Verlag.

Welches Diagramm für welchen Zweck?

In Diagrammen werden Informationen bildlich dargestellt.
Säulendiagramme sind die am häufigsten verwendeten Diagramme. Sie veranschaulichen Werte durch auf der x-Achse senkrecht stehende Rechtecke. Häufig stellt man mit Säulendiagrammen zeitliche Abläufe dar.
In **Balkendiagrammen** werden die Daten durch waagerecht liegende Balken dargestellt. Sie eignen sich besonders zur Veranschaulichung von Rangfolgen.
In **Kreisdiagrammen** werden die Daten durch Anteile am Kreis dargestellt.
Sie werden in der Regel verwendet, um Verteilungen oder Anteile darzustellen.

Säulendiagramm

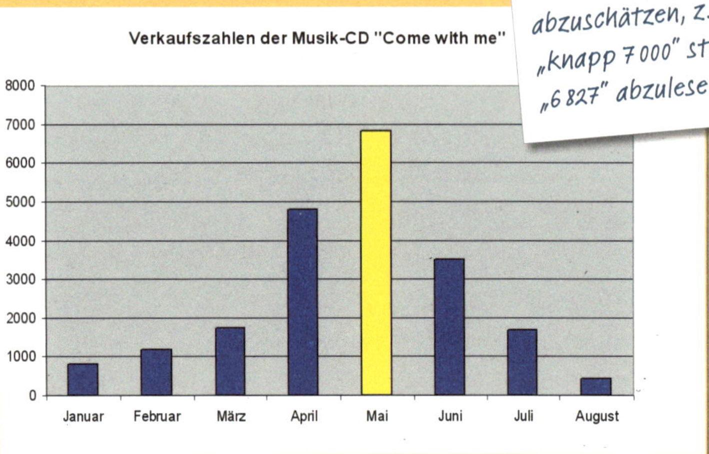

Es reicht oft aus, Werte ungefähr abzuschätzen, z. B. „knapp 7 000" stat „6 827" abzulesen.